주민참여기반 총체적 도시재생사례

발리문 초기 재생과정

이연숙교수연구실 편저

BALLYMUN REGENERATION

연세대학교 출판문화원

발리문 초기 재생과정

편저자 이연숙교수연구실
펴낸곳 연세대학교 출판문화원
주 소 서울특별시 서대문구 연세로 50
전 화 02)2123-3380~2
팩 스 02)2123-8673
E-mail ysup@yonsei.ac.kr
홈페이지 http://www.yonsei.ac.kr/press
등 록 1955년 10월 13일 제9-60호
인 쇄 (주)동국문화

2012년 3월 1일 1판 1쇄
ISBN 978-89-97578-36-8 (93610)

값 35,000원

본 과제는 국토해양부가 주관하고 한국건설교통기술평가원이 시행하는 07 첨단도시개발사업(과제번호 : 07도시-B02)에 의해 수행되었음.

서 문

우리나라는 작은 국토로 자원의 한계가 여실하며 인구자원도 충분하지 않다. 더욱이 그나마 버텨왔던 산업화의 기저가 바뀌고 있고, 인구가 급격하게 감소되고 있을 뿐 아니라 고령인구 등 사회적 약자의 수가 급증하여 이들의 합이 국민의 다수가 될 전망이다. 이러한 변화는 기존 도시의 쇠퇴를 더욱 가속화할 것이고 이를 그대로 방치하면 우리 국토 곳곳이 병든 상처가 되어 더욱 국토를 병들게 만들 것이다.

더욱이 지난 50여 년간 빠른 산업화 과정의 진전으로, 650만 채가 넘는 대량생산형 아파트를 건설해왔다. 특히, 최근에는 전체 주택공급물량의 80%를 훨씬 웃돌게 차지할 정도로 한국의 아파트가 우리나라 주거 규범이 되기까지 하였다. 이는 한국의 도시개발은 주택건설의 양적 확대와 생산효율성에 집중되어 왔다는 것과 건설 속도가 빠르다는 것을 입증하는 것이다. 이러한 양적 개발은 국민의 전반적 주거 수준을 향상시켜 오기도 하였으나, 반면 주거지 쇠퇴와 사회적 배제 현상을 가속화하였다.

이제 더 이상 대량식 주택공급을 확산하기 위해 국토를 개발하고 기존 도시를 철거 후 재개발하는 방식에 대해, 잠시 숨을 멈추고 생각해야 할 시점에 왔다. 우리 사회의 여건과 삶의 질에 대한 개개 주민 혜택에 대한 의식과 우리 인구의 급격한 감소는 복지 · 문화 · 일자리 등 국민이 체감하는 삶을 담아 줄 도시공간의 혁신을 요구하고 있다.

이 혁신은 이제 일방적으로 일정지역들에 집중하여 공급해 주는 하향식 정책에 기대할 수 있는 것이 아니라, 국민들의 미세한 삶을 정교하게 이해하는 현장에서부터 나와 이것이 모여 국민전체에 고르게 혜택이 돌아갈 수 있는 상향식 정책 하에 구상되고 실현되어야 한다. 그리고 이 혁신은 전국 곳곳에 거주하고 있는 사람들의 삶이 담긴 주거지들에서 자생적으로 일어날 수 있게 해줄 필요가 있다.

이러한 주거지 쇠퇴는 단순한 물리적 환경개선만이 아닌 사회적 · 경제적 · 문화적 · 환경적인 재생을 도모함으로써, 지역 주민들이 살아갈 수 있는 삶의 터전을 다시 살려주는 이른바 총체적 재생관점으로 발전되어 가고 있는 것이다.

이렇듯, 주거지 쇠퇴를 극복하여 지속가능한 도시로 거듭나기 위해서는 물리적 재생만이 아닌 총체적으로 재생하는 것이 필요한 시점에 이르렀지만, 이것이 과연 무엇인지 어떻게 접근되고 실현될 수 있는 것인지에 대해 잘 알 수 있는, 그리고 제대로 배울 수 있는 기회가 없었다. 도시의 재생은 장기적이고 역동적인 과정을 겪기 때문에 총체적으로 접근된 재생이 있다 하더라도 그것에 대한 정보를 종합적으로 파악하는 데는 한계가 있어 이들 실험적 사례를 통해 이해하고 배울 수 있는 기회가 접하기가 쉽지 않은 것이다. 그러므로 앞으로 21세기가 요구하는 주거지 재생은 총체적 방향에 대한 비전과 실천전략을 모색하기 위해, 선행 시도된 사례를 찾아 이를 면밀히 체계적으로 검토하여 하나의 지식 기반으로 구축하고 이후 시도에 활용할 필요가 있다.

특히, 총체적 재생에 대한 경험이나 지식이 부족한 여러 국가나 주거지에서는 선행 사례의 경험이 미래를 위한 정비 계획을 하는 데 참고가 되고 신선한 아이디어를 발전시키는 자극이 되기도 한다. 전면 철거방식과 상의하달방식 계획으로 점철되어왔던 한국 사회에 이러한 선행 사례는 총체적 재생이 단지 이론에 국한되지 않고, 현실적으로 가능하다는 것을 보여줌으로써 재생에 대한 사고방식과 태도를 전환시키는 역할을 할 것이다.
따라서 「도시재생사업단」 제2핵심 「사회통합적 주거공동체 재생기술」 과제에서는 유럽에서 가장 규모가 크고, 종합적으로 접근이 된 아일랜드 「발리문주거지」의 총체적 재생 과정에서 나타난 정비 특성을 소개하고자 본 번역연구업서를 출간하였다. 이는 이후 주거지 정비에 직면해 있는 많은 도시들에게 초기부터 정비 종료까지 어떠한 계획을 장기적으로 또 구체적으로 할 수 있는가를 보여주는 좋은 모델사례가 될 것이다. 다음은 발리문재생보고서의 내용을 요약하여 소개함으로써 이 번역연구업서의 이해를 돕고자 한다.

2012. 3. 1

이연숙
연세대학교 주거환경학과 교수
국토해양부 R&D 「도시재생사업단」 핵심 2 「사회통합적 주거공동체 재생기술」 책임자
「지역공동체 자력수복형도시재생」 전주TB적용연구 책임자

1 부 주민참여기반 총체적 재생의 세계적 사례 「발리문 초기 재생과정」의 해설

제 1 절 발리문 주거지 재생의 배경

발리문이라는 도시는 아일랜드의 수도 더블린이 심각한 주택난을 겪었던 1960년대에 태어났다. 1950년과 60년대 주택건설분야의 침체와 더불어, 정부는 1963년 더블린시 중심가의 주택들이 붕괴되어 11일만에 4명이 사망하면서 위기에 직면하게 되었다. 슬럼가 제거와 위험한 건물의 철거를 요구하는 분노에 찬 여론이 생성되었다. 정부는 사회 분야 주택 해결책의 하나로 저가의 조립식 시스템 고층 주거건물을 교외에 짓기로 결정하였다. 이로 인해 이 사업은 1965년 시작되어 4년 후 2,820가구의 아파트 36동과 2층 주택 400채가 완공되었다. 아파트의 구성은 고층아파트는 15층 규모의 탑상형고층아파트 7동과 8층 규모의 판상형중저층아파트 19동, 그리고 4층 규모의 판상형저층아파트 10동으로 이루어졌다. 그 후 얼마 지나지 않아 다시 2층 규모의 공공임대주택 1600채가 추가되면서 발리문은 유럽에서 가장 큰 공공임대 주거지역이 되었다.

이 지역은 당시 아일랜드 전국적으로 본받아야 할 예제이자 새로 등장하는 산업화된 현대 아일랜드의 간판으로 과대 포장되었다. 그러나 이러한 커다란 야심에도 불구하고 지역 내의 문제가 저절로 드러났다. 마지막 세입자의 이주가 끝나고 얼마 지나지 않아 콘크리트 벽판에 금이 가기 시작했고 불만의 원성은 퍼져만 갔다. 아파트는 도시 중심과 멀리 떨어져 있는데다가 형편없는 대중교통의 덕택으로 가족 간의 관계가 단절되었다. 사람들은 자신이 알던 사람들을 비롯하여 모든 것으로부터 격리 되는 결과가 초래 되었다. 이 밖에, 초기에 우체국과 같은 기본 시설과 상가 시설이 부재했고, 공원과 여가 공간은 대충 정돈한 거대한 초원 같은 공지에 불과했다. 당면한 물리적 문제와 더불어, 많은 정책 결정은 커뮤니티의 안전성에 매우 부정적인 영향을 미쳤다. 그 중 가장 주목할 만한 정책은 1985년 시행된 임대주택권포기 보상안으로서, 당시 정부는 세입자들에게 £5,000의 보조금을 주고 임대주택을 떠나서 새 주택을 구매할 것을 권장하면서, 주택 재정 위원회로부터 대출을 받을 수 있도록 해 주었는데 이 대출은 이자율이 아닌 대출인의 수입을 기준으로 집행되었다.[1] 발리문에서 새 주택을 구입한다는 것은 불가능하였기 때문에, 당시 유급 직장인들 중 많은 수가 보조금을 받고 지역을 떠나버렸다. 이로 인해 발리문은 지역에서 경제적으로 안정적인 주민들과 커뮤니티 리더들을 잃게 되었고, 이렇게 발생한 공가에는 미혼모와 집 없는 부랑자, 그리고 정신병 환자 및 심각한 약물 중독자들이 모여들게 되었다. 이러한 일련의 사건들은 사회적 약자 그룹을 위한 수용시설의 대안 부재와 기숙사 시설과 정신병원의 폐업에 따른 결과였다. 결국 이와 같은 정책과 전략의 복합적인 영향은 발리문의 슬럼화를 낳게 되었다.

아일랜드의 모델이 되게 하고자 하는 꿈으로 시작되었던 '발리문' 주거지는 이렇게 쇠퇴함으로서 1997년까지 발리문은 전국에서 최악의 지역으로 인식되게 되었다. 런던 경제 대학의 사회정책학 교수 Anne Power는 이 지역을 다음과 같이 묘사하였다. "극도로 쇠퇴하고 정부의 지원은 부실하며 대부분의 공간이 더럽고 관리되지 않는다. 저속한 낙서가 곳곳에 있었고, 안전하게 관리되는 공간이 없으며… 엘리베이터와 창고 문과 출입구 및 계단 홀은 최악이었다. 황량하게 트인 지저분한 공지는 관리가 전혀 되고 있지 않음을 보여주고 있었다."[2] 혹독한 물리적 환경과 더불어, 지역 인구 15,500명은 전국에서 가장 혜택 받지 못하는 사람들이었다. 실업률은 국가 평균치의 세배에 달했고, 지역 세입자의 71%가 오로지 사회 복지 급여에만 의존하고 있었다. 발리문의 편부모가구의 비율 44%는 전국 1위였고 아동 인구밀도는 매우 높았다. 대부분의 아이들이 15살에 학교를 그만두었고, 기본적으로 빈곤수준은 높았다. 그나마 세입자매매안 덕택으로 일부 지역 세입자는 2층 주택을 구매할 수 있었고, 그 결과 자가소유율 20%에 임대주택 80%의 비율을 유지하였다. 이것은 전국적으로 자가소유율이 80%라는 것과 정 반대되는 이야기였다.

발리문은 국가적 수치였고 지역 주민들에게는 삶을 억누르는 환경이었다. 거세지는 여론의 압력으로 결국 1997년 3월 정부는 15층 탑상형아파트와 8층 판상형아파트를 철거하고 저층주택을 신축하기로 결정하였고, 곧 이어 4층 아파트형집합주택의 철거 역시 인가 하였다. 이 사업은 발리문 전 지역에 걸친 물리적 · 경제적 · 사회적 재생을 위한 전략적 계획 하에 수행될 것이라는 정부의 발표가 있었다. 환경부와 더블린 시의회는 재생사업 실행에 개발회사가 필요함에 의견을 같이 하고, 산하에 발리문 재생회사 (BRL)이라는 개발회사를 설립하고 BRL의 중역은 더블린 시의회를 비롯하여 다양한 법정기관과 민간 부문 및 지역 커뮤니티 등 매우 광범위한 분야의 전문가 및 시민들로 구성되었다.

1 보조금 £5,000은 당시의 새 주택 구입 비용의 20~25%밖에 충당하지 못하는 금액이었다. 1985년 환율로 8,450,400에 해당된다.

2 Power, Anne, 'Rebuilding Ballymun', in Memories Milestones and New Horizons, (2008), pp.27-44

1998년의 발리문

발리문 아파트의 계단홀

지역 소매점역할을 했던 '밴' 샵

공개녹지, 1998

놀이터, 1998

제 2 절 마스터플랜의 특성

발리문재생회사의 최우선 과제는 발리문의 재개발을 위한 기본틀을 제공할 마스터플랜과 지역 통합 계획을 준비하여, 도시재생안으로 환경부에 제출하는 것이었다. 또한, 전체 재생사업 안에서 민간 부문 투자를 유치하기 위한 세금 및 경제적 혜택의 기회를 찾아내는 것이었다. 마스터플랜은 6개월간의 집중 자문 기간을 거쳐 (이는 추후 설명) 1998년 3월 31일 환경부에 제출되었다.

마스터플랜 지역의 항공 사진

발리문 마스터플랜, 1998

Ballymun

재생사업으로서 발리문은 유럽에서 보기 힘든 특이한 사례였는데, 이는 대대적인 철거와 개발을 수행함에도 불구하고 해당 지역 인구를 유지한다는 정책 때문이었다. 이러한 정책은 아파트단지 인근에 넓은 공지가 충분히 존재했기 때문에 가능했다. 마스터플랜의 계획은 먼저 공지에 주택을 신축하고 일부 아파트 거주 가구를 이주시킨 후, 해당 아파트를 철거하고 부지를 정리하여 그곳에 다음 계획을 실행해 나가는 순이었다. 또한, 분양용 개인주택을 제공하고 새로운 중심가 형성 및 경제 활동 육성을 위한 고용 창출에 사용할 토지는 충분하였다. 신도시 발리문은 최종적으로 30,000명 정도의 인구를 가진 도시가 될 것이라는 전망 하에, BRL의 마스터플랜은 재생사업에 물리적 기본틀을 제공해 줄 뿐 아니라, 사회적으로 무시당했던 과거를 치유하기 위한 총체적 관점에서의 경제 · 사회적 재생 전략을 제공하도록 구상되었다. 1998년 정부와 더블린 시의회 및 지역 커뮤니티가 모두 동의했던 "신 발리문을 위한 마스터플랜"을 만드는 초석이 된 목적들은 아래와 같다.

- 잠재적 투자자를 유인하고 커뮤니티의 성장을 위해 발리문의 이미지를 변화시킨다.
- 발리문 발전에 장애가 되는 실업, 가난, 편부모 가정, 마약, 부랑자에 대한 현실을 직시하고 이를 개선시킬 수 있게 한다.
- 발리문과 인근 지역이 더불어 함께 발전할 수 있는 통합적이고 전략적인 접근을 한다.
- 고속도로, 더블린 공항, 더블린시 대학, 더블린 중심가, 북더블린 지역 등의 인근 지역의 경제 활동이 발리문의 발전에 도움이 되도록 통합적 연계를 한다.
- 사회의 전 분야와 관련하여 이미 진행 중인 계획 및 프로그램과의 공동 협력하여 시너지 효과를 추구다.
- 사회적 그리고 환경적인 관점에서 지속 가능한 개발을 지향한다.

이러한 목적과 이를 반영하는 마스터플랜에 따라 발리문은 총체적 재생이라는 긴 여정을 시작하게 되었으며, 이에 대한 비전을 함께하고자 로고가 만들어졌다. 발리문재생회사 로고자체도 주민참여로 이루어졌는데, 예술과 디자인 실습에 참여한 지역 학교의 11세 아이들이 지역 미술가 4인 및 디자인 전문가와 함께 만든 것이다. 수업은 아일랜드 현대 미술 박물관 견학을 포함하여 3번에 걸쳐 진행되었으며, 매 수업은 반나절 가량 진행되었다. 태양을 향해 뻗은 손의 이미지로 디자인된 로고는 발리문에 존재하는 5개의 지역지구가 밝은 미래를 향해 다가가는 모습을 표현하고 있다.

BALLYMUN

REGENERATION

제 3 절 발리문이 한국적 주거지재생에 던지는 함축적 의미

발리문 주거지 재생이 앞으로의 한국 주거지 재생에 시사하는 바는 여러 가지가 있다.

첫째, 총체적재생의 사례라는 점이다. 앞으로의 도시재생은 기존의 물리적 재생을 넘어서 사회적; 경제적; 문화적; 환경적 재생을 포괄하는 총체적 재생의 개념으로 전환되고 있다. 이는 곧 국민과 주민과 커뮤니티의 다국면적인 삶의 질을 증진하자는 것이고, 이 증진하는 전략이 단편적이어서는 안 된다는 경험으로부터 나온 것이다. 이러한 총체적 재생이 가장 바람직한 미래방향이라는 데는 논의의 여지가 없다. 그러나 이를 실행한다는 것은 대단히 복잡하고 시간과 노력과 종합적인 창의적 전략이 필요하며, 이를 실행시킬 수 있는 강력한 추동력을 전제로 해야 한다. 그러므로 이것은 대개 불가능해 보여서 유토피아적인 이상이라고 여겨질 수 있고, 감히 접근도 하기에 두려운 과제로 여겨질 수 있다. 발리문 사례는 이런 총체적재생에 대한 비전을 가지고 지난 10여년이 넘게 차근차근 다양한 방법으로 이를 접근해 온 실제 사례로서 그것을 통해 총체적 재생이 가능하다는 것과 이 재생을 해오는 노하우를 배울 수 있고, 아울러 이들이 경험한 시행착오를 통해 우리는 그런 과오나 비효율적인 진행이 되지 않을 수 있는 방안을 모색할 수 있는 것이다.

두 번째는 「사회통합적 재생」사례라는 점이다. 사회통합이 글로벌사회에서나 한국사회에서나 미래사회 발전을 위한 대전제가 되어야한다는 것은 보편적으로 인정되고 있으나, 사회통합의 정의와 사회통합을 위한 접근전략이나 사회통합의 결과 등을 이해하는 데에는 한계가 있다. 그러나 본 발리문 주거지정비는 사회적 배제현상을 경감시키고자 하는 노력 즉, 사회통합적 노력을 어떠한 정의 하에, 구체적으로 어떻게 접근해왔으며 그리고 이것의 결과 변화된 사회의 제반특성을 그려냄으로서, 사회통합적 재정비의 실천적인 사례가 되고 있다. 구체적으로는 발리문 거주자들 간에 공동체를 활성화시켰을 뿐만 아니라 자부심을 느끼게 하고 또 타 지역에서 발리문 지역을 무시하고 격리시키는 현상을 줄어들게 해 줌으로서 발리문이 더 이상 범죄와 가난, 그리고 열등의식의 동네가 아니게 발전시켰다는 것이다.

셋째, 「주민참여기반재생」사례라는 점이다. 일반적으로 주민의 참여란 어렵고 귀찮으며 번거롭고 또 문제를 해결하는 것보다는 지연시키는 것으로 생각해왔다. 그러면서도 주민참여는 앞으로의 재생에서 필수적인 방법으로 여겨지고 또 그렇게 가야한다고 주장하고 있다. 주민참여는 주민들이 지역사회에 대하여 관심을 가지고 서로 지역의 문제를 해결할 수 있는 공동체적인 기반을 구축하는 것에서부터, 지역의 문제를 해결하는데 관심을 가지고 참여하며, 또 문제를 해결하는데 협력하고 의사결정을 위한 합의를 하며 나아가서는 그 지역의 문화를 활성화시키는데 주도적인 역할을 하는 것에 이르기까지 다양하다. 특히, 한국에서는 주민을 배제함으로서 수많은 사건들이 일어나왔고 결국 도시를 재정비하는 가운데 빈곤을 악순환 시키거나 주민을 배제해버리는 결과들을 낳아왔다. 이 발리문재정비는 의욕을 완전히 상실한 주민들을 되살려 지역발전에 함께 하도록 만드는 전 과정과 다양한 실천전략을 담고 있다. 이러한 사례들은 앞으로 한국이 주거를 통한 공동체 활성화를 해 나가는데 적지 않은 창의적인 사고를 고무시킬 것이다.

넷째, 「연쇄형 주거지정비사례」라는 점이다. 흔히 재정비와 재개발은 그것을 진행하는 과정에 필히 원래의 주민들을 일시적으로 타 지역으로 이동하게 함으로서 경제적 제약이 있는 사회적 약자들에게 또 하나의 긴장을 초래하고 또 떠나게 만드는 계기가 되었다. 이러한 경험으로 한국은 「최근 거점확산형 주거정비시범사업」을 시행하였는데, 이 사업은 정비구역의 한 부분을 거점으로 정하고 그 거점구역에 순환용 임대주택과 기본 주민공동체지원시설을 골자로 하고 있다. 즉, 연쇄형 정비를 얘기하는 것으로서, 이것의 장점의 중요성을 인지하여 시험안으로 도입은 하였으나 이에 대한 확신과 추진력, 현실적 여건 등이 부족하여, 실제 이것을 실행조차 못하고 있는 현실이다. 그러나 본 발리문재생은 실제 여러 지역으로 구분하여 정비단계를 정하고 한 지역마다 해당하는 거주민들을 옮기고 재생을 시킴으로서 원주민을 재정착하도록 유도하고, 더욱이 먼저 정비된 지역은 이후 정비될 지역의 주민들에게 하나의 모델사례로서 보여지고 실제 실현된다는 신뢰감을 주고 이후 해당하는 지역의 발전상을 그리고 더욱 주민참여를 도모하는 역할을 하였다. 그러므로 연쇄형 정비에 대한 막연한 이상만을 가지고 있는 한국에서는 연쇄형 정비라는 이 실천적 사례를 통해 많은 것을 배울 수도 있을 것이다. 비록 토지의 여건이나 상황이 한국과 아일랜드 두 문화 간의 차이는 많다고 하더라도 최소한 연쇄형정비가 무엇인지에 대한 이해를 하도록 도와줄 것이다.

다섯째, 「대량생산형아파트를 단독주택으로」 재정비한 사례이다. 수많은 나라들이 저소득층의 문제를 특히 임대주택을 해결하는 방법으로 공동주택개발방식을 택하고 있다. 특히, 한국은 외국과는 달리 공동주택이 저소득층 뿐만 아니라 사회적 신분을 높이는 하나의 주거수단으로 인식 될 수 있을 정도로 광범위한 계층에 확산되어 왔다. 그러나 우리나라는 주택이 양적으로는 만족을 시키는 단계에 왔고 질적 전환을 해야할 시기이며, 더욱이 앞으로의 한국 인구는 급격히 감소를 할 것으로 전망하여, 기 건설된 650여만의 아파트가 과연 삶의 질을 제대로 지원하고 있는가, 그리고 이 아파트에 대한 수요가 그대로 지금까처럼 지속될 것인가, 더 나아가 여러 지방지역들에서 쇠퇴지역을 살리는 방법으로 아파트로의 건설열망이 지속되고 있는데 이것이 과연 바람직한 것인가, 오히려 기존의 아파트까지 중저층으로 전환하고 또 아파트로 시작하려 하는 지역에서는 처음부터 단독주거형이나 중저층형으로 개발을 해야 바람직한 것이 많을 것이다. 이런 관점에서 발리문은 공동주택에서 단독형 개별주택으로 전환 시킨 실천적 사례라 할 수 있다.

여섯 번째, 다양한 복합적인 「재생전략들이 밀집된 사례」라는 점이다. 아일랜드정부는 막대한 예산을 들여서 장기적으로 다양한 접근방법을 구상해왔으며 이를 강력하게 실천에 옮겼다. 이는 이 지역이 유럽최대의 쇠퇴지역으로서 대내외적인 관심을 받는 지역이고 또 그간 막대한 예산을 통해 다양한 것을 시도하였으나 실패해왔으며, 이러한 배경으로 거대한 예산을 투자하게 된 것이다. 이 사회적 관심과 거대한 투자는 곧 다각적인 전략적 구상과 접근이 절실하고 또 이의 구상과 실천이 가능했다는 것을 얘기하며, 이를 위해 유럽에서 축적되었던 수많은 재생전략이 여기에 집결되어 활용되도록 그 여건을 마련한 계기가 되었다. 그러므로 여기에서는 여러 작은 재생사례에서 경험할 수 없는 수많은 노하우들이 숨어있는 것이다. 이러한 것은 시간과 자원이 제약된 한국에서 시행착오를 줄이기 위한 실험적 예제로서 효율적인 자원이 될 것이다.

일곱 번째, 발리문은 뒤이어 재생을 해야 하는 세계 여러 나라 뿐 아니라 우리나라에 여러 비교 관점에서 사고를 넓히는 기회가 된다. 과연 우리가 발리문처럼 막대한 예산을 정부가 쏟아 부을 수 있는가, 그리고 우리는 실증적인 실행기간만도 십여 년이 되는 지속적인 투자를 할 수 있고 또 그렇게 노력을 할 수 있는가, 한국이란 문화권에서 빠른 건설속도와 급격하게 변해온 도시전경에 익숙해온 한국 국민성의 관점에서 이러한 것을 이처럼 실행할 수 있겠는가, 그렇다면 이러한 경험을 통해서 좀 더 시간을 단축하면서 시행착오를 경감시키는 전략을 창의적으로 개발하고 처음부터 유기적이고 다학제적인 관계 속에서 종합적인 계획을 세울 필요가 있다. 한편, 모든 자원이 특히 예산의 한계가 있는 한국에서 어떤 방식으로 지원체계를 모색해야, 수 없이 늘어나는 도시쇠퇴의 문제를 해결할 수 있을 것인가를 고민해야 할 것이다. 이를 위한 가장 유망한 해결방안은 모든 쇠퇴지역을 커뮤니티가 자체적으로 재생시킬 수 있는 역량을 기르도록 「커뮤니티재생지원시스템」들을 구축하고 보급해주는 것이다. 이를 통해 미래 우리사회가 부담해야 할 비용을 줄이면서 아울러 커뮤니티내의 공동체문화를 살려 줄 수 있어서 우리사회가 상생하는 길이 되리라 여겨진다. 이러한 관점에서 한국의 창의력을 발휘하고 발전적 전략을 모색하는데 이 번역업서를 적극 활용이 되어야 할 것이다.

제 4 절 발리문 최근 전경

발리문은 유럽에서 흔하지 않은 고층아파트 주거단지였으며, 넓은 대지에 건물들만 우뚝 솟아 있고 주변 편익 시설과 공원 등 환경의 부재는 사회적 약자를 소외되게 만들었으며, 관리부재로 아파트 건물은 황폐화되고 안전성이 위협받는 지역이었다. 이 모습은 현재 남아있는 일부 건물이다.

오물과 낙서, 위험한 유리창과 돌, 철파이프 등 흉기들이 주변에 산재해 있고, 건물이 제대로 관리될 수 없어 건축물이 제 기능을 못하도록 방치되게 되었다. 이는 그것을 보여주는 아직 철거되지 않은 건물이다.

동네의 유일한 가게는 트럭안의 이동형 가게였을 정도로 이 지역 거주자들의 삶을 제대로 지원하지 못하는 열악한 환경을 지니고 있었다. 재생 13년이 지난 지금에도 여전히 존재하고 있는 트럭상점 전경이다.

Ballymun

재생사업이 13여년이 지난 2012년에도 철거와 주거 재배치는 일어나고 있다. 새로운 희망아래 건설되고 거주하게 되며 삶의 희망도 느끼는 주민이 있는가 하면, 예전 건물에 살면서 이사의 꿈을 가지고 지역의 변화를 숨죽이며 지켜보는 주민들도 있다. 철거를 기다리는 건물 전경이다.

그리고 주민들이 다른 새집으로 이미 옮겨가고 이제 철거를 기다리는 건물들도 있다. 이 건물들의 파괴 행위는 수십년간 이어져오던 것으로서 일반인들이 감히 접근하기 어려운 안전하지 못한 건물로 곳곳에 그러한 파괴와 방치의 흔적을 느낄 수 있으며 철거를 기다리고 있는 전경이다.

일층부의 낙서와 파괴된 부분 그리고 합판으로 가려진 창문들은 이미 거주공간이라 하기에는 열악한 상태로서 이 지역의 사회적 배제를 가중시켜온 철거 전 전경이다.

철거예정인 아파트를 뒤로 두고 새로운 저층 주택들이 지어져 먼저 허문 아파트에 살던 주민들이 이사하여 정착해 왔다. 2009년 현재 철거와 신축이 병행되는 전경이다.

재생사업을 시작한지 13년이 지난 발리문의 현황을 그대로 보여주는 2011년 전경이다. 마치 산처럼 배경으로 뒤에 있는 아파트는 아직 철거가 되어 있지 않은 건물로서, 예전의 주민들이 변화하는 이웃의 모습을 지켜보며 각자의 새 집에 대한 꿈을 꾸며 살고 있다. 아파트 바로 앞은 새로 건설된 저층 집합주택들로서, 모든 세대가 각자의 출입구를 갖는 '내집'이라는 느낌과 영역성을 느낄 수 있는 친밀한 특성을 지니고 있다. 2009년 현재 철거와 신축이 병행되는 전경이다.

발리문 지역에 들어서면서 보이는 커다란 이정표로서 관문의 역할을 하는 학생기숙사 건물이다. 묻혀있던 지역에 정체성을 부여하여 주민들과 방문객에게 개성과 자존감을 알리는 기능을 하게 하였다.

중앙 광장 다른 한 편에는 이 지역의 경제를 살리기 위한 전략사업으로서 호텔을 유치하였다. 이는 외부 방문객을 끌어들이기 위한 시설이며 지역내 주민들을 직업훈련을 시켜 일자리를 갖게 해준 좋은 기회를 제공하였다.

시청과 호텔 사이에는 시민 예술문화센터를 만들어 다양한 프로그램으로 지역아동과 주민들에게 다가갔다. 이 센터 일층에는 언제나 주민들이 사용할 수 있는 저렴한 카페가 있으며, 여기도 주민들의 일터가 되었다.

발리문의 중심가로엔 이 지역 재생 사업을 하기위해 설립한 「발리문재생회사」가 들어있는 시청이다. 제일 먼저 중심가의 변화를 오게 해준 건물로서, 그 앞에는 광장과 그 옆에는 호텔과 예술센터등 그 지역 주민들에게 경제적 · 문화적 혜택을 주는, 상징적 건물들이 위치하게 하였다.

발리문재생회사가 들어있는 시청의 내부 로비 전경으로서 발리문을 포함한 주변 환경개선에 대한 정보가 비치되어 있어 이 지역 주민에게 새로운 희망을 전달하는 상징적 역할을 하였다.

발리문 재생 기간 중 수많은 주민 대상 문화예술 행사가 있었으며 마을 주민들을 대상으로 예술가가 그린 그림을 벽에 전시하고 있다. 이는 주민친화형 도시정비를 간접적으로 보여주는 사례라 할 수 있다. 시청외에도 중앙 광장 주변에 주상 복합 건물이 지어져 낮과 밤에도 거리가 활기를 띄게 하였다.

Ballymun

발리문지역 곳곳에는 주거지 단지가 생겨났으며 이들은 획일적이 아닌 다양한 모습으로 지역에 흥미로운 패턴을 제공하고 인지력을 높였다. 생태공원과 인접한 주거지와 노인, 주민들이 안전하게 살 수 있는 친밀한 주거지들이 조성되었다.

모든 주택은 각자의 현관과 작은 앞마당을 가질 수 있게 하고, 테라스는 이웃과 접촉하면서 위로는 햇빛으로부터 그늘을 제공하고 각 개별 주택에는 영역성을 더 부여하고 있다.

모든 가로가 만나는 모퉁이에는 쉽게 길을 찾을 수 있는 특색있는 주상복합건물, 주거건물들이 들어섰다. 이들은 각각의 영역에 개성을 부여함으로써 차별성과 정체성을 표현하도록 배려되었다.

수십개의 고층 아파트 건물들이 순차적으로 철거되고, 철거되는 아파트에 거주하고 있던 주민들은 발리문 지역에 다양하게 계획된 저층집합주택에 그들의 새로운 보금자리를 트게 되었다.

종래에 가질 수 없었던 각 개별 주택이 지니는 프라이버시를 지키고 옥외 사적 영역을 가지게 되었으며, 이웃 간 서서히 교류가 활성화되기 시작하였다.

대규모 아파트 건물에서 불안하게 살았던 주민들은 친밀한 사적영역감을 느끼는 개별주택에 거추하게 됨으로써 획일적으로 처우받았던 과거와는 달리, 자존감을 회복할 수 있는 여건을 지니게

대형 아파트 건물로 인해 거대하고 획일적이며 삭막하였던 발리문의 거리는 새로운 건축 양식의 주택들이 들어오며 다채롭고 친밀하며, 사람들이 사는 느낌의 주거지로 전환되게 되었다.

새로운 주택건물에는 공공 도로사이에 개인 정원이 있어 완충역할을 해주고 곳곳에 녹지와 나무를 심어 삭막하였던 옛 건물들의 이미지를 전환하게 하였다.

낮은 주택건물들도 휴먼스케일을 더 강조하여 안정되게 보이게 하기 위하여 벽돌을 아래 쪽에 사용하여 주거지로서의 안정감을 더욱 주도록 배려하였다.

다양한 주택들이 중앙에 근린공원 주변으로 건설됨으로써 어느 주택에서건 개방되고 푸르른 녹색 정원을 가질 수 있게 하였고 접근성과 개방성을 크게 지니게 하였다.

집 앞에는 운동이나 산책 그리고 놀이를 할 수 있도록 넓은 녹지가 조성되어, 멀리 가지 않아도 지역의 아동들이 안전하게 놀 수 있게 해주었다.

모든 주택건물 앞에 조성된 공원은 자원에 한계가 있는 저소득층 주민들이 눈치보지 않고 자유롭게 사용하고 즐길 수 있는 공공재로써 역할을 하도록 배려되었다.

대규모의 근린공원은 주변의 다양한 주택들에서 쉽게 접근하도록 중앙을 관통하는 길을 두었고, 이 길들은 반대쪽 지역으로 이동하는 주 보도 역할 겸 산책길의 역할도 하게 하였다.

공원을 가로지르는 길은 다양한 폭, 재질로 마감하고 주변의 전경과 놀이터를 지켜보게 하거나 언덕의 아이들이 노는 것을 자연스럽게 지켜보게 하여 방어적 기능을 지니게 하였다.

멀리 가지 않아도 집앞에서 공원내 산책길을 따라 운동할 수 있게 하여 거대한 공원이어도 사이 길을 통해 일상적인 환경이 되도록 배려하였다.

다양한 주택건물들 중앙에 위치한 비교적 규모가 큰 근린공원은 생태계를 살리는 식물과 언덕, 놀이터를 다채롭게 조성하여 주민들과 어린이들의 감성에도 도움이 되게 하였다.

주변의 어린이들은 집에서 가까운 거리에서 다양한 자연 조경의 변화와 풍요로움을 접할 수 있어서 공간적 이동에 제약이 있는 저소득층 부모들의 근심을 덜어주게 되었다.

주택과 운동공간, 조경 산책로 등은 하나의 세트 개념으로 설계되어 주민들의 건강을 도모하고 녹색환경의 결핍을 보완해 주도록 되었다.

목 차

REDEVELOPMENT NEWS

Issue 1

November 1997

A New Vision for Ballymun

In March this year the Government gave the go ahead for the complete redevelopment of Ballymun. This followed intense local campaigning by community groups and activists on the estate.

To undertake this massive project a new company has been set up - Ballymun Regeneration Ltd (BRL) - with representatives from the Task Force, the Ballymun Partnership, the Corporation and from health, education and business. Working for the company are a team of consultants who have carried out this scale of redevelopment elsewhere and who will work with residents over the coming months to develop a strategic Masterplan for Ballymun.

The Masterplan must have the long term support of the community. There must be a vision and understanding shared by the community, the consultants and BRL. We hope to draw on the extensive knowledge of the Task Force and other community organisations in our work.

The Masterplan must be flexible so that future changes and opportunities can be accommodated. It will cover every aspect of the estate such as buildings and landscaping, proposals for new development, plans for the management of the estate, and for training, employment and recreation. It will also look at the plans land owners around Ballymun have for development as these may affect the estate. It provides an important beginning in describing the sort of place Ballymun will one day become. But it is only the beginning of a design process which will need to involve everybody and will continue until the redevelopment is finished.

BALLYMUN
PLANNING DAY
29 NOVEMBER
The Shopping Centre
(formerly Perrys
Department Store)
Come and have your
say about the future of
YOUR home
(See insert for details)

Ballymun

Ballymun
REDEVELOPMENT NEWS

제1호

1997년 11월

발리문을 위한 새로운 비전

올 3월 정부는 발리문의 전반적인 재개발 계획을 공식적으로 승인하였습니다. 이는 지역주민조직들과 지역 운동가들의 열정적인 지역 캠페인의 결과입니다.

이 거대한 사업을 실행하기 위해 발리문재생회사(BRL)라는 새로운 회사가 설립되었습니다. 이 회사는 전담위원회, 발리문 파트너쉽, 도시자치체와 보건, 교육 및 비즈니스 각 분야의 대표들이 함께 할 것입니다. 회사는 이전에 비슷한 규모의 재개발 계획을 수행한 경험이 있는 자문단에 의해 운영될 것이며, 그들은 다음 달부터 전략적인 마스터플랜의 개발을 위해 주민들과 협력할 것입니다.

마스터플랜은 지역사회의 장기적인 지지가 수반되어야 합니다. 지역사회와 자문단 및 BRL 모두가 공유할 수 있는 비전과 이해가 반드시 필요합니다. 저희는 전담위원회와 기타 지역사회 조직들이 그들의 폭넓은 능력을 발휘해 주길 바랍니다.

마스터플랜은 융통성을 갖고 있어 향후의 변화와 기회를 수용할 수 있어야 하겠습니다. 마스터플랜은 건축과 조경, 새로운 개념의 개발을 위한 제안, 지역지구의 관리 계획, 고용과 직업훈련 및 레저 등 지역지구의 모든 양상을 다룰 것입니다. 또한, 지역에 영향을 미칠수 있는 발리문 주변 토지 소유자들의 개발 계획에도 주시할 것입니다. 이는 앞으로 발리문이 어떤 곳으로 바뀌게 될 지에 대한 밑그림을 그리는데 중요한 단서를 제공한다고 할 수 있습니다. 하지만, 이것은 전체 디자인 과정의 시작일 뿐이며, 처음부터 재개발이 완료되기 까지 주민여러분의 계속적인 참여가 절실히 필요할 것입니다.

발리문 계획입안일 11월 29일 쇼핑센터 (구 페리스 백화점) 오셔서 여러분의 미래 집에 대해 말씀해주세요. (별첨지 참조)

OBJECTIVES

New homes will form the central element of the redevelopment in an integrated plan which will also include plans for economic and social development. The overall aim of the Masterplan will be:

- to secure sustainable social and economic regeneration
- quality improvements to the environment

The Plan must address a wide range of issues and come up with proposals for:

- employment enterprise and training opportunities
- social facilities and local amenities
- community development
- urban and landscape design
- transport and security
- leisure and recreation
- reducing waste and maximising energy efficiency
- land use and building design
- estate management and maintenance
- inward investment
- diversity of tenure

COMMUNITY CONSULTATION CONTACT ROUTES DIAGRAM

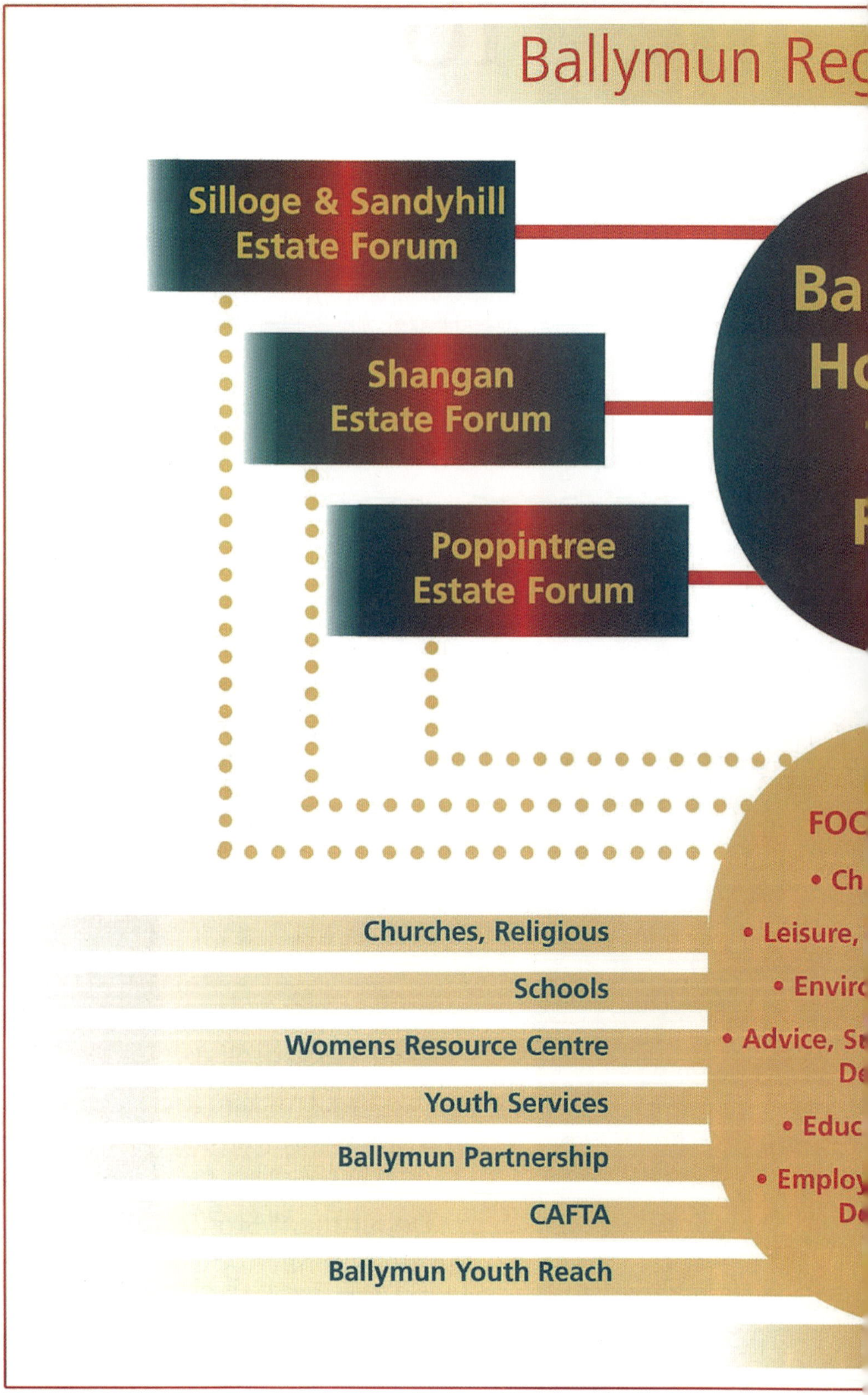

HOW CAN YOU MAKE IT HAPPEN

Ballymun Regeneration Ltd and the consultants will be working closely with the Task Force, Ballymun Partnership and all the other community groups on Ballymun. But that is only part of the story.

For this to work it needs all tenants and residents to have their say to make sure that whatever happens takes account of everyones needs because without everybody the scheme can never be fully successful.

We have to have a first report and draft Masterplan ready for the Government by February and this gives us very little time.

The first step is the Ballymun Planning Day for all residents in the Shopping Centre on Saturday 29 November. All the consultants along with BRL, the Task Force and Ballymun Partnership will be there all day so that you will be able to talk about any problems, solutions or ideas that you have. There will be displays, stalls, models and drawings which will give you the chance to show us how the estate should look, what facilities there should be and where they should be.

This is a first step on a long journey and it is vital that as many people as possible have their say. So please come along on the 29 November and make a difference.

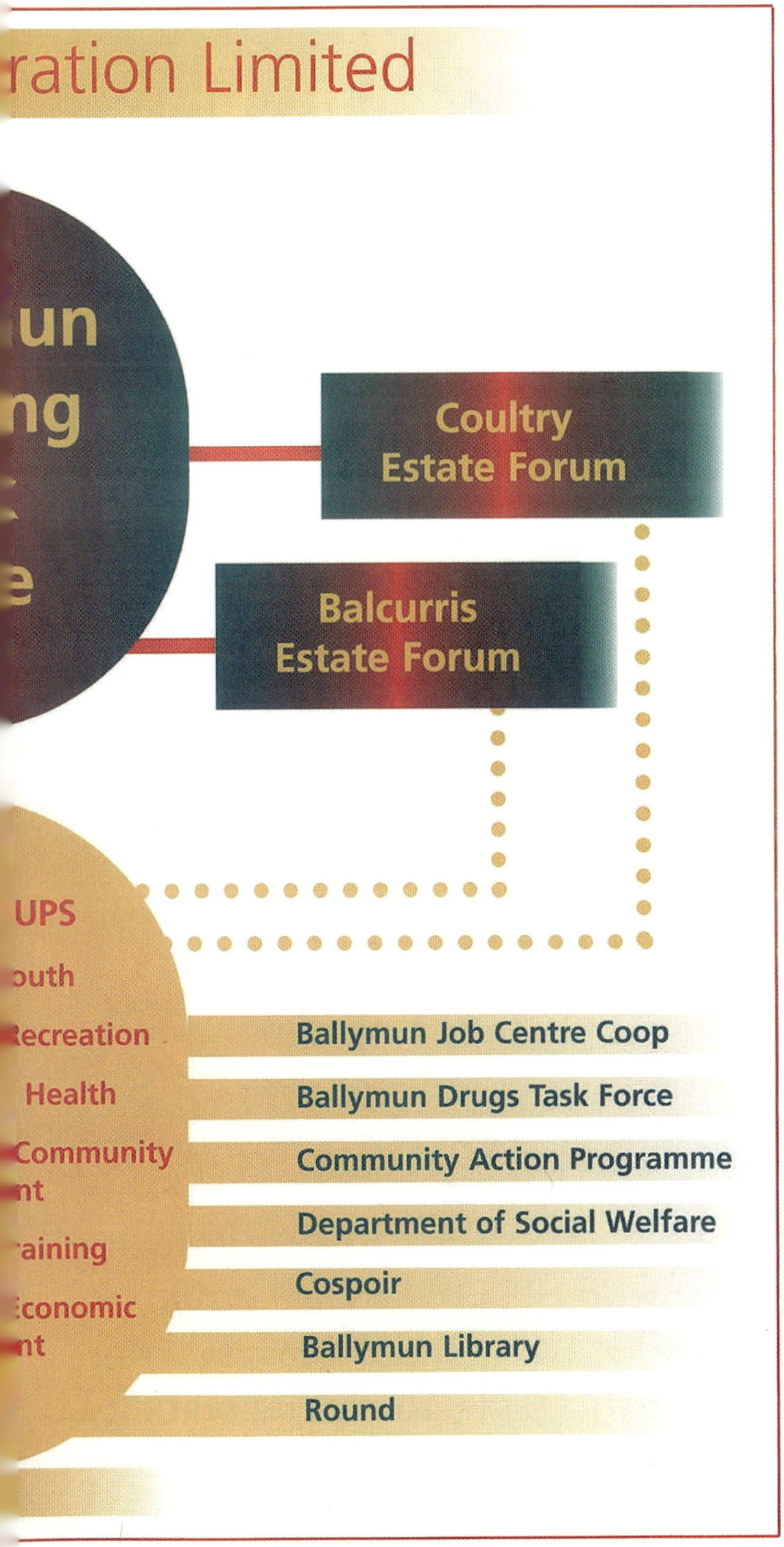

목적

주택 신축은 총체적 재개발 계획의 중심 요소가 될 것이며, 재개발 계획에는 경제, 사회개발도 포함되어 있습니다. 마스터플랜의 전체적인 목표는 다음과 같습니다.

- 지속가능한 사회, 경제재생 보장
- 환경의 질 개선

계획은 폭넓게 문제를 다루어야하며, 다음 문제에 대한 제안을 고려해야 합니다

- 취업회사 와 직업훈련의 기회
- 복지 시설 과 지역 편익 시설
- 지역사회 개발
- 도시디자인 및 조경디자인
- 교통과 방범
- 레저와 휴양
- 쓰레기 감소와 에너지 효율성 극대화
- 토지 용도와 건물디자인
- 지역지구 관리 와 유지보수
- 지역 내 투자
- 주택소유권 다양화

지역사회 자문 조직도

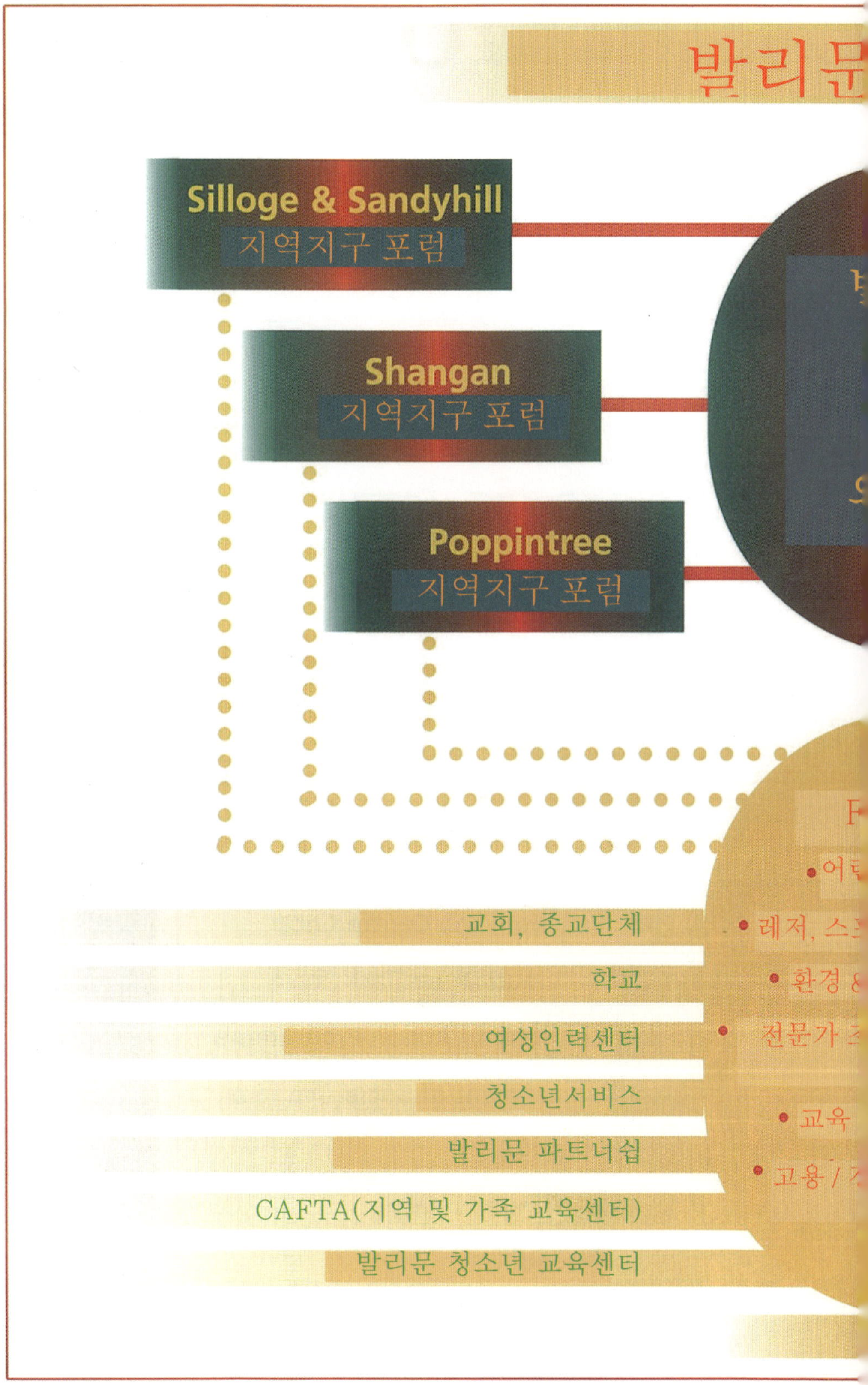

여러분이 할 수 있습니다.

발리문재생회사와 자문단은 전담위원회, 발리문 파트너쉽 및 기타 지역사회단체들과 긴밀한 협력 체제를 가질 것 입니다. 하지만, 이것은 전체의 한 일부분일 뿐입니다.

이 모든 것이 성공적으로 실행되기 위해서는 세입자 및 주민 여러분 모두가 참여하여 여러분 모두의 요구가 고려되는지 적극적으로 개입해 주셔야 합니다. 이러한 여러분의 노력이 없다면 전체의 계획이 진정한 성공을 거둘 수 없기 때문입니다.

저희는 정부 제출용 첫 보고서와 마스터플랜 초안을 2월까지 준비해야 하기 때문에 시간이 매우 촉박합니다.

그 첫 단계로 11월 29일 토요일 쇼핑센터에서 열리는 발리문 계획입안일에 주민여러분 모두 참석해 주시는 것입니다. 당일은 BRL, 전담위원회 및 발리문 파트너쉽과 함께 모든 자문단이 현장에서 하루 종일 대기하면서 여러분과 문제점과 해결방안 및 아이디어에 대하여 이야기를 나눌 것입니다. 현장에는 행사부스 등에서 모형과 디자인안 전시가 있을 것입니다. 이 지역이 어떤 모습이 되어야 할지, 어떠한 시설들이 어디에 건설되어야 할 지 등에 대한 여러분의 의견을 들려주실 좋은 기회가 될 것입니다.

이것은 앞으로의 긴 여정에 첫발을 내딛는 순간이며, 최대한 많은 주민의 의견이 반드시 필요한 자리입니다. 11월 29일, 반드시 오셔서 직접 변화를 만들어 주십시오.

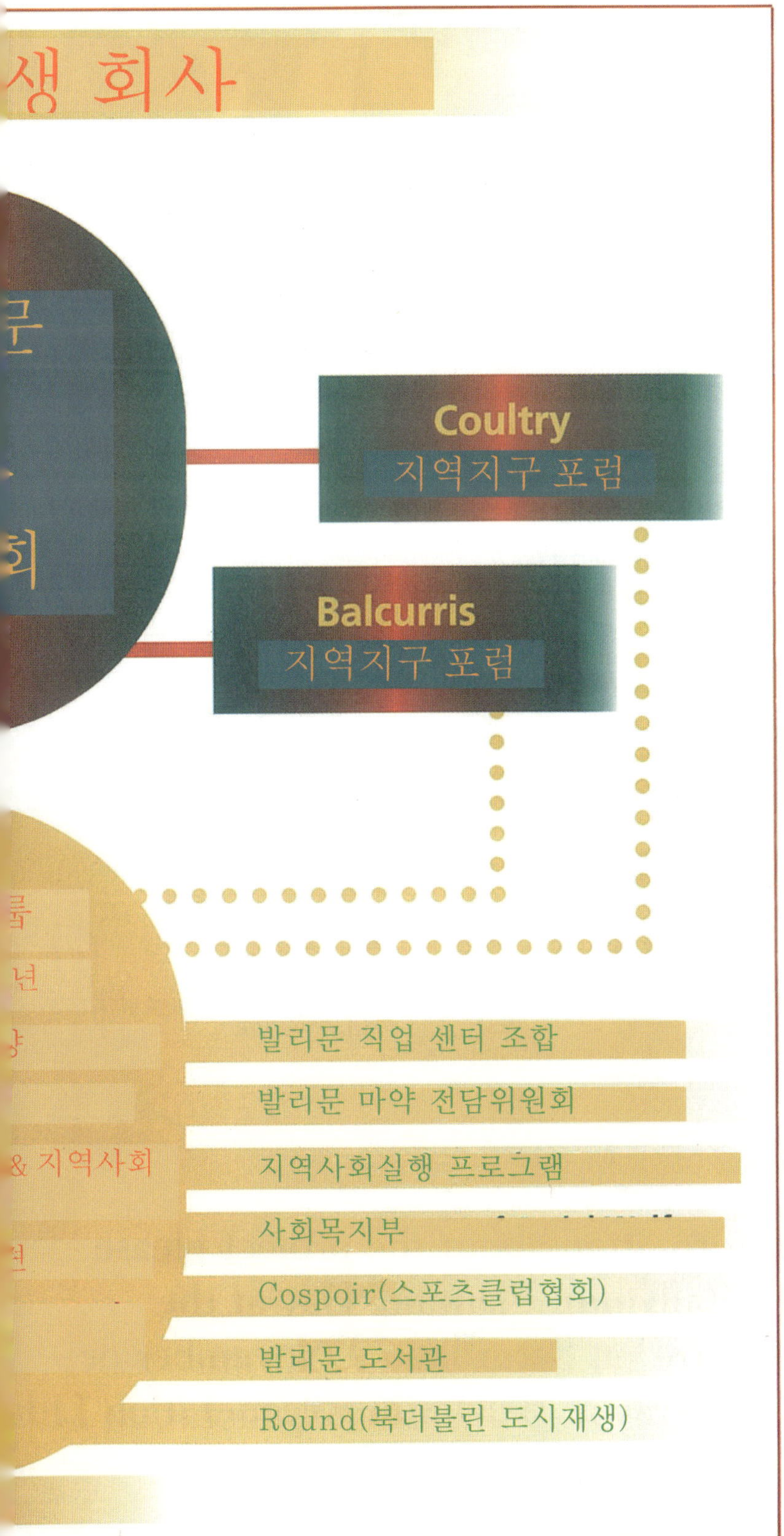

WHO ARE WE?

The team of consultants covers a wide range of experience - urban design, architecture, community consultation and development, engineering, landscape design, employment creation, economic regeneration and estate management.

The team is led by architects MacCormac Jamieson Prichard (MJP) with partner David Prichard heading up the Masterplan design team. They will be working with Dublin based architects O'Mahony Pike who will co-ordinate the process on the ground.

Staff of O'Mahony Pike the Dublin based architects who will be co-ordinating the project.

David Prichard who is heading up the Masterplan design team

Other team members are:

DH Regeneration
Stephanie Al-Wahid
Tenant consultation and community development

Dearle and Henderson
Peter Hancock
Quantity surveying and cost control

Halcrow Fox
Mick Yaxley
Economic development and inward investment

McHugh Consulting
Bernard McHugh
Land use options

Brady Shipman Martin
David Bagnall
Landscape architects

Muir Associates
Tom Walsh
Underground services and infrastructure

For more information about the project please come to the Ballymun Planning Day at the Shopping Centre on Saturday 29 November or call Ciaran Murray at Ballymun Regeneration Ltd (BRL) on 842 1144.

저희는?

자문단팀은 도시디자인, 건축, 지역사회 자문과 개발, 공학, 조경디자인, 고용창출, 경제 재생 및 지역지구 관리 등 매우 폭넓은 분야의 경험자들로 이루어져 있습니다.

팀은 건축사무소 MJP 대표인 맥코맥 제미슨 프리차드(MacCormac Jamieson Prichard)와 마스터플랜 디자인팀의 리더인 그의 사업파트너인 데이빗 프리차드(David Prichard)가 이끌고 있습니다. 그들은 더블린 출신 건축가들로 구성된 O' Mahony Pike사와 현장업무를 협조할 것입니다.

사업을 조직할 더블린 출신 건축회사 O' Mahony Pike사의 직원들

마스터플랜 팀을 이끌고 있는 데이빗 프리차드(David Prichard)

기타 팀원

DH 재생사
스테파니 알-와히드(Stephanie Al-Wahid)
세입자상담 및 지역사회개발

Dearle and Henderson사
피터 핸콕(Peter Hancock)
견적 및 비용관리

Halcrow Fox사
믹 약스리(Mick Yaxley)
경제개발 및 지역내 투자

McHugh 컨설팅사
버나드 맥휴(Bernard McHugh)
토지용도옵션

Brady Shipman Martin사
데이빗 바그날(David Bagnall)
조경 건축

Muir Associates사
톰 왈쉬(Tom Walsh)
지하매립시설 및 기반시설

프로젝트에 관한 자세한 사항은 11월 29일 토요일 쇼핑센터에서 열리는 발리문 계획입안일에 참석해 주시거나 발리문재생회사의 씨아란 머레이(Ciaran Murray)에게 연락주시기 바랍니다. 842 1144

BALLYMUN REGENERATION

REDEVELOPMENT NEWS

Issue 2 December 1997

WHAT YOU TOLD US AT BALLYMUN PLANNING DAY

Ballymun Planning Day

The Planning Day on Saturday the 29th of November was a resounding success with around 2000 residents coming along to say what they thought of Ballymun and what they would like to see in the future.

The Planning Day was another opportunity for people to talk to BRL, its architects and consultants, and to ensure their concerns were addressed in the Master Plan. The ideas generated through this process are now helping to inform the Integrated Area Plan which is aimed at encouraging new business and investment in Ballymun.

Ciaran Murray, the Managing Director of Ballymun Regeneration Ltd. (BRL), said he was delighted with the response and added that the whole team had benefited from the interaction with the community on the day. Ciaran was impressed by the turn-out of the community and said that he hopes this event marks the beginning of a positive and fruitful relationship with the residents and community groups of Ballymun.

A key aim of the day was to ensure that BRL brought the consultation process out to the wider audience. To achieve this we:

- exhibited drawings showing work-in-progress and possible ideas for the future
- encouraged people to identify problem areas and services needed by placing indicator cards on a model of the estate. The model was very kindly provided by the pupils of the Holy Spirit School
- exhibited display boards of “Key Questions” which the Focus Groups and Design Groups developed
- asked people to complete a questionnaire which allowed us to get individual viewpoints. The prize of £25 went to Vincent Gaffney from Shangan - Congrats! Vincent
- had a suggestion box which was packed with good ideas by the end of the day

Lead consultant David Prichard discussing ideas with local people at the Planning Day

continues on back page

발리문 재생

재개발 소식지

제2호 1997년 12월

주민 여러분의 의견

발리문 계획입안일에

계획입안일 (11월 29일 토)은 2000여명의 주민이 참가하여, 현 발리문에 대한 주민들의 평가와 미래 발리문의 청사진에 대한 의견을 교류하며 대성공을 거두었습니다.

계획입안일은 주민들이 BRL을 포함하여 소속 건축가 및 자문단과 대화를 할 수 있는 또 하나의 기회였고, 마스터플랜에 대한 주민들의 걱정을 확인할 수 있는 장이었습니다. 이 과정에서 도출된 아이디어들로 발리문의 비지니스 및 투자 장려 전략인 통합지역계획을 보강할 수 있는 큰 힘이 되었습니다.

발리문 재생회사 (BRL)의 사장인 씨아란 머레이(Ciaran Murray)씨는 시민들의 적극적인 반응에 기쁨을 감추지 못했고, 그 날 지역 주민들과의 교류로 인해 전체 팀에 많은 도움이 되었다고 덧붙였습니다. 또한, 씨아란(Ciaran)씨는 지역주민들의 출석률에 놀라움을 금치 못했고, 이번 이벤트가 발리문 지역주민과 지역주민조직 간의 긍정적이고 결실 있는 관계의 시작을 알리는 지표가 되길 희망한다고 덧붙였습니다.

이 날의 주요 목표는 BRL의 자문 과정에 주민 모두에게 알리고 참여를 유도하는 것이었으며, 이를 위해 본사는 아래의 사항들을 준비하였습니다.

- 진행 중에 있는 작업과 가능성 있는 미래계획에 대한 디자인안 전시
- 지역 주민들이 문제 지역을 지정하고 그곳에 필요한 서비스가 무엇인지 파악할 수 있도록 지역 모형 위에 주민 스스로 표시카드를 붙이도록 함. 모형은 성령학교(Holy Spirit School) 학생들이 제공
- 포커스 그룹과 디자인 그룹이 제시한 "주요 질문" 게시판 전시
- 주민 개개인의 의견 수집을 위한 설문지 작성. £ 25의 상금은 샹겐(Shangan)에서 온 빈센트 가프니(Vincent Gaffney)씨 획득 – 축하합니다. Vincent씨!
- 의견함 설치. 좋은 아이디어로 의견함이 가득찼음.

발리문 계획입안일에 지역 주민과 대화를 나누는 자문단 대표 데이빗 프리차드(David Prichard)

JOBS & TRAINING	YES	NO
I would like to work near my home	93%	7%
I would like a job on the building sites when the new work starts	74%	26%
I think we should have a Building Skills Training Programme for Ballymun residents	95%	5%
I would like to get a job but I can't because I have nobody to look after my children	84.5%	15.5%
I would work if I had some financial help with looking after my children	96%	4%
If I got a job the cost of having my children cared for would take too much of my wages to make it worth coming off benefit	96%	4%
I think local people should get the first chance for any new jobs created in the area.	98%	2%
I would like to start my own business	59%	41%
I feel I need some training before I could get a job	82%	18%
I need more confidence before I try to get a job	59.5%	40.5%
I would like to have some training on computers to help me get a job	87.5%	12.5%
I would like a business skills/computer training facility on Ballymun	95.5%	4.5%
I could only do a part-time training course	87%	13%
I want a workshop that is cheap and secure on Ballymun	88%	12%

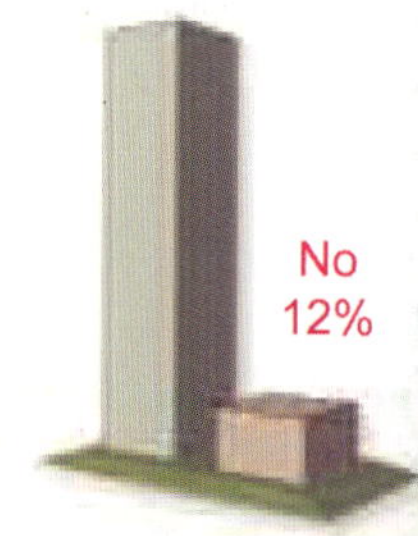

Ballymun has a goo community sprit

"Give people dignity"

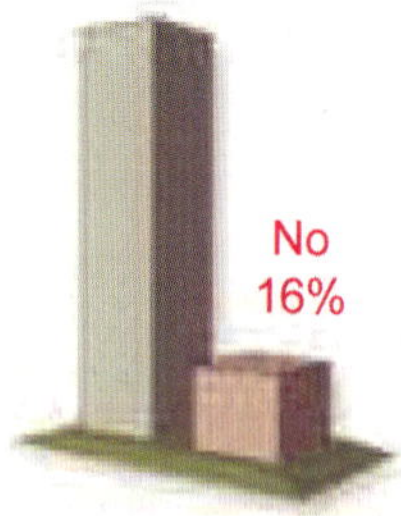

Children are happy at their schools

WOULD YOU SUPPORT......	YES	NO
A campaign to improve the image of Ballymun	98%	2%
A clean up Ballymun campaign	99%	1%
Encouraging people to take pride in their community	96%	4%
A community training and employment scheme to carry out and look after improvements	95%	5%
Making sure Ballymun gets some good publicity	97%	3%

"Demol Ballymu and sta again"

WHAT YOU TOLD US

EDUCATION	YES	NO
I would like a homework club set up on the estate	95%	5%
Too many children skip going to school	98.5%	1.5%
I need help getting my children to school	23.5%	76.5%
I would like a nursery school on the estate for 3 to 5 year old children	96.5%	3.5%
More projects on the estate should involve the school	99.5%	0.5%
My children are happy at the school	84%	16%
I am happy with my children's school	76%	24%

"The people are great wit all they have to put up wi"

WHAT DO YOU THINK ABOUT BALLYMUN	YES	NO
Ballymun has a good community spirit	88%	12%
People look out for each other here	76%	24%
Ballymun has a bad reputation	89%	11%
It's only a few people that cause the problems	90.5%	9.5%
There's nothing for youths to do on the estate	80%	20%
We need more community facilities	92.5%	7.5%
I don't feel safe on the estate at night	72.5%	27.5%
The estate lighting is not good enough	54.5%	45.5%
There is too much open unused space on the estate	64%	36%
There is always litter and rubbish lying around	98%	2%
They should do something to improve the public areas	99.5%	0.5%
People should take pride in the estate	98.5%	1.5%

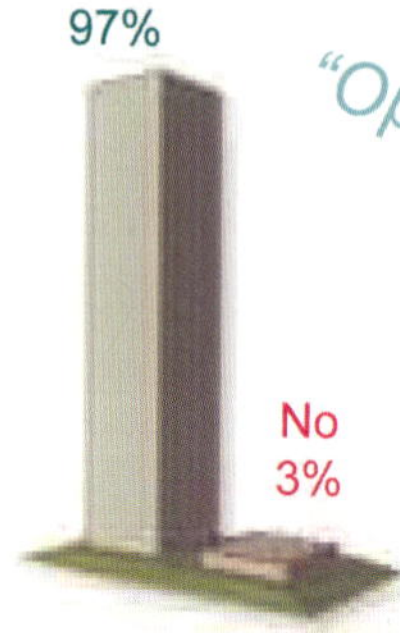

We need local neighbourhood parks

"Open drug abus"

"Ensure residents have a say"

I would like to stay living with my neighbours when they build new homes

TRANSPORT	YES	NO
The bus service is within easy reach of the whole estate	81.5%	18.5%
I would like to be able to park my car outside my home	99%	1%
We need to do something to keep the horses safely	97.5%	2.5%
There should be somewhere where people can enjoy riding their horses without causing problems for other people	91.5%	8.5%
The pedestrian crossings on the estate are in the wrong place	93%	7%
The new LUAS (trams) should go through Ballymun	93.5%	6.5%
It should be easier to walk or drive to the Omni from Ballymun	93%	7%
The big roundabout near the shopping centre should be made into a crossroads	69.5%	30.5%
Cars are a danger to young children on the estate at the moment	92%	8%

장과 취업교육	예(%)	아니오(%)
의 집과 가까운 곳에서 일하고 싶다.	93	7
로운 일을 시작할 때 건설 현장에서 일하고 싶다.	74	26
리문 주민을 위한 '건설기술 훈련 프로그램'이 있어야 한다고 생각한다.	95	5
업을 갖고 싶지만, 내 아이를 돌봐줄 사람이 없어서 불가능하다.	84.5	15.5
아 서비스와 재정 지원을 받는다면 일을 할 것이다.	96	4
가 일을 하여 번 돈으로 현재 받고있는 국가지원 탁아서비스 수준과 같은 서비스를 으려면 돈이 모자랄 것이다.	96	4
역 내 새로 생긴 직업에 대해 지역 주민이 우선권을 가져야 한다고 생각한다.	98	2
영업을 시작하고 싶다.	59	41
는 취업하기 전에 직업 훈련이 필요하다고 생각한다.	82	18
는 취업하기 전에 좀더 자신감이 필요하다고 생각한다.	59.5	40.5
는 취업을 위해 컴퓨터 교육이 필요하다고 생각한다.	87.5	12.5
리문에 창업기술이나 컴퓨터훈련 시설이 있었으면 좋겠다.	95.5	4.5
는 시간제 취업교육과정 밖에 받을 수 없다.	87	13
리문에 가격이 저렴하고 안정적인 워크샵교육이 있었으면 좋겠다.	88	12

발리문의
공동체 의식은 좋다

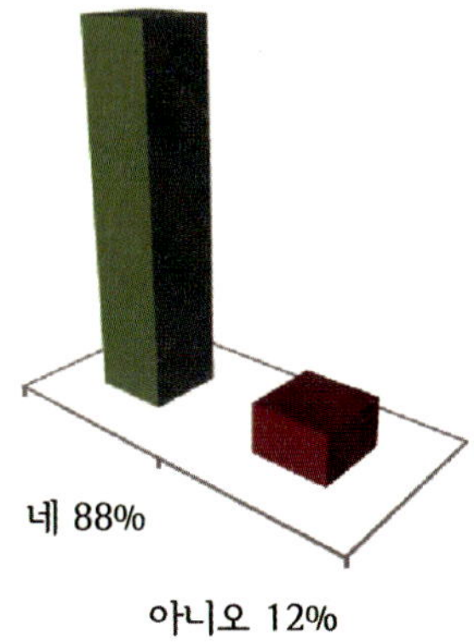

"주민에게 품위를"

당신도 함께 하겠습니까?	예(%)	아니오(%)
발리문의 이미지를 개선시키기 위한 캠페인	98	2
발리문을 청결하게 하기 위한 캠페인	99	1
지역사회에 자부심을 갖도록 타인을 격려	96	4
지역 개선을 위한 지역사회 교육 및 고용 계획	95	5
발리문의 대외 지명도 개선을 위한 노력	97	3

"발리문을 철거하고
다시 시작하자"

아이들이 학교생활에
즐거워한다.

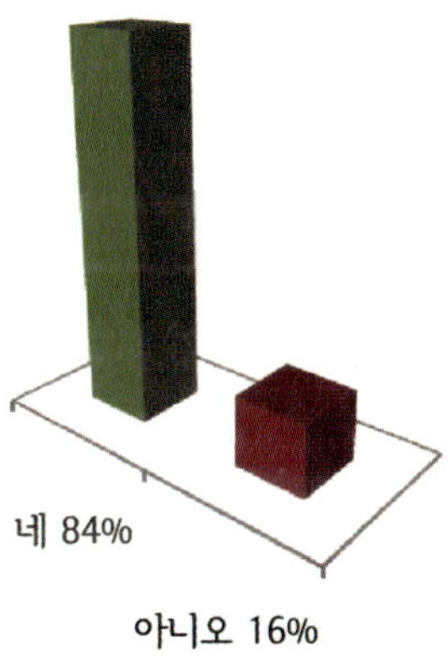

교육	예(%)	아니오(%)
지역 내에 숙제클럽이 있었으면 좋겠다.	95	5
무단결석하는 아이들이 너무 많다.	98.5	1.5
나는 아이들을 등교시키는데 도움이 필요하다.	23.5	76.5
지역 내에 3~5세 유아를 위한 보육원이 있었으면 좋겠다.	96.5	3.5
지역 내 사업 중 학교와 관련된 사업이 많았으면 좋겠다.	99.5	0.5
내 아이들은 학교생활이 즐겁다.	84	16
나는 내 아이들의 학교에 대해 만족한다.	76	24

발리문에 대해 어떻게 생각합니까?	예(%)	아니오(%)
발리문의 공동체의식은 좋다.	88	12
서로 다른 사람을 돌봐준다.	76	24
발리문의 지역 평판은 나쁘다.	89	11
문제를 일으키는 사람은 소수일 뿐이다.	90.5	9.5
지역 내에 청소년이 즐길 거리가 없다.	80	20
지역주민시설이 더 필요하다.	92.5	7.5
지역 내에서 밤에 안전하지 않다고 느낀다.	72.5	27.5
지역 조명이 좋지 않다.	54.5	45.5
지역 내에 사용되지 않는 공간이 불필요하게 많다.	64	36
주변에 항상 폐품과 쓰레기가 널려있다.	98	2
공공장소를 개선하기 위해 무언가 해야 한다.	99.5	0.5
주민들은 지역에 관해 자부심을 가져야 한다.	98.5	1.5

지역내에 지역주민공원
이 필요하다

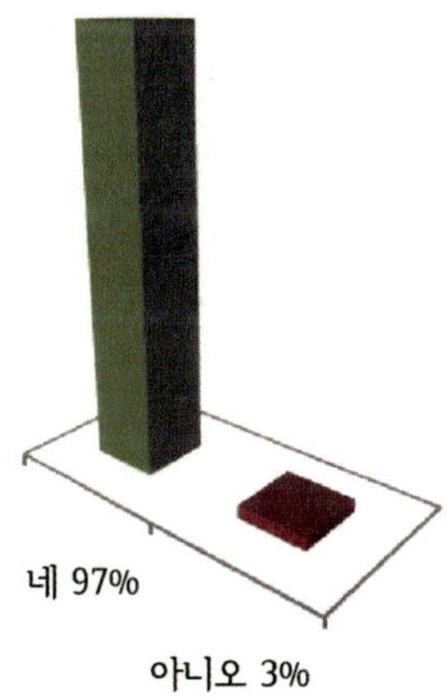

"반드시 주민의 의견을 반영"

새 주택이 들어서면 이웃
들과 계속 살고 싶다.

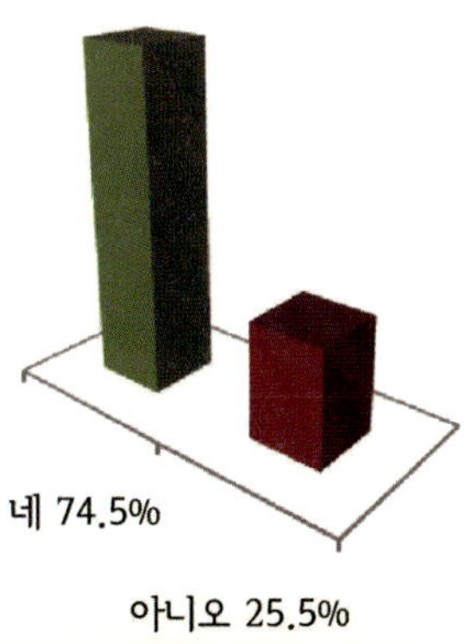

교통	예(%)	아니오(%)
지역 내 모든 곳에서 버스서비스 이용이 편리하다.	81.5	18.5
내 집 앞에 주차를 하고 싶다.	99	1
말을 안전하게 관리하는 대책을 강구해야 한다.	97.5	2.5
다른 사람에게 피해를 주지 않으면서 승마를 즐길 수 있는 장소가 필요하다.	91.5	8.5
지역 내에 횡당보도의 위치가 올바르지 않다.	93	7
LUAS (경전차)는 발리문을 거쳐 가야 한다.	93.5	6.5
발리문에서 옴니(Omni)로의 소통(도보, 차)이 보다 원활해야 한다.	93	7
쇼핑센터 근처의 원형교차로는 일반 교차로로 바뀌어야 한다.	69.5	30.5
현재 지역 내에서 자동차는 어린 아이들에게 위험요소이다.	92	8

COMMUNITY FACILITIES	YES	NO
We need somewhere where young people can meet safely	100%	0%
We need more facilities for parents with young children	99%	1%
We need somewhere for children to go after school	98%	2%
We need local neighbourhood parks	97%	3%
We need one big central park	64%	36%
We need playgrounds on each area of the estate	99.5%	0.5%
We need community centres in each area of the estate	95%	5%
We need a centre in Ballymun where people can get all the Corporation Services	99.5%	0.5%
We need community facilities in the centre of the estate	96%	4%
We need a sports and leisure centre	98%	2%
We need an arts and exhibition space	84%	16%

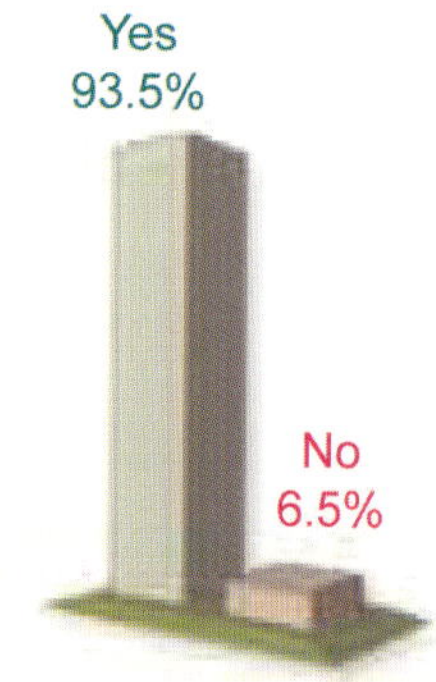

The new LUAS (trams) should go through Ballymun

I want shops within 10 minutes of my home

"Not a good place to bring up children"

HOME OWNERSHIP	YES	NO
I would like to buy a new house in Ballymun	60%	40%
We will need more than just new homes to make Ballymun a proper town where people want to live	99.5%	0.5
I would not leave Ballymun if I could buy a decent house here	68%	32%
I would need some financial help to buy my own house	96.5%	3.5
I would not mind houses for sale being built in Ballymun	85%	15%
I would like to go on being a Corporation tenant when I get my new home	66%	34%

WHAT YOU TOLD US

"The rubbish and litter"

SHOPPING IN BALLYMUN	YES	NO
I want shops within 10 minutes of my home	96%	4%
I don't like my kids going to the shopping centre alone	80%	20%
The Shopping Centre looks ugly from the road	88.5%	11.5%
People driving past do not know how to get into the Shopping Centre	66.5%	33.5%

SHOPPING IN BALLYMUN *Photos*	LIKE	DISLIKE
High Street shops	48.5%	51.5%
Shopping Centre	64%	36%
Local Shopping Street	21.5%	78.5%
Corner Shop	25%	75%

PLAY *Photos*	LIKE	DISLIKE
Toddlers Playground	84%	16%
Informal Playing Areas	85.5%	14.5%
Enclosed Play Area in Park	98%	2%
Specific Games e.g. Cycle Park	89.5%	10.5%

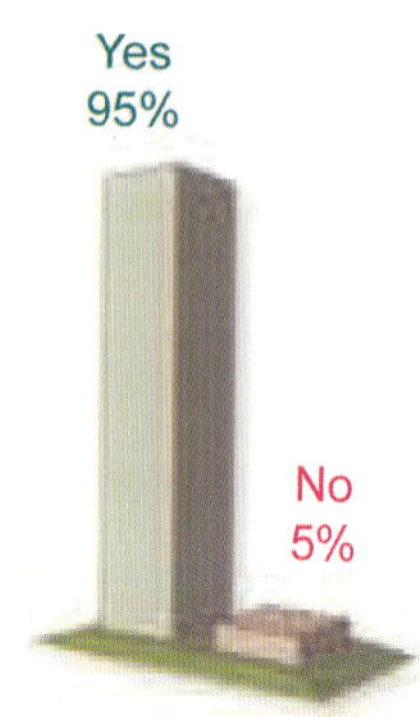

I would support a community training and employment scheme to carry out and look after improvements

"Vandalism"

"People hanging around and taking drugs"

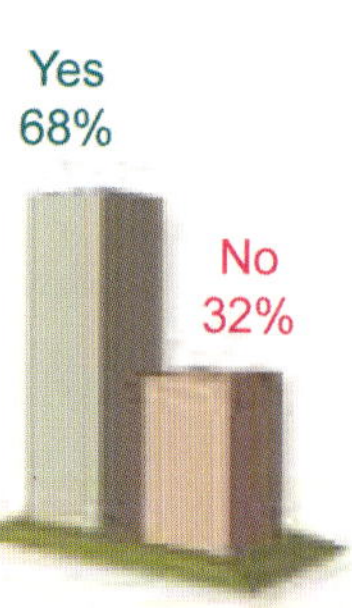

I would not leave Ballymun if I could buy a decent house here

NEW HOMES IN BALLYMUN	YES	NO
I would like to stay living near my neighbours when they build the new homes	74.5%	25.5%
I would like to stay in the area I live in at the moment	71%	29%
I would like to see the tower blocks demolished	88%	12%
I think families with children should have homes with private gardens	96.5%	3.5%
I would prefer to live in a flat	16.5%	83.5%
We need somewhere for homeless young people to go when things get difficult at home	93%	7%
I would like to build my own home with help from others	70%	30%
I think that residents should have a lot of involvement in the design of the new homes	97%	3%

역주민시설	예(%)	아니오(%)
은이들이 안전하게 만날 수 있는 장소가 필요하다.	100	0
유아가 있는 부모를 위한 시설이 더 필요하다.	99	1
이들이 방과후 갈만한 장소가 필요하다.	98	2
역주민공원이 필요하다.	97	3
역 중심에 대규모 중앙공원이 필요하다.	64	36
지역 내에 놀이터가 필요하다.	99.5	0.5
지역 내에 커뮤니티센터가 필요하다.	95	5
리문에 도시자치체 서비스를 받을 수 있는 터가 필요하다.	99.5	0.5
역 중심에 지역주민시설이 필요하다.	96	4
포츠 레저 센터가 필요하다.	98	2
술 및 전시회 공간이 필요하다.	84	16

LUAS (경전차)가 발리문 을 거쳐 가야한다.

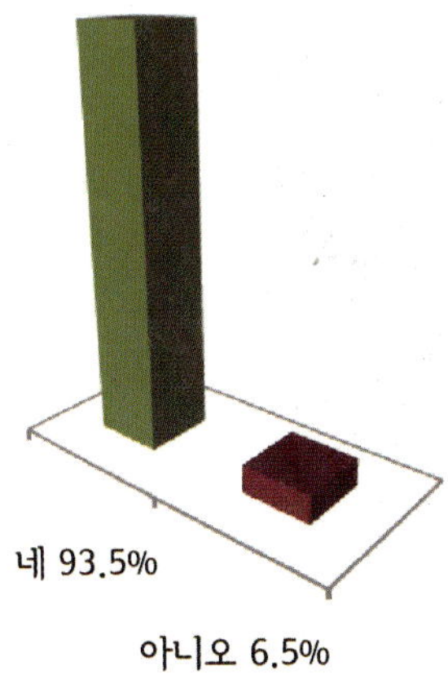

집에서 10분 내의 거리에 가게가 있었으면 좋겠다.

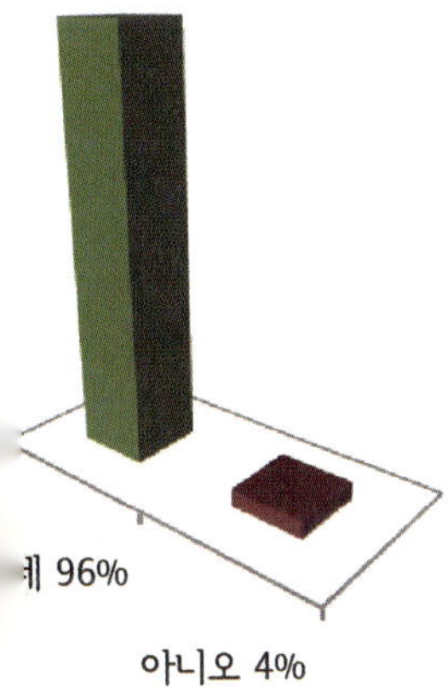

주택 소유권	예(%)	아니오(%)
나는 발리문에 새 주택을 사고 싶다.	60	40
발리문을 살고 싶은 도시로 만들려면 새 집 이상의 것이 필요하다.	99.5	0.5
나는 이곳에서 괜찮은 집을 살 수 있다면 발리문을 떠나지 않을 것이다.	68	32
내 집을 구입하는데 재정적인 도움이 필요하다.	96.5	3.5
발리문에 분양용 주택이 신축되어도 상관없다.	85	15
신축 주택을 소유하게 되었을 때 도시자치체 임차인 자격을 유지하고 싶다.	66	34

"아이를 키우기 나쁜 곳"

지역개선을 위한 지역사회교육 및 고용계획을 지원할 것이다.

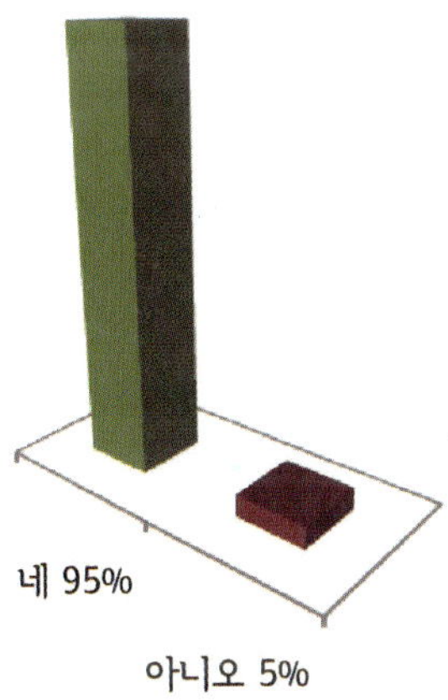

리문에서의 쇼핑	예(%)	아니오(%)
는 집에서 10분 내의 거리에 가게가 있었으면 좋겠다.	96	4
는 아이가 혼자 쇼핑 센터에 가는 것을 좋아하지 않는다.	80	20
핑센터의 외관이 흉하게 생겼다.	88.5	11.5
로 지나가는 사람들이 쇼핑센터로의 진입 방법을 모른다.	66.5	33.5

리문에서의 쇼핑 사진	좋다(%)	싫다(%)
번화가의 상점들	48.5	51.5
쇼핑센터	64	36
지역 쇼핑가	21.5	78.5
구멍가게	25	75

"파괴행위"

주민 여러분의 의견
"쓰레기와 폐품"

놀이 사진	좋다(%)	싫다(%)
유아 놀이터	84	16
놀이 공간	85.5	14.5
공원 내의 놀이 공간	98	2
특정 게임 (예. 자전거 공원)	89.5	10.5

괜찮은 집을 살 수 있으면 발리문을 떠나지 않겠다.

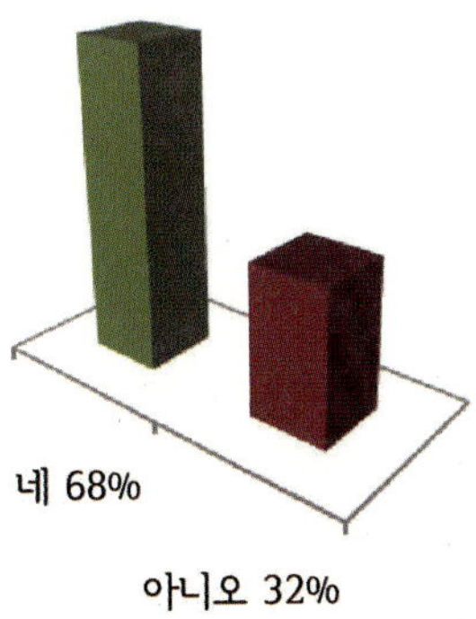

"거리를 방황하며 마약을 하는 사람들"

발리문의 새 주택	예(%)	아니오(%)
새 주택이 들어서면 이웃의 주변에서 계속 살고 싶다.	74.5	25.5
지금 현재의 지역에서 계속 살고 싶다.	71	29
탑상형 아파트가 철거되는 것을 보고 싶다.	88	12
자식이 있는 가족은 집에 개인 정원이 있어야 한다고 생각한다.	96.5	3.5
발리문의 구 아파트에서 사는 것이 좋다.	16.5	83.5
집에 문제가 있어 집을 나온 청소년이 갈만한 곳이 필요하다.	93	7
나는 도움을 받아서 내 집을 손수 짓고 싶다.	70	30
새 주택을 디자인 할 때 거주민의 참여가 많아야 한다고 생각한다.	97	3

continued from page 1

Children having fun at Ballymun Planning Day

The results of the Question Boards are shown on pages 2 and 3. While they are not a scientific analysis of what people think, they do give us a good indication of local views and opinions which we can feed into the development of the Masterplan. The information is a base to build on as the consultation moves into the community and gathers pace. The analysis of the questionnaires is being done at the moment and we will report on this in the next newsletter.

The Planning Day brought information and ideas from the Design & Focus Groups out for wider consultation. Focus Groups' members were drawn from existing Community and Tenants representatives. They have been meeting for the last month discussing Employment & Economic Development; Health & Physical Environment; Children & Youth; Education & Training; Leisure, Sports & Recreation and Advice, Support & Community Development. The Focus Groups have elected representatives to a Design Group. Each week the Design Group meets with the architects and discusses the information gathered to develop the Master plan.

We are still in the early stages. Exciting times lie ahead and there is some way to go before Ballymun is redeveloped. The Planning Day and the Masterplan are the first steps on that road.

What Happens Next?

- **Open Public Meetings** are coming to your area soon. Keep an eye out for publicity advertising the time and place.
- **New Working Groups** are being set up in the New Year with residents and community groups, to promote on going influence over the Masterplan and its implementation. These working groups will focus on such critical issues as promoting:-

  (a) A New Image for Ballymun
  (b) Estate Management and Home Ownership
  (c) Training and Employment
  (d) Economic Development through Tax Incentives

- Meetings with your **Area Forum Representatives** to develop design ideas for your neighbourhood
- The **Design Group** to continue meeting weekly to develop the Masterplan
- Follow-up **Planning Day** in February 1998 to present the draft Masterplan proposals
- Weekly **Information Desk** in the shopping Centre - Thursdays 11 a.m. to 2 p.m.

Submission of the Masterplan to the Department of the Environment at the end of February.

After the Masterplan has been approved we will have a framework which will enable us to work with residents in more detail on such issues as the phasing of the redevelopment and developing house types with a view to signing contracts with builders for the first phases by late 1998.

For more information please contact
Eamon Farrelly at BRL on 842 1144

Ballymun Regeneration - Logo

A number of eleven year old school children, selected from the local primary schools, have been participating in an Arts and Design exercise to design a logo for the Regeneration Company over recent weekends.

The children have been tutored by four local artists with expert design assistance provided by the Boyle Design Group. Three very lively half-day sessions took place, including one outing to the Irish Museum of Modern Art in the Royal Hospital, Kilmainham. It is hoped to launch the logo and display the development process including the work of the children at the next exhibition and consultation day which is proposed for the Shopping Centre in early February.

"Wishing you a Merry Christmas and we look forward to making 1998 a Happy New Year for Ballymun"

From all at BRL

"Key Question" boards at Ballymun Planning Day

발리문 계획입안일에 재미있게 노는 아이들

'질문 게시판' 의 결과는 2, 3페이지에 나와 있습니다. 비록 이것은 주민들의 생각을 과학적으로 분석한 것은 아니지만, 마스터플랜 계획 시에 참고가 될 수 있는 지역의 소리로서 좋은 지표가 될 것입니다. 이 정보들은 지역주민과의 자문이 시작되고 성숙해지기 위한 기반입니다. 현재 질문지의 분석은 완료되어 그 결과는 다음 뉴스레터에 기사화 될 것입니다.

계획입안일은 디자인 그룹과 포커스 그룹으로부터의 정보와 아이디어에 대한 폭넓은 평가의 좋은 계기가 되었습니다. 포커스 그룹의 구성원은 기존의 세입자 커뮤니티의 대표들 중에서 선발되었습니다. 그들은 지난 한 달간 모임을 갖고, 고용과 경제개발, 보건과 물리 환경, 아이들과 청소년, 교육과 취업훈련, 레저 및 스포츠와 여가, 대민 상담과 지역개발에 대해 논의해 왔습니다. 포커스 그룹은 디자인 그룹의 대표를 선출했습니다. 매주 디자인 그룹은 건축가들을 만나, 마스터플랜 계획을 위해 수집한 정보에 대해 논의 하였습니다.

우리는 아직 초기단계에 있습니다. 기쁨의 시간은 지금부터이며, 발리문의 재개발을 시작하기 전에 거쳐야 할 관문들이 있습니다. 계획입안일과 마스터플랜은 그 여정의 첫 발걸음 인 것입니다.

후 일정은?

- **공개 공청회**가 곧 있을 예정입니다. 시간과 장소를 공지하는 광고를 주시해 주십시오.

- 주민과 지역주민조직으로 구성된 **실행**들이 새해에 신설됩니다. 마스터플랜의 계획과 실행에 영향을 미칠 것입니다. 이 실행그룹들은 다음과 같은 주요 안건을 다룰 것입니다.
  (a) 발리문의 새로운 이미지
  (b) 지역지구관리와 주택소유권
  (c) 취업교육과 고용
  (d) 세금 혜택을 통한 경제 개발

- 여러분의 동네 디자인 개발을 위한 **지역 포럼 대표**와의 미팅이 있을 것입니다.

- 마스터플랜 계획을 위한 **디자인 그룹**의 주간 미팅이 있을 것입니다.

- 1998년 2월의 차기 **계획입안일**에 마스터플랜 초안 발표가 있을 것입니다.

- 쇼핑 센터의 주간 **정보데스크** – 목 오전11시–오후2시

2월 말, 환경부에 마스터플랜을 제출할 것입니다.

마스터플랜이 승인되면 저희는 주민 여러분과 함께 사업을 행시켜나갈 체계가 생기게 됩니다. 또한, 1998년 말까지인 업 1단계를 위한 시공업체와의 계약을 위해 재개발사업 단 나 주택 유형의 개발 등에 관해 주민 여러분과 좀더 자세히 논할 수 있을 것입니다.

더 자세한 사항은 BRL의 이아몬 페렐리(Eamon Farrelly) 에게 842 1144로 연락 주십시오.

발리문 재생 - 로고

지역 초등학교에서 선발된 11세 학생들이 최근 주말에 재생회사의 로고 디자인을 위해 미술과 디자인 실습에 참가해 왔습니다. 이 아이들은 4명의 지역 예술가와 보일 디자인그룹(Bolye Design Group) 소속의 전문디자인 보조원들이 지도하였습니다. 총 3번에 걸쳐 실시된 반나절간의 실습은 매우 활동적이었고, 그 중 한번은 킬메인햄(Kilmainham)에 위치한 로얄 호스피탈(Royal Hospital)의 아일랜드 현대미술박물관 답사를 가기도 하였습니다. 2월 초에 있을 쇼핑센터를 위한 자문일과 차기 전시회에서 아이들의 작품을 비롯하여 디자인 과정을 전시하고 완성된 로고의 발표식을 할 수 있기를 바랍니다.

"모두 즐거운 성탄이 되시길 기원하며, 1998년은 발리문에 행복한 새해가 되길 바랍니다."

BRL 임직원 일동

발리문 계획입안일의 '주요 질문' 게시판

BALLYMUN REGENERATION

REDEVELOPMENT NEWS

Issue 3 Jan/Feb 1998

Public Meeting in St. Joseph's School Hall

We're Continuing to Consult

- Get Involved -

The public consultation process in relation to the Regeneration Project continues. We held three public meetings in the first half of January for residents of Ballymun. We then extended the consultation process by having a further three public meetings for residents of Cedarwood, Pinewood, Willow Park, Oakwood and Glasnevin Avenue. Our thanks to the many people who braved the elements to attend. We are now making arrangements to hold public meetings for residents of the Shanliss, Oldtown and Shanard areas. Flyers will be dropped into people's homes to let them know the date, the time and the venue.

Fr. Frank Brady attended the first public meeting as a representative for the Chairman of the Task Force. He made the point that unless people in Ballymun get involved in the regeneration, other people will make the plans for the new Ballymun. "The development is going to go ahead and we have to be involved", he said. "If we believe in ourselves, nothing will stop us developing Ballymun the way we want it to be developed. It's a matter of convincing ourselves that we are onto a winner".

At the meetings lots of questions were asked about what might or might not be included in the new Ballymun and many people wanted to know how long the whole process will take. "The project will take at least eight years, with the first building work, hopefully, taking place in each of the five Forum Areas before the end of this year" according to Ciaran Murray, Managing Director, Ballymun Regeneration Limited.

Other questions Ciaran answered at the meetings include

Q What is Ballymun Regeneration Limited doing about what is happening with Santry Woods?

A We are supporting the development at Santry Woods provided there is a gain for Ballymun in what is proposed. We're in contact with Fingal County Council and Woodford, the development company, about their proposals and we hope we will be able to shape whatever proposal is eventually agreed on. We would like to see a combination of a park, housing and business

continued on page 2

발리문 재생

재개발소식지

제3호 1998 1/2월

성요셉 학교(St. Joseph' s School) 강당에서 열린 공청회

공개 자문 지속

- 참여하세요 -

재생 프로젝트와 관련된 공개 자문 과정은 계속될 예정입니다. 발리문 지역 주민을 위해 1월 초부터 중순까지 3차례의 공청회를 가졌습니다. 그 후, 세다우드(Cedarwood), 파인우드(Pinewood), 윌로우 파크(Willow Park), 오크우드(Oakwood), 글라스네빈 에비뉴(Glasnevin Avenue) 지역의 주민들과 추가로 3차례의 공청회를 더 가졌습니다. 궂은 날씨에 개의치 않고 참석해 주신 여러분께 감사드립니다. 현재, 샨리스(Shanliss)지역과 올드타운(Oldtown) 그리고 샤나드(Shanard) 지역의 주민들과의 공청회를 계획 중 입니다. 일시와 장소에 대한 전단지가 각 가정으로 배달될 것입니다.

1차 공청회에는 프로젝트 전담위원회(Task Force)장의 대표로 프랭크 브래디 신부(Fr. Frank Brady)께서 참석 하셨습니다. 그는, 재생과정에 발리문주민이 참여하지 않는다면 타 지역 사람들에 의해 새로운 발리문을 위한 계획이 만들어 질 것이라는 점을 지적하셨습니다. 그는 또한, "개발은 진행될 것이며 우리는 거기에 참여해야 합니다." 라며, "모두 우리 자신을 믿는다면, 발리문을 우리가 원하는 방향대로 개발할 수 있을 것입니다. 그것은 우리가 스스로를 승리자로 믿느냐 마느냐의 문제인 것입니다."라고 덧붙였습니다.

공청회에서 나온 질문들 중 상당수가 새로운 발리문에 무엇이 추가될지에 관한 것이었고, 많은 분들이 전체 과정에 어느 정도의 시간이 소요될 것인지를 궁금해 하였습니다. 이에, 발리문재생회사 사장인 씨아란 머레이(Ciaran Murray)씨는 "금번 프로젝트는 첫 건축 공사를 시작으로 최소 8년이 걸릴 것으로 예상되며, 첫 공사는 금년 말이 되기 전에 5개의 포럼 지역에서 각각 동시에 시작될 예정입니다."라고 답변했습니다.

이밖에 공청회에서 나온 다른 질문에 대한 씨아란(Ciaran)씨의 답변은 다음과 같습니다.

Q 산트리 우즈(Santry Woods)지역에 일어날 일에 대해서 발리문재생회사는 무엇을 어떻게 할 예정입니까?

A 발리문에 도움이 되는 제안이 있을 경우 저희가 산트리우즈(Santry Woods) 개발을 지원 할 것입니다. 현재, 제안서와 관련하여 핀갈(Fingal) 주의회 및 개발회사인 우드포드(Woodford)와 연락 중이며, 최종 결정된 제안서의 내용이 무엇이 되었던 간에 그 제안서의 내용에 저희가 최대한 맞출 여건이 되기를 희망합니다. 저희는 해당 지역을 개발함에 있어서 녹지, 주거지, 상업지가 조화를 이루는 계획을 갖고 있습니다. 특히, 발리문 지

continued from page 1

development on the site. We are particularly keen that there should be physical links from Ballymun into the new development, so that it becomes an amenity for Ballymun as well as a development for neighbouring areas.

Q Is there money earmarked to replace the wooden houses in Ballymun and what about the £2.9 million needed to sort out drainage problems in the area?

A The timber clad houses are not in our brief and are not covered under the £180 million made available by Government. Having said that, we will be using our Masterplan to lobby the Government and hopefully convince them to fund the work that needs to be done. The same goes for the drainage problems. We do not specifically have money for drainage work but we will be replacing a lot of existing roads and sewers and that should have a beneficial effect on some of the current problems.

Q What about the needs of older people in Ballymun?

A The special needs of older people in Ballymun will be factored into the Masterplan. They are an important sector of the population with particular needs and we are very aware of them. Any older people who wish to discuss their hopes and fears for a new Ballymun should come and talk to us.

Cecilia Moore, Eileen Roche, Patricia O'Mahony, Linda O'Conner, Mabel Murphy and Seamus Kelly.

Q Have any decisions been made about the size of the new houses to be built in Ballymun?

A Not yet, though we hope to have some news on this within the next couple of months. We are still gathering the information that will let us assess correctly the population profile of Ballymun. We want to make sure we have accurate figures for the numbers of people in each age group living in the area.

Q What kind of heating will the new houses have?

A We do not know yet but we are looking at all options and we are very aware of the importance of this issue. When we were appointing consultants to the regeneration of Ballymun we specified that they should have extensive expertise in the area of energy conservation and heating. Both our Irish and UK consultants have done a lot of work in this area and they tell us the best way is to get the design right so the buildings are energy efficient. After that it will be important that people should be able to control their own heating and reduce their bills.

Q Will the £180 million promised by Government for the regeneration of Ballymun be spent on housing alone, or will some of it be needed to promote economic development and investment in the area?

A The £180 million will be spent on demolishing t high-rise flats and building replacement housing in Ballym for everyone living in the area who wants to continue to live Ballymun. Additional money will be needed to encoura investment in the area and to promote social development in t new Ballymun. The Masterplan, to be published in March, w be used as a lobbying document to attract additional finan from Government, EU and private sector sources. A application is being made for tax designation in the area a agencies like FAS, the Partnership and the Job Centre all ha funds to contribute to the development of the new town.

Q Will there be enough space to build houses f everyone in Ballymun and will Poppintree Park be used f house construction?

A At present there are approximately 2,600 occupi flats in the Ballymun area which require to be replac with houses. We are confident that we will be able to provi housing for everyone who wants to stay in Ballymun and w hope that everyone wi want to stay in the Ne Town. We plan on it beir of such high quality desig that people will want to sta here or move to here if the do not already live in th area. We propose to build o the fringes of Poppintre Park adjoining Belcla Estate and to the rear of th houses on Pinewoo Crescent. We are als considering the sale of site to the rear of th Oakwood Communit Centre and houses o Cedarwood Road/Oakwoo Close for private housing i order to shape and secure the park and to help finance th undergrounding of high tension cabling in addition to upgradin the remaining 42 acres of Poppintree Park. There will be no los of pitches in the park and the upgraded facilities envisage would include the provision of new dressing room accommoda tion and car park in the park opposite the FAS Training Centre.

Q Is it proposed to extend existing roads in th Pinewood/Willow Park areas into Ballymun?

A It is not proposed to create any new pedestrian links o roads from the adjoining areas into Ballymun.

Q Are there any proposals to extend the LUAS link t the new Ballymun?

A We are having ongoing discussions with the Light Rai Project Office, the promoters of the LUAS Project, and ar confident that the LUAS will be brought up the existing Ballymun Road to service the new Ballymun with a likely extension through Ballymun to the Poppintree Industrial Estate area with possible links on to the Airport and to Finglas.

역 전체가 재개발사업과 물리적으로 직접적인 연계를 가져야 하고, 그럼으로써 주변환경 개선 만이 아니라 발리문 지역 전체의 쾌적성을 달성시킬 수 있다고 생각합니다.

Q 발리문의 목재피복주택 교체를 위해 별도로 책정된 자금이 있나요? 그리고, 지역의 수도배관 문제해결에 필요한 2천9백만 파운드(£)는 있나요?

A 목재피복주택은 저희 계획에 포함되어 있지 않고, 정부로부터의 지원자금 £1억8천만 에도 포함되어 있지 않습니다만, 저희는 마스터플랜을 사용하여 정부로부터 추가자금을 지원 받을 수 있도록 계속 교섭할 것입니다. 상하수도 문제 또한 마찬가지 입니다. 저희가 상하수도 공사 자금을 별로도 가지고 있지는 않지만, 앞으로 많은 기존의 도로와 하수도가 교체될 것이고, 그로 인해 현재 문제에 다소나마 도움이 되리라 여겨집니다.

Q 발리문 노인들을 위한 계획은?

A 노인들을 위해 특별히 필요되는 요소들은 마스터플랜의 중요한 요인으로 반영될 것입니다. 그들은 발리문 구성인구의 중요한 부분이면서 특별한 서비스가 필요하다는 것을 저희는 매우 잘 알고 있습니다. 새로 태어날 발리문에 대한 걱정 혹은 희망사항 등에 대해 말씀하고 싶으신 노인 분들은 꼭 저희에게 연락해 주십시오.

세실리아 무어(Cecilia Moore), 에일린 로체(Eileen Roche), 패트리샤 오마호니(Patricia O' Mahony), 린다 오코너(Linda O' Conner), 마벨 머피(Mabel Murphy), 시무스 켈리(Seamus Kelly)

Q 발리문에 신축될 주택의 크기에 대해 현재 결정된 사항이 있습니까?

A 아직 없습니다. 하지만, 향후 몇 달 내로 그와 관련된 소식을 전하고 싶군요. 현재 저희는 발리문의 인구구성에 대해 면밀히 분석하기 위해 정보를 수집 중입니다. 이 지역 주민 여러분의 나이별 인구수를 정확히 파악하고 싶습니다.

Q 새 주택의 난방 시스템은 무엇입니까?

A 아직 정해지지 않았습니다. 저희는 이 문제의 중요성을 잘 인식하고 있기 때문에 현재 가능한 모든 대안을 검토 중입니다. 저희가 발리문재생 자문단을 선발할 때에도, 에너지 보존과 난방에 관한 전문가를 반드시 둘 것을 전제로 하였습니다. 이 지역을 잘 알고 있는 아일랜드 및 영국 각 측 자문단에 의하면, 건물이 에너지 효율적이 되기 위해서는 디자인을 제대로 하는 것이 가장 좋은 방법이라고 합니다. 건축된 후에는 거주자 자신이 난방비 절약을 위해 노력하는 것이 중요할 것입니다.

Q 정부로부터의 발리문재생 지원자금 1억8천만 파운드는 주택부문에만 사용되나요? 아니면, 지역 경제 개발 및 투자를 증진 시키는데도 사용되나요?

A £1억8천만은 발리문에서 계속 거주하기를 희망하는 주민을 위해 발리문의 구 고층아파트를 철거하고 노후 주택교체 작업에 사용될 것입니다. 지역 투자를 장려하고 사회개발을 위해 추가로 자금이 필요할 것입니다. 3월에 최종 공표될 마스터플랜을 가지고 정부와 유럽연합 및 민간부문으로부터 추가 재원을 얻기 위한 로비를 계속 해 나갈 것 입니다. 지역 면세정책을 위한 신청이 들어간 상태이고, FAS 인력공단과 파트너쉽(Partnership) 및 직업센터와 같은 기관 역시 개발을 위해 기부할 자금을 보유하고 있습니다.

Q 발리문 주민 모두를 위해 주택을 건축할 만큼 공간이 충분합니까? 그리고, 파핀트리 공원(Poppintree Park)은 주택 건설 부지로 사용됩니까?

A 현재 발리문의 아파트 중 약 2,600세대가 새로운 주택으로 이주해야 하는 상황입니다. 저희는 발리문에 거주하기를 희망하는 모두에게 주택을 제공할 수 있다고 확신하고, 또한 모두가 새로운 발리문에서 계속 거주하고 싶어 하리라고 생각합니다. 고급 디자인을 적용하여 기존 주민뿐만 아니라 외부인들에게도 살고 싶은 마음이 들도록 계획할 예정입니다. 현재, 파핀트리 공원(Poppintree Park) 주변으로, 벨클래어(Belclare) 지역에 인접한 파인우드 크레센트(Pinewood Crescent) 주택가 뒤편을 제안하고 있습니다. 또한, 오크우드(Oakwood) 커뮤니티센터 뒤편의 대지와 세다우드 로드(Cedarwood Road)/오크우드 클로스(Oakwood Close) 인근 주택들은 개인 주택용으로 분양하여, 안전한 공원을 형성하고 고전압 케이블 매설 및 파핀트리 공원(Poppintree Park)의 나머지 42에이커에 대한 개발에 재정적인 원조가 될 수 있는 방안을 검토 중입니다. 앞으로 공원 아스팔트의 유실이 없어질 것이고 개선된 시설에는 탈의실이 새로 추가가 될 것이며 FAS 교육센터 맞은편 공원에 주차장이 생길 것입니다.

Q 파인우드/윌로우 파크(Pinewood/Willow Park) 지역내의 발리문으로 진입하는 도로를 확장하는 제안은 있나요?

A 인접지역으로부터 발리문으로의 도로나 보행로의 신설에 관한 제안은 없습니다.

Q LUAS를 연장하여 발리문과 연결시키는 것에 대한 제안은 없습니까?

A 현재 LUAS 프로젝트 주최측인 경전차프로젝트사무소와 협의 중에 있습니다. 향후, 기존의 '발리문 로드(Ballymun Road)'가 파핀트리(Poppintree) 상업지구까지 연장될 가능성이 있기 때문에 공항과 핀글라스(Finglas) 지역으로의 연결점으로서 발리문의 가능성을 생각해 보면 추후 LUAS건은 반드시 이슈가 될 것임이 분명합니다.

Sarah Madroill, Elaine Berigan, Helen Burke, Eamonn Byrne, Michael O'Rourke and Edward Tobin (in the front seat) at the first of the three public meetings for the residents of Ballymun.

WORK GROUPS to Tackle Local Issues

At the three public meetings recently in Ballymun, Ciaran Murray Managing Director of Ballymun Regeneration Ltd., gave details of four WORK GROUPS that are being set up in the area. The four areas covered by the WORK GROUPS are:

1. **To promote a New Image for Ballymun:** This is critical if we are to successfully encourage the industrial and commercial sector to get involved. We have to change the current negative image of Ballymun and project an image of pride in the area among the people who live and work here.

2. **Training and Employment Issues:** Working through the existing State agencies, we need to get relevant training programmes set up in Ballymun, so we can target specific jobs for people here. It's a matter of empowering people so they can take advantage of employment opportunities that arise.

3. **Matters relating to Estate Management and Home Ownership:** At the moment people living in the flats cannot buy out their homes and they may never have considered the possibility of becoming home owners. We need to get people to aspire to owning their own homes in the new Ballymun - even if it's five or ten years away. That raises a lot of issues, including the big one of people managing their own estates.

4. **Tax Incentives to Promote Economic Development:** This is a specialised area that will be critical to the overall success of the new town.

The WORK GROUPS will be made up of representatives of the local community and people with specialist skills in each of the four areas. They will look for area based solutions to issues that affect people's lives. The Master Plan will provide the framework within which the WORK GROUPS will operate.

The WORK GROUPS are a natural extension of the six Focus Groups who held eighteen meetings before Christmas. Some of the Focus Groups worked extremely well and a large number of ideas were generated overall. We hope people who were involved in the Focus Groups will stay and work with the WORK GROUPS and that new people will also come forward to join them. The ideas generated in the Focus Groups will be carried forward and be further discussed and developed in the WORK GROUPS.

사라 매드롤(Sarah Madroill), 엘라인 베리간(Elaine Berigan), 헬렌 버크(Helen Burke), 이아몬 바이른(Eamonn Byrne), 마이클 오록(Michael O'Rourke), 에드워드 토빈(Edward Tobin) (앞 좌석). 발리문 주민을 위한 세 번의 공청회 중 그 첫 번째 공청회에서

실행 그룹에 의한 지역 문제 토론

최근 발리문에서 있었던 3번의 공청회에서 발리문재생회사 사장인 씨아란 머레이(Ciaran Murray)씨가 이 지역에 구성될 4개의 실행그룹에 대해 구체적으로 이야기하였습니다. 실행그룹이 집중할 분야는 다음의 4분야가 되겠습니다:

1. 발리문의 새로운 이미지 홍보: 이 부분은 산업과 공업부문의 참여를 유도하는데 매우 중요한 점입니다. 발리문에 거주하고 직장을 가지고 있는 사람들이 지역에 대해 자긍심을 가질 수 있도록 현재의 부정적인 이미지를 변화시키는데 모두가 노력해야 합니다.

2. 취업교육과 고용 문제: 기존의 주립기관과 협력하여 발리문에 적절한 직업교육 프로그램을 실행해야 합니다. 저희는 그것을 기준으로 이곳 주민을 위한 특정고용을 창출할 수 있습니다. 이것은 앞으로 발생할 고용기회를 이용할 수 있도록 주민들에게 힘을 실어 주는 것입니다.

3. 지역지구관리와 주택소유권과 관련된 문제: 현재 아파트에 거주하는 주민들은 주택을 매매할 능력이 안 될 뿐만 아니라, 평생 자가소유자가 될 수 있는 가능성 자체를 생각해 볼 여유조차 없을지도 모릅니다. 비록 5년에서 10년 후가 될지도 모르지만 주민들이 발리문에서 자신의 집을 소유하고 싶은 욕구를 갖도록 주민의식을 변화시켜야 합니다. 이러한 욕구는 주민들의 부동산 관리에 대한 문제 등과 같은 중요한 이슈를 표면화 시킬 것입니다.

4. 경제 개발 촉진을 위한 세금 혜택: 이것은 신도시의 전반적인 성공을 가늠 짓는 중요한 전문 분야입니다.

실행그룹은 각 지역 커뮤니티 대표와 각 분야의 전문가들로 구성이 될 것입니다. 그들은 주민의 삶에 영향을 미치는 문제들에 대해 지역기반솔루션을 찾는데 중점을 둘 것입니다. 마스터플랜은 이 활동그룹이 운영할 기초틀을 제공할 것입니다.

실행그룹은 크리스마스 전까지 18번의 모임을 가졌던 6개의 포커스그룹의 연장선이라고 할 수 있습니다. 몇몇 포커스그룹은 매우 성공적으로 운영되어 전반적으로 많은 아이디어를 도출해 내었습니다. 저희는 이 포커스그룹에 참여했던 분들이 계속 남아서 실행 그룹과 함께 일해 주시기를 희망하고 있으며, 추가로 참여 하시고 싶으신 분은 언제든 참여해 주시길 바랍니다. 포커스그룹에서 도출되었던 아이디어는 실행 그룹에서 이어서 논의 및 발전될 것입니다.

The Forums & Ballymun Regeneration

Ballymun Housing Task Force last year set in motion a new way for Ballymun to be represented. They aim to get a Forum set up in each area of Ballymun. A Forum is a democratically elected body that has a mandate from the residents of their area to represent them.

An Estate Forum allows the residents and their local authority to address a range of issues, from housing maintenance and the local environment to anti-social behaviour, in a co-operative manner. The Forum as a representative group works with the Corporation and other agencies to improve the way their area is managed.

At the moment there are three Forums set up in Ballymun

Poppintree,
Silloge/Sandyhill, and
Balcurris

comprising 58 elected people from the community. The **Coultry** and **Shangan** forums are in the process of getting off the ground.

As the Forums are formed, Ballymun Regeneration meet a group elected by the community to talk over ideas for their area, as they draw up outline plans. So far Ballymun Regeneration has assigned an architect to each Estate Forum and has met with all three established Forums. Each group has had the opportunity to be involved in the design of the new facilities in their community and address issues that their community is concerned about, like the heating, the effects of regeneration on the existing houses, and facilities for children.

The people on the Forum can point out to the architects what open spaces are or are not important to the community, where flooding takes place, where cars speed, where they think would be the most suitable location for a shop etc. The architect gets to explain the thinking behind their ideas - houses being built overlooking parks to make them safer for the kids playing there. Each Forum will continue to meet the Regeneration Company on regular basis as the plans develop for Ballymun.

The Architects assigned to each Forum are:

Colum O'Ruanaidh	**Poppintree**
Mick McDonagh	**Balcurris**
Aidan O'Connor	**Silloge/Sandyhill**

We hope people in **Shangan** and **Coultry** will set up their Forums soon, so we can all work together to progress the design of each area.

The Masterplan

The Masterplan is just the beginning of the process of regenerating Ballymun. It has to be ready to be submitted to Government by the end of March 1998. It will consist mainly of maps and a written statement saying what we want to see in the new Ballymun. The teams of consultants who have been working in Ballymun since last October will draft the contents of the Masterplan. It will then be used as the frame within which all other decisions about the new town can be made, over the next eight years.

The Masterplan will be a high level strategy document. It will address such issues as:

- **Securing sustainable social and economic regeneration**
- **Employment, enterprise and training opportunities**
- **Land use and building design**
- **Social facilities and local amenities**
- **Reducing waste and maximising energy efficiency**

It will also include details of rundown areas within Ballymun where we will be seeking Tax Designation Status to encourage investors from the private sector to invest in Ballymun. We need developers to invest in the area and this will be one of our top priorities. The application for Tax Designation status must be made to Government before 31/3/1998.

Fr. Frank Brady and Ciaran Murray at the Public Meeting for the Shangan and Coultry areas.

What Happens Next?

- The **Design Group** to continue to meet weekly to develop the Masterplan.
- **Planning Day** in early March 1998 to present the draft Masterplan proposals. Date to be finalised soon.
- Weekly **Information Desk** in the Shopping Centre Thursdays 11 a.m. to 2 p.m.
- Further **Public Meetings** in adjoining neighbourhoods.
- Meetings between the **Architects** and the **Forums.**

For more information please contact **Eamon Farrelly** at
Ballymun Regeneration Ltd.
Stormanstown House, Ballymun Road, Dublin 9.
Ph: 8421144 Fax: 8421443

포럼과 발리문재생회사

발리문주택 전담위원회 (Ballymun Housing Task Force)는 작년, 발리문의 대표성을 만들기 위해 새로운 방법을 기획하였습니다. 그것은 발리문 각 지역 내에 포럼을 구성하는 것이었는데, 그 구성원들은 각 지역의 거주민들로부터 해당 지역을 대표할 수 있는 권한을 위임 받은 자들로서 공정하게 선출됩니다.

지역지구포럼(Estate Forum)은 거주자와 지역 당국이 주택의 유지보수와 지역 환경에서부터 반사회적 행동에 이르기까지 넓은 분야에서 문제를 해결해 갈 수 있도록 도와주는 기능을 합니다. 대표 그룹으로서의 포럼은 자치체와 다른 기관과 협력하여 지역 관리 방법을 발전시켜 나갈 것입니다.

현재 발리문에 형성된 포럼은 세 개입니다.

Poppintree
Silloge/Sandyhill, 그리고
Balcurris

지역에서 선출된 58명의 주민으로 구성되어 있습니다. 또한, 컬트리(Cultry)와 샹겐(Shangan) 포럼이 현재 구성 중에 있습니다.

포럼들이 형성되면, 발리문재생회사는 지역 그룹과 만나 해당 지역을 위한 아이디어에 대해 이야기하고 전체적인 계획을 구상하게 됩니다. 지금까지 발리문재생회사는 각 지역 포럼에 건축가를 지정하였고, 세 개의 포럼과 모두 만남을 가졌습니다. 각 그룹은 자신들의 지역에 신축될 시설의 디자인에 관여할 수 있는 기회를 갖고, 난방 문제나 재생이 기존 주택에 미치는 영향 및 어린이 시설 등 지역 주민들이 우려하는 사안에 대해 그들의 목소리를 낼 수 있을 것입니다.

포럼의 구성원들은 건축가에게 지역에서 중요하거나 중요하지 않은 오픈스페이스가 어디인지, 침수지역이 어디인지, 차량이 과속하는 곳이 어디인지, 상점의 위치로 가장 좋은 곳이 어디라고 생각하는지 등의 의견을 전달할 수 있습니다. 또한, 건축가들은 어린이가 노는 공원을 안전하게 만들기 위해 주택이 공원을 바라보도록 계획되었다는 등 그들의 계획에 담긴 숨은 의도를 설명하게 됩니다. 각 포럼은 발리문개발이 진행되면서 주기적으로 발리문재생회사와 계속적으로 만나게 될 것입니다.

각 포럼에 지정된 건축가들은 다음과 같습니다.

콜럼 오루아나이드(Colum O'Ruanaidh)	파핀트리(Poppintree)
믹 맥도나(Mick McDonagh)	발커리스(Balcurris)
아이단 오코너(Aidan O'Connor)	실로그/산디힐(Silloge/Sandyhill)

저희는 샹겐(Shangan)과 컬트리(Coultry) 주민들이 조속히 포럼을 형성하여 저희와 함께 해당 지역을 위한 디자인 계획을 진행시켜 나갈 수 있게 되길 바랍니다.

마스터플랜

마스터플랜은 발리문 재생과정의 첫 걸음입니다. 마스터플랜은 1998년 3월말까지 정부에 최종 제출이 가능하도록 준비되어야 합니다. 그 내용은 주로 지역지도와 새로운 발리문에서 성취하려는 것에 대한 설명이 될 것입니다. 지난 10월부터 참여해 왔던 자문단팀이 마스터플랜의 내용의 초안을 작성할 것입니다. 이것은 향후 8년간 신도시에 대한 전반적인 사항을 결정하는 기본틀로써 활용될 것입니다. 마스터플랜은 고차원적인 전략 문서가 될 것이며, 다음과 같은 사항들을 다루게 될 것입니다.

- 지속가능한 경제, 사회적 재생의 보장
- 고용과 기업 그리고 직업 훈련에의 기회
- 토지 용도와 건물 디자인
- 복지 시설과 지역 편익 시설
- 쓰레기 감소와 에너지 효율 극대화

또한, 발리문에 투자 할 민간부문 투자자를 유치하기 위한 일환으로 면세정책을 시행할 낙후 지역에 관한 상세 계획도 포함하고 있습니다. 발리문은 개발사들의 투자가 절실히 필요하며, 이는 최우선 과제 중 하나가 될 것입니다. 면세정책에 대한 계획은 1998년 3월 31일전에 정부에 제출되어야 합니다.

샹겐(Shangan)과 컬트리(Coultry)지역 공개모임에 참석한 프랭크 브래디 신부와 씨아란 머레이씨

앞으로의 계획은?

- 마스터플랜 개발을 위한 디자인그룹의 주별 미팅
- 1998년 3월초의 계획입안일에 있을 마스트플랜 초안 제안. 곧 날짜가 확정될 것입니다.
- 주간 정보데스크가 쇼핑센터에서 매주 목요일 오전 11시부터 오후 2시까지 있습니다.
- 인근 지역에서 추가로 공청회가 있을 것입니다.
- 건축가와 포럼의 만남

더 자세한 정보는 이아몬 파렐리(Eamon Farrelly)에게 연락주십시오
발리문재생회사
Stormanstown House, Ballymun Road, Dublin 9.
Ph: 8421144 Fax: 8421443

BALLYMUN
BALLYMUN REDEVELOPMENT NEWS
February/March 1998 Issue

DRAFT MASTER PLAN GOES ON DISPLAY

Ciaran Murray
Managing Director
Ballymun Regeneration Ltd

I hope everyone in Ballymun and the adjoining areas will come to see the Draft Master Plan on display at Stormanstown House on 7th & 8th March from 12 noon to 6pm. It's the result of continuous consultation over the last six months with groups and individuals concerning the project. It is our interpretation of what people have told us they would and would not like to see in the new town.

The Draft Master Plan is a framework document due to be submitted to Government at the end of March

The Design Group in action.

The Draft Master Plan is a framework document due to be submitted to Government at the end of March, along with an application for tax incentives for the area. It is not a detailed blueprint for the kind of housing that might be in the new Ballymun, nor does it contain precise details of how many houses should be built or where exactly they should be located. It takes an overview of the project and is concerned with strategy issues like the density and the heights of housing and it sets out guidelines for land usage in Ballymun. It looks at how we can encourage jobs and investment in the area and how we might integrate more private housing and a broader social mix in the area.
While it sets out the context in which development decisions can be made, it won't set out detailed proposals for any particular area or site. We will hold architectural competitions before we start designing a variety of houses and other accommodation for everyone living in the high rise flats in Ballymun. We will continue to consult with people on the chosen designs and everyone will have a chance to influence the project as it goes through the normal planning process.
I would like to sincerely thank everyone who has given us their views on the regeneration of Ballymun. Over 2000 people visited the Shopping Centre before Christmas when we held the first big public exhibition to get people's views. Several hundred people have attended a series of public meetings in Ballymun and in the surrounding areas. Local people were involved in the Focus Groups and Design Group while others are taking part in the Area Forums. The expert consultants have interpreted your views in the Master Plan. I hope you approve of it.

Ciaran Murray
Managing Director
Ballymun Regeneration Ltd

BALLYMUN
REDEVELOPMENT NEWS
February/March 1998 Issue 4

초안 마스터플랜 전시

Ciaran Murray
사장
발리문재생회사

3월 7일/8일, 12시부터 6시, 스토맨스타운 하우스(Stormanstown House)에서 열리는 '초안 마스터플랜' 행사에 발리문과 인근 지역 주민 여러분 모두를 초대합니다. 지난 6개월간 많은 사람들과 다양한 단체가 이뤄온 작업 결과를 볼 수 있습니다. 이 날 행사에서 새로 태어나는 마을이 어떤 모습이 되어야 하는지, 그리고 어떤 모습이 되지 말아야 할지에 관한 저희의 생각을 보실 수 있을 것입니다.

마스터플랜은 3월 말 정부에 제출하기 위한 문서로서 사업 전체를 설명하는 기초틀입니다.

The Design Group in action.

마스터플랜은 3월말 정부에 제출하기 위한 문서로서 사업 전체를 설명하는 기초틀이며, 지역의 세금혜택정책에 관한 신청서를 포함하고 있습니다. 이는, 앞으로 발리문에 어떤 주택이 어디에 얼마나 생기게 될 지 등에 대한 구체적인 내용을 포함한 청사진은 아닙니다. 마스터플랜은 주거지 밀도나 건물의 높이, 그리고 발리문의 토지용도에 대한 가이드라인 등에 관한 전략을 다루는 포괄적인 계획입니다. 이는 지역내의 고용창출 및 투자유치, 지역 내 개인주택 수의 증가 및 지역사회 구성의 다양화 등을 위한 전략에 관한 것입니다. 비록, 개발과 관련된 의사결정에 필요한 기본 배경을 명시하고 있지만, 특정 부지나 지역에 대한 구체적인 제안은 제시하고 있지 않습니다. 현재 발리문 구 고층아파트에 살고 계신 주민 여러분을 위해 신축될 다양한 주택과 거주시설의 디자인에 앞서 저희는 건축설계공모전을 개최할 것입니다. 저희는 디자인이 선정된 이후에도 주민과의 상담을 계속해 나갈 것이며, 사업이 일반적인 계획 단계를 거쳐나가면서 여러분의 의견을 반영할 수 있는 기회를 항상 마련할 것입니다. 발리문의 재생에 대한 여러 견해를 주신 모든 분들께 진심으로 감사의 말씀을 드리고 싶습니다. 크리스마스 바로 전, 저희가 쇼핑센터에서 개최했던 첫 번째 공개 전시회에 이천 분이 넘게 와주셨습니다. 발리문과 인근 지역에서 있었던 수 차례의 공청회에도 수 백분이 참가해 주셨습니다. 많은 지역 주민 분들께서 포커스그룹과 디자인그룹 및 지역포럼에 직접 참여해 주셨습니다. 자문 전문가들이 모여 이런 다양한 의견을 종합하여 마스터플랜에 반영하였습니다. 주민 여러분께서도 저희의 계획에 동의해 주시길 바랍니다.

David Pritchard
MacCormac Jamieson Prichard
" With the resident's help, the objectives of the project are to create five identifiable communities and to bring a new vitality and sustainability to the town centre of Ballymun."

John O'Mahony
O'Mahony Pike
"...local people have put a lot of effort into the weekly Design Group meetings and it shows."

Mick McDonagh
Ballymun Regeneration Ltd
"...the key to the success of this project will be the local Estate Forums."

Colum O'Ruanaidh
Ballymun Regeneration Ltd
"...the Poppintree Forum has had a real input into our design and we have learned a lot in the process."

Aidan O'Connor
Ballymun Regeneration Ltd
"...the people of Ballymun are wonderfully enthuastic to work with."

The Main Points of the Masterplan

Housing

- **Demolition of Tower Blocks and Spine Blocks and replacement with 2-storey, 3-storey and 4-storey houses.**
- **Recommendation for demolition of 4-storey walk-ups and replacement with conventional housing.**
- **Recommendation for funding/incentives for refurbishment of remaining 2-storey housing and improvement of services.**

Employment

- **Creation of job opportunities by zoning land for employment, leisure and retail in the High Street and on M50 corridor lands.**
- **Recommendation for provision of enterprise units within the communities.**

Education and Training

- **Improve the settings of the schools and recommendations for better facilities.**
- **Recommendation for employment opportunities from the regeneration process.**
- **Recommendation for promotion of Ballymun for new third level and adult education programmes and facilities.**

Neighbourhood Identity

- **Making new road junctions signposting each community.**
- **Recommendation for provision of Neighbourhood Centres with shops, meeting rooms and improvement of community facilities.**
- **Provision of properly landscaped parks, greens, playgrounds and playing pitches.**

Town Centre

- **Removing roundabout on Ballymun Road, traffic calming and prioritise creation of High Street and traditional Town Centre**
- **Provisions for relocation of important public services in cluster of civic buildings on High Street.**
- **Recommendation for improvement and extension of Shopping Centre.**
- **Incentives to attract additional private sector commercial/retail users to locate on High Street.**
- **Strategy to make Ballymun a regional centre for the North City Fringe.**

**On public display for the first time on the 7th & 8th March will be a model which shows the existing Ballymun and the proposed Masterplan areas.
The model was built by a Ballymun Company, McArdle Craft Manufacturers with profesional guidance from David Murphy Modelbuilders Ltd.**

마스터플랜의 중요 요점

주택

- 탑상형/판상형 아파트를 철거하고, 2/3/4층 주택으로 대체
- 계단식 4층 아파트 철거를 권장하고, 일반 주택으로 대체
- 기존의 2층 주택의 유지 및 개선에 자금지원 및 인센티브 제공

고용

- 번화가와 M50 고속도로 인접지역에 고용, 레저 및 소매업 용지구획을 통하여 취업 기회 창출
- 지역사회 내에 기업체 생성 권장

교육과 취업교육

- 학교 환경 및 시설 개선 권장
- 재생 과정을 통해 취업 기회 권장
- 대학 교육 및 평생 교육 프로그램과 시설을 통한 발리문 진흥 권장

주민 정체성

- 각 커뮤니티를 표시 및 구분할 수 있는 새로운 교차로 신설
- 조경이 잘 가꿔진 공원, 녹지, 어린이 놀이터 및 야외 주민운동장 제공

도심 거점

- 발리문 로드(Ballymun Road)의 원형교차로 제거, 교통 정체 해소, 번화가 및 전통적인 도심 거점의 순차적 생성
- 주요 공공 서비스를 번화가의 공공업부센터 클러스터로 이전
- 쇼핑센터의 개선과 확장 권장
- 민간 부문의 상업 및 소매업을 번화가에 유치하기 위한 혜택
- 발리문을 북부도시 외각 지역의 중심으로 만들기 위한 전략

3월 7일과 8일 양일간 있을 공개 전시회에서 처음으로 기존 발리문의 모습과 마스터플랜에서 제시하는 모습을 보여주는 모델을 전시할 예정입니다. 모델은 David Murphy 모형제작회사의 자문을 받아 발리문재생회사와 McArdle 공예제작사가 제작하였습니다.

데이비드 프리쳐드(David Prichard)
MacCormac Jamieson Prichard사

"본 사업의 목표는 주민 여러분의 도움으로 발리문에 5개의 특화된 커뮤니티를 만들고, 발리문 도심 거점에 활력과 지속가능성을 끌어내는 것입니다."

존 오마호니(John O' Mahony)
O' Mahony Pike사

"...주간 디자인 그룹 모임에서 보여준 지역 주민들의 노력의 성과를 보여줄 것입니다."

믹 맥도너(Mick McDonagh)
발리문재생회사

"...본 사업 성공의 열쇠는 지역지구 포럼이 쥐고 있습니다."

콜룸 오루아나이드(Colum O' Ruanaidh)
발리문재생회사

"...저희의 디자인에 파핀트리포럼의 역할은 매우 컸으며, 저희는 그 과정에서 많은 것을 배울 수 있었습니다."

아이단 오코너(Aidan O' Connor)
발리문재생회사

"...발리문 주민들은 매우 열성적으로 참여해 주십니다."

Let's make the dream come true

After ten long and sometimes very frustrating years of lobbying for the physical, social and economic renewal of Ballymun, the efforts of Ballymun Housing Task Force, Ballymun Community Coalition and many, many Ballymunners are finally bearing fruit.

Our community now has the opportunity to have its voice heard about the issues that need to be addressed so that Ballymun can develop into a vibrant, dynamic twenty first century town. A mix of high quality dwellings including affordable purchase houses, neighbourhood parks and community services are planned. Adding job creation and estate management measures to these innovations, should certainly raise the quality of life of the community.

After a great deal of community consultation, the Ballymun Regeneration Ltd. Outline Master Plan has now been completed by experienced town planners. It will be presented to the Government shortly. Ballymun Housing Task Force is proud that we have been able to influence the content of the Master Plan. We see the presentation of the plan as the beginning of what will be an eight year developing process.

We believe that the proposals contained in the Master Plan present tremendous opportunities and challenges, not only for the Ballymun community but also for our immediate neighbouring communities. The greatest challenge facing us all however, is to work together with the common purpose, to ensure that the dream contained in the Master Plan becomes a reality, while preserving the solidarity and community spirit that are the hallmarks of Ballymun.

Many in our community now feel a clear sense that for the first time, the light at the end of the tunnel is shining brightly for Ballymun.

Peter Davitt
Chairman - Ballymun Housing Task Force

A Bright New Future

Just as every child has its own name a project the size of the regeneration of Ballymun needs a strong identity. Ballymun Regeneration Ltd. commissioned the Boyle Design Group to devise a logo and a corporate identity for the duration of the project and beyond. Part of the initial design process included a unique approach whereby a cross-sectional group of twenty 9-11 year old school-goers from Ballymun were consulted.

A series of three creative workshops, run over consecutive weekends, involved local artists and the designers working closely with the children. The children's enthusiastic involvement and open expression on subjects ranging from their aspirations to their realistic expectations, helped the design team develop the necessary empathy for the community.

It was deemed important to convey the aspirational as opposed to the physical properties of the project and as such no literal depiction of buildings is featured. Instead the community is symbolised in the hand, whose five fingers can be seen to represent the five neighbourhoods of the future town. The logo's accessible illustrative style uses strong positive colours and depicts the hand reaching for a 'bright new future'.

Local children working with designers.

꿈을 현실로 만듭시다

발리문의 물리적, 사회적, 경제적 재생을 위해 힘쓰며 길고 험난한 10년을 보내온 지금, 발리문 주택전담위원회를 비롯하여 발리문 커뮤니티 연합 및 수많은 발리문 주민여러분의 노력이 드디어 결실을 맺었습니다.

우리의 커뮤니티는 이제, 발리문이 활기차고 역동적인 21세기 마을로 발전하는데 해결해야 할 문제점에 대해 목소리를 낼 수 있는 기회가 생겼습니다. 저렴한 분양 주택을 포함한 양질의 다양한 주거형태와 주민 공원 그리고 커뮤니티 서비스가 계획되었습니다. 이러한 혁신적인 계획과 더불어 고용 창출 및 지구단지 관리 평가 계획은 분명 커뮤니티 삶의 질을 향상시킬 것입니다.

다양한 커뮤니티 자문 과정의 결과, (도)시 계획 전문가들은 '발리문재생회사 마스터플랜 개요'를 완성하였고, 곧 정부에 보고할 것입니다. 발리문 주택전담위원회는 마스터플랜의 내용에 우리 모두가 영향을 끼쳤다는 사실을 자랑스러워 하고 있습니다. 이 마스터플랜의 보고는 향후 8년간의 개발 과정의 모습에 대한 첫 이미지인 것입니다.

마스터플랜에서 보여지는 제안들은 발리문 커뮤니티뿐 만 아니라 인근 커뮤니티에게 커다란 기회임에 틀림없습니다. 하지만, 우리의 가장 커다란 과제는, 발리문 커뮤니티의 정신 및 결속력을 보존하면서, 공동 목표를 가지고 마스터플랜이 제시하는 꿈을 현실화하는데 함께 노력하는 것이라고 할 수 있겠습니다.

우리 커뮤니티의 많은 분들이 처음으로, 새로운 발리문으로 가는 터널의 끝이 밝게 빛나고 있는 것을 선명하게 느끼고 있습니다.

피터 다빗(Peter Davitt)
회장 - 발리문주택 전담위원회

밝은 새 미래

모든 아이들이 각자 이름을 갖고 있듯이 발리문재생 정도되는 프로젝트에도 강한 주체성이 필요합니다. 발리문재생회사는 Boyle 디자인그룹에게 프로젝트의 진행 및 그 후에도 지속될 수 있는 로고와 CI의 제작을 의뢰하였습니다. 초기 디자인 과정에서 독특한 접근법을 사용하였는데, 이는 바로 9~11세의 학생 20명으로 구성된 학생 대표 그룹이 참가하였다는 것입니다.

매 주말 지역 예술가와 디자이너가 아이들과 함께 창작 워크샵을 가졌습니다. 아이들은 열정적으로 참여해 주었고, 주제에 은대한 그들의 꿈에서부터 현실적인 희망에 이르기까지 폭넓은 의견을 숨김없이 표현해 주었습니다. 이는 디자인팀이 커뮤니티와 공감대를 형성하는데 큰 도움이 되었습니다.

본 사업의 물질적 특성이 아니라 꿈을 전달하는 것이 중요하다고 판단되었고, 그에 따라 건물의 직접적인 묘사를 제외하였습니다. 그 대신 커뮤니티는 손으로 형상화되어, 다섯 손가락은 미래 도시(마을)의 다섯 개 지역을 대표합니다. 알아보기 쉬운 삽화 형식의 로고는 강렬한 건설적인 색을 사용하였고, 밝은 새 미래를 향해 뻗은 손을 묘사하고 있습니다.

BALLYMUN
REGENERATION

디자이너와 함께하는 지역 아이들

A MESSAGE FROM OUR CHAIRMAN

Since 1980, when Dublin City University opened up down the road, things have changed dramatically, Ballymun has become Dublin's most strategically important location. It's close to the airport and within four miles of the city centre. It has a direct connection to the M50, giving easy access to all other main routes and it has strategic lands ripe for development. It is therefore important that the new town of Ballymun be developed properly.

It is also important to make sure the development is in line with what people in Ballymun want for themselves and their children, so everyone in the area should get involved and contribute to the process. Seven main principles guided the people working with Ballymun Regeneration Ltd when it was formulating the Master Plan for the area. We want all development in the area to be based on quality design, with no shortcuts allowed. We see the need to develop, as a priority, a vibrant Town Centre/High Street with a mix of retail/commercial and residential buildings. We want to encourage State bodies like the new Eastern Health Board's North East City District to locate in Ballymun, along with the Gardai, Dublin Corporation and the Department of Community and Social Welfare. Offices like the Motor Tax and Passport Office could all be located in the new Town Centre.

Dr Daniel O'Hare
Chairman Ballymun Regeneration Ltd

Sustainable local economic development is essential to the future prosperity of Ballymun. For this reason we will seek tax incentives for particular sites in the area to encourage flagship projects to locate in Ballymun and bring jobs into the area. A good hotel would provide welcome opportunities for local people seeking jobs. Ballymun could also do with further educational supports to bridge the gap for people who may not have finished second level education and who need additional qualifications to get the jobs they want.
We know from listening to local people that the five distinct neighbourhoods are vitally important too and that the neighbourhoods should have their own neighbourhood shops and local services. All this must be done before we start to look at how many houses to build and where and what they should look like. Homes alone won't bring prosperity to Ballymun. We need social and economic regeneration too.

Please be patient with us. It may seem that everything is happening very quickly, too quickly. This is going to be a long process, with decisions being refined and changed as we go along, to reflect people's concerns and the realities we're dealing with. It's the only project of its kind in the country and I am particularly determined that it will be implemented with the active participation of people in Ballymun. You may not agree with every decision that is made, but I urge you to come and view the Draft Master Plan and ensure your voice is heard. We will be listening carefully.

Dr Daniel O'Hare
Chairman Ballymun Regeneration Ltd

Dr Anne Power addressing a meeting of local residents on her recent visit to Ballymun

회장으로부터의 메세지

더블린 시티 대학교(Dublin City University)에서 사업안을 제안한 1980년 이후 상황은 급변하여, 발리문은 전략적으로 더블린의 가장 중요한 곳이 되었습니다. 발리문은 공항에서 가깝고 더블린시 중심가로부터 4마일 이내에 위치하고 있습니다. 또한, M50고속도로와 바로 연결되고 다른 주요 도로들로의 접근이 쉬워 개발에 있어서 전략적인 요충지 입니다. 따라서, 발리문이 신도시로 알맞게 개발되는 것은 중요한 것입니다.

또한, 이 사업은 발리문 주민과 그들의 자녀들을 위한 개발사업이 되어야 하고, 지역의 모든 주민들이 개발과정에 참여하는 것은 중요한 일입니다. 발리문재생회사가 지역 마스터플랜을 계획할 때 함께 하였던 인력들에게 일곱 가지 주요 원칙을 안내하였습니다. 지역의 모든 개발에 있어서 빠른 방법이 아닌 질 높은 디자인 완성을 기본으로 합니다. 최우선 과제로서, 상업 및 소매업과 주거지가 혼합된 활력 있는 도심 거점 및 번화가의 개발이 필요합니다. 아일랜드공화국 경찰과 더블린자치체 및 지역사회 복지부를 비롯하여 동부 보건국의 북동도시지부와 같은 국영단체를 발리문으로 유치하고자 합니다. 자동차 과세청, 여권 사무소 같은 사무소들은 모두 도심거점에 둘 수 있습니다.

다니엘 오하레 박사
(Dr Daniel O' Hare)
발리문재생회사 회장

지속 가능한 지역 경제 개발 계획은 발리문이 향후 계속적으로 번영해 가는데 필수적입니다. 따라서 지역 내의 특정 부지에 세금혜택을 제공함으로써, 발리문으로 주요 사업을 유치시켜 지역 내에 고용을 창출하고자 합니다. 호텔의 건설은 지역 주민에게 좋은 취업의 기회가 될 것입니다. 정규 고등교육을 마치지 못하였지만 원하는 직업을 가질 수 있는 자격이 필요한 사람들을 위한 교육과정을 제공할 수도 있을 것입니다. 다섯 개의 각각의 지역 역시 매우 중요하고, 각 지역마다 그 지역의 상점과 지역서비스가 필요하다는 것은 지역 주민들께서 말씀해 주신 이야기 입니다. 이 모든 것들은 신축 주택의 디자인이나 수량 등의 주택 계획에 앞서 해결되어야 합니다. 신축 주택만으로 발리문을 번영시킬 수 없을 것입니다. 우리에게는 사회적, 경제적 재생 또한 필요합니다.

조금만 참고 기다려 주십시오. 모든 것이 너무 빠르게 일어나는 것처럼 보일지도 모르겠습니다. 하지만, 전체 과정은 매우 길고, 주민 여러분의 이익과 현실을 반영하기 위해 도중에 많은 결정들이 향상되고 바뀌어 갈 것입니다. 본 사업은 국가적으로 유일무이한 사업입니다. 저는 이 사업을 발리문 주민 여러분의 적극적인 참여를 통해 실행해 나가리라 굳게 다짐했습니다. 결정되는 모든 사항에 대하여 만족하지 못하실 수도 있겠지만, 반드시 초안-마스터플랜을 보러 오셔서 여러분의 의견이 반영되었는지 봐주십시오. 저희가 항상 귀 기울이고 있겠습니다.

다니엘 오하레 박사(Dr Daniel O' Hare)
발리문재생회사 회장

최근 발리문을 방문하여 지역 주민회의를 이끌고 있는 안네 포워 박사(Dr Anne Power)

PITCHES
THIRD LEVEL
COLLEGE
TECHNOLOGY / B
PITCHES
LUAS ROUTE
POPPINTREE
FAS

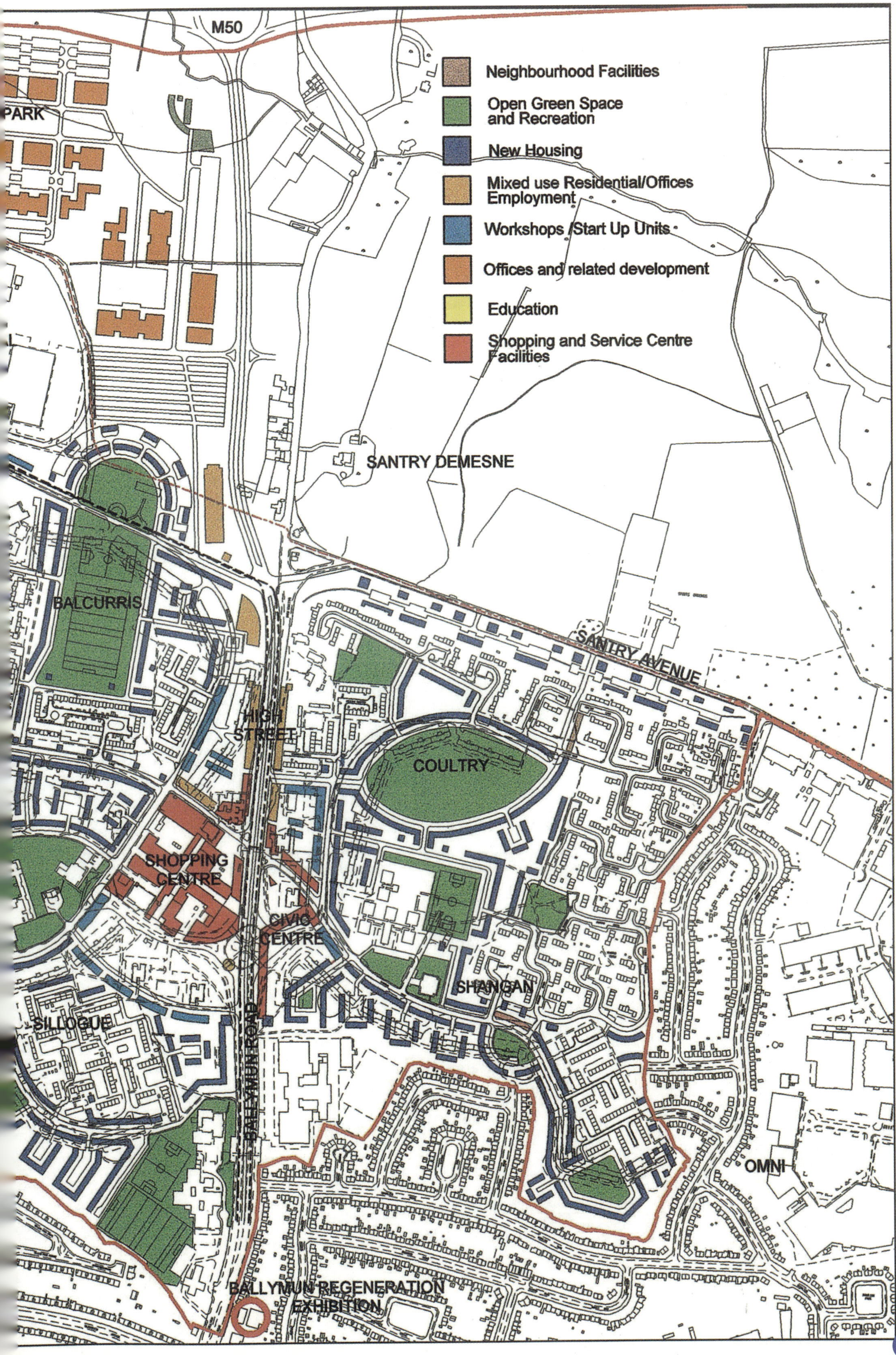

M50
Neighbourhood Facilities
Open Green Space and Recreation
New Housing
Mixed use Residential/Offices Employment
Workshops /Start Up Units
Offices and related development
Education
Shopping and Service Centre Facilities
PARK
SANTRY DEMESNE
SANTRY AVENUE
BALCURRIS
HIGH STREET
COULTRY
SHOPPING CENTRE
CIVIC CENTRE
SHANGAN
SILLOGUE
BALLYMUN ROAD
OMNI
BALLYMUN REGENERATION EXHIBITION

PITCHES
PITCHES
THIRD LEVEL COLLEGE
TECHNOLOGY / B
L.U.A.S. ROUTE
POPPINTREE
FAS

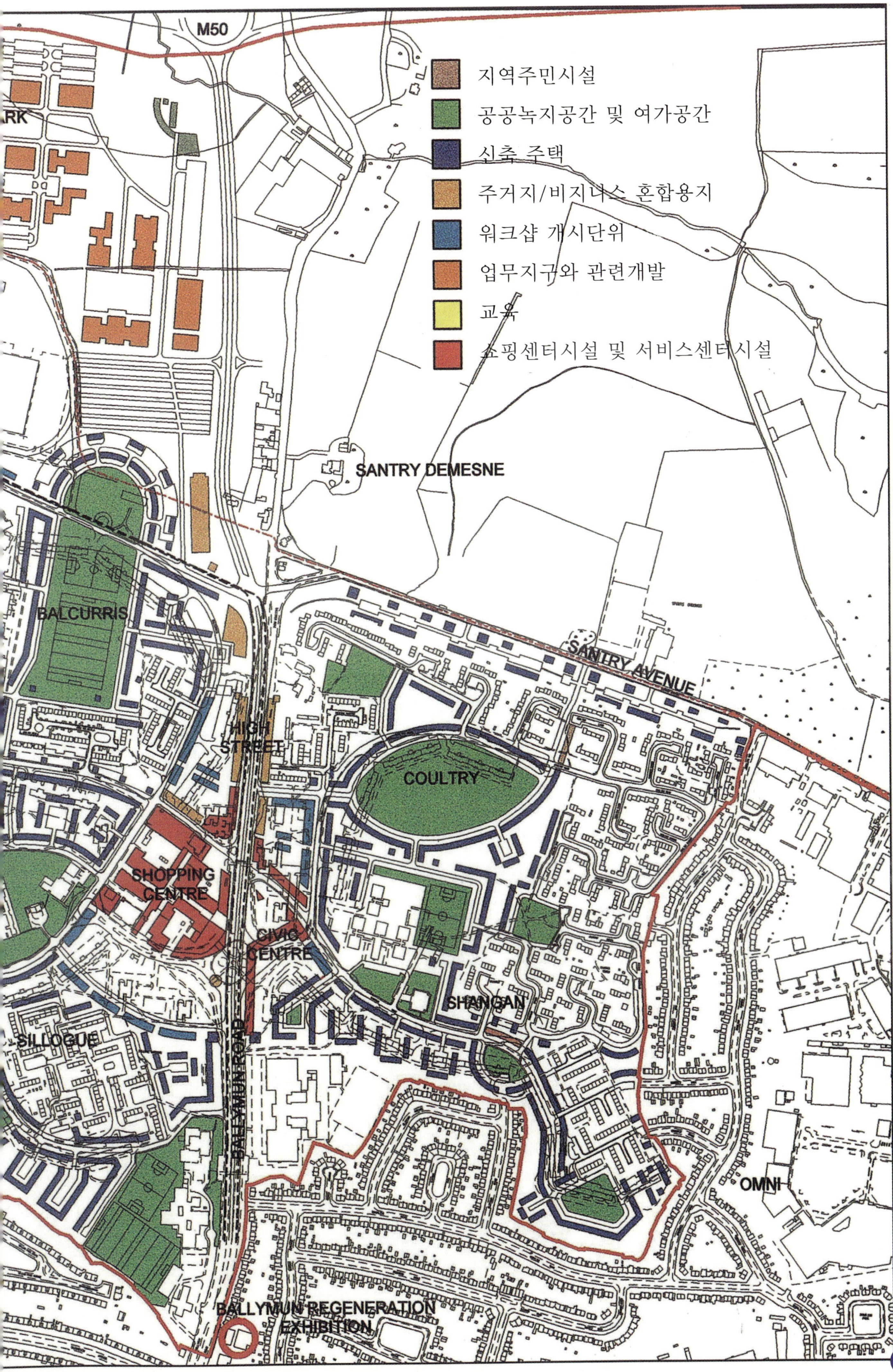
M50
지역주민시설
공공녹지공간 및 여가공간
신축 주택
주거지/비지니스 혼합용지
워크샵 개시단위
업무지구와 관련개발
교육
쇼핑센터시설 및 서비스센터시설
SANTRY DEMESNE
BALCURRIS
SANTRY AVENUE
HIGH STREET
COULTRY
SHOPPING CENTRE
CIVIC CENTRE
SHANGAN
SILLOGUE
BALLYMUN ROAD
OMNI
BALLYMUN REGENERATION EXHIBITION

BALLYMUN

REGENERATION NEWS

April/May 1998 Issue 5

INSIDE

- What you told us at the launch of the Draft Masterplan
- Working Groups set up
- Presentation to Masterplan exhibition prize draw winners

IT'S TIME TO BUILD THE HOUSES

The Masterplan and Integrated Area Plan were delivered to the Government on the 31st March, 1998 and we are now starting on the detailed design of the new houses.

We want to achieve a variety of house designs so that the New Town of Ballymun will not look like a town where everything was developed at the one time and where everything looks the same.

We are anxious to get a number of different architectural practices involved in house design. You may have seen our advertisement in the newspapers looking for Irish architects to be included on a panel of consultants to design both small

Continued on Page 4

Any individual or group who haven't seen the Masterplan exhibition yet and would like to do so should contact Eamon Farrelly at Ballymun Regeneration on 8421144 to arrange a viewing.

Junior Minister for Housing and Urban Renewal Bobby Molloy T D presenting Masterplan exhibition draw winners Fiona Place, Shangan and Sean Redmond, Poppintree with their prizes.

BALLYMUN

재 생 소 식 지

제5호 1998년 4월/5월

주요기사

- 초안 마스터플랜 발표일 여러분의 의견
- 실행 그룹의 구성
- 마스터플랜 전시회 특별상 당첨자 발표

이제는 집을 지을 차례입니다

마스터플랜 및 통합 지역 계획이 1998년 3월 31일 정부에 제출되었고, 저희는 신축될 주택에 대한 상세 디자인에 착수하였습니다.

저희는 발리문 신도시가 기존의 재개발 도시처럼 한차례의 거대한 개발로 도시 전체가 전부 똑같아지는 것을 방지하기 위해 주택 디자인을 다양하게 개발하려고 합니다.

저희는 주택 디자인에 있어서 매우 다양한 건축 계획을 하려고 합니다. 주민 여러분도 저희가 지역공유지 주택건립 계획과 100채 이상의 주택단지건립 계획의 디자인을 위한 자문단에 참가할 아일랜드 건축가를 모집하는 광고를 보신 적이 있으실 겁니다.

마스터플랜 전시회를 아직 못 보셔서 보고 싶으신 분들은 관람 예약을 위해 아래로 연락 주십시오.
이아몬 파렐리 (Eamon Farrelly)
전화: 8421144
발리문재생회사

마스터플랜 전시회 추첨 당첨자 샹겐(Shangan)의 피오나 플레이스(Fiona Place)씨와 파핀트리(Poppintree)의 숀 레드몬드(Sean Redmond)씨에게 상을 수여한 아일랜드하원의원 주택 및 도시 재생부 바비 몰로리(Bobby Molloy) 차관

What You Told Us

At the Launch of the Draft Masterplan

RESPONSE TO DRAFT MASTERPLAN DISPLAY

Over 5,000 people visited the display of the Draft Masterplan over the weekend of the 7th and 8th March and we got a wealth of feedback from the questionnaires people filled in on the spot or sent back to us afterwards.

Since then we have been analysing all the comments we received from members of the public, from the five Elected Forums in Ballymun and from other community groups and interested parties. Some people are concerned about houses being built and whether training will be available in time for people in Ballymun to be able to get jobs on the construction of the new town.

The following charts show the broad acceptance of the Masterplan proposals with 87% of Ballymun residents and 81% of residents from other areas, who responded to the questionnaire, indicating satisfaction with the Masterplan and it's submission to the government.

Many people, including those who are broadly satisfied, have concerns about individual aspects of the plan such as how many homes are to be built in particular locations, how near to existion houses will they be, who will occupy them and many more. These will be addressed by way of of further consultation with interested groups during the detailed design phase of the masterplan proposals.

1. Having seen the Masterplan are you satisfied that we submit it on 31/03/98 with the Integrated Area Plan for Tax Designation under the Urban Renewal Scheme?

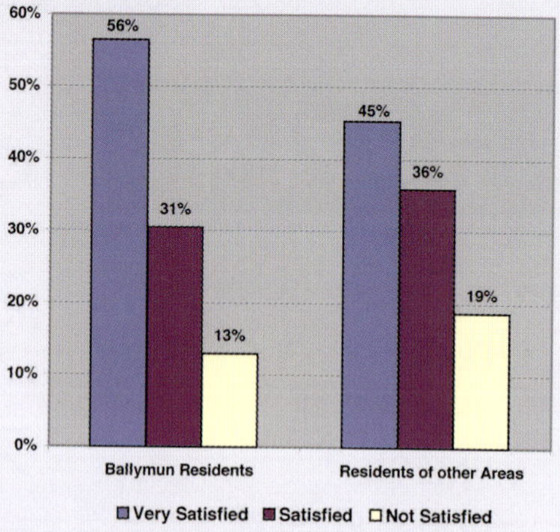

2. Having considered the "land use proposals" are you satisfied that these uses will help to improve employment opportunities for people living in Ballymun?

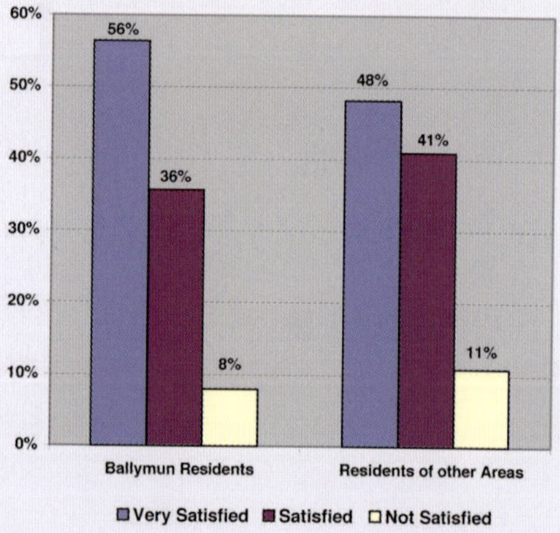

3. Are you satisfied that the way we have shown community facilities such as shops, playgrounds, sports and community halls, childcare and group meeting places will cater for the needs of all the people of Ballymun?

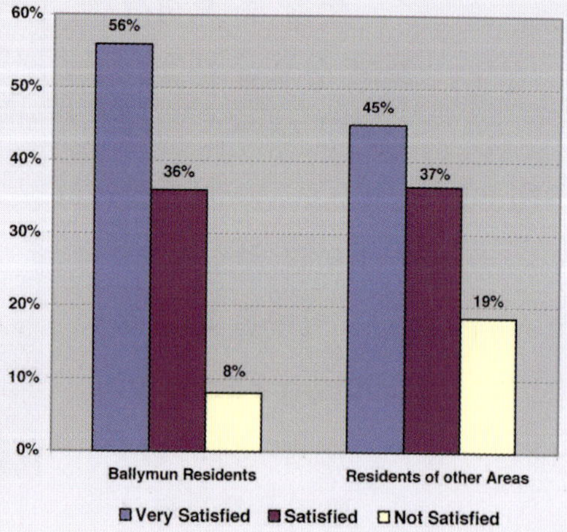

여러분의 의견

마스터플랜 초안 발표일

마스터플랜 초안에 대한 반응

5,000여명이 넘는 인파가 3월 7, 8일 양일간에 걸쳐 마스터플랜 초안 전시회를 찾았습니다. 현장 및 추후 회수된 설문지를 통해 주민 여러분의 다양한 의견을 받았습니다.

그 후, 저희는 일반 대중, 선정된 5개의 발리문 포럼, 기타 지역사회 주민조직 및 이해 관계자들 등으로부터 수렴한 의견을 분석 하였습니다. 주택 신축에 대한 우려, 신도시 건설과 관련된 고용 기회를 위한 발리문 주민의 취업교육의 시기에 대한 우려 등을 볼 수 있었습니다.

다음의 도표는 설문지에 답한 발리문 주민의 87%가, 그리고 기타지역 주민의 81%가 마스터플랜의 제안에 대해 전반적으로 납득하고 있음을 보여주고 있으며, 이것은 마스터플랜 자체를 비롯하여 정부 제출안에 대한 만족도를 보여 준다고 할 수 있습니다.

전반적으로 만족하는 사람들을 포함해서 전체적으로 많은 분들이 특정 지역에 몇 채의 주택이 건립될지, 기존 주택들과 얼마나 가까운지, 누가 새집에서 살게 될지등 계획에 대해 개인적인 의문점이 많은 것으로 들어났습니다. 이점에 대해서는 추후에 있을 마스터플랜 제안 상세 디자인 단계에서 관련그룹과의 자문을 통해 다루게 될 것입니다.

1. 저희가 도시재생 계획의 하부계획인 면세정책을 위한 통합적 지역계획과 함께 98년 3월 31일 제출한 마스터플랜에 만족하십니까?

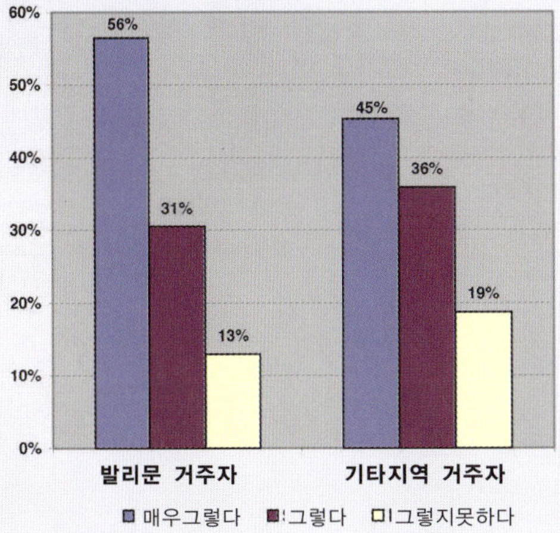

2. "토지이용제안서"를 봤을 때, 이러한 토지이용이 발리문주민의 고용기회 확산에 도움이 될 거라고 생각하십니까?

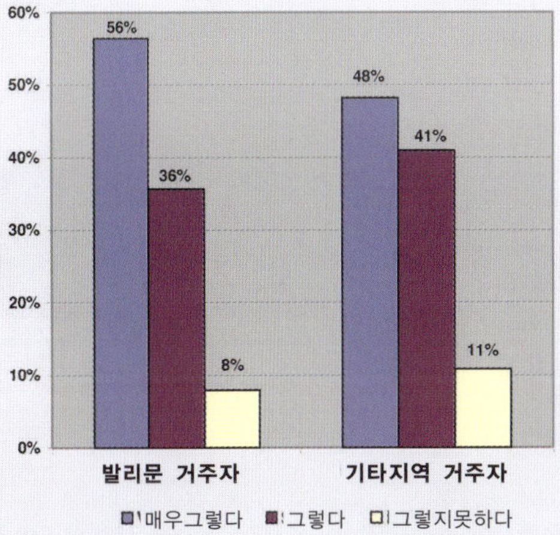

3. 상점, 놀이터, 스포츠 및 지역주민 강당, 탁아시설, 그룹 모임실 등의 지역주민 시설이 모든 발리문주민의 요구에 부응할 것이라는 저희의 발표에 납득하십니까?

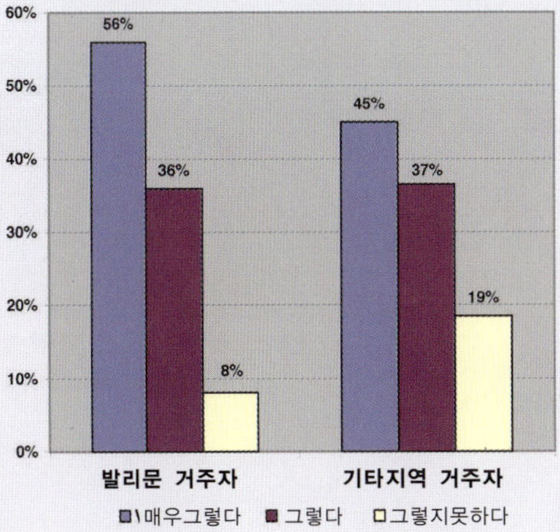

4. Good roads and public transport are essential in every community. Our proposals for these two important areas are shown in the Masterplan. Are you satisfied that we have taken care of the transport needs of Ballymun?

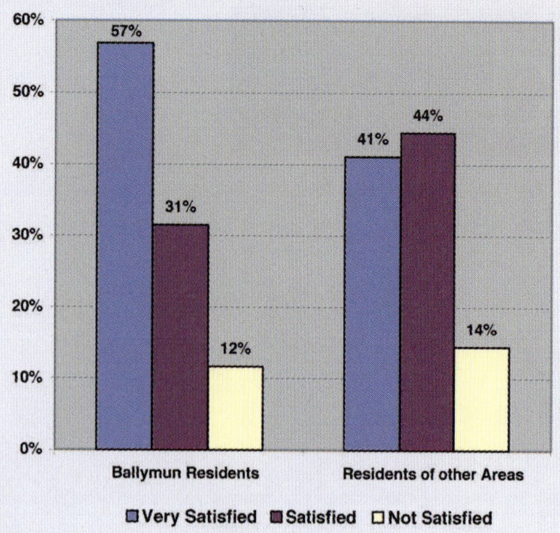

5. Public open space is about more than just grass. We have shown our plans for Ballymun and its surroundings in the Masterplan. Are you satisfied that this treatment will improve public open space in the area?

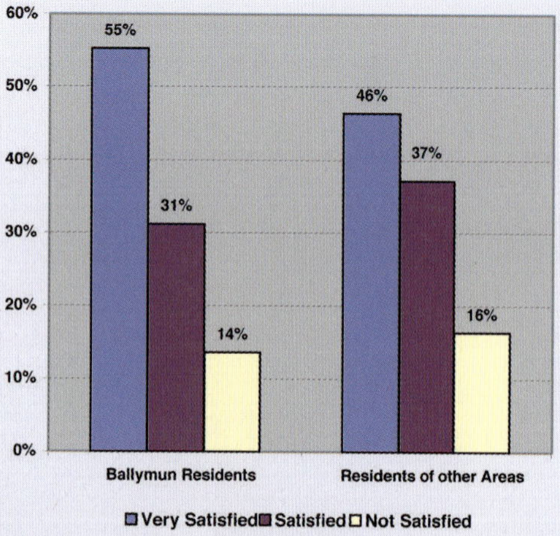

6. We have tried to balance the need to use land for housing with the need to use land for the recreational needs of the community. By improving the quality of pitches we believe we have succeeded. Are you satisfied with our approach?

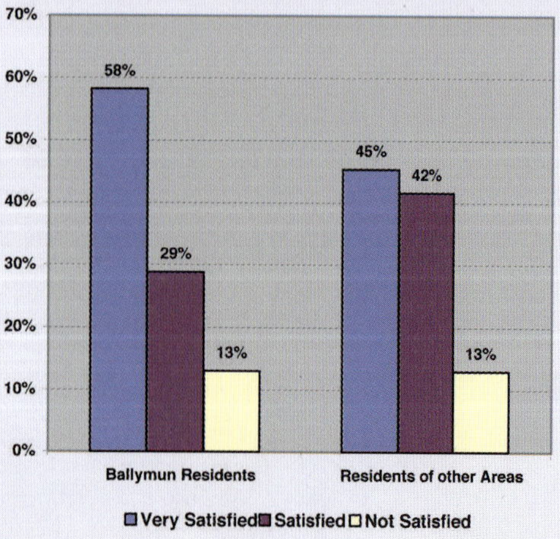

7. Each neighbourhood in Ballymun has its own identity. We have tried to build on this by recognising the need for each one to have its own neighbourhood centre and a strong positive image of its own. Are you satisfied that we achieved this?

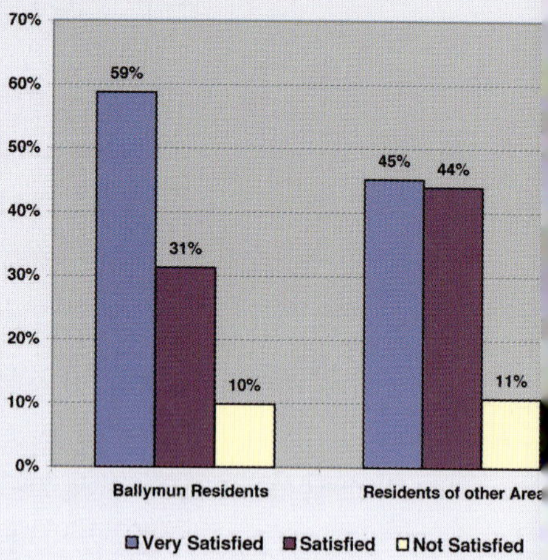

8. The Masterplan concentrates on settings for housing not detailed layouts and designs. Looking at how the Masterplan approaches housing are you satisfied that it will improve living conditions for people in Ballymun flats?

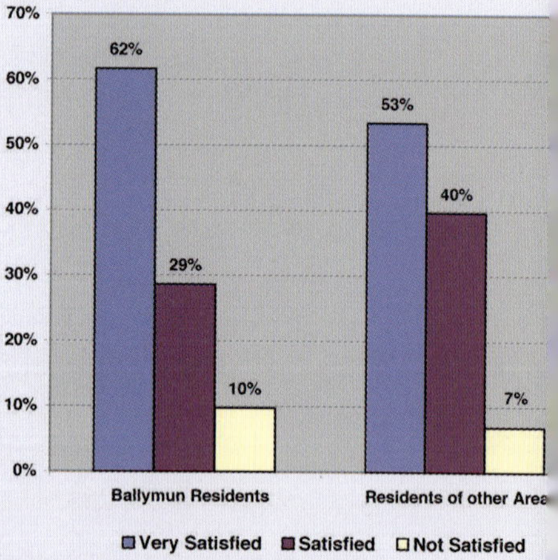

9. Overall are you satisfied that the Masterplan as shown in the exhibition and the regeneration process so far has begun to change the image of Ballymun for the better?

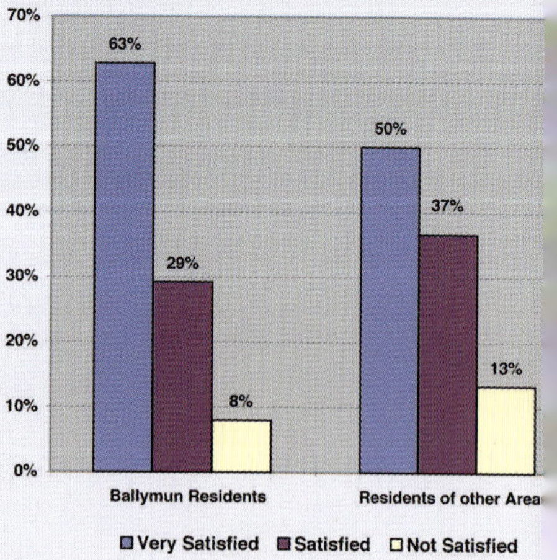

좋은 도로와 대 교통은 모든 커 니티에 있어서 우 중요한 것입 다. 마스터플랜 이 두 부분에 한 저희의 제안 포함되어 있습 다. 저희가 발 문의 교통 문제 언급한 것에 대 만족하십니까?

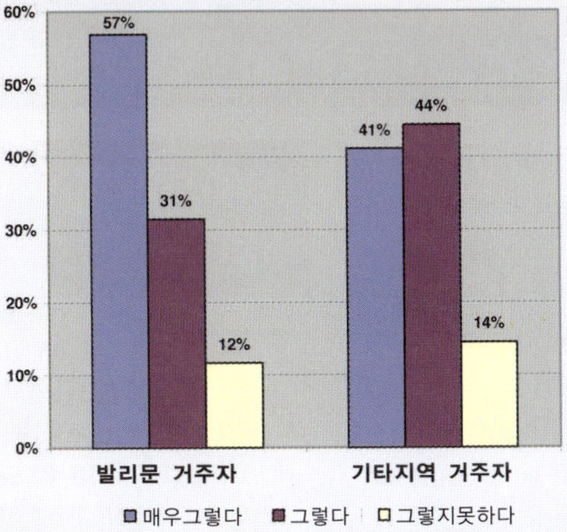

공공 오픈 스페 스는 이제 더 이 단순한 녹지의 념이 아닙니다. 리문과 그 주변 역에 관한 저희 계획은 마스터 랜에 명시되어 습니다. 이 계 이 지역 공공 오 스페이스를 개 시킬 것이라고 각하십니까?

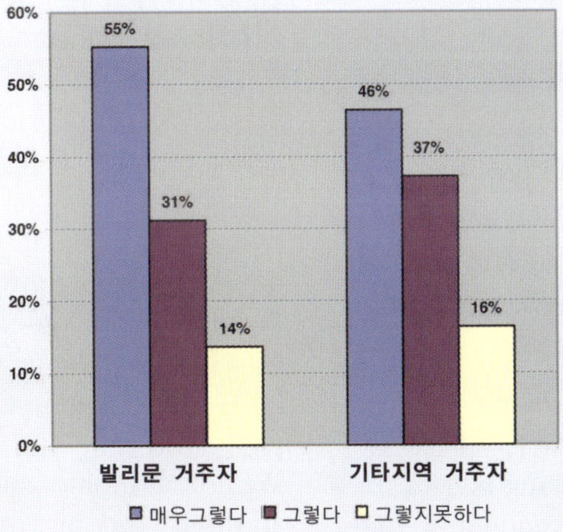

저희는 토지 이 에 있어서, 주택 도와 여가활용 도 사이에 균형 맞추려고 노력 습니다. 저희 내 적으로 공공 운 장의 질 향상을 해 목표를 성공 으로 달성했다 보고 있습니다. 희의 접근 방법 만족하십니까?

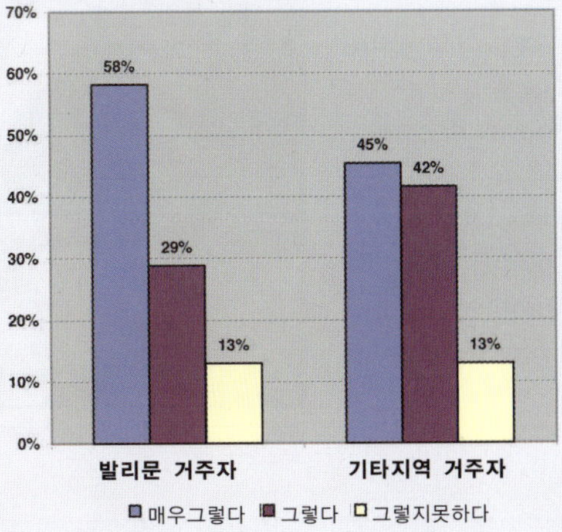

7. 발리문의 각 지역은 나름대로의 특색을 가지고 있습니다. 저희는 각 지역마다 그 자체로서 강한 긍정적인 이미지를 가진 주민 센터의 필요성을 인식함으로써 지역특색을 살리려고 노력했습니다. 저희가 이것에 성공했다고 생각하십니까?

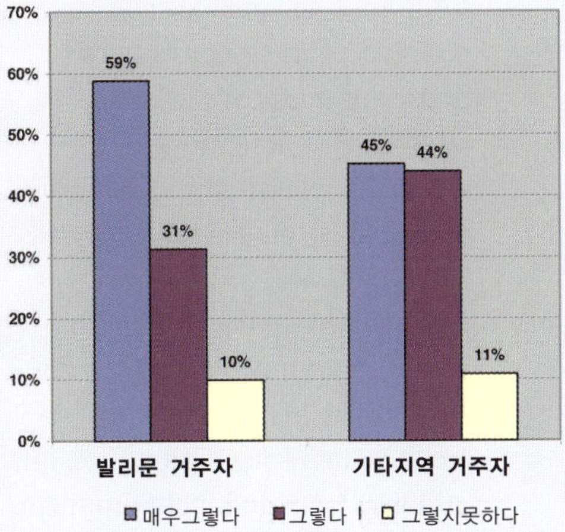

8. 마스터플랜은 주택의 상세한 내부계획이나 디자인이 아닌 주택의 전체적인 환경에 중점을 두었습니다. 주택에 대한 마스터플랜의 이러한 접근 방법을 볼 때 이것이 발리문 아파트 거주자들의 생활여건을 향상시킬 것이라고 생각하십니까?

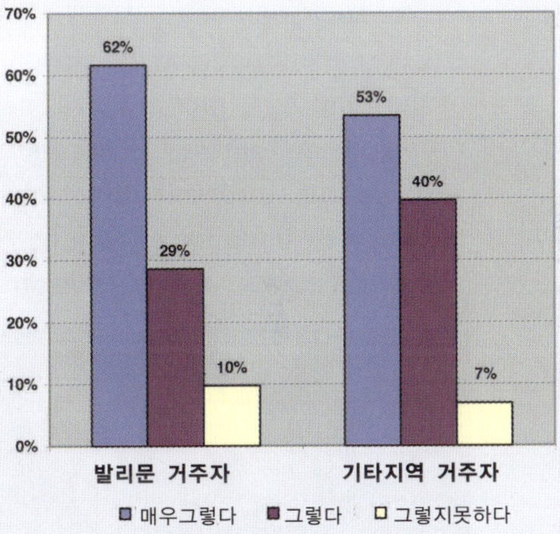

9. 전체적으로 볼 때, 전시회에 선보인 마스터플랜과 지금까지의 재생계획이 발리문의 이미지를 긍정적으로 변화시키기 시작했다고 생각하십니까?

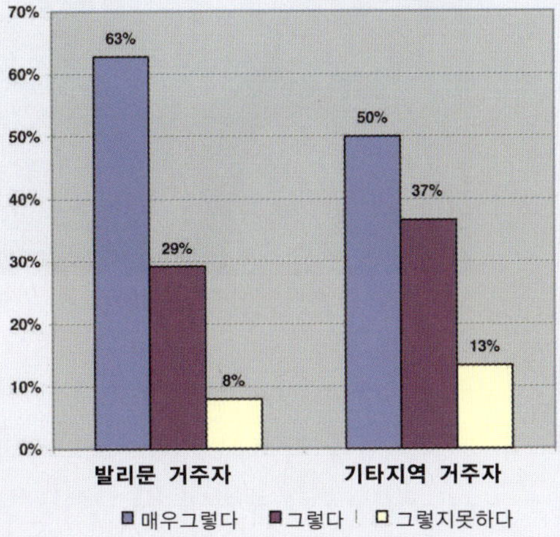

Continued from Page 1

infill housing schemes and larger schemes of up to one hundred houses or more. We are also advertising internationally for architects who might be interested in designing bigger schemes and hope to attract the best talent around to build the quality housing we are determined will be in the New Town. The successful architects will work alongside our in-house team and, between them, they will be designing up to 400 houses each year for the next seven years.

The site for the proposed Civic Centre and Community Arts Centre has been identified and the design of the building is progressing. The proposed site is close to Thomas MacDonagh Tower and it is likely that the new building will not be able to function with MacDonagh Tower still standing and so it is likely that MacDonagh Tower will be among the first buildings to be demolished. In turn, the first large scheme of houses would need to be built near the space left when Thomas MacDonagh Tower is demolished. The nearest available site, (i.e. one that has no buildings on it at present), is the land bordered by Virgin Mary Church, Shangan Road, the rear of Shangan Green, Coultry Way and the proposed new Coultry Park. Up to 150 houses could be built on the site.

Children's entertainment at the launch of the Draft Masterplan

Other sites which might be developed at the same time are around the proposed new green space behind the four-storey blocks in Silloge Avenue, between Balcurris Gardens and the proposed new Balcurris Park, the site south of St. Margaret's Road and north of Balbutcher Lane. Having houses built on these sites would allow for the first demolitions to take place. The development and demolition proposals are currently under discussion with the five Forums.

New road links to Silloge, Shangan, Coultry and Balbutcher will also be developed early so the roundabout can be removed and other Town Centre sites be made available. Putting the overhead power lines underground will be another early priority, as will providing some playground facilities.

Working Groups set up

Three key areas have been identified by the people in Ballymun as essential for the success of the project; (i) housing management, (ii) promoting economic development, (iii) training & education. The regeneration of Ballymun will depend on the extent to which it is successful in all these areas.

Three Working Groups have been set up to address these areas. The Housing Working has already met twice. One of the tasks of the housing working group is to develop and recommend a policy for allocating the new houses to BRL and to Dublin Corporation.

We'll be bringing you updates on all three Working Groups in the next issue of the newsletter.

Examining the model at the launch of the Draft Masterplan

If you have ideas about topics that should be covered in the newsletter let Eamon Farrelly know at Ballymun Regeneration Ltd (BRL) Stormanstown House Ballymun Road Dublin 9 ph: 8421144 fax: 8421443 Email: brl@brl.ie http://www.brl.ie

저희는 또한 큰 규모의 계획 디자인을 위해 해외 건축가를 섭외 중에 있으며, 신도시에 양질의 주택을 건설하기 위해 최고의 전문가를 영입할 수 있기를 희망하고 있습니다. 유명 건축가들과 저희 내부 팀이 함께 향후 7년간 매년 400채 가량씩의 주택을 디자인 할 것입니다.

공공업무센터와 지역예술센터를 위한 대지가 선정되었고, 건축물 디자인에 착수하였습니다. 선정된 부지는 토마스 맥도나 타워(Thomas MacDonagh Tower) 인근이며, 신축 건물과 맥도나 타워의 공존이 불가능해 보임에 따라 맥도나 타워는 철거 건물 1호 리스트에 포함될 것으로 보입니다. 그 대신, 토마스 맥도나 타워 철거 후 생기는 부지 인근에 첫 번째 대규모 주택단지가 계획될 것으로 보입니다.

초안 마스터플랜 발표일 아이들을 위한 행사

가능 인근지역으로는 (즉, 현재 건물이 없는 부지) 성모마리아 교회(Virgin Mary Church)와 샹겐 로드(Shangan Road), 샹겐 그린(Shangan Green) 뒤편, 컬트리 웨이(Coultry Way) 그리고 새로 생길 컬트리 공원(Coultry Park)에 의해 경계 지어지는 부지가 되겠습니다. 그 곳에 약 150채의 주택이 신축될 가능성이 있습니다.

그와 동시에 개발이 될 가능성이 있는 지역으로 실로그 에비뉴(Silloge Avenue)의 4층 아파트 뒤편에 생길 녹지 공간 부근으로 발커리스 가든(Balcurris Gardens)과 새로 생길 발커리스 공원 중간 지역과 성마가렛 로드(St. Margaret' s Road) 남쪽과 발커리스 레인(Balbutcher Lane) 북쪽의 대지입니다. 이 지역들에 주택을 신축하기 위해서 최초의 철거가 발생하게 될 것입니다. 이 개발과 철거에 대한 계획을 5개의 포럼들과 함께 의논 중에 있습니다.

실로그(Silloge), 샹겐(Shangan), 컬트리(Coultry) 그리고 발부쳐(Balbutcher)를 잇는 신도로 또한 초기에 개발되어 원형교차로가 사라지고, 또 하나의 도심거점 대지가 준비 될 것입니다. 고압선 지하매몰 작업 역시 최우선 과제 중 하나이며, 그로써 놀이터 시설이 제공될 것입니다.

실행 그룹 구성

프로젝트 성공의 필수과제로서 세 가지 주요 분야가 다음과 같이 선정 되었습니다:

(i) 주택 관리
(ii) 경제 발전 촉진
(iii) 교육 및 취업교육

발리문의 재생은 이 세 분야의 성공 정도에 좌우될 것입니다.

이 분야를 담당하기 위한 세 개의 실행 그룹이 구성되었습니다. 주택부분실행그룹과는 이미 두 번이나 모임을 가졌습니다. 주택부분실행 그룹은 BRL과 더블린자치체에 신축 주택의 위치에 관한 정책의 개발과 조언을 하게 될 것입니다.

세 개의 실행 그룹에 대한 소식은 다음 회소식지에서 전하겠습니다.

초안 마스터플랜 발표일에 모델을 보는 주민들

소식지에서 다루어야 할 소재에 대한 아이디어가 있으시면 발리문재생회사의 이아몬 파렐리(Eamon Farrelly)에게 연락 주십시오. Ballymun Regeneration Ltd (BRL) Stormanstown House Ballymun Road Dublin 9
ph: 8421144 fax: 8421443 Email: brl@brl.ie http://www.brl.ie

BALLYMUN

REGENERATION NEWS

July/August 1998 Issue 6

INSIDE

4-STOREYS GOING - IT'S OFFICIAL

Minister Bobby Molloy, who recently visited Ballymun, has given approval for the demolition of the four storey blocks. This is very welcome news for the tenants and Ballymun Regeneration who had been lobbying very hard for this decision. Six of the ten 4 storey blocks are scheduled for demolition in the year 2000 as part of Phase 1. Two of the 15-storeys and two of the 8 storeys are also in Phase 1.

Planning approval still has to be obtained but the money is now secure to replace all the existing flats with new homes for the people of Ballymun. The map on Page 4 shows the Phase 1 Programme.

NEW HOMES FOR LONG TERM TENANTS

NOT ALREADY IN PHASE 1

Ballymun Regeneration will be building more homes than will be needed for all Phase 1 tenants and we will be offering anyone who has lived in Ballymun for at least 15 years a chance of getting one of the first new homes in a draw.

To be eligible you must be a tenant of good standing, in a flat in Ballymun for 15 years or more and have a good rent payment record. Entry forms are available from Ballymun Regeneration's offices at Stormanstown House. The draw will be made in public, before the end of September and winners will be notified directly.

BALLYMUN

재생소식지

1998년 7월/8월 제06호

주요기사

- 1단계 철거 2000년
- 실행 그룹
  - 주택
  - 경제개발
  - 취업훈련 및 교육
- 지역자문단
- 건축전문가 자문단

4층 계단식 아파트 철거 확정

최근 발리문을 방문한 바비 몰로리(Bobby Molloy) 장관은 4층 아파트의 철거를 최종적으로 승인하였습니다. 상기 건으로 계속적으로 로비를 해온 발리문재생회사와 아파트 입주자들에게 희소식이 아닐 수 없습니다. 4층 아파트 총 10동 중 6동에 대한 철거가 1단계 계획의 한 부분으로서 2000년에 예정되었습니다. 15층짜리 2동과 8층짜리 2동 역시 1단계에 포함되어 있습니다.

계획의 승인을 다시 기다려야 하지만, 발리문 주민을 위해 기존 아파트를 새 주택으로 교체하는데 필요한 자금은 확보된 상태입니다. 1단계 프로그램에 대해서는 4페이지의 지도를 참조하십시오.

장기 세입자를 위한 신축 주택 벌써 1단계입니다

발리문재생회사는 사업 1단계에서 필요한 주택보다 더 많은 수를 건설할 예정입니다. 이 추가분은 발리문에서 최소 15년 이상 거주해온 거주자를 대상으로 추첨을 통해 지급할 예정입니다. 추첨 대상자는 15년 이상 발리문아파트에 거주해 온 자로서 임대료 납입 이력이 좋은 주민입니다. 신청서는 스토맨스타운 하우스에 위치한 발리문재생회사 사무실에 구비되어 있습니다. 추첨은 공개추첨 방식으로 진행되며, 9월 말 전 추첨하여 당첨자는 즉시 통보를 받게 될 것입니다.

Community Consultative Panel

We have set up a Community Consultative Panel of representatives from residents' associations and interested groups in Ballymun and adjoining areas. Those who have nominated representatives to attend are:-

Balcurris/Balbutcher Forum
Willow Park/Pinewood Residents' Association
Shangan Forum
Cedarwood Residents' Association
Ballymun Road Residents
Glasnevin North Community Council
Greenfield Park Residents' Association
Ballymun Housing Task Force
Oakwood Residents' Association
Sillogue/Sandyhill Forum
Glasnevin Avenue Residents' Association
Willow Park/Pinewood Residents' Association
Willow/Cedar Action Group
Coultry Forum
Poppintree Forum
East Finglas Residents' Association
Ballymun Garda Station.

Panel Meetings will give groups a regular opportunity to see how proposed developments in their area fit into the overall regeneration project and to discuss and debate the issues of concern. They can then update the Committees which they represent on progress.

The first Community Consultative Panel meeting took place on the 8th June, 1998 in Stormanstown House with representatives from nine groups. Some people referred to the meeting as "historic" since it was the first time that such a meeting had taken place with resident groups from Ballymun and adjoining communities. Members shared their views and experiences of Ballymun from the '60s and '70s up to today.

All agreed that a successful regenerated Ballymun area would be good for the whole northside, not just Ballymun and its immediate surroundings. Residents of Glasnevin North spoke about Ballymun being used as a dumping ground and about protesting against proposals some years ago to locate an incinerator in Ballymun.

Among the issues raised at the meeting were the new Main Street, including the new Garda Station, the Art and Community Resource Centre and the proposed Municipal Centre and Public Library. The future of the existing library on Ballymun Road was the subject of debate. The Panel will meet every 2 to 3 months and the next meeting has been arranged for the 7th September, 1998.

Vice-Mayor of San Jose impressed with Ballymun Masterplan

On a recent visit to Ballymun the Vice-Mayor of San Jose, Marjorie Fernandez, called in to see the exhibition of the Masterplan in Stormanstown House. San Jose which is known as the the Silicon Valley of the USA is shown here with some of the other visitors from San Jose meeting the Dal Cuinn who were present at the lunch which was organised by ROUND Ltd. ROUND Ltd are responsible for funding the Arts and Community Resource building which Ballymun Regeneration are designing and which will be built with (URBAN) EU Funding on the site close to Thomas McDonagh Tower. The visit was organised as part of the Computers in Schools Project.

The Dal Cuinn with Vice-Mayor Ma
during a recent visit to Ballyn

A

report
tions i
of extr
time b
more t
payme
ing tha
eration
mean
bedroc
familie
bedroc
necess
of two

The Tr
prepar
focuss
Ballyn

The E
that Ba
is to ac
Master

ing Groups Jpdate

he working groups have now e working away.

ıg Working Group prepared a ·of Directors and recommenda- ch phase there will be a number :hese will be available for first .enants in good standing with enancy, who have a good rent : Working Group is recommend- sing should be the main consid- ıg replacement unit size. This will s will get the same number of ve at present except that larger r bedrooms, some people in two ill get a third bedroom where : living alone will get a maximum

ducation Working Group will obby Government for a more ı Education and Training in

king Group were very adament to get special tax designation if it nomic objectives set out in the

nd members of the San Jose delegation Offices at Stormanstown House.

Gerry O Donoghue, Joe Farrell and Dave Dinnegan from Dublin Corporation's Regional Office

"No place for anti-social behaviour" - tenants agree.

As soon as the Phase 1 Programme was announced, Ballymun Regeneration invited the tenants in the blocks to be demolished, to a series of evening meetings in Stormanstown House. Buses were provided to help people to participate and there was a good attendance despite the World Cup. Among the questions people asked were:

Q1. What will happen to those involved in anti-social behaviour?
The message to anyone involved in anti-social behaviour is that there will be no place in the new Ballymun for people who don't behave with respect towards their neighbours.

Q2. Will all tenants in Phase 1 be rehoused at the same time?
Some homes will be ready before others, depending on how soon planning permission is received and individual site problems resolved. People will be involved in the design process with the architect for their own site and will know which house/apartment is theirs from the plans. Since most of the new building will be close to the flats which are being demolished, people will be able to see their new home being built.

Q3. Will people be able to get a transfer out of Ballymun as part of the regeneration process?
Ballymun Regeneration has been given a brief to provide new high quality housing in Ballymun for all tenants in good standing with Dublin Corporation; there is no proposal to rehouse existing Ballymun tenants in areas outside of Ballymun. Tenants who are on the transfer list may be able to transfer out of Ballymun in the future, but no special priority will be given to tenants for transfer out of the area. Most people have said that they want to stay in their own area.

Q4. How will the construction sites be managed to minimise noise, dust and construction traffic?
Ballymun Regeneration were able to reassure residents that the highest standards of construction and site management will be enforced with contractors to ensure that any inconvenience is kept to an absolute minimum. We are also able to confirm that people we will be planting trees in advance of the building of new homes.

지역자문단

주민협회 대표와 발리문과 인근 지역에 관심 있는 그룹으로 이루어진 지역자문단을 발족하였습니다. 참여하는 토론단으로 선정된 그룹은 다음과 같습니다.

발커리스/발부쳐 포럼(Balcurris/Balbutcher Forum)
윌로우 파크/파인우드 주민협회(Willow Park/Pinewood Resident's Association)
샹겐 포럼(Shangan Forum)
세다우드 주민협회(Cedarwood Resident's Association)
발리문 로드 주민들(Ballymun Road Residents)
글라스네빈 노스 지역의회(Glasnevin North Community Council)
그린필드 파크 주민협회(Greenfield Park Resident's Association)
발리문 주택 전담위원회
오크우드 주민협회(Oakwood Resident's Association)
실로그/산디힐 포럼(Sillogue/Sandyhill Forum)
글라스네빈 에비뉴 주민협회(Glasnevin Avenue Resident's Association)
윌로우 파크/파인우드 주민협회(Willow Park/Pinewood Resident's Association)
윌로우/세다 실행그룹(Willow/Cedar Action Group)
컬트리 포럼(Coultry Forum)
파핀트리 포럼(Poppintree Forum)
동부 핀글라스 주민협회(East Finglas Resident's Association)
발리문 경찰서(Ballymun Garda Station)

토론단 회의는 각 그룹들이 지역개발 제안내용과 전체 재생사업과의 연관성을 짚어보고 우려점에 대해 토의하고 논의하는 기회를 제공해 줄 것입니다. 그로써, 재생과정 동안 그들의 위원회에 지속적으로 상황보고를 할 수 있게 됩니다.

첫 번째 지역자문단 회의는 9개 그룹의 대표들이 참석한 가운데 스토맨스타운 하우스에서 1998년 6월 8일에 열렸습니다. 발리문 주민 그룹과 인근 커뮤니티 그룹이 함께 모이는 회의는 처음 있는 일이었기 때문에, "역사적인" 회의였다는 평가를 내리는 이도 있었습니다. 회의 참가자들은 지난 6, 70년대부터 현재까지의 발리문에 대한 경험과 의견을 교환하였습니다.

참가자 모두 발리문 재생의 성공은 단지 발리문과 그 인접 지역만의 발전이 아니라 북부지방 전체의 발전이 될 것이라는 의견에 동의하였습니다. 글라스네빈 노스(Glasnevin North)지역 주민들은 발리문이 쓰레기 하치장으로 사용된다는 점과 몇 년 전 있었던 소각장 건설 제안에 반대하는 시위에 관해 언급하였습니다.

회의에서는 메인 스트리트의 신설 및 발리문 경찰서, 예술 및 지역 자원 센터, 지방 자치 센터, 그리고 공공도서관 등에 대한 안건이 거론 되었으며, 발리문 로드(Ballymun Road)에 위치한 현재의 도서관에 대한 앞으로의 계획이 토론의 주제였습니다. 토론단은 2, 3개월에 한 번씩 모이게 될 것이며, 다음 회의는 1998년 9월 7일로 결정 되었습니다.

산호세(San Jose)의 부시장 발리문 마스터플랜에 감동

최근 발리문을 방문한 산호세의 부시장 마호리 페르난데즈(Marjorie Fernandez)씨가 스토맨스타운 하우스에서 열린 마스터플랜 전시회장을 방문하였습니다. 미국의 실리콘밸리로 알려진 산호세도 전시회에 선보였고 기타 산호세에서 방문하신 분들도 ROUND Ltd.사가 주최한 오후 만찬에 참석한 Dal Cuinn 왕실가문(Dal Cuinn)과 만남의 자리를 가질 수 있었습니다. 발리문재생회사에서 디자인하고 토마스 맥도나타워(Thomas McDonagh Tower) 인근에 신축 될 예술 및 지역 재원 빌딩은 유럽연합의 재정지원으로 지어질 것이며, ROUND Ltd.사에서 이 자금 관리를 맡고 있습니다. 이번 방문은 '학교에 컴퓨터를' 프로젝트의 일환으로 계획되었습니다.

스토맨스타운 하우스에 위치한 발리문재생회사 사무실을 최근 방문한 산호세 대표단과 마호리 페르난데즈(Marjorie Fernandez) 부시장과 함께한 Dal Cuinn 왕실가문

실행 그룹의 최신소식

실행 그룹 세 팀이 모두 현재 한창 작업 중입니다.

주택 부문 실행 그룹은 이사회에 제출할 보고서와 추천안을 준비중 입니다. 그 내용은: 각 단계별로 추가분의 주택을 건축할 예정이며, 이들은 처녀분양자들과 임대료 이력이 좋은 15년 이상의의 거주경력을 갖은 착실한 거주민들에게 제공될 것입니다. 실행 그룹은 신규 세대 규모결정에 있어서 생애주택의 개념을 가장 중요시할 것을 추천하고 있습니다. 이에, 기본적으로 현재 거주지와 동일한 수의 침실이 계획될 것이나, 특별히 가족수가 많은 가정은 4개의 침실이 제공될 것이고, 현재 2개의 침실을 갖고 있는 가정 중 필요성에 따라 일부에게 추가 침실 1개가 제공 될것될 것이며, 독신에게는 최대 2개까지의 침실이 제공될 것입니다.

취업 훈련 및 교육 부문 실행 그룹은 정부 로비를 위한 보고서를 준비 중에 있으며, 이는 발리문의 교육및 직업 훈련 분야에 초점을 맞추게 될 것입니다.

부문 실행의 매우 확고한 입장으로, 발리문이 마스터플랜에 제시된 경제 목표를 달성하기 위해서는 특별 면세 정책이 필요하다는 것이 있습니다.

더블린자치체 지역사무소 직원 게리 오도노그(Gerry O Donoghue), 조 파렐(Joe Farrell), 데이브 딘네간(Dave Dinnegan)

주민들이 동의한 모토 - "반사회적 행동이 없는 곳으로"

1단계 프로그램이 발표된 직후 발리문재생회사는 철거될 아파트 주민들을 스토맨스타운 하우스로 수차례 초대하여 저녁 회의를 가졌습니다. 주민 참여를 높이기 위해 버스를 대절하였고, 월드컵 시즌에도 불구하고 출석률이 매우 좋았습니다. 주민들로부터 다음과 같은 질문을 받았습니다:

Q1. 반사회적 행동에 연루되었던 사람들은 어떻게 되나요?
이웃에게 적대적인 행동을 한 사람들은 새로 태어날 발리문에서 살곳이 없다는 것을 보여줄 것입니다.

Q2. 계획 1단계에서 모든 거주자들이 동시에 이주하게 됩니까?
주택 건축에는 시간차가 있을 것입니다. 이는 계획 승인에 소요될 시간과 각 부지마다의 문제 해결 시간에 달려있습니다. 거주민들은 각각 그들 부지 계획에 소속된 건축가와 함께 디자인 과정에 참여하게 될 것이며, 계획서를 통해 자신들의 거주지를 확인할 수 있게 될 것입니다. 대부분의 신축 건물들은 철거 예정 아파트 인근에 들어서기 때문에 자신들의 주택이 지어지는 모습을 볼 수 있게 될 것입니다.

Q3. 재생과정에서 발리문 이외의 지역으로 이주가 가능합니까?
발리문재생회사는 착실한 거주민들을 위해 고품질의 주택을 제공할 것을 더블린자치체로부터 지시 받았습니다. 여기에는 발리문 이외 지역으로의 이주에 대한 내용은 없습니다. 이주 리스트에 포함된 거주민들은 향후 발리문 이외 지역으로 이주가 가능할 것입니다만, 타 지역으로 이주하는 주민을 위한 특별한 우선권은 없습니다. 대부분의 주민들은 현재 지역에서 계속 거주하고 싶다는 의사를 밝혀왔습니다.

Q4. 공사현장의 소음과 먼지 및 교통체증의 최소화에 대한 관리는 어떻게 이루어집니까?
발리문재생회사는 주민 여러분께 공사와 현장에 대한 관리에 최선을 다할 것이라고 약속 드렸습니다. 공사에 따른 불편함을 최소화 할 것을 하청 건설업체에 강력히 전달하였습니다. 또한, 새로운 주택단지가 건설되기 전에 먼저 나무를 심을 것이라는 점을 확신 드립니다.

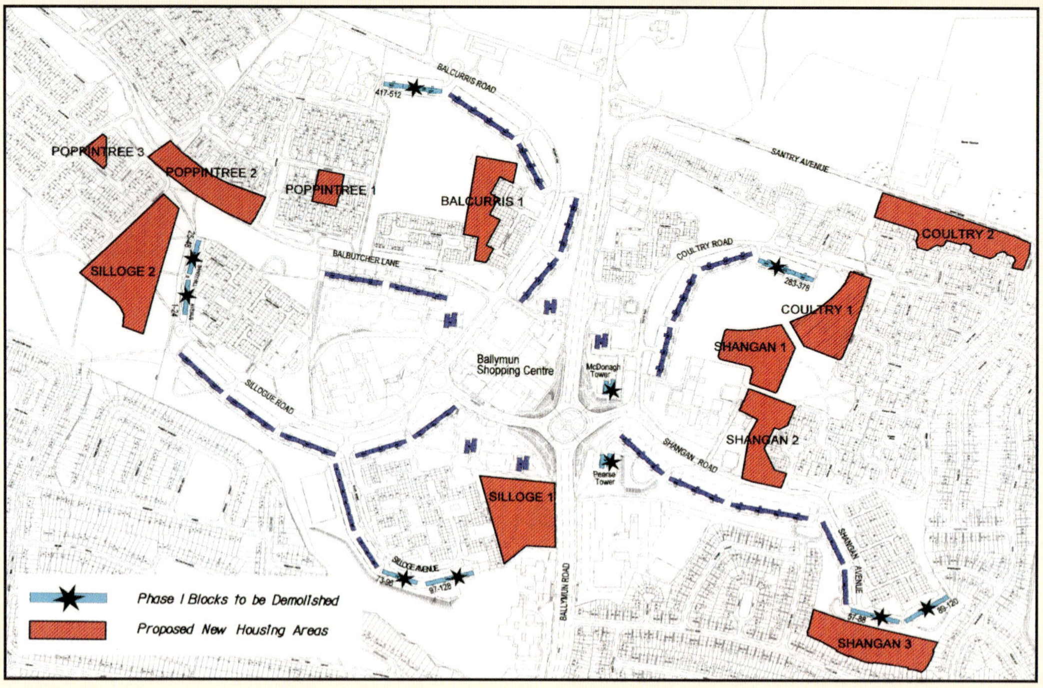

This map shows the Phase 1 new housing sites (coloured grey) and the flat blocks to be demolished in Phase 1 shown with a star. The blocks to be demolished include six, 4-storey blocks at 57-120 Shangan Ave, 73-96 Sillogue Ave, and 1-48 Sandyhill Avenue, two 8 storey blocks at 283-378 Coultry Rd, and 417-512 Balcurris Rd, and two 15-storey tower blocks are also included; Pearse Tower and McDonagh Tower.

If you have ideas about topics that should be covered in the newsletter let Eamon Farrelly know at Ballymun Regeneration Ltd (BRL) Stormanstown House Ballymun Road Dublin 9 ph: 8421144 fax: 8421443 Email: brl@brl.ie http://www.brl.ie (please note that the Website is still being developed but should be completed by the end of September '98)

Michelle Crogan, Aisling O'Reilly & David Byrne at a recent meeting for tenants of Phase 1

DESIGN SURVEY

Ballymun Regeneration is carrying out a Design Survey of all the families who live in the flats included in Phase 1demolitions. The purpose of the survey is to find out the make up of the families involved. This will help the Architects design new homes to suit these families. If you are part of the Phase 1 demolitions and have not yet completed a design survey questionnaire you should call to Stormanstown House or phone Graham Fagan in Ballymun Regeneration at 842 1144. Delays in completing the questionnaires may cause delays in designing and building new homes.

ARCHITECTS APPOINTED

Ballymun Regeneration held a seminar meeting for the first group of architects who will design the new homes. Meetings between the Area Forums and the Architects will take place in August/September. Tenants will also get to meet their architects as the designs progress. Details of the design survey questionnaires completed by tenants have been given to the architects to help them get to know the people for whom they are designing the new homes.

Mick McDonagh from Ballymun Regeneration, showing Peter Twamley a perspective impression of the proposals for the new main street.

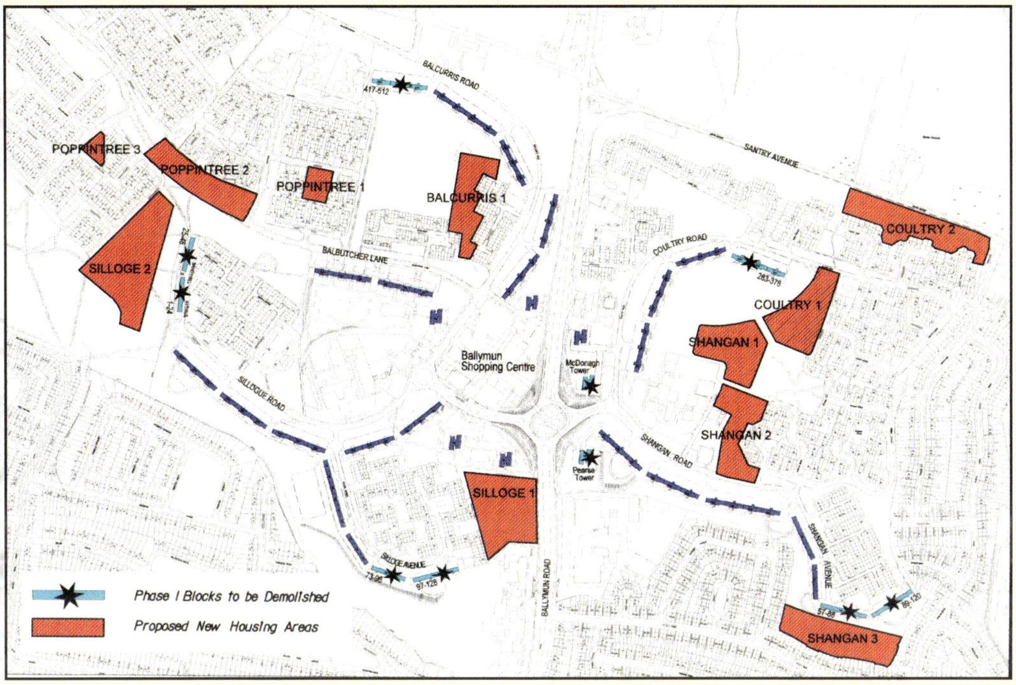

이 지도는 1단계 신축 주택 부지(회색부분)를 보여주고 있으며, 1단계에서 철거될 아파트는 별표로 표시하고 있습니다. 철거 대상 아파트는 샹겐 에비뉴(Shangan Ave) 57-120번지, 실로그 에비뉴(Sillogue Ave) 73-96번지, 산디힐 에비뉴(Sandyhill Avenue) 1-48번지의 4층 아파트 6동과 컬트리 로드(Coultry Rd) 283-378번지와 발커리스 로드(Balcurris Rd) 417-512번지의 8층 아파트 2동, 그리고 15층 고층아파트인 피어스 타워(Pearse Tower)와 맥도나 타워(McDonagh Tower) 2동입니다.

소식지에서 다루어야 할 소재에 대한 아이디어가 있으시면 발리문재생회사의 이아몬 파렐리(Eamon Farrelly)에게 연락 주십시오.
Ballymun Regeneration Ltd (BRL) Stormanstown House Ballymun Road Dublin 9
ph: 8421144 fax: 8421443 Email: brl@brl.ie
http://www.brl.ie (웹페이지는 현재 준비중이며, 98년 9월 말까지 완성될 것입니다)

1단계 대상 거주민 회의에서의 미첼레 크로간(Michelle Crogan), 아이슬링 오렐리(Aisling O'Reilly), 데이빗 바이른(David Byrne)

디자인 설문

발리문재생회사는 1단계 철거 대상 아파트 거주민 전원을 대상으로 디자인 설문을 실시하고 있습니다.

본 설문의 목적은 관계된 세대들의 가족 구성을 알아보기 위함입니다. 이것은 건축가들이 거주자들에 게 맞는 주택을 설계하는데 도움이 될 것입니다. 1단계 철거 대상자 중 아직 설문에 참여하지 않은 분들은 스토맨스타운 하우스(Stormanstown House)나 발리문재생회사의 그라함 파간(Graham Fagan) (842-1144)에게 전화 주십시오. 설문 작업의 마무리가 지연되면 주택 디자인과 신축 계획이 지연되게 됩니다.

건축가 결정

발리문재생회사는 새로운 주택을 디자인할 건축가 그룹을 대상으로 세미나를 개최하였습니다. 지역포럼과 건축가들의 만남의 자리는 8/9월에 마련될 것입니다. 거주민들 역시 디자인 프로세스의 한 단계로서 건축가들과 만나게 될 것입니다. 거주민이 작성 완료한 디자인 설문지의 상세 내용은 건축가들에게 전달되어 디자인 하게 될 주택에서 살게 될 주민을 이해하는데 도움이 될 것입니다.

발리문재생회사의 믹 맥도나(Mick McDonagh)씨가 피터 트왐리(Peter Twamley)씨에게 메인 스트리트의 투시도를 보여주고 있다

BALLYMUN

REGENERATION NEWS

October/November 1998 Issue 7

INSIDE

Disappointed that you are not in the first phase? Would you like a new home now? Are you 15 years or more in your flat? Enter the Phase 1 draw and, subject to certain conditions, you could win a place in Phase 1 by completing the entry form available from your local estate office, the Corporation Regional Office or Stormanstown House.

President Mary McAleese visiting Ballymun for the launch of the Computers in the Scholls project .

Ballymun Visitors

Mary McAleese President of Ireland launched the Computers in Schools project in Stormanstown House . The launch which was attended by the Lord Mayor of Dublin Senator Cllr Joe Doyle included a video conference link with San Jose in California. Local school children met the President and spoke to children in San Jose via a live link.

Ciaran Murray showed the President drawings and models of the new homes for Phase 1. These are almost ready to be submitted for planning permission. The President, who seemed very knowledgeable about Ballymun, expressed her interest in the regeneration project and said she will be

Continued on Page 2

An Taoiseach Bertie Ahern TD views the model of the new Ballymun with local residents during his visit to the exhibition in July.

BALLYMUN

재 생 소 식 지

1998년 10월/11월 제7호

주요내용

1단계 대상이 되지 못해서 실망하셨나요? 지금 새로운 주택을 갖고 싶으세요? 현재 아파트에서 15년 이상 사셨나요? 특정 조건이 되시면, 1단계 추첨에 참여하세요. 새 주택의 주인이 되실 수 있습니다. 참가 신청서는 가까운 부동산이나 지역 공사사무소 혹은, 스토맨스타운 하우스(Stormanstown House)에 구비되어 있습니다.

'학교에 컴퓨터를' 프로젝트 착수식에 참석한 마리 맥컬리스(Mary McAleese) 대통령

발리문 방문 인파

마리 맥컬리스 아일랜드 대통령은 스토맨스타운 하우스에서 '학교에 컴퓨터를' 프로젝트를 시작하였습니다. 더블린 시장과 조 도일(Joe Doyle) 상원시의원이 참석한 오픈기념식은 미국 캘리포니아의 산호세와 화상으로 연결되어 진행 되었습니다. 지역 학교 아이들은 대통령과 만나고 실시간 연결을 통해 산호세 지역 아이들과 대화를 하였습니다.

씨아란 머레이(Ciaran Murray)씨는 대통령에게 1단계에 건립될 주택들의 디자인 도면과 모형에 대해 설명하였습니다. 현재 건축허가를 위한 제안서 제출 준비는 마지막 단계에 와 있습니다. 대통령은 발리문에 대해 잘 알고 있었고, 이 재생사업에 관심을 표명했으며, 앞으로도 관심을 가지고 지켜보겠다고 덧붙였습니다.

2페이지에서 계속

7월 전시회에 방문하여 지역 주민들과 새로 태어날 발리문의 모형을 보고 있는 하원의원(TD) 베르티 에이헌(Bertie Ahern) 아일랜드 공화국 수상

Ballymun Visitors (contd)

Noel Dempsey TD Minister for the Environment and Local Government with members of the Special Committee on Ballymun; Noel Ahearn TD, Pat Carey TD, Roisin Shortall TD, Cllr Brendan Brady, Cllr Michael Barret and Cllr Eamonn O'Brien.

following its progress with interest.

During the Summer An Taoiseach, Bertie Ahern, T.D. paid a visit to the Ballymun Regeneration exhibition. An Taoiseach called in to visit on his way back from the launch of the "Closed Circuit TV" cameras in Ballymun. He spent some time at the exhibition centre, meeting tenants and confirming his support for the Regeneration Project. He is delighted with the rate of progress and spoke of "a great sense of hope". An Taoiseach did warn that it won't happen overnight, but said that he is "committed to seeing the project go through.... I think we can move it fairly sharply, particularly with the consultation and the great effort that is going into it."

Speaking about the tax incentives application, An Taoiseach said "designation only works if all the other things work too". By that he means the active support of everyone living in the area including ensuring that anti-social behaviour does not scare off potential investors. "If

Senator Cllr Joe Doyle, Lord Mayor of Dublin with Cllr Eamonn O Brien, Joe Higgins TD, Minister of State Chris Flood TD, Cllr Michael Barrett, Ciaran Murray MD and Dr Daniel O'Hare, Chairman of Ballyumun Regeneration on his recent visit to Ballymun

industries come into an area, it's very much the attitude of the people that decides if they stay. They form their views on more than tax incentives. They are people who look at security, the quality of life and the people that are around the area. I've no doubt that with a Plan like yours, going forward and where they see you're all positive about tackling drugs and other problems in the area, that they will be supportive."

An Taoiseach finished by confirming that the expert group who are assessing all the IAP applications are due to make their recommendations by the end October. We wait in hope for their decision.

Bishop Jim Moriaritry and Fr Liam O'Cuiv viewing the model for the new Ballymun on their recent visit with Ciaran Murray and Eamon Farrelly of BRL.

Mr Noel Dempsey, T.D., Minister for the Environment and Local Government made a special visit to the Ballymun Regeneration offices one evening in July, where he met some tenants who will be among the first to move into the new houses being built next year. He toured the exhibition and sat down and listened to individual tenants who had their own perspective on the regeneration project. Minister Dempsey impressed everyone with his understanding of the project and of people's fears and hopes. He confirmed that the Government is committed to getting it right for Ballymun this time round. He said no-one wants to be coming back in another thirty years to have another go at building a new Ballymun.

Continued on Page 5

발리문 방문 인파 (계속)

발리문 특별위원회 위원(노엘 에이헌 하원의원, 팻 케레이 하원의원, 로신 쇼톨 하원의원, 브렌단 브래디 시의원, 미카엘 바렛 시의원, 이아몬 오브라이언 시의원)과 환경자치부 장관 노엘 뎀프시하원의원

지난 여름 공화국수상 버티 에이헌(Bertie Ahern) 하원의원이 발리문 재생 전시회를 방문하였습니다. 수상은 발리문 "CCTV"카메라 오픈행사에 참가 후 돌아가는 길에 잠시 전시회를 방문하였습니다. 수상은 전시 센터를 둘러본 후, 주민들을 만나 재생프로젝트에 대한 그의 확고한 지지 의사를 표명하였습니다. 수상은 현재까지의 진행률에 만족하였고 "커다란 희망"이 보인다고 하였습니다. 또한, 이 프로젝트는 단기간에 가능한 것이 아니라고 충고하면서, "프로젝트가 진행 되어가는 과정을 주시할 것입니다..... 현재 프로젝트에 동원되는 자문서비스와 모든 이의 노력을 볼 때, 이 프로젝트가 매우 순조롭게 진행될 것이라고 생각합니다."라고 덧붙였습니다.

세금혜택 적용에 관해서 수상은 "다른 계획들이 모두 같이 성공해야 특혜 제공도 제 역할을 하게 될 것"이라고 하였습니다. 즉, 잠재 투자자들을 유치하지 못하는 것이 문제가 아니라, 반사회적 행위의 감소를 포함한 적극적인 지역 주민 지원이 중요하다는 의미입니다. "산업이 한 지역에 들어

최근 발리문을 방문한 조 도일(Joe Doyle)상원시의원, 더블린 시장, 이아몬 오브라이언(Eamonn O' Brien)시의원, 조 히긴스(Joe Higgins)하원의원, 국무성장관 크리스 플러드(Chris Flood)하원의원, 미카엘 바렛(Michael Barrett)시의원, 씨아란 머레이(Ciaran Murray)사장, 발리문재생회사 회장 다니엘 오하레(Daniel O' Hare)박사

선다는 것은 그 지역 주민들의 지역 정착 의지가 매우 중요하게 작용합니다. 그들은 세금혜택만을 보는 것이 아닙니다. 투자자들은 지역 삶의 질과 안정성 및 지역 주민 자체를 보는 것입니다. 마약 등의 지역문제를 없애는데 여러분의 적극적인 모습과 점점 발전해 가는 여러분의 계획이라면 투자자들은 지원의 손길을 뻗칠 것입니다."라고 밝혔습니다.

수상은 IAP 신청서를 평가하고 있는 전문가그룹이 그들의 추천안 작업을 10월 말까지 완료될 것이라고 하면서 연설을 마쳤습니다. 현재 저희는 희망을 갖고 그들의 결정을 기다리고 있습니다.

발리문 전시회에서 BRL의 씨아란 머레이(Ciaran Murray)씨 및 이아몬 파렐리(Eamon Farrelly)씨와 새로운 발리문의 모형을 보는 짐 모리아리트리 (Jim Moriaritry)주교와 리암 오퀴브(Liam O' Cuiv)신부

하원의원 노엘 뎀프시(Noel Dempsey) 환경자치부 장관은 지난 7월 발리문재생회사에 들러, 내년 완공될 주택단지의 첫 입주자 몇몇과 만남을 가졌습니다. 장관은 전시회를 둘러본 후 주민들과 한자리에 앉아 재생프로젝트에 대한 주민 개개인의 견해를 듣기도 하였습니다. 뎀시 장관의 프로젝트에 대한 이해도 및 주민들이 가질 수 있는 우려와 희망에 대한 견해는 모든 사람을 놀라게 하였습니다. 장관은 이번 발리문건을 올바르게 진행시키기 위해 정부가 노력하고 있으며, 30년 후 다시 새로운 발리문을 건설하기 위해 같은 과정을 반복하지 않도록 할 것이라고 덧붙였습니다.

New Arts and Community Resource Centre for Ballymun

A new Arts and Community Resource Centre for Ballymun will be one of the first projects to be built as part of the Regeneration. The design is well advanced and an application for planning permission has just been lodged.

The project, the result of a lot of hard work by a coalition of local Arts and Community Development groups is funded from the URBAN programme through ROUND Ltd. (Regeneration of Urban North Dublin) The design is by Ballymun Regeneration Limited's in-house team of architects.

Facilities at the centre will include a theatre for about 200 people, a second performance space, training rooms, a crèche, a cafe bar, recording studio, offices for community development groups and ancillary accommodation.

The building will be located on the new Main Street near McDonagh Tower. It will form part of the southern edge of the new civic plaza and will be one of the centre pieces of the new town. The building should go on site in spring of next year and will take about a year to build.

BALLYMUN LÓTTO a Chance for Long-Term Tenants to Win the Tenancy of a Home in Phase 1

We will be building more houses than are needed to rehouse the families in the first phase demolition.

All tenants of flats in Ballymun for the last fifteen years or more are eligible to be considered for a LOTTO style draw for a place in Phase 1 of the re-development.

The closing date for the lottery has been extended until the 23rd of October. Get your application in now. All you have to do to qualify, is have a good rent record and be in good standing with the Corporation. An information meeting for interested tenants will be held on Monday 19th October 1998 at 7.30pm in Stormanstown House.

Entry forms are available from the Ballymun Regeneration offices at Stormanstown House or Dublin Corporation's Regional Office.

For more information about the lottery or homes for sale, contact the Dublin Corporation Regional Office or Eamon Farrelly in Ballymun Regeneration at 01 842 11 44.

BALLYMUN

ENTRY FORM FOR PHASE 1 DRAW

In addition to rehousing all tenants from existing blocks already identified as Phase 1, Ballymun Regeneration Limited propose to construct a number of extra dwellings which will be offered to long term tenants, first time buyers and residents of existing houses in Ballymun who may wish to trade up. Long term tenants (at least 15 years) are invited to enter a draw for the tenancy of one of these new houses. Please complete this form and have it certified by Dublin Corporations Regional Office, and return it to Ballymun Regeneration by 18th September 1998. *(see overleaf for rules).*

NAME: ______

ADDRESS: ______

PHONE NO.: ______

I wish to be included in the draw for a Phase 1 home in the area shown below:-

Balcurris/Balbutcher: ☐
Coultry: ☐
Poppintree: ☐
Sandyhill/Sillogue: ☐
Shangan: ☐
Main Street: ☐

Certificate of Eligibility issued by Dublin Corporation

This person has been a good tenant of Dublin Corporation over the past 15 years and has a satisfactory rent payment record. Dublin Corporation are happy for this tenant to be included in the Draw for Long Term Tenants for the tenancy of a Phase 1 home.

Signed: ______

Title: ______

Corporation Stamp

새로운 발리문 예술 및 지역 자원센터

재생계획의 첫 프로젝트의 하나로서 발리문 "예술 및 지역 자원센터"가 건립될 것입니다. 디자인 개발은 순조롭게 진행되고 있으며, 건축허가 신청서가 최근 제출 되었습니다.

이 프로젝트는 ROUND사 (Regeneration of Urban North Dublin: 북 더블린 도시재생)의 URBAN 프로그램의 자금 지원과 '예술 및 지역개발' 지역 그룹의 피땀 어린 노력의 결과 입니다. 디자인은 발리문재생회사의 사내 설계팀이 담당하고 있습니다.

센터의 시설로서 200명을 수용할 수 있는 영화관과, 별도의 연극 무대, 연습실, 탁아소, 카페, 녹음 스튜디오, 지역 개발 그룹 사무실 및 부대시설로 구성될 것입니다.

건물은 맥도나 타워(McDonagh Tower) 인근에 새로 생길 메인스트리트에 위치할 것입니다. 또한, 이 건물은 새롭게 조성될 도심 광장의 남단의 한 부분이 되면서 신도시의 주요 건물의 하나가 될 것입니다. 내년 봄에 착공에 들어가며 완공에는 약 1년이 소요될 예정입니다.

발리문 로또: 1단계 주택의 분양권 당첨을 위한 장기세입자를 위한 기회

저희는 1단계 철거 대상 가구를 위해 필요한 수 이상의 주택을 건설할 계획입니다.

발리문의 아파트에서 15년 이상 거주해온 주민들은 1단계 재개발 주택을 경품으로 한 로또 (LOTTO) 방식의 추첨행사의 대상이 될 수 있습니다.

신청 마감일이 10월 23일까지 연장되었습니다. 지금 신청하세요. 성실히 임대료를 납부하였고 도시자치체 측과 문제가 없다면 신청 자격이 됩니다. 관심있는 주민들을 위한 설명회가 스토맨스타운 하우스(Stormanstown House)에서 1998년 10월 19일 오후 7시 30분에 열릴 것입니다

신청서는 스토맨스타운 하우스에 위치한 사무실과 더블린자치체 지역사무소에 비치되어 있습니다.

복권이나 주택 매매에 대해 궁금하신 사항이 있으시면 더블린자치체 지역 사무소나 발리문재생회사의 이아몬 파렐리(Eamon Farrelly) (01842 11 44)에게 연락 주십시오.

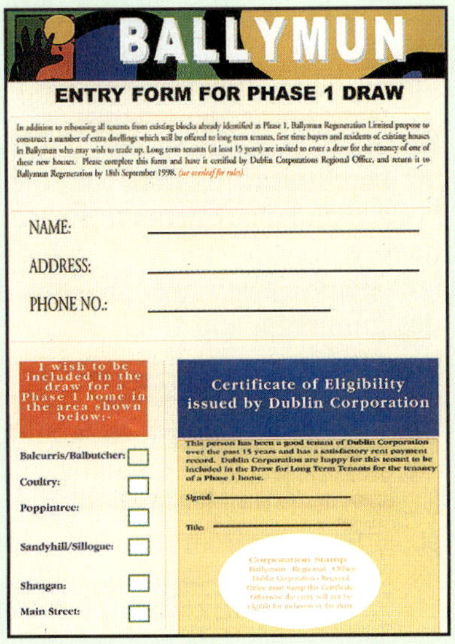

BALLYMUN

ENTRY FORM FOR PHASE 1 DRAW

In addition to rehousing all tenants from existing blocks already identified as Phase 1, Ballymun Regeneration Limited propose to construct a number of extra dwellings which will be offered to long term tenants, first time buyers and residents of existing houses in Ballymun who may wish to trade up. Long term tenants (at least 15 years) are invited to enter a draw for the tenancy of one of these new houses. Please complete this form and have it certified by Dublin Corporations Regional Office, and return it to Ballymun Regeneration by 18th September 1998. *(see overleaf for rules).*

NAME:

ADDRESS:

PHONE NO.:

I wish to be included in the draw for a Phase 1 home in the area shown below:-

Balcurris/Balbutcher: ☐

Coultry: ☐

Poppintree: ☐

Sandyhill/Sillogue: ☐

Shangan: ☐

Main Street: ☐

Certificate of Eligibility issued by Dublin Corporation

This person has been a good tenant of Dublin Corporation over the past 15 years and has a satisfactory rent payment record. Dublin Corporation are happy for this tenant to be included in the Draw for Long Term Tenants for the tenancy of a Phase 1 home.

Signed:

Title:

Corporation Stamp

Playgrounds and Advance Planting

Ballymu Regeneration Ltd are fast tracking the design of a number of advance planting projects including play areas as part of the first phase building works.

Shangan Park

At Shangan Park it is proposed to provide edge railings and tennis courts with lighting and surround fencing.

Sillogue Creche

At the area set aside for a creche in Sillogue play areas are being proposed including play equipment with safety surfaces and planting. The public area in Sillogue will have boundary railings with a large play area, seating and safety surfaces.

Balbutcher Lane

The proposals include road side planting to the west of the shopping centre and bordering the road at the Poppintree Industrial Estate.

Ballymun Road

It is also proposed to provide advance planting along the road to the north of Ballymun's central roundabout at the junction of Santry Avenue and to the south of Ballymun's central roundabout as far as the library.

M50 Roundabout

There is enough space in the central reservation just south of the M50 to provide a single avenue of trees, for immediate visual impact these should be semi mature trees of 5 to 7 metres high and these should significantly improve the approach to Ballymun from the M50.

Designing Homes for the New Ballymun

Phase 1 consists of over 650 dwellings to be built on eleven existing open areas (including the site known locally as "Stonehenge"). The designs for the housing for 10 of the sites are at an advanced stage. They will be built during 1999 and 2000. The site known as Stonehenge will be the subject of an architectural competition to secure a unique design of mixed uses for this high profile site which is at a prominent location at the entrance to Ballymun.

Most of the new houses will have three bedrooms with front and back gardens. Some houses will be three storey although most will be two storey. New apartments of three and four storeys are mostly for smaller households and for those households who specifically request an apartment rather than a house.

Because we have employed 13 architectural firms to design the houses and apartments in Phase 1 there will be a variety of styles and shapes. Such diversity of design, height and shape is essential to ensure that the urban design concepts which are fundamental to the Masterplan are achieved. With a strategic Masterplan in place it will be possible to create a new town for Ballymun which has its own distinct character, without the problems which often occur in new towns where uniformity of design and height leads to a feeling of anonymity and monotony and a lack of a sense of place.

When the architects who are designing the new homes were being briefed they were asked to ensure that they designed streets and individual homes in such a way as to minimise the opportunities for anti-social behaviour.

Ballymun Regeneration arranged for tenants to work with the consultant architects to review the design work before plans are lodged for planning permission. Each forum has selected a design sub committee which has been meeting regularly with the architects selected for their area. A public meeting between the architects and all tenants affected by the first phase demolitions has also been held in each forum area. The meetings which lasted for up to two hours were well attended and have proved useful and informative. The public meetings were in addition to the meetings with each of the neighbourhood estate forums. Further public meetings will be held before the planning applications are lodged.

Architects John O'Mahony and Mick Hussey from OMP at a recent meeting between Architects and Phase 1 Tenants.

Continued on Page 6

놀이터와 사전 식목

발리문재생회사는 1단계 건설 계획의 일환으로 놀이공원 지역을 포함한 다양한 사전 식목 프로젝트들의 디자인에 대해 빠르게 준비 중에 있습니다.

샹겐 공원(Shangan Park)

샹겐 공원에는 경계 난간과 조명 딸린 테니스 코트 및 주변 울타리 설치가 계획되었습니다.

실로그 탁아소(Sillogue Creche)

실로그(Sillogue) 놀이공원 지역에 탁아소를 위해 유보해둔 부지에는 안전바닥과 놀이기구 및 식목이 계획되었습니다. 실로그의 공공장소에는 넓은 놀이공원지역과 좌석 및 안전바닥이 설치되고 경계 난간이 제공될 것입니다.

발부쳐 레인(Balbutcher Lane)

쇼핑센터 서쪽까지 가로수를 조성하고 파핀트리(Poppintree) 산업지의 길가에는 경계석을 설치할 것입니다.

발리문 로드(Ballymun Road)

발리문 중앙 원형교차로 북쪽으로 산트리 에비뉴(Santry Avenue) 교차로까지 남쪽으로는 도서관까지의 길을 따라 사전 가로수 작업을 할 계획입니다.

M50고속도로 원형교차로(M50 Roundabout)

M50고속도로 남쪽 중앙자연보호 구역에는 하나의 가로수 길을 조성하기에 충분한 공간이 있습니다. 즉각적인 시각적 효과를 위해서는 5-7미터 크기의 준성목으로 계획되어야 하며 이것은 M50고속도로에서 발리문으로 오는 도로의 경관에 커다란 향상을 가져다 줄 것입니다.

신 발리문을 위한 주택 디자인

1단계 계획에는 현존하는 11개의 공공 대지(지역에서 "스톤헨지"라고 알려진 부지 포함)에 650가구 이상의 주택 계획이 포함되어 있습니다. 그 중 10개 부지에 계획될 주택에 대한 디자인은 매우 진전 되었습니다. 이 주택들은 1999년에서 2000년 사이에 건설될 것입니다. 스톤헨지라고 불리는 부지는 건축 공모전의 대상이 될 것입니다. 이는, 발리문 진입구라는 중요한 위치적 특색을 살리기 위해 독특한 혼합형 디자인이 필요하기 때문입니다.

대부분의 주택이 앞뒤에 뜰을 갖춘 3침실 형태가 될 것입니다. 대부분의 주택은 2층으로 계획되지만, 일부는 3층이 될 것입니다. 그리고 주택이 아닌 아파트를 요청한 주민을 위해 건설될 아파트는 대부분 3,4층으로 계획될 것이며 이들은 주택보다 규모가 작을 것입니다.

저희가 1단계의 주택과 아파트 디자인을 위해 건축사무소 13곳을 고용하였기 때문에 스타일과 형태면에서 매우 다양해질 것입니다. 이러한 디자인과 크기 및 형태의 다양성은 마스터플랜의 기초인 도시 디자인 컨셉을 달성하는데 매우 중요한 것입니다. 마스터플랜을 전략적으로 시행한다면 특색 있는 발리문 신도시 창조가 가능할 것이며, 천편일률적인 디자인으로 익명성과 단조로움 그리고 공간감각의 상실을 가져온 기존의 신도시에서 종종 발생하는 문제점들 또한 방지할 수 있을 것입니다.

최근에 있었던 건축가와 1단계 주민과의 만남에서 OMP사의 건축가 존 오마호니(John O' Mahony)씨와 믹 허세이(Mick Hussey)씨

주택을 디자인할 건축가들에게 반사회적 행동 유발을 최소화할 수 있는 골목길과 개인주택을 디자인해 줄 것을 지시하였습니다.

발리문재생회사는 건축허가를 위한 계획이 제출되기 전에 주민들이 자문 건축가들과 함께 디자인을 검토하는 자리를 마련하였습니다. 각 포럼은 디자인 소위원회를 선정하였고, 각 지역 담당 건축가들과 정기적으로 미팅을 해왔습니다. 1단계 철거에 관계된 주민들과 건축가들의 공청회 또한 각 포럼 지역에서 열렸습니다. 2시간가량 소요된 미팅은 참석률이 좋았으며 유용하고 유익하다는 것이 증명되었습니다. 이 공청회는 각 주민 지역포럼 미팅 이외에 부수적으로 추가되는 것입니다. 다음 공청회는 건축허가 신청서가 제출되기 전에 열릴 것입니다.

Ballymun Visitors (contd)

Continued from Page 2

Another visitor to Stormanstown House recently was Bishop Jim Moriarity who was given a conducted tour of the exhibition and gave his full support to the project. Ballymun Regeneration have asked the Planning Department of Dublin Corporation to list Domville House and St Pappins Church in the new Dublin City Development Plan.

In July, within a week of taking up office, the newly elected Lord Mayor, the Right Honourable Councillor Senator Joe Doyle visited Ballymun Regeneration with some of his Dublin TD and Senator colleagues. Dr Daniel O'Hare, Chairman of Ballymun Regeneration Ltd and Ciarán Murray, the M.D., welcomed the Lord Mayor and his guests. They then gave a short presentation on the plans for building the new town. They all stayed for lunch and talked informally with the architects involved in the regeneration about different aspects of the project and all wished the people of Ballymun well. Minister of State at the Department of Tourism, Sport and Recreation Mr Chris Flood was particularly interested in the plans to bring a hotel to the site near the M50 beside Dublin Airport. As the Minister responsible for Local Development with responsibility for the National Drugs Strategy Team his visit was particularly welcome.

Both Mary Bannotti MEP and Bernie Malone MEP were in Ballymun for the launch of a course in 'Neighbourhood Planning' for women. The course is designed as part of the EU NOW Project run by the Women's Resource Centre in Ballymun. The NOW Project has the overall aim of empowering local women to participate fully in the redevelopment of Ballymun. This course which is the first in a series will last for 48 weeks. The course is being held in Stormanstown House.

Mary Bannotte MEP at the launch in Stormanstown House of the NOW Project's new course in Neighbourhood Planning

Minister of State Bobby Molloy TD, who is responsible for Housing and Urban Renewal was in Ballymun in July. We were delighted to see him and to be given the opportunity to bring him up to date on the plans for the future of Ballymun. He will be making decisions this autumn on the urban renewal tax incentives that we applied to Government for back in March. We are not alone in looking for this type of help. Ballymun submitted its Masterplan and Integrated Area Plan along with about 80 other areas from all round the country. Minister Molloy listened very carefully as Ciarán Murray, Managing Director of Ballymun Regeneration and local residents told him of the special needs of the area. We are happy that he has a good appreciation of what we're trying to achieve and that he accepts that people in Ballymun need jobs as well as new homes.

Bernie Malone MEP with Anne Keating director of Ballymun Regeneration and chairperson of the Womens Resource Centre with course participants at the launch of the Neighbourhood Planning course.

It is important that as many as possible of our politicians come to see and appreciate what we are trying to achieve with the people of Ballymun. We are delighted with the positive response of people who have visited the exhibition centre and taken the time to see exactly how exciting are the plans for the new Ballymun.

We are setting up a register of people who are interested in purchasing new houses in Ballymun in Phase 1. These houses will be sold at affordable prices. Existing tenants can purchase their houses when they are allocated a dwelling and need not apply to be included in this Private House Purchase Database. Contact Eamon Farrelly for further information on 842 1144

발리문 방문 인파 (계속)

2페이지로부터 계속

최근 스토맨스타운 하우스를 방문한 또 한명으로, 짐 모리아리티(Jim Moriarity) 주교가 안내원을 대동하여 전시회를 둘러보고 프로젝트에 대한 전적인 지지의사를 표명하였습니다. 발리문재생회사는 새 더블린 도시개발계획에 돔빌 하우스(Domville House)와 성 파핀스 교회(St. Pappins Church)를 포함시켜 줄 것을 더블린자치체 개발부에 요청 하였습니다.

7월에는, 새로 시장으로 선출된 조 도일(Joe Doyle) 명예 상원의원이 취임 후 1주일도 지나기 전에 더블린 하원의원 및 동료 상원의원들과 함께 발리문재생회사를 방문해 주셨습니다. 발리문재생회사 회장 다니엘 오하레 박사(Dr Daniel O' Hare)와 씨아란 머레이(Ciaran Murray)사장이 시장님과 그 일행을 맞이하였으며, 신도시 건설 계획에 대해 간단한 소개도 있었습니다. 모두 함께 점심 만찬을 가지면서 자유로운 분위기에서 담화를 즐겼습니다. 그들은 재생에 관여하는 건축가들과 프로젝트에 대한 여러 견해를 주고받았으며 발리문 주민들의 안녕을 기원하였습니다. 문화체육레저부 크리스 플러드(Chris Flood) 국무성장관은 특히, 더블린공항 인근 M50고속도로 근처 부지에 호텔을 건설하려는 계획에 관심을 가졌습니다. 국가마약 전략팀의 책임자이며 동시에 지역개발의 책임을 맡고 있는 장관의 이번 방문은 매우 큰 의미가 있다고 할 수 있습니다.

유럽의회의원인 마리 바노티(Mary Bannotti)씨와 버니 말론(Bernie Malone)씨가 여성을 대상으로 한 '마을 만들기'에 관한 강좌의 개강식을 위해 발리문을 방문하였습니다. 이 강좌는 발리문의 여성인력센터에 의해 운영되는 유럽연합의 NOW 프로젝트의 일부입니다. NOW 프로젝트의 궁극적인 목적은 지역 여성들이 발리문 재개발에 깊게 참여할 수 있는 역량을 기르는데 있습니다. 이 코스는 시리즈 중 첫 번째로서 48주 코스입니다. 강의는 스토맨스타운 하우스(Stormanstown House)에서 있을 것입니다.

스토맨스타운 하우스에서 열린 NOW프로젝트의 새 강좌 "마을 만들기"에서의 유럽의회의원 마리 바노티씨

도시 및 주거지 재생을 담당하고 있는 바비 몰로이(Bobby Molloy) 하원의원 장관이 7월에 발리문을 방문하였습니다. 미래의 발리문에 관한 계획의 최근 현황에 대하여 보고할 수 있는 기회를 가질 수 있어서 기뻤습니다. 장관은 지난 3월 저희가 정부에 제출한 도시재생 세금혜택안에 대해 오는 가을 최종 결정을 내릴 것입니다.

'마을 만들기' 강좌 개강식에서 강좌 참가자들과 여성인력센터 회장 및 발리문재생회사 이사 안네 키팅씨와 함께한 유럽의회의원 버니 말론씨

이러한 도움을 바라고 있는 것은 저희뿐만이 아닙니다. 발리문은 인근 80개 지역과 함께 마스터플랜 및 통합지역계획을 제출하였습니다. 몰로이장관은 이 지역의 특별 요구에 대한 발리문재생회사 씨아란 머레이 사장과 지역 주민들의 이야기를 귀담아 들었습니다. 장관은 발리문지역 주민에게 새집뿐만 아니라 직업도 필요하다는 것을 인정하였고, 우리가 성취하려는 목표를 매우 높게 평가하고 있다는 것은 우리 모두에게 희소식이 아닐 수 없습니다.

많은 정부 관료가 발리문을 방문하여 저희가 발리문 주민들과 함께 달성하려는 것을 높이 평가해 주는 것은 매우 중요한 일입니다. 저희는 많은 사람들이 시간을 내어 전시 센터를 방문하여 긍정적인 반응을 보이고, 새로운 발리문을 위한 계획이 실제로 얼마나 흥미로운 것인가를 알아주는 것에 대해 매우 기쁩니다.

1단계 발리문 신축 주택의 분양에 관심 있으신 분들을 위한 등록을 시작했습니다. 주택들은 적정가격으로 분양될 것입니다. 기존 세입자 분들께서는 주거지가 확정되는 데로 주택을 분양 받으실 수 있으며, 이를 위한 개인주택분양 데이타베이스 등록을 위한 별도 신청이 필요하지 않습니다. 자세한 사항은 Eamon Farrelly 842 1144로 연락 주십시오.

Architects Designing Phase 1 Homes

Continued from Page 4

During the design phase Ballymun Regeneration also arranged a bus tour for design sub-committee members and some tenants of the flats being demolished. Our in-house architects accompanied the tour. The tour allowed people to see how housing both private and public has developed in response to issues which are similar to those experienced in Ballymun. The tour of housing included examples of recent housing schemes in Finglas, Phibsborough, Bride Street, Crumlin, Marrowbone Lane and Portobello. The housing visited consisted of two and three storey houses, apartments and senior citizen units. Portobello was much admired. It consisted of a mixture of different house types similar to house types required for Ballymun.

The most important lesson to be learned from the mistakes made in Ballymun and in other housing estates is that communities must be built on a human scale and that each site must be treated on its own merits with its own individual problems and opportunities for excellence.

Residents on a bus tour to look at housing options for their new homes.

National College of Ireland opens a Campus in Ballymun

National College of Ireland, the College for a learning society, will open its new Ballymun campus at the end of September. NCI Ballymun Campus will be located in Stormanstown House. The College will work in partnership with Ballymun Regeneration Ltd., local schools, parents, students, community groups, the Area Based Partnership and the local business to provide a range of new educational opportunities in the community.

NCI's mission and vision is to broaden access to education and to provide a ladder of opportunity by which our students, at different starting points, different stages in life and with different needs, can access the kind of education programme that best suits their situation and aspiration.

NCI's Ballymun Campus will work in partnership with the local community and local education providers to:

- Increase the retention and completion rates, and attainment levels in primary and second-level education;
- Involve parents in their children's education;
- Bring third-level education within the reach of second-level students who may not otherwise consider it;
- Provide appropriate high quality second-chance education in a non-threatening adult environment;
- Enable adult learners to progress to third-level education;
- Externally certify courses provided by local community education providers.

The following NCI courses and programmes will be available at the Ballymun Campus:

- NCEA Foundation Certificate in Social Studies
- NCI Diploma in First-Line Management [Supervision]
- NCI Certificate in Managing Organisations in the Voluntary and Community Sector
- NCI Parents in Education Certificate (Levels 1, 2 and 3)
- NCI Business Mentoring Programme for second-level students
- NCI Student Mentoring Programme for primary and second-level students.

For further information please contact:

Barbara Crowley,
Administrator,
NCI Ballymun Campus:
Tel: 4068035

National College of Ireland
The college for a learning society

Ballymun Regeneration Ltd (BRL) Stormanstown House Ballymun Road Dublin 9
ph: 8421144 fax: 8421443 Email: brl@brl.ie http://www.brl.ie

1단계 건축 디자인 개시

4페이지로부터 계속

디자인 단계에서 발리문재생회사는 디자인 소위원회 회원들과 철거대상 아파트 주민 일부를 대상으로 한 버스투어를 계획하였습니다. 투어는 저희 회사 내부 건축가들의 안내 하에 이루어졌습니다. 투어는 발리문이 예전에 경험했던 문제점과 유사한 문제점들에 대한 해결방안으로서 개인주택과 공공주택이 어떤 식으로 개발되고 있는지를 보여주는 형식으로 진행되었습니다. 주택투어에는 핀글라스(Finglas), 핍스보로그(Phibsborough), 브라이드 스트리트(Bride Street), 크럼린(Crumlin), 메로우본 레인(Marrowbone Lane), 포르토벨로(Portobello)의 최근 주거지 계획안 답사가 포함되었습니다. 이를 위해 2,3층 주택 및 아파트 그리고 노인주택을 답사하였습니다. 이 중 포르토벨로의 주택형태에 가장 많은 긍정적 반응이 나왔습니다. 이곳에는 발리문에 필요한 주택형태와 유사한 다양한 주거가 혼합된 형태가 있었습니다.

발리문과 그 밖의 주거지에서 보이는 실수에서 배워야 할 가장 중요한 교훈은 마을은 반드시 인간 척도를 기초로 계획되어야 한다는 것입니다. 또한, 각 지역은 문제점과 장점을 모두 고려하여 각 지역의 우수성을 살릴 수 있도록 해야 한다는 것입니다.

새로운 주택의 대안을 찾기 위한 버스투어에 오른 주민들

아일랜드 국립대 발리문에 캠퍼스 오픈

아일랜드국립대, 사회대학이 9월 말 발리문에 캠퍼스를 오픈합니다. 아일랜드국립대(NCI) 발리문 캠퍼스는 스토맨스타운 하우스에 위치할 것 입니다. 캠퍼스는 발리문재생회사, 지역학교, 학부모, 학생, 지역사회주민조직, 지역기반 파트너쉽(Parnership) 및 지역산업과 협력하여 지역사회를 위해 새로운 교육기회를 제공하게 될 것입니다.

NCI의 목표와 비전은 교육기회확대와 이를 위한 중간 사다리 역할을 하는 것으로서, 각각 사회적 위치와 욕구가 다른 학생들이 그 시작점은 달라도 그들의 상황과 목표에 가장 적합한 교육 프로그램에 접근할 수 있도록 하는 것입니다.
NCI 발리문 캠퍼스는 지역사회와 지역교육기관과 협력하여 다음을 위해 노력할 것입니다.

- 초,중,고 교육에서 기억력, 완성도, 달성도 향상
- 자녀교육에 부모의 참여 유도
- 중고등학교에 진학한 학생들에게 대학이상의 고등교육으로의 진학 동기부여
- 성인들을 위해 안정적인 환경에서 질높은 중,고등 교육기회 제공
- 성인학생에게 대학교육 기회 제공
- 지역교육기관에 의한 외부 교육코스 공인 서비스 제공

발리문 캠퍼스에서는 다음의 NCI코스와 프로그램이 제공될 것입니다.

- 사회학 분야 국가교육진흥재단 수료증
- NCI 일선경영관리 학위 (교수개인지도)
- 지역자원봉사분야 조직경영관리 NCI수료증
- NCI 학부모교육 수료증 (Levels 1, 2, 3)
- 중,고등 학생 대상 NCI 비즈니스 지도 프로그램
- 초,중,고등 학생 대상 NCI 학생 지도 프로그램

더 자세한 정보는 아래로
연락 주십시오.
바바라 크롤리(Barbara Crowley)
행정관
NCI 발리문캠퍼스
전화: 4068035

National College of Ireland
The college for a learning society

발리문재생회사 (BRL) Stormanstown House Ballymun Road Dublin 9
전화: 8421144 팩스: 8421443 이메일: brl@brl.ie http://www.brl.ie

BALLYMUN

REGENERATION NEWS

December 1998/ January 1999 Issue 8

INSIDE

MERRY CHRISTMAS

A Good Year Ends

Dear Residents and Friends.

The end of the year is a good time to look back on what's been achieved in the last fifteen months on the biggest regeneration project in Ireland. The pace of work has been hectic and a lot has been achieved. We've made huge progress, for which I thank the many people who are helping and supporting us.

Planning permission for the new Arts and Community Resource Centre has been received and the architects are working away on finalising the designs for the first houses. We will shortly begin lodging planning applications for the Phase 1 houses.

Up until March, all efforts were concentrated on producing a Masterplan for the area, in time for the Government's deadline of 31st March 1998. This was also the deadline for our application for tax incentives under the next urban renewal programme. Both were achieved with a lot of help and co-operation, including that received from more than two thousand people who came to the Ballymun Shopping Centre in November 1997 and the five thousand people who came to the exhibition in March to let us know what they wanted to see in the new Ballymun. It was the beginning of a process which needs everyone to be involved. We need you to stay involved right to the end of the regeneration project and

BALLYMUN

재생소식지

1998년 12월/ 1999년 1월 제8호

주요기사

- 발리문 재생 웹사이트
- 플린(Flynn) 위원의 발리문 방문
- 1단계 대상 세입자 이주
- 발리문 지역법률센터

National College of Ireland
The college for a learning society

아일랜드 국립대학이 발리문에 분교를 설립하였습니다. 스토맨스타운 하우스 발리문 캠퍼스 수강 코스에 관한 문의는 바바라 크롤리(Barbara Crowley)에게 하시기 바랍니다. 4068035 또는 8623191입니다.

메리크리스마스

즐거운 연말 되세요

친애하는 친구들과 주민 여러분께

아일랜드 역사상 가장 큰 재생 프로젝트가 걸어온 지난 15개월 동안 이루었던 일을 돌아보기에 연말은 더없이 좋은 시간인 것 같습니다. 모든 과정이 정신없이 바빴지만 많은 것을 이루어 냈습니다. 이토록 커다란 진보를 할 수 있었던 것에 대해, 항상 도움과 조력을 주신 많은 분들께 감사의 말씀을 드립니다.

예술 및 지역 자원센터의 신축허가가 떨어졌고, 건축가들은 1단계 주택의 디자인을 마무리하고 있는 단계입니다. 저희는 곧 1단계 주택 대상자를 위한 숙소계획에 착수할 예정입니다. 1998년 3월 31일이라는 정부의 마감일에 맞추기 위하여, 3월까지 지역 마스터플랜 제작에 총력을 기울였습니다. 이 마감일은 차기 도시재생프로그램에 포함된 세금혜택안 신청 마감일이기도 했습니다. 이 두 가지 모두 많은 분들로부터 도움과 협력을 받아 가능했던 것입니다. 1997년 11월 발리문 쇼핑센터를 방문한 2천여 명과 3월 전시회에 오셨던 5천여 명으로부터 새롭게 태어날 발리문에 바라는 점들에 대한 의견을 받았습니다. 이것은 모든 주민이 참여해야 하는 초기 단계인 것입니다. 재생프로젝트가 끝나는 마지막 순간까지 여러분의 참여가 절실히 필요합니다. 도새재생 세금혜택 안의 심사가 지연되고 있는 가운데, 정부는 1월까지 발표되지 않을 것이라고 밝혔습니다. 이 지역에 민간투자를 유치하

beyond. The decision on the urban renewal tax incentives has been delayed and the Government says an announcement is not now expected until January. It is vital that tax incentives be made available to encourage private investment in the area. All Government Ministers and other politicians who have visited Stormanstown House during the year have been made aware of how important these tax incentives are for the social and economic regeneration of the area.

Our Board of Directors, the Special Committee on Ballymun, the Ballymun Housing Task Force, the Ballymun Partnership, Dublin Corporation, community groups and individual residents continue to help keep us on track and keep flexible in our approach to different aspects of this very complex project. The Focus Groups came up with valuable ideas that are being developed by the Working Groups on Housing, Education & Training, and Economic Development. The Forums and the Design Sub-Committees, the residents associations in neighbouring areas and even the minority who question the demolition of the tower blocks are all contributing to the shape of the new Ballymun.

Looking ahead, next year will be an exciting year. The tenants in Phase 1 will be preparing to move into their new homes. In Spring we hope to announce which blocks will be demolished in the second phase. Work will begin on building playgrounds and planting trees in the new neighbourhoods. The National College of Ireland will begin to offer courses for people in Ballymun, the teenagers on the Fountain course will have computer skills to help them get jobs and the fifteen women on the NOW Neighbourhood Planning course will complete this stage of their studies.

In the meantime, all eighteen of us working in the Ballymun Regeneration offices hope you have a very peaceful Christmas and a happy New Year.

Ciarán Murray

Managing Director

Ballymun Regeneration Ltd

Have you seen our Website?

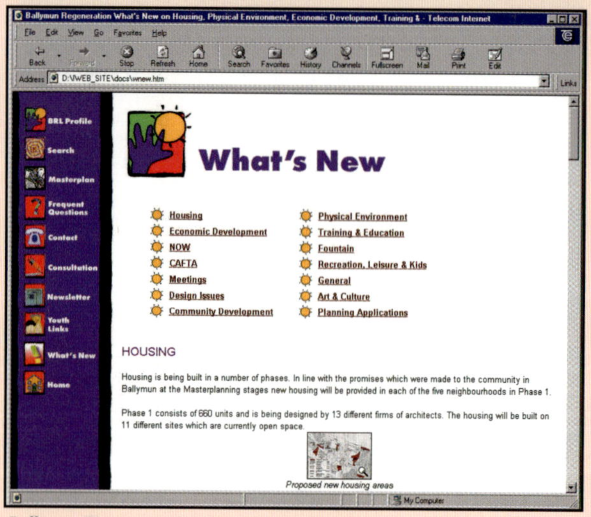

Ballymun Regeneration's website at www.brl.ie.

Read all about Ballymun Regeneration on the World Wide Web and bring yourself up to date with what's happening on the project.

You can find us at www.brl.ie and it's well worth a look. You'll get answers to frequently asked questions about the regeneration of Ballymun.

You can read about the Masterplan for the area and you can even get back copies of our newsletters - all 8 of them.

Youth Links, schools, community and Business Links are the next pages we want to set up on our website. We want to use these pages to include details of organisations or groups in Ballymun as well as details of businesses in the area. If you have a web address or an e-mail address and would like to have it included in our website, just contact us at our site, please. Or if you would just like us to include a paragraph on your group or business, we will be delighted to let callers to our site read about you. People using our site will be able to find out about you and they can then contact you directly.

For information about our website, you can phone/fax or e-mail Eamonn Elliott at Tel (01) 842 1144, Fax (01) 8421443 and e-mail: brl@brl.ie or via the contact page on the web site itself.

기 위해서 이 세금혜택안이 절실히 필요합니다. 올해 스토맨스타운 하우스(Stormanstown House)를 방문했던 정부 관료와 정치가 모두 이 지역의 경제, 사회적 재생을 위하여 세금혜택안이 얼마나 중요한 것인지 인지하였습니다.

이사회, 발리문 특별위원회, 발리문 주택전담위원회, 발리문 파트너쉽, 더블린자치체, 지역주민조직 그리고 주민 여러분 모두 저희가 초기의 취지와 목표를 잊지 않도록 계속 도와주시고 계시며, 매우 난해한 이번 프로젝트에 대해 다각도로 접근할 수 있는 융통성을 갖도록 고무시켜 주시고 계십니다. 포커스 그룹(Focus Group)은 주택, 교육 및 취업교육 그리고 경제부문 개발에서 실행그룹(Working Group)이 발전시킨 매우 유용한 아이디어들을 제안해오고 있습니다. 지역의 포럼들과 디자인 소위원회 및 주민협회, 그리고 탑상형아파트의 철거에 대해 질문을 해오는 미성년자들 역시 모두 새로운 발리문의 모습을 그리는데 일조를 하고 있습니다.

향후 계획을 보면, 내년은 매우 흥미진진한 해가 될 것입니다. 1단계 대상 세입자분들은 신축 주택으로 이주할 준비를 하게 될 것입니다. 봄쯤에는 2단계 철거 대상 아파트에 관하여 공지할 계획입니다. 지역 곳곳에서 놀이터의 신설 및 식목작업이 시작될 것이며, 아일랜드 국립대학 발리문 캠퍼스가 수업을 시작할 것입니다. 파운틴 강좌(Fountain Course)의 청소년들은 취업에 도움이 되는 컴퓨터 기술을 습득할 것이며, NOW 프로젝트의 마을 만들기(Neighbourhood Planning)코스를 수강중인 여성 15분은 첫 번째 코스를 수료하게 될 것입니다.

한편, 발리문재생회사의 직원일동 18명은 여러분 모두 평화로운 성탄절을 보내시길 진심으로 기원하며 새해에도 만복이 깃드시길 기원합니다.

씨아란 머레이(Ciaran Murray)
사장
발리문재생회사

저희 웹사이트를 방문해 보셨습니까?

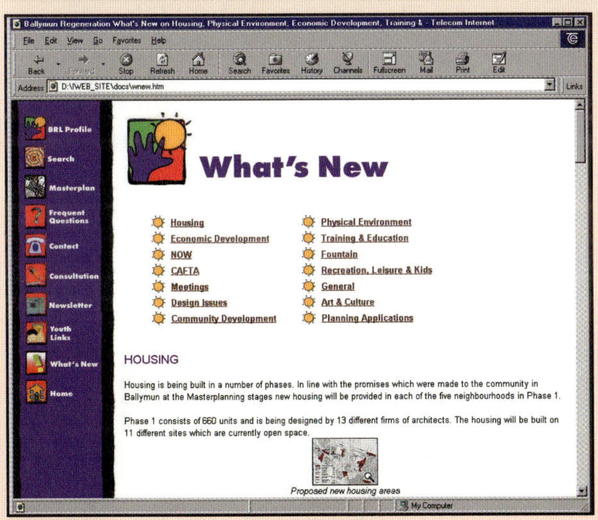

발리문재생회사 웹사이트 www.brl.ie

인터넷에서 발리문 재생에 관한 모든 정보를 보세요. 프로젝트와 관련하여 어떤 일들이 일어나고 있는지 최신 정보를 찾으실 수 있습니다.

www.brl.ie에서 확인 하실 수 있으며, 매우 가치 있는 정보가 될 것입니다. 발리문재생에 관해 자주 있는 질문에 대한 답변을 보실 수 있습니다. 지역 마스터플랜에 관한 설명도 있으며, 저희 뉴스레터의 사본을 다운 받으실 수도 있습니다. -현재까지 총 8부가 있습니다.

향후 청소년관련 링크와 학교, 커뮤니티, 비즈니스 관련 링크를 위한 페이지도 추가할 것입니다. 이 페이지에는 발리문에 있는 조직과 단체들 및 기업들에 대한 상세정보를 제공하려고 합니다. 저희 웹사이트에 여러분의 웹페이지 주소나 이메일 주소를 알리고 싶으시면 저희 웹사이트로 연락 주시기 바랍니다. 또한, 여러분의 단체나 기업에 대한 소개의 글도 추가할 수 있습니다. 저희 사이트를 이용하는 사람들이 여러분에 대해 알게 되고, 여러분께 직접 연락을 할 수 있게 될 것입니다.

저희 웹사이트에 대해 문의가 있으시면 다음으로 연락 주십시오. 담당자 이아몬 엘리엇(Eamonn Elliott). 전화 (01) 842 1144, 팩스 (01) 842 1443, 이메일: brl@brl.ie 또는 웹사이트를 통해서도 연락이 가능합니다.

Commissioner Flynn says there is no-one to better people in Ballymun

When Commissioner Flynn visited the regeneration offices recently, he stayed for twice as long as we'd expected, asked lots of questions about the regeneration and impressed everyone with his knowledge and his interest in Ballymun.

Commissioner Pádraig Flynn, Ciarán Murray and Proinsias De Rossa admiring models of the proposed new homes.

Speaking to the teenagers on the Fountain computer and lifeskills course, the women on the Neighbourhood Planning course, residents and local politicians, the Commissioner pointed out that creating a new town happens very seldom in a country. "It's an exciting prospect to be its first citizens", he said. Remembering the community spirit that was in Ballymun the last time he visited, ten years ago, he urged people to back the project wholeheartedly. "It'll need the active involvement of everyone to make it all happen", he said.

Drawing comparisons with what he is trying to do in his post of developing a social Europe "getting a decent standard of living for people and a decent quality of life", Commissioner Flynn said people in Ballymun are trying to achieve the same things for themselves. "You'll have to match the school curricula to provide the skills that people need to get a job in the area," he reminded people, "or you'll end up educating people to leave Ballymun."

He said people should welcome outsiders to the new Ballymun. "There has to be room for outsiders to come in and do business, to live and be part of the new Ballymun", he said.

He reminded people that just because negative things get said about Ballymun from time to time, "you're not being singled out. You're as good as you say you are yourselves. There's no-one better than you in any other part of Dublin".

Commissioner Flynn praised the TD's and Councillors for the area, saying the regeneration wouldn't have happened without them. And he reminded people to be sure and take pictures of the towers just before they are demolished, so the memories of all the good times in Ballymun can be carried forward into the next stages of their lives in the new town.

Sile DeValera, Minister for Arts, Heritage, the Gaeltacht and the Islands with Aine Rooney, John Brophy and Audrey Meehan.

Pupils from Scoil an tSeachtar Laoch, winners of the Ballymun Schools Arts Competition.

플린(Flynn) 장관 曰 발리문 시민보다 더 나은 시민은 없다.

최근 플린의원께서 최근 발리문재생사무소를 방문하여, 저희가 예상했던 기간보다 더 오래 체류하면서 재생에 관해 많은 질문을 하셨고, 발리문에 대한 그의 관심과 지식은 모두를 놀라게 하였습니다.

신 주택 제안 모델을 관람하는 패드릭 플린(Padraig Flynn)의원과 씨아란 머레이(Ciaran Murray)씨 및 프로인시아스 드 로사(Proinsias De Rossa)씨

파운틴(Fountain) 컴퓨터 및 직업기술 강좌에 참가하는 10대 청소년들과 마을 만들기 (Neighbourhood Planning) 강좌의 여성들, 지역 주민 및 지역 정치가들과 만나고, 마을을 새로 만드는 일은 국가적으로 보더라도 매우 드문 일이라고 지적 하였습니다. "최초의 시민이 되는 것은 매우 가치 있는 일입니다."라고 덧붙였습니다. 10년 전 자신이 발리문을 방문했을 당시의 지역주민정신을 기억하며, 의원은 모든 시민이 프로젝트를 전적으로 지지하지 않으면 안 된다고 강조하였습니다. "이번 사업을 성공하려면 모든 사람이 적극적으로 참여하지 않으면 안될 것입니다."라고 덧붙였습니다.

더불어 함께사는 마을 만들기 '사회적 유럽(social Europe)'의 개발 책임자로서 그가 노력하고 있는 "국민에게 적절한 삶의 기준과 삶의 질을 제공"이라는 공략과 비교하면서, 의원은 발리문 주민들 역시 같은 목적을 이루기 위해 노력하고 있다고 말했습니다. "여러분은 주민의 구직을 위한 기술을 제공하는 교육 과정을 준비해야 할 것입니다."라면서 "하지만 이것은 주민들에게 발리문을 떠나는 것이 좋다는 것을 교육시키는 것이 될 수도 있습니다."라고 지적했습니다.

의원은 새로운 발리문으로 외부인을 유인해야 한다고 지적하며, "외부인이 들어와서 사업을 하고 생활을 하면서 새로운 발리문의 한 부분이 될 수 있는 여지가 필요합니다."라고 덧붙였습니다.

그는 또한, 발리문의 부정적인 면들이 자주 구설수에 오른다는 점에 대하여, "여러분은 외면당하신 것이 아닙니다. 여러분은 스스로가 믿고 있는 만큼 훌륭한 분들입니다. 더블린의 어디에도 여러분보다 이 프로젝트를 성공시킬 수 있는 사람은 없습니다."라고 강조 하였습니다.

플린의원은 하원의원들과 시의원의 노력이 없었다면 이러한 재생은 불가능했을 것이라며 칭찬을 아끼지않았습니다. 또한, 의원은 타워를 철거하기 전에 꼭 사진을 찍어 보관할 것을 당부하였습니다. 이것은 발리문에서의 지난 추억을 발판 삼아 새로운 도시에서의 삶이라는 단계로 도약할 수 있도록 도와줄 것이라고 하였습니다.

지역문화유산국의 사일 드발레라(Sile DeValera) 장관과 함께한 아인 루니(Aine Rooney)씨와 존 프롬피(John Brophy)씨와 오드리 미한(Audrey Meehan)

발리문학교 미술대회에서 우승한 Scoil An Tseachtar Laoch의 학생들

Relocating Tenants in Phase 1

Within the next eighteen months tenants in Phase 1 will be moving into their new homes. Dublin Corporation and Ballymun Regeneration have already done a lot of work on coming up with a relocation policy which will be fair and seen to be fair.

Questionnaire

If you are living in one of the first blocks to be demolished, you will have filled in a questionnaire to confirm details about who is in your family, so that the new housing can be built to match the exact requirements of the individual families who will be moving. The families surveyed so far range from single people to families with mother, father and children. The information people gave during the door to door survey has been used to decide the size and type of accommodation required and to brief the architects who are designing the new homes.

It is important that the information given in the survey is accurate.

YOU SHOULD INFORM BALLYMUN REGENERATION LTD OR DUBLIN CORPORATION IF THE INFORMATION YOU GAVE WAS NOT FULLY ACCURATE OR HAS SINCE CHANGED.

Who Qualifies for a New Home?

Every legal tenant who pays rent on a regular basis and who is not involved in anti-social behaviour, will be relocated to a new home to be built in the same Forum area as they live in now or another Forum area if they wish.

Residents who are not the legal tenants of the flat they live in, should contact Dublin Corporation immediately and regularise their situation.

Tenants whose rent is in arrears and who have not entered into an agreement with Dublin Corporation in respect of paying the arrears, should do so immediately.

The New Homes

Homes being designed for Phase 1, range from single storey two bedroomed bungalows to two and three storey houses with three and four bedrooms.

Every new home being built will have its own private garden or space. The houses will all have their own private front and back gardens. Depending on location, the front gardens may have a driveway for parking a car.

Ground floor apartments will have gardens and second and third floor apartments will have private balconies, together with a ground floor storage area for bins etc. Each apartment will have its own private entrance at ground floor level. The sharing of entrances will only occur where it is not possible to provide own door entry at ground level.

Family Sizes and House Sizes

We can confirm at this stage, that the houses and apartments in the new Ballymun will be top quality design and will be allocated according to family size.

All new dwellings provided will be of a significantly higher building standard and have far higher energy efficiency levels than existing housing in Ballymun.

Community Law Centre

An information meeting has been organised by the Community Action Programme Ballymun and will be held in Stormanstown House at 4pm on Monday the 25th of January for anyone interested in a Community Law Centre for Ballymun.

For further information please contact:

Fiona Cormican
Community Action Programme Ballymun,
Tel: 8420100.

Ballymun Regeneration Ltd (BRL) Stormanstown House Ballymun Road Dublin 9
ph: 8421144 fax: 8421443 E-mail: brl@brl.ie http://www.brl.ie

1단계 대상 세입자의 이주

향후 18개월 안에, 1단계 대상 세입자는 새로운 주택으로 이주하게 될 것입니다. 더블린자치체와 발리문재생회사는 모든 주민에게 공평한 이주 정책을 마련하기 위하여 여러 작업을 해 왔습니다.

설문지

처음으로 철거되는 아파트에 거주 중인 세입자는 호구조사를 위한 설문지를 작성할 것입니다. 이것을 바탕으로 이주하는 각 세대에 정확히 맞는 주택이 지어질 것입니다. 현재까지 조사된 가구는 독신에서부터 부모와 자식이 있는 가정에 이르기까지 다양합니다. 가정방문 조사에서 주민여러분이 주신 정보는 새 주택을 디자인하는 건축가가 검토하여 해당 가정에 필요한 주택의 크기와 주거형태를 결정하는데 사용되었습니다.
조사 시 정확한 정보를 제공해 주시는 것은 매우 중요한 일입니다.

조사 시 제공했던 정보가 정확하지 않았거나 변경되었을 경우에는 반드시 발리문재생회사나 더블린자치체에 알려 주셔야 합니다.

새 주택으로의 이주 자격은?

범죄행위에 연루된 적이 없고 월세를 정기적으로 납부하는 정식 세입자는 모두 동일한 포럼지역이나 자신이 원하는 포럼지역에 신축될 주택으로 이주하게 될 것입니다.
현재 거주하는 아파트의 정식 세입자가 아닌 경우에는 즉시 더블린자치체에 연락하여 상황 조정을 하시기 바랍니다.

월세 납부를 연체중인 세입자는 즉시 더블린자치체에 연락하여 미납금 지불에 대한 공사 측의 승인을 받아야 합니다.

신축 주택

침실이 두 개 딸린 1층 방갈로에서부터 침실이 3,4개 딸린 2,3층 주택에 이르기까지 1단계의 다양한 주택의 디자인이 시작되었습니다.
새로 지어질 주택들은 모두 각각의 개인 정원 혹은 그에 상응하는 공간을 갖고 있습니다. 모든 주택은 앞뜰과 뒤뜰을 가지게 될 것입니다. 위치에 따라서는 앞뜰에 주차를 위한 진입로가 있을 수도 있습니다.
1층에 위치한 아파트는 정원을 가질 것이고, 2,3층은 개인 발코니를, 그리고 1층에는 별도로 캔 등을 모을수 있는 창고를 만들 것입니다. 1층에 위치한 아파트는 모두 개인 출입구를 가질 것입니다. 1층에 개인 출입구가 불가능 한 경우에만 공동 출입구를 사용하게 될 것입니다.

가족 인원수와 주택규모

현 단계에서 저희가 확실히 말씀드릴 수 있는 것은, 발리문에 신축될 주택과 아파트들은 매우 우수한 디자인이 적용될 것이며, 각 세대의 구성원 수에 따라 배정이 될 것이라는 것입니다.
모든 거주지는 매우 높은 건축 기준을 만족시키며 기존 주택보다 훨씬 높은 에너지 효율성을 가질 것입니다.

지역 법률사무소

발리문 지역 법률사무소에 관심 있는 분들을 위해 1월 25일 월요일 오후 4시, 스토맨스타운 하우스(Stormanstown House)에서 지역실행 프로그램 발리문(Community Action Programme Ballymun)의 주최로 설명회가 열릴 것입니다. 자세한 사항은 다음으로 연락 주십시오.

피오나 코미칸(Fiona Cormican)
지역실행 프로그램 발리문
전화: 8420100

발리문재생회사 (BRL) Stormanstown House Ballymun Road Dublin 9
전화: 8421144 팩스: 8421443 이메일: brl@brl.ie http://www.brl.ie

BALLYMUN

BALLYMUN

REGENERATION NEWS Issue 9 January/February 1999

Open Day 31 January 1999

Welcome to the Open Day to view the exhibition of the first new homes in the new town.

Building the new town of Ballymun is a far bigger undertaking than just demolishing the high rise flat blocks and replacing them with new homes. The new town will need a centre for people to come to do business and shop. It also needs industries to suit the skills of the people living in the area. Bringing salaries into the area is vital if the new town is to have a bright, economic future.

FIVE NEW NEIGHBOURHOODS

A lot has been achieved already. Five new neighbourhoods are being created in Ballymun, each with its own identity, its own local facilities and its own parks and leisure facilities - as well as new homes. The roundabout on Ballymun Road is to go and be replaced by a new Main Street for Ballymun. It will have shops, offices and major services like Dublin Corporation's Regional Offices, a new Garda Station and the Arts and Community Resource Centre, as well as the shopping centre, due to expand onto the street.

A VERY GOOD LOCATION

That's all in addition to the top quality homes being designed for Dublin Corporation's tenants, for other people who may have left Ballymun in the past, because there were no homes to buy in the area and for first time buyers who want to live in Ballymun. Since the M50 was built, Ballymun has come to be recognised as a very good location. It's right beside the airport and the motorway and less than five miles from O'Connell Street, with LUAS coming to the area shortly. Planning permission is currently being sought for 650 new homes in Phase 1 of the development. There will be approximately 70 houses and apartments available to buy. Tenants who are not due to get a new home in Phase 1 and people from outside the area who want to live in Ballymun are likely purchasers. Prices will range from £70,000 to £120,000 depending on size, location and type of unit. Anyone interested should contact us for further details.

TOP QUALITY

We were determined that the new homes would be top quality and that the people who will live in them would be actively involved in their design.

Thirteen top architectural practices have designed the new homes, with lots of input from the representatives of the five Ballymun Area Forums, adjoining communities and the people for whom the homes are being built. Depending on the planning process, we hope to be able to look for tenders from builders and begin building in the summer. In the meantime, we are already planning Phases 2 and 3.

THANK YOU

I would like to thank everyone wh has given so generously of their tir and expertise to the project. I look forward to working with you over the coming years to complete the new town.

Ciarán Murray
MANAGING DIRECTOR
BALLYMUN REGENERATION LTD.

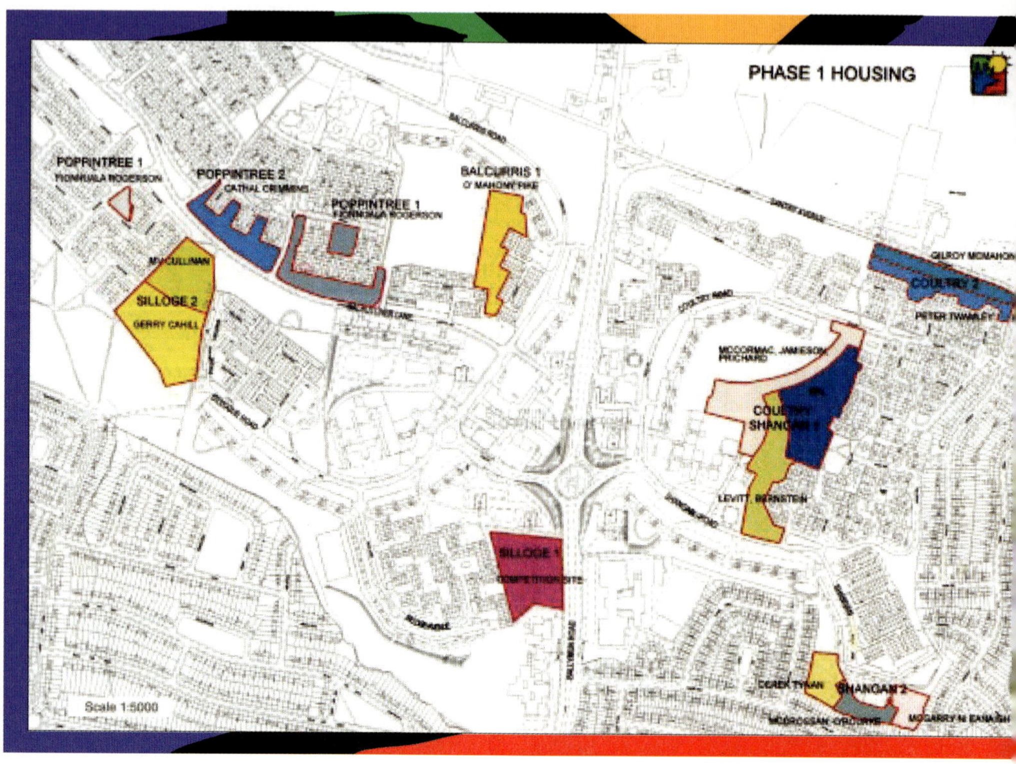

BALLYMUN
재 생 소 식 지
제9호 1999년 1월/2월

공개일 1999년 1월 31일

신도시의 첫 신축 주택전시 공개일 행사에 와주셔서 감사합니다.

발리문 신도시를 건설한다는 것은 단순히 고층아파트 단지를 철거하고 신축 주택으로 교체하는 것보다 훨씬 복잡한 일입니다.
신도시에는 사람들이 그들의 비즈니스를 하고 쇼핑을 할 수 있는 거점이 필요합니다.
또한, 지역 주민의 역량에 맞는 일자리를 창출해 내는 산업이 필요합니다.
신도시의 경제적 밝은 미래를 위해서는 지역 내 산업 육성은 매우 중요한 일입니다.

새로운 5개의 지역 커뮤니티

지금까지 많은 성과가 이뤄졌습니다. 발리문에 각자 고유의 특징을 가진 5개의 새로운 지역커뮤니티가 생기고 있습니다. 각각 신축 주택을 비롯하여 개별 지역시설과 공원 및 여가시설을 갖게 될 것입니다. 발리문 로드(Ballymun Road)의 원형교차로는 철거되고, 메인 스트리트(Main Street)로 대체될 것입니다. 이곳에는 도로를 확장함에 따라 상점과 사무실 및 더블린자치체의 지역사무소와 경찰서 같은 관공서, 예술 및 지역 자원센터를 비롯하여 쇼핑센터 등이 위치할 것입니다.

좋은 입지 조건

더블린자치체 세입자를 위해 계획되는 양질의 주택과 더불어 이 모든 것들은, 과거 지역 내에 구매할 만한 집이 없어서 발리문을 떠났던 사람들에게도 매우 유혹적인 요소들이 될 것입니다. M50고속도로가 놓인 후로 발리문은 상당히 좋은 입지를 갖추었다고 알려졌습니다. 발리문은 공항 및 고속도로와 가깝고, 오코넬 스트리트(O'Connell Street)와도 5마일이 안 되는 거리에 있으며 곧 개통될 LUAS로 인해 더욱 가치가 높아질 것입니다. 현재 1단계 개발되는 신 주택 650가구를 위한 건축허가를 기다리는 중입니다. 향후 주택과 아파트 약 70채 정도가 분양 가능하게 될 것입니다. 1단계 대상에 속하지 못한 세입자나 기타 지역의 주민 중 발리문에 살고 싶어 하는 사람들이 잠재구매자가 될 것입니다. 분양가는 크기와 위치 및 종류에 따라서 7만 파운드에서 12만 파운드 수준이 될 것입니다. 관심 있으신 분들은 저희에게 연락 주십시오.

좋은 품질

저희는 신축 주택은 양질의 품질의 주택이어야 하며, 신축 주택으로 이주할 분들은 주택 디자인에 적극적으로 참여해 주셔야 한다고 생각합니다.
13개의 일류 건축설계사무소가 발리문 지역포럼, 인근 지역주민, 이주 대상자의 대표들로부터 받은 많은 정보를 참고하여 주택을 디자인하고 있습니다. 계획이 진전되는 것에 따라서 저희는 시공업체를 입찰 선정 후 여름에는 착공에 들어갈 수 있기를 희망하고 있습니다. 그 동안, 저희는 벌써 2단계와 3단계를 계획 중에 있습니다.

감사합니다

이 사업에 귀중한 시간과 전문 소견을 아끼지 않아 주셨던 모든 분들께 감사드립니다. 신 도시 완성을 위해 앞으로도 여러분과 함께 일하는 것을 고대하겠습니다.

Ciarán Murray
사장
발리문재생회사

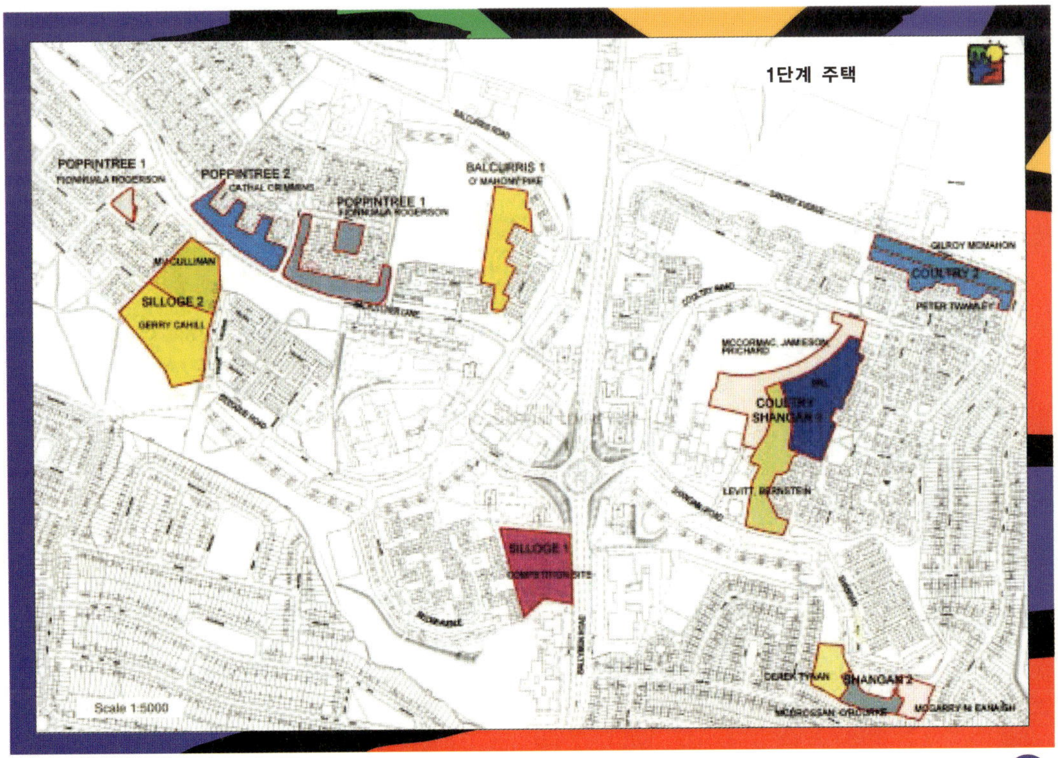

Coultry 1- MacCormac Jamieson Prichard Architects

Familiar Dublin architecture with a modern touch

MacCormac Jamieson Prichard's site bounds the new Coultry Park, and its North east end forms the gateway into the Park from the new link road off Santry Avenue. The gently curving terrace has side roads off it leading to the existing homes on Coultry Way, a new road linking to Shangan Road, and a new cul-de-sac of houses overlooking the grounds of the Virgin Mary School. The houses overlooking Coultry Park are all three storey high - some are three bedroom houses, and some are clusters of two bedroom apartments. The houses overlooking the school are all two storeys high with wide frontage. They include three bedroom houses and some two bedroom apartments.

MacCormac Jamieson Prichard have tried to capture some of the familiar architectural elements of Dublin, with front railings, stone steps up to front doors, and mostly red brickwork for the elegant terrace overlooking the park. The cul-de-sac is a simple row of two storey terraced houses with feature chimney stacks.

Shangan/Coultry 1 - Levitt Bernstein Associates

Creating a place where people choose to live

The new road linking Coultry to Shangan, comes out by the Virgin Mary Church on Shangan Road. It will be the start of the new Shangan neighbourhood in Ballymun.

The road has been carefully thought out to ensure that it is safe and feels friendly for pedestrians. There is a new footway linking through from Shangan Green to the National School, to the north of the Priest's House.

On each side of the road are 2 and 3 storey houses and flats (95 homes in total for this phase). New homes for families are houses with traditional front and rear gardens. There are also a small number of apartments for single people or couples, and single storey homes which can be adapted for older people or wheelchair users.

All homes will have a simple mix of brickwork and render to the elevations, with double glazed windows, high insulation standards, and pitched roofs.

Responding to residents' concerns, each house has:

- A glazed entrance lobby to help conserve heat.
- level thresholds to provide easy access for all.
- a separate WC on the ground floor in addition to the bathroom upstairs.
- access from the front door to the garden without passing through a living room.
- single layouts that can be adapted later to meet changing needs for families.

The layout of the apartments also reflects residents' priorities:

- wherever possible each flat has its own front door without sharing a corridor or staircase.
- each flat has two bedrooms.
- flats above ground have their own balcony.
- each flat is completely self-contained including individual heating systems.

All of these simple points have been brought together to make a new road which will be a pleasure to walk along and a place where people will choose to live.

컬트리 1(Coultry 1)
– MacCormac Jamieson Prichard 설계사무소

현대적인 감각의 친근한 더블린 건축

MacCormac Jamieson Prichard사의 부지는 신설 컬트리 공원(Coultry Park)과 접하고 있고, 북동단은 산트리 에비뉴(Santry Avenue)로 이어지는 신설 연결도로부터 공원으로 가는 관문을 형성하고 있습니다. 완만하게 구부러지는 이 테라스 부지에는 컬트리 웨이(Coultry Way)의 기존 주택가로 이어지는 지선도로, 샹겐 로드(Shangan Road)와 연결되는 신도로, 성모마리아 학교(Virgin Mary School) 운동장을 바라보는 주택가의 쿨드삭이 존재합니다. 컬트리 공원을 바라보는 주택들은 모두 3층 규모이며, 일부는 3침실 주택이고 일부는 2침실 아파트입니다. 학교를 바라보는 주택들은 넓은 파사드를 가진 2층 규모의 집들입니다. 일부는 3침실 주택이고 일부는 2침실 아파트입니다. MacCormac Jamieson Prichard사는 더블린에 흔한 건축 요소를 살리려고 노력했으며, 집 앞에는 울타리와 정문으로 가는 돌계단 및 공원을 바라보는 우아한 테라스와 어울리는 붉은 벽돌로 대부분을 마감했습니다. 쿨드삭은 여러 굴뚝을 모아 붙인 2층 규모의 테라스 주택을 2열로 배치하였습니다.

샹겐/컬트리 1(Shangan/Coultry 1) – Levitt Bernstein사

살고 싶은 장소의 창조

컬트리(Coultry)와 샹겐(Shangan)을 연결하는 신도로는 샹겐로(Shangan Road)의 성모마리아 교회(Virgin Mary Church)부터 시작됩니다. 이는 발리문의 새로운 샹겐 지역의 시작이 될 것입니다.

이 도로는 보행자에게 친근하고 안전하게 디자인되도록 고심되었습니다. 여기에는 샹겐 그린(Shangan Green)에서 국립학교를 거쳐 프리스트 하우스(Priest' House)로 이어지는 새로운 산책로가 있습니다.

도로 양쪽으로 2층 혹은 3층 규모의 주택과 아파트(이번 단계에서는 95가구)가 계획되었습니다. 신축 주택은 전통적인 앞,뒤뜰을 갖추었습니다. 일부 독신과 커플을 위한 아파트도 있고, 고령자나 휠체어 사용자를 위한 1층 주택도 있습니다. 모든 주거 입면은 시멘트마감과 벽돌쌓기가 되었고, 이중창과 고효율 단열 및 박공지붕이 사용되었습니다.

주민들의 우려를 감안하여 각 주택은 다음을 갖추었습니다.

- 내부 온도 보존을 위한 전면 유리로 된 로비 입구
- 모든 사람이 쉽게 접근하기 위한 경사문지방 제공
- 윗층의 욕실과 함께 1층부의 별도 화장실
- 거실을 지나지 않고 정문에서 뒤뜰로 가는 연결통로
- 추후 가족의 요구를 수용할 수 있는 단일 평면

또한 아파트의 평면에는 주민이 가장 중요시하는 점을 반영하였습니다.

- 가능하면 각 아파트는 복도나 계단홀을 공유하지 않고 각자의 정문이 계획되었습니다.
- 각 아파트는 2개의 침실이 계획되었습니다.
- 2층 이상에는 개별 발코니가 계획되었습니다.
- 각 아파트는 개별 난방시스템을 포함한 각호 독립식으로 계획되었습니다.

이상의 간단한 요소들이 결합하여 걷기 좋은 도로, 살고 싶은 곳이 될 것입니다.

Coultry/Shangan1 - Ballymun Regeneration Architects

WELL PLANNED TRADITIONAL STYLE HOMES APPEAL TO THE COMMUNITY

The houses and apartments designed by Ballymun Regeneration's in-house team of architects, are along the west side of Coultry Way and Shangan Park. They form a new edge to the park and the park will be redeveloped with new railings and landscaping. There is a mix of 49 family houses and 11 apartments, on a 4 acre (1.688 hectares) site beside schemes designed by two of the other architectural firms.

It's a big site, connecting a new area with an existing one. The design reflects the scale and density of the existing area. At the same time, it relates well to the new area being designed by MacCormac, Jamieson Prichard and the homes on the new road linking Coultry to Shangan, being designed by Levitt Bernstein Associates.

The buildings are mainly two storey, with a few three storey for larger families. All have front and rear gardens. Some have their own driveways and others have on-street parking. The apartments are grouped in two or three units on corner sites. Each has its own front door, giving direct access from the street and they each have access to a private open space to the rear. Apartments on the upper floor have their own private balcony. All the houses have large living rooms, a kitchen/dining room and downstairs WC. Upstairs there are two/three and four bedrooms, depending on the house size.

The houses range from 80 sq metres (860 sq feet) to 104 sq metres (1,120 sq ft). The apartments are from 50 sq metres (550 sq ft) to 60 sq metres (660 sq ft). The designs have steep pitched roofs with a mix of brickwork and coloured plaster walls. The colours will be chosen in consultation with the people who will live in the new homes.

There are three short pedestrian priority cul de sacs within the schem

Shangan 2 - McGarry NíÉanaigh Architects

Attractive designs in a secluded cul de sac

This is a housing scheme of 19 dwellings organised around a small courtyard and accessed off the new local Green. Most are houses - two-story three-bedroom houses along the two (north and south) sides of the courtyard and three one story houses and four two storey houses along the (east) side backing onto Shanliss Avenue. The corner buildings onto the Green are apartments with small private garden/yard areas. Back gardens are all private and do not adjoin the public areas.

The courtyard is a pedestrian area with a variety of hard surfaces and individual trees. Residents can drive across the courtyard to individual on-site parking for each house.

The apartments have two bedrooms. All have their own ground floor front doors - there are no shared staircases.

The two-story houses have their own entrance gateway, private front garden and entrance canopy leading into a hallway. The sitting and dining areas open from front to back of the house, so all living areas benefit from direct sun. The kitchen/dining can be separated off from the sitting area. Upstairs there are three bedrooms.

There is a downstairs WC in all the houses. Back gardens to the houses are a minimum depth of approximately 10 metres (33 feet) - front gardens are approximately 4.7 metres (15 feet).

The front boundary walls are brick, the main facades to the house are plastered with small areas of cedar boarding. The roofs are pitched and possibly finished with standing seam metal roof - similar to a copper roof, but the colour is grey. Windows are all double glazed high performance timber stained with a tilt and turn mechanism - allowing good controllable ventilation.

컬트리/샹겐 1(Coultry/Shangan 1) – 발리문재생회사 설계팀

지역에 어필하는 잘 계획된 전통 양식의 주택

발리문재생회사 사내 설계팀에 의해 디자인된 주택과 아파트는 컬트리 웨이(Coultry Way)와 샹겐 공원(Shangan Park)의 서쪽을 따라 위치해 있습니다. 이 주거지는 공원에 새로운 외각을 형성하고 있으며, 이 공원은 울타리와 조경을 포함하여 재개발 될 것입니다. 이 주택지는 다른 건축 설계사무소 2곳이 디자인한 계획안 부지 옆에 위치한 4에이커(1,688 헥타르)의 부지에 위치하며, 49가구의 주택과 11가구의 아파트로 이루어져 있습니다. 이곳은 매우 큰 부지로서 새로운 지역과 기존 지역을 연결하고 있습니다. 디자인은 기존 지역의 규모와 밀도를 감안하였습니다. 또한 이 지역은 MacCormac사와 Jamieson Prichard사가 디자인한 신설 지역과 컬트리와 샹겐을 잇는 신도로에 위치한 Levitt Bernstein사가 계획한 주거지와 조화를 잘 이룹니다.

건물들은 대부분 2층이나 3층으로 대가족을 위한 것입니다. 이들 모두 앞뜰과 뒤뜰이 계획되었습니다. 일부는 개별 차량 진입로가 있고, 일부는 도로에 주차공간이 있습니다. 아파트는 2, 3개의 유닛이 모여 있도록 계획되었습니다. 모든 가정이 도로에서 직접 연결된 개별 정문과 주택 뒤의 개인 마당으로 이어지는 연결로가 계획되었습니다. 2층 이상의 아파트들은 개별 발코니가 있습니다. 모든 집들이 대형 거실과 부엌 겸 식당 그리고 1층 화장실을 갖추고 있습니다. 위층은 주택의 크기에 따라서 2개나 3개 혹은 4개의 침실이 계획되었습니다.

주택은 80m² (860ft²)에서 104m² (1,120ft²)까지 있습니다. 아파트는 50m² (550ft²)에서부터 60m² (660ft²)까지 있습니다. 경사가 가파른 박공지붕으로 디자인되었고, 외벽은 벽돌 및 착색 회반죽 마감이 사용되었습니다. 색깔은 신축 주택으로 이주해 올 거주자들과의 자문을 통해 결정되었습니다. 계획안에는 3개의 짧은 보행자전용 쿨드삭이 포함되어 있습니다.

샹겐 2(Shangan 2) – McGarry NíÉanaigh 설계사무소

격리된 쿨드삭 내에서의 매력적인 디자인

이 계획안은 자그마한 안뜰을 둘러싸며 배열된 19가구의 주택계획안으로 새로운 지역 녹지대의 끝자락에 위치합니다. 대부분의 주택은 2층 규모의 3침실 주택으로 안뜰의 양쪽(북쪽과 남쪽)을 따라 배치되고, 3채의 1층 주택과 4채의 2층 주택은 샨리스 에비뉴(Shanliss Avenue)를 뒤로 접하고 있습니다. 부지의 모서리에 위치한 건물들은 작은 개별 정원을 가진 아파트들로서 녹지대와 접하고 있습니다. 뒷마당은 공공지역과 연결되지 않는 개인 사유지로 계획되었습니다.

안뜰은 보행지역으로서 다양한 종류의 바닥재와 수목이 계획되었습니다. 주민들은 안뜰을 통과하여 각 가정의 개별 전용주차장으로 갈 수 있습니다.

아파트에는 2개의 침실이 계획되었습니다. 모든 아파트는 1층에 정문이 계획되었고, 계단은 공유하지 않습니다. 2층 주택은 각각 정문에 출입문이 계획되었고, 개별 앞뜰과 현관까지 이어지는 입구 캐노피가 계획되었습니다. 거실과 식당공간은 주택의 앞쪽과 뒤쪽으로 개방되어 있어, 전체 거실 공간은 햇빛을 직접 받을 수 있습니다. 부엌 겸 식당은 거실과 나눠질 수 있습니다. 위층에는 3개의 침실이 있습니다. 모든 주택 1층에는 화장실이 있습니다. 뒤뜰의 최소폭은 10m (33 feet)이고, 앞뜰은 약 4.7m (15 feet)입니다. 정면 담장은 벽돌이며, 주택의 파사드 일부는 삼나무 패널을 대어 회반죽으로 마감하였습니다. 지붕은 경사가 졌으며, 동판지붕과 유사하지만 회색의 철판을 사용한 철재 이음지붕으로 마감되었습니다. 창문은 이중창에 고효율 원목무늬 창틀을 사용하였으며, 기울임과 회전이 가능하여 환기를 적절히 조절할 수 있습니다.

Shangan 2 - McCrossan O'Rourke Architects

Spacious Development for centre of Shangan

This scheme is in the centre of a development in Shangan, designed by three firms of architects. McCrossan O'Rourke's scheme consists of 24 two and three storey dwellings. The 3 bedroom houses are arranged in two terraces of eight, 3 storeys high and linked by a curved "Knuckle" to two 4 bedroom, 2 storey houses. At the north eastern end of the site, there is a further curved block linking the scheme to the adjoining Phase. It consists of two 2/3 bedroom houses and and four 2 bedroom apartments. Each of the houses has a small private area to the front and a large rear garden.

Shangan 2 - Derek Tynan Architects

Overlooking existing buildings avoided

The development designed by Derek Tynan Architects is at the south-west corner of the Shangan site. It is accessed off the new road to be constructed behind the existing blocks 33-56 and 57-88.

The development is arranged along the new road and around a cul-de-sac, and comprises of 23 units. These are mostly 2/3 storey houses with 2 or 3 bedrooms. There are 6 apartments with 2 bedrooms and one storey homes for people who have disabilities or special needs.

The scale of the development has been largely dictated by the need to avoid overlooking existing low rise housing. A minimum of 12 metres has been kept between the rear of the new houses and the boundary garden wall with the existing housing.

Each dwelling overlooks an allocated car-parking space and each house has a garden to the rear. The common space in the cul-de-sac is overlooked by all the dwellings and provides access on foot and by car through one entrance off the new road.

The houses have separate sitting and dining rooms, with kitchens partially separated from the dining rooms. The houses are each entered from the brick porch which creates a zone between the public path and the facade of the house. The porch leads into a hall with stairs to the upper floors and access through to the other rooms. Each dwelling has a downstairs toilet under the stairs.

Dwellings will be well insulated and double-glazed. The windows are to be treated hardwood frames, the walls generally rendered except at the ground floor to the front, where timber and brick cladding is to be used.

샹겐 2(Shangan 2) - McCrossan O' Rourke 설계사무소

샹겐(Shangan)지역 중심의 대형 개발

이 계획안은 샹겐(Shangan)지역 개발의 중심이 되는 계획이며, 3개의 설계사무소가 디자인에 참여하였습니다. McCrossan O'Rourke사의 계획안은 2, 3층 주택 24가구로 구성되었습니다. 3침실 주택은 3층으로 8가구가 2단으로 배열되었고, 이들은 4개의 침실을 갖추고 "손가락 관절" 모양으로 구부러진 2층 주택과 연결되어 있습니다. 부지의 북동쪽에는 휘어진 대지가 있으며 이는 본 계획안과 다음 단계를 연결시켜 줄 것입니다. 이 집합주택은 2 혹은 3침실주택 2가구와 2침실아파트 4가구로 구성되어 있습니다. 각 주거에는 앞쪽에 작은 사유지와 대형 뒤뜰이 계획되었습니다.

샹겐 2(Shangan 2) - Derek Tynan 설계사무소

기존 건물을 들여다보지 않도록

Derek Tynan사가 디자인한 개발안은 샹겐(Shangan)부지 남서쪽 모서리에 자리 잡고 있습니다. 이곳은 기존 집합주택 33-56번지와 57-88번지 뒤편에 건설될 신도로가 시작되는 곳입니다.
이 개발안은 신도로를 따라서 쿨드삭 주변에 이루어지며 23가구로 구성되어 있습니다. 대부분 2, 3개의 침실을 가진 2/3층의 주거로 구성되어 있습니다. 2침실 아파트 6가구와 장애자나 특수 요구를 필요로 하는 사람을 위한 1층 주택으로 구성됩니다.
개발 규모는 기존의 저층 주택을 바라보는 것을 피하고 싶다는 요구를 많이 반영하였습니다. 이를 위해 기존 주거지의 정원 담장과 신축 주택의 뒤편 사이에 최소한 12m의 간격을 유지하였습니다. 각 주거는 지정 주차장소를 바라보도록 계획되었으며, 건물 뒤편에는 정원이 계획되었습니다. 쿨드삭의 공공장소는 각 가정에서 바라볼 수 있고, 신도로에서 각 가정 입구까지 도보나 차를 이용하여 접근할 수 있도록 계획되었습니다.

각 가정에는 별도의 거실과 식당을 갖추었고, 특히 부엌은 식당과 분리되어 있습니다. 각 가정에는 벽돌 현관이 제공되어 건물과 집 앞 도로 사이에 공간을 만들어 줍니다. 현관의 계단홀은 위층으로 이어져 다른 방과 연결이 됩니다. 각 가정은 이 계단 밑에 1층 화장실이 있습니다.
각 가정마다 이중창이 사용되는 등 단열에 관해 잘 고려될 것입니다. 창에는 경목재틀이 사용될 것이며 외벽은 대개 시멘트마감이 될 것이나 1층의 전면부는 목재와 벽돌로 마감이 될 것입니다.

Coultry 2 - Gilroy McMahon Architects

Homes Designed for a Lifetime

Gilroy McMahon's scheme on the south side of Santry Avenue, opposite Trinity Grounds/Santry Woods is part of a combined development of 60 homes in three separate cul de sacs. This scheme consists of 30 homes; two storey houses and three storey apartments. The houses are arranged in terraces of four, while the apartments are located at either end of the row, acting as "bookends" to the scheme.

Particular care has been taken to make the design suitable for "lifetime occupancy". Room arrangements are flexible and can be adapted to suit changing family circumstances at different stages. The houses have two/three bedrooms and the living rooms open onto private south facing gardens. The kitchen is separate and also faces south. It overlooks the drive way.

All the apartments at ground and first floor have "own door access" and the pairs of apartments at second floor are accessed by stairs. The higher apartments will have spectacular views of the Dublin Mountains. The smaller bedroom in the apartments is arranged so it can be easily combined with the living area, to form a much larger space, if needed.

Coultry 2 - Peter Twamley Architect

Listening to residents to provide the best solution

This is a scheme of thirty 2, 3 and 4 bedroomed houses, on a site shared with Gilroy mcMahon Architects.

The combined scheme consists of 3 traffic-controlled cul-de-sacs, each containing a grouping of about 20 houses. Site features include a pedestrian parkland entrance at the east end, perimeter paths with pergolas separating the cul-de-sacs, a children's playground and a large safe play area.

The houses are broad-fronted with living rooms to the south and wide rear gardens adjoining the present back gardens of the Coultry Estates. The houses have mono-pitch roofs and are extendible to the rear for future increases in family sizes.

The walls are red-brick with natural timber windows.

The house layouts have been developed in association with Ballymun Regeneration Ltd. and the residents representatives.

Extensive landscaping is also planned for the development.

트리 2(Coultry 2) - Gilroy McMahon 설계사무소

생애주택

Gilroy McMahon사의 계획안은 산트리 우즈(Santry Woods)의 트리니티 대운동 (Trinity Grounds)의 맞은편 산트리 비뉴(Santry Avenue)의 남단에 위치 며 독립된 3개의 쿨드삭 안의 주택 가구의 연합 개발의 일부입니다. 이 회안은 2층 주택 및 3층 아파트로 구 된 30가구 입니다. 주택은 4가구씩 여 배치되어 있으며, 아파트는 "북엔 "와 같이 계획안의 양쪽 끝에 위치하 있습니다.

평생 거주자"에게 맞는 디자인을 위해 별히 주의를 기울였습니다. 방의 배 는 유동적이어서 가족의 환경변화를 용할 수 있습니다. 주택에는 2개 혹 3개의 침실이 있으며, 거실은 남쪽 개인 정원을 향하고 있습니다. 부엌 시 남쪽을 향하며 분리되어 있으며 앞 도로를 바라보고 있습니다.

든 아파트의 1층과 2층은 "개별 정 "이 있고, 3층에 위치한 아파트 2가 는 계단을 통해 올라가게 되어 있습 다. 높은 층의 아파트에서는 더블린 산(Dublin Mountains)의 웅장한 광경을 볼 수 있습니다. 아파트의 작은 침실은 필요에 따라 거실과 결합하여 더 넓은 공간으로 사용될 수 있습니다.

컬트리 2(Coultry 2) - Peter Twamley 설계사무소

최상의 방안을 제공하기 위해 주민들의 이야기에 귀를 기울이다

이것은 Gilroy McMahon사와 공동으로 계발하는 부지에 위치한 2, 3, 4개 침실의 주택 30가구의 계획안입니다.

이 연합 계획안은 교통이 통제된 3개의 쿨드삭을 포함하고 있으며, 각각 20가구의 그룹으로 이루어져 있습니다. 부지의 특징으로 동단에는 보행자 공원의 입구가 있고, 쿨드삭을 분리하는 녹랑이 있는 주변 보도 및 아이들의 놀이터와 크고 안전한 놀이공간이 있습니다.

주택의 넓은 전면에는 거실이 남쪽을 바라보고 있으며, 뒤편의 넓은 정원은 현재의 컬트리(Coultry)지구 주거지의 뒤뜰과 인접하게 됩니다. 주택은 경사 지붕이고, 가족 규모의 변화에 따라 건물 뒤편을 확장할 수 있습니다. 외벽은 붉은 벽돌 마감이며 원목창이 사용되었습니다.

주택 평면은 발리문재생회사와 주민대표들과 공동으로 개발되었습니다. 개발안에는 대규모 조경공사도 포함되어 있습니다.

Sillogue/Sandyhill 2- M. V. Cullinan Architects

Safe, attractive open spaces are the key

This development at Sillogue/Sandyhill proposes creating two new open spaces as part of the scheme for the use of the residents.

The first is a small grassed park with semi-mature trees and perimeter railings on Belclare Crescent. The second, creates a small square in the heart of the site, around which are new dwellings and from which a new traffic-calmed road connects to both Sandyhill and Belclare.

Two practices, M. V. Cullinan Architects and Gerry Cahill Architects, are designing the new homes. Michael Cullinan, working on the area closest to Balbutcher Lane, has provided two alternate designs for the houses on the Belclare and Sillogue/Balbutcher edges. The latter are brick houses with front gardens following the new road line. Along Belclare Crescent, are a mixture of brick and plaster facades with a mix of large and small front gardens. Along with the new park, the gardens provide variety and screening for the new development, when seen from the Belclare estate.

In total there are 42 dwellings in the M. V. Cullinan Architects Section;

- Thirty Four 3 Bed houses
- Five, 4 Bed, Two/ Three storey houses,
- Two, 2 bed apartments, with separate entries, and
- One, 2 bed, Two storey house.

Each has its own private back garden, accessible from the rear of the houses. Off street parking is provided for most dwellings, predominantly located in the front gardens. Alternatively, cars can be parked on road spaces immediately in front of the house.

Sillogue/Sandyhill 2 - Gerry Cahill Architects

Variety is the spice of life in Sillogue

Gerry Cahill Architects are providing a variety of homes and apartments on the southern portion of the site, with private gardens to the front and rear, with space for car parking to the front. Apartments define entrances to the centre of the site at the ends of the housing terraces. The houses and apartments create a central paved space, accessed by traffic calmed roads from both Belclare Road and Sandyhill Avenue. The cental open space will be partially planted and paved in continuity with the access roads and will form the communal 'heart' of the site.

실로그/산디힐 2(Sillogue/Sandyhill 2)
– M. V. Cullinan 설계사무소

안전하고 매력적인 오픈 스페이스가 열쇠

실로그/산디힐(Sillogue/Sandyhill) 부지 개발에는 새로운 주민용 오픈 스페이스 2곳의 개발에 대한 제안이 포함되어 있습니다.
그 첫째는 벨클래어 크레센트(Belclare Crescent)에 위치하며 경계 울타리와 준성목으로 꾸며진 소규모 잔디공원입니다. 둘째는 부지 중심에 주택지로 둘러싸여 있고 산디힐(Sandyhill)과 벨클래어(Belclare)로 이어지는 신도로와 연결되는 작은 광장을 조성하는 것입니다. M. V. Cullinan사와 Gerry Cahill사가 주택을 디자인하고 있습니다. 발부쳐 레인(Balbutcher Lane) 인근 지역에서 일하고 있는 미카엘 쿨리난(Michael Cullinan)사장은 벨클래어와 실로그/발부쳐(Sillogue/Balbutcher)에 신축될 주택을 위한 2가지 대안을 제시하였습니다. 후자는 벽돌집으로 신도로를 따라서 앞뜰이 있습니다. 또 하나는 벨클래어 크레센트에 크고 작은 앞뜰이 있는 주택으로 전면은 벽돌 및 회반죽으로 마감됩니다. 신설 공원과 함께 정원은 다양성을 주면서 벨클래어 지역으로부터의 시선을 차단해주는 역할을 합니다. M. V. Cullinan사 부지에는 총 42가구가 포함됩니다.

- 3침실 주택 34가구
- 4침실 2/3층 주택 5가구
- 개별 입구를 가진 2침실 아파트 2가구
- 2침실 2층 주택 1가구

각 가정은 개별 뒤뜰을 가지게 될 것이며, 건물 뒤편에서 들어올 수 있게 됩니다. 대부분의 가정에 개별 주차장이 제공될 것이며, 이는 대체로 앞뜰에 위치할 것입니다. 혹은, 집의 바로 앞 도로에 주차를 하는 형태가 될 것입니다.

실로그/산디힐(Sillogue/Sandyhill 2)
– Gerry Cahill 설계사무소

다양성은 실로그(Sillogue)에서의 삶의 활력소

Gerry Cahill사는 부지의 남쪽에 개인 앞뜰과 뒤뜰 및 건물 앞 주차공간이 있는 다양한 주택과 아파트를 계획하고 있습니다. 아파트는 주택지 끝에 위치하며 부지 중심으로의 입구 역할을 합니다. 주택과 아파트는 중앙에 공간을 만드는데, 이는 벨클래어 로드(Belclare Road)와 산디힐 에비뉴(Sandyhill Avenue)와 연결이 됩니다. 중앙의 오픈 스페이스에는 식목작업과 도로 포장작업 및 진입로 공사가 있을 것이며, 이곳은 이웃과의 공동체 생활의 중심이 될 것입니다.

Poppintree 1-Fionnuala Rogerson Architects

Addressing existing problems to create secure and pleasant homes

Dolmen Court & The Playground

There are many existing problems associated with the courtyard housing in Poppintree. The archways at the Court entrances, the exposed rear gardens, the laneways and the pedestrian routes through the houses all create security problems. The visual appearance from the outside, particularly of the rear garden walls can be very unattractive, as can some of the Courts.

Fionnuala Rogerson Architects have proposed a solution for Dolmen Court which involves closing off the pedestrian routes through the Courts so that each group of 12 houses has its own private entrance. There will be new single storey houses around the perimeter "protecting" the access points to the back garden laneways and creating new attractive entrances to the Courts. There will also be new 2 storey houses around the perimeter and on the playground. A comprehensive landscaping scheme for the Courts will be developed in conjunction with the residents.

Belclare Drive

Ten new houses are to be built on the triangular site between Belclare Drive and Belclare Crescent. These will be part brick fronted, single and two storey in height and will have two, three and four bedrooms. They have been designed to "Lifetime Housing" standards, allowing for easy access and use by people of all ages, both disabled and able bodied.

They have also been designed so that they can be readily adapted for people as they grow older, allowing them to say longer in their own homes.

The new houses will protect the exposed back gardens to the houses on Belclare Crescent and the problem with the ESB sub station will be dealt with by building a new brick wall around it and incorporating it into the side garden of one of the new homes.

Poppintree 2 - Cathal Crimmins Architects

Sunny Balconies and Private Courtyards

This scheme consists of 71 dwellings at Poppintree on the existing open space bounded by the realigned Balbutcher Lane to the south, and the senior citizens housing at Burren Court to the north.

The scheme will comprise:

- 17 two bedroom dwellings
- 32 bedroom dwellings
- 10 four bedroom dwellings
- 8 two bedroom apartments
- 4 four bedroom apartments in a single storey, two storey, three storey and four storey development.

The higher buildings will form part of a curved red brick wall facing south on to Balbutcher Lane and will have sunny balconies at higher levels and private courtyards which give access to the individual dwellings.

The heights reduce to single storey close to the senior citizens dwellings. These lower dwellings are placed around short cul-de-sacs to the west off Carrig Road and to the east off Dane Road. A small park in the centre of the scheme is bounded by a curved wall with railings to the front, two and three storey housing to the sides and single storey to the rear. The development will include the erection of railings and gates surrounding Burren Court for security purposes. Access gates will be placed on to the two cul-de-sacs, the park and various locations near the existing community room.

파핀트리 1(Poppintree 1) -
Fionnuala Rogerson 설계사무소

안전하고 즐거운 집을 만들기 위해 기존의 문제 찾기

돌맨 코트(Dolmen Court)와 놀이터

파핀트리(Poppintree)의 중정 주택과 관련하여 많은 문제가 존재합니다. 중정 입구의 아치길, 개방된 뒤뜰, 주택들을 통과하는 보도 등 모든 것에 보안적인 문제가 있습니다. 외관, 특히 뒤뜰의 담장은 보기 흉할 때도 있습니다.

돌맨 코트 주택지를 위해 Fionnuala Rogerson사가 제안한 해결책은 중정을 통하는 보도의 흐름을 막아 12가구에 모두 개별 입구를 제공하는 것입니다. 뒤뜰로의 진입 포인트를 "보호" 하는 의미에서 주변에 1층 주택들이 신축될 것이며, 이로 인해 중정으로 들어가는 입구가 보기 좋게 단장될 것입니다. 또한, 주변과 놀이터 부지에는 2층 주택이 신축될 것입니다. 중정의 종합 조경 계획안은 주민들과 함께 개발될 것입니다.

벨클래어 드라이브(Belclare Drive)

벨클래어 드라이브와 벨클래어 크레센트 사이의 삼각형 부지에 주택 10가구가 신축될 것입니다. 전면 일부가 벽돌로 장식되고 1층 혹은 2층의 높이에 2개, 3개 혹은 4개의 침실을 갖게 될 것입니다. 이 주택들은 "생애주택" 기준에 의해 디자인 되었으며, 장애인 여부와 관계없이 전 연령의 모든 사람이 쉽게 접근하고 사용하기 쉽도록 디자인 되었습니다. 또한, 거주자의 고령화를 지원할 수 있음으로써 자신의 집에서 최대한 오랫동안 살 수 있도록 디자인 되었습니다.

신축 주택은 벨클래어 크레센트 주택지의 노출된 뒤뜰을 보호해 줄 것이며, ESB 변전소 문제는 그 주변에 새로 벽돌 담장을 올리고 신축 주택의 옆 정원 담장과 통합시킴으로써 해결할 것입니다.

파핀트리 2(Poppintree 2) - Cathal Crimmins 설계사무소

햇빛이 많이 드는 발코니와 개별 중정

이 계획안은 남으로는 발부쳐 레인(Balbutcher Lane)을 북으로는 부렌 코트(Burren Court) 노인주택단지와 접하고 있는 파핀트리(Poppintree) 기존의 오픈 스페이스에 위치하는 71가구로 구성되어 있습니다.

계획안의 구성은 다음과 같습니다.

- 2침실 주거 17가구
- 3침실 주거 32가구
- 4침실 주거 10가구
- 2침실 아파트 8가구
- 4침실 1층, 2층, 3층, 4층 아파트 4가구

발부쳐 레인을 바라보는 건물의 남향 입면은 구부러지면서 붉은 벽돌로 마감되고, 위층에는 햇빛이 잘 드는 발코니가 계획될 것이며, 중정을 통해 각 가정으로 진입하게 될 것입니다.

노인주택단지에 가까운 건물들은 높이가 1층으로 제한됩니다. 이 저층 주택들은 서쪽으로는 카리그 로드(Carrig Road), 동쪽으로는 댄 로드(Dane Road)와 이어지는 짧은 쿨드삭 주변에 배치됩니다. 이 계획안 중심의 작은 공원은 전면으로는 울타리가 있는 곡선벽, 양 옆으로는 2, 3층 주택 그리고 뒤편으로는 1층 주택과 접하게 됩니다. 이 개발안은 보안을 위해 부렌 코트 주변에 울타리와 출입문의 건설을 포함할 것입니다. 접근 출입문은 2개의 쿨드삭과 공원 등 기존 커뮤니티실 근처의 다양한 장소에 생길 것입니다.

Balcurris 1 - O'Mahony Pike Architects

A neighbourhood with a strong identity

This scheme of 47 houses and 10 apartments will provide a strong new identity for the Balcurris neighbourhood.

O'Mahony Pike have created flexible and expandable housing units, with secure public areas and streets that are overlooked by the new homes.

A pedestrian link through the area is secure and overlooked. Where existing and new houses co-exist, new public spaces will be landscaped and have new play areas. There will also be a new enclosed park, with amenities.

Draw for long term tenants

The homes on display here are the First Phase of building the new town of Ballymun. There will be a number of further phases, over the next six to eight years, until all the residents of the existing flats have a new home. The families moving into the Phase 1 new homes will come from Pearse and McDonagh Towers, 57-120 Shangan Avenue, 73-96 Sillogue Avenue, 1-48 Sandyhill Avenue, Block D Coultry Road and Block E Balcurris Road, to be demolished next year.

All existing tenants of flats for 15 years or more in Ballymun were eligible to apply to enter a draw to be included in the First Phase new homes.

There are 30 homes available for the tenants who qualify to be in the Draw. The first thirty names pulled out in the Draw today will be allocated the tenancy of a home, according to family size and the relocation policy drawn up by Ballymun Regeneration Limited and Dublin Corporation.

Good Luck in the Draw.

YOU CAN CONTACT US AT:

Ballymun Regeneration Limited

Telephone : (01) 842 1144

Fax: (01) 842 1443

email: brl@brl.ie

Website: http: //www.brl.ie

Architects

Ballymun Regeneration Ltd. In-house Architects

Gerry Cahill Architects

Cathal Crimmins Architects

M.V. Cullinan Architects

Gilroy McMahon Architects

Levitt Bernstein Architects

MacCormac Jamieson Prichard

McCrossan O'Rourke Architects

McGarry NíÉanaigh Architects

O'Mahony Pike

Fionnuala Rogerson Architects

Peter Twamley Architect

Derek Tynan Architects

발커리스 1(Balcurris 1) - O' Mahony Pike 설계사무소

강한 특색이 있는 동네

주택 47가구와 아파트 10가구로 구성된 이 계획안은 발커리스(Balcurris) 지역에 새롭고 인상 깊은 특색을 제공하게 될 것입니다.

O'Mahony Pike사는 안전한 공유 공간과 집 안에서 바라볼 수 있는 도로를 갖춘 유동성 있고 확장 가능한 주거 유닛을 개발하였습니다.

지역의 보행로는 안전하고 외진 곳이 없습니다. 이곳에는 기존의 주택과 신축 주택이 공존할 것이며, 새롭게 개발되는 공공장소는 조경공사가 실시되고 새로운 놀이 장소가 개발될 것입니다. 편의시설을 갖춘 동네 공원도 조성될 것입니다.

장기 세입자 추첨

여기에 전시된 주택들은 신도시 발리문 건설의 1단계를 의미합니다. 기존 아파트의 모든 거주자들이 새 집을 갖게 될 때까지 향후 6-8년간에 걸쳐서 추가적인 단계가 있을 것입니다. 1단계 신축 주택으로 이주하는 가정은 내년에 철거될 피어스 타워(Pearse Towers), 맥도나 타워(McDonagh Towers), 샹겐 에비뉴(Shangan Avenue) 57-120번지, 실로그 에비뉴(Sillogue Avenue) 73-96번지, 산디힐 에비뉴(Sandyhill Avenue) 1-48번지, 컬트리 로(Coultry Road) 집합주택 D, 발커리스 로(Balcurris Road) 집합주택 E의 거주자들이 될 것입니다.

발리문 아파트 15년 이상 거주자는 누구나 1단계 신축 주택 대상 추첨에 응모할 자격이 됩니다.

세입자 30가정을 추첨하게 될 것입니다. 오늘 추첨을 통해 당첨된 30명에게는 발리문재생회사와 더블린자치체가 정한 이주정책과 가족 규모에 따라서 각자에게 맞는 주택의 차용권이 할당될 것입니다. 추첨에서 행운을 기원합니다.

저희의 연락처:

발리문재생회사

전화: (01) 842 1144

팩스: (01) 842 1443

이메일: brl@brl.ie

웹사이트: http://www.brl.ie

건축설계사무소

발리문재생회사 사내 설계팀

Gery Cahill Architects 설계사무소

Cathal Crimmins Architects 설계사무소

M.V.Cullinan Architects 설계사무소

Gilroy McMahon Architects 설계사무소

Levitt Bernstein Architects 설계사무소

MacCormac Jamieson Prichard 설계사무소

McCrossan O'Rourke Architects 설계사무소

McGarry NiEanaigh Architects 설계사무소

O'Mahony Pike 설계사무소

Fionnuala Rogerson Architects 설계사무소

Peter Twamley Architect 설계사무소

Derek Tynan Architects 설계사무소

BALLYMUN

REGENERATION NEWS

March/April 1999 Issue 10

INSIDE

The winner of the £100 Comments Draw was Sean Dixon, 58 Silloge Avenue.

Ms Helen Armstrong, MP, Minister of State at the Department of Local Government and Housing in the UK is pictured with Ciaran Murray, when she came to see Ballymun and the exhibition centre at Stormanstown House. She is very interested in our plans for the area and wants to be kept informed of progress.

THUMBS UP TO NEW HOMES

The Open Day at Stormanstown House was extraordinarily successful.

People streamed into the exhibition hall all afternoon to view the exhibition of the first 750 new homes. Comments about the quality of the designs were almost universally positive. Representatives of all thirteen firms of architects involved were there to answer questions and explain the detail of the plans. Even architects who weren't involved in the designs came along and were impressed with what their fellow professionals are recommending for the new town.

85% of those who completed questionnaires about the exhibition felt very positive about the new homes and about the regeneration project. While people were very definite about the designs they preferred, all designs have their own individual attractive qualities.

Some have bay windows, or double height living rooms. Some are overlooking parks. Others have a driveway in the front garden. All the houses have a toilet and washbasin downstairs, as well as a bathroom upstairs. Some of the houses can be easily adapted as people get older. Lots of the apartments

Continued page 2

BALLYMUN

재 생 소 식 지

제10호 1999년 3월/4월

주요기사

- 공개일에 관한 여러분의 의견
- 세금혜택에 관한 희소식
- 발리문 아일랜드 도시계획상 획득
- 신도시에 스포츠를

'나도 한마디' 추첨행사에서 실로그 에비뉴(Silloge Avenue) 58번지에 사는 숀 딕슨(Sean Dixon)씨가 상금 100파운드에 당첨

발리문 스토맨스타운 하우스의 전시 센터를 방문한 영국의 지자체주택부 국무성장관 헬렌 암스트롱 하원의원(Ms Helen Armstrong, MP)씨와 씨아란 머레이(Ciaran Murray)씨. 장관은 저희 계획에 큰 관심을 표명했고, 진행 상황에 대해 계속 알고 싶어 하셨습니다.

신 주택에 대한 극찬

스토맨스타운 하우스에서 있었던 공개일 행사는 이례적인 성공을 거두었습니다. 처음 지어질 750채의 신축 주택에 대한 전시를 보기 위한 인파가 오후 내내 전시장을 가득 매웠습니다. 디자인에 대한 평가는 전체적으로 긍정적이었습니다. 디자인에 참여한 13개의 건축사무소의 대표들이 자리하여 방문객의 질문에 답하고, 계획에 대하여 자세한 설명을 하였습니다. 디자인에 직접적으로 참여하지 않았던 건축가들도 참석하여, 동료 건축가들이 제안한 신도시에 대한 제안을 호평하였습니다.

전시회에 관한 설문지 응답자의 85%가 신축 주택과 재생사업에 대해 매우 긍정적으로 평가하였습니다. 주민들은 각자 자신이 선호하는 디자인에 대해 매우 분명한 의견을 가지고 있었지만, 모든 디자인에서 각자가 좋아하는 요소를 찾을 수 있었습니다.

일부 주택은 내민창이 있거나 거실 천정고가 2배이고, 일부 주택은 공원을 조망할 수 있도록 계획되었으며, 일부 주택은 앞마당에 주차장 진입로가 있습니다. 모든 주택은 1층에 세면대와 화장실이 있고, 2층에는 욕실이 있습니다. 일부는 고령화에 대응할 수 있는 주택도 있습니다. 대부분의 아파트에는 개별 출입구가 있습니다.

What You Said

Mick McDonagh, Architect, Ballymun Regeneration, talking at the Open Day with Des Brophy and Barry Carey, who will be moving into new Phase 1 homes.

Typical comments received at the Open Day include the following;

"Very interesting. Very encouraging and very tastefully executed". (Shangan)

"Why not give everyone the same home, because it will keep everybody happy". (Balcurris)

"Hurry up and start. You are doing a good job". (Balcurris)

"Very few old people live alone, so why not have two bed homes as a minimum"? (Santry)

All of the new homes will have at least two bedrooms, to answer that last comment first .

Garda Sgt. Jacinta Harley, from Ballymun Community Service with Kay & Seamus Kelly and Anita Byrne, at the Open Day.

The reason there is a variety of designs for the new homes is so that every scheme in the five neighbourhoods will have its own identity. We want to avoid the monotony of large quantities of the same type of homes, as was done in the past with local authority housing. Having too many identical houses can also make it difficult for people to find specific addresses, as we know from the Courtyard and Garden schemes in Ballymun.

Jackie Greene with her 7 year old daughter Tracey looking at the model at the Open Day.

In more prosperous areas of the city, there are a variety of house designs to suit different tastes and budgets. We want to encourage a social mix in Ballymun and having a variety of well designed new homes will help us attract people with salaries in to the area. Salaries bring buying power and that in turn, brings shops and local facilities needed in Ballymun.

여러분의 의견

공개일에 1단계 신축 주택으로 이주하는 데스 브로피(Des Brohpy)씨와 베리 카레이(Barry Carey)씨와 이야기를 나누는 BRL 건축가 믹 맥도나(Mick McDonagh)씨

공개일에 저희가 들은 일반적인 이야기들은 다음과 같습니다:

"정말 흥미롭네요. 매우 재미있고 멋지게 만들어 졌네요". (샹겐/Shangan)

"전부 똑같이 만들어도 되겠어요. 누구나 만족할 거 같은데요". (발커리스/Balcurris)

"서둘러 공사를 시작하세요. 정말 훌륭합니다." (발커리스/Balcurris)

"독거 노인은 드문데, 최소한 침실을 두 개씩 하는 것은 어때요?" (산트리/Santry)

공개일에 케이&시머스 켈리 부부(Kay&Seamus Kelly)와 아니타 바이른(Anita Byrne)씨와 함께한 발리문 지역봉사단 소속 제신타 할리 경사(Garda Sgt. Jacinta Harley)

먼저 마지막 의견을 반영하여 모든 주택들은 최소한 두 개의 침실을 가질 것입니다. 신축 주택의 디자인이 다양한 이유는 5개의 지역지구마다의 독특성을 살리기 위함입니다. 저희는 과거 지자체 주택과 같은 천편일률적인 대량 주택 형태를 지양하고 싶습니다. 동일한 주택의 양산은 주민들의 길 찾기를 어렵게 할 것이며, 이는 발리문의 중정주택지구(Courtyard scheme)와 정원주택지구(Garden scheme)의 계획안에서 잘 알 수 있습니다.

공개일에 7살 딸 트레이시(Tracey)와 함께 모델을 구경하는 잭키 그리네(Jackie Greene)씨

발리문시의 번화가에는 다양한 기호와 예산을 고려한 다양한 형태의 주택이 건설됩니다. 저희는 발리문에 다양한 계층의 주민을 담고 싶습니다. 다양한 형태의 고급 주택을 제공함으로써 지역 내로 경제활동 인구를 유인할 것입니다. 경제활동은 구매력을 야기하고 이로 인해 발리문에 필요한 소매점과 지역 시설들이 생기게 될 것입니다.

Continued from page 1

have own door entry. Some have their own private garden space. There are balconies, terraces and patios where private gardens are not possible.

None of the designs include a flat roof. Roofs are either 'A line' like a traditional house, with attic storage or 'mono-pitch', or variations of both roof types. Mono pitch allows the ceiling height to vary, adding character to rooms. It also allows some rooms to be double height, taking advantage of early morning light to brighten up the living areas, while in others people can have an extra room in the roof space. On houses overlooking large parks, where the scale of the park demands tall houses, the mono-pitch roof means the houses can be three storey in front, providing the scale needed, with two storey at the rear, so they don't overlook existing housing.

Specially Designed 3rd Level Programme for Ballymun

The National College of Ireland (NCI) has established an outreach campus in Ballymun in Stormanstown House. Education has a key part to play in economic and social development. Making education a viable option for all groups in society is a central part of life long learning to which NCI are committed and formal accreditation is a key issue for community based education programmes.

Along with delivering its normal third level courses NCI working with the Ballymun Housing Task Force, the Ballymun Partnership, Dublin Corporation and Ballymun Regeneration is in the process of developing some exciting and interesting programmes specially designed for Ballymun.

The first such course is the Ballymun Transition Programme (Housing) which will be offered free of charge to all tenants in Phase 1. The programme will involve a variety of different delivery methods to enhance the learning experience. It will be delivered by a number of different tutors sourced from local service providers, third party organisations and NCI. The course will include group discussions and off campus visits and will examine issues involved in regeneration and will look at how to manage the changes which people will encounter at both the individual and community level.

Moving home is recognised as being a very stressful time and this programme is designed to support people in dealing with the problems which they will meet. It will also look at ideas for the home including maintenance issues. The course will look at the issue of communal space, personal boundaries and responsible citizenship.

Tax Incentives For Residential Element

We spent a lot of time last year lobbying to get Ballymun included in the next round of Urban Renewal Tax Scheme. It paid off. The Integrated Area Plan submitted by Ballymun Regeneration to Government, along with 77 others, was among the 43 successful ones.

Anyone buying a new home in Ballymun will be entitled to write off 5% of the construction costs, each year for ten years, against income tax. Anyone wanting to refurbish an existing house will be entitled to write off 10% of the refurbishment costs against income tax - again for ten years. Section 23/27 relief for investors will apply to 2 small town centre sites, to encourage the development of private housing to rent by students and workers.

Speaking about the successful areas, Bobby Molloy, Minister of State at the Department of the Environment & Local Government said incentives were recommended only where they were absolutely necessary and where investment in the areas targeted would not otherwise take place.

Apart from Section 23/27 areas the tax reliefs apply to owner occupied housing only. There has been no decision yet about possible incentives for commercial developments which the Government are awaiting EU approval.

일부는 개인 정원을 갖추었고, 이것이 불가능한 경우에는 발코니나 테라스 혹은 안뜰을 갖추고 있습니다.

지붕이 평평하게 디자인된 주택은 없습니다. 지붕은 다락 공간이 생기는 전통적인 'A자형'의 지붕이거나 경사지붕, 혹은 두 형태의 복합형입니다. 경사지붕은 천정 높이에 변화를 줄 수 있으며 이를 통해 방을 특색 있게 만들 수 있습니다. 또한, 몇몇 방의 높이를 두 배로 하여 오전에 주택 내로 햇살을 유입할 수 있으며, 때론 천정 공간에 추가로 방을 만들 수도 있습니다. 대규모 공원을 마주보는 주택은 공원과 비율이 맞추기 위해서 때론 높아야 할 필요가 있는데, 경사지붕 주택인 경우 전면은 3층 높이를 가지면서 뒤편으로 2층 높이를 가질 수 있기 때문에 기존의 주택을 바로 바라다보지 않을 수 있습니다.

특별히 짜여진 발리문 대학교육 프로그램

아일랜드 국립대(NCI)가 발리문 스토맨스타운 하우스(Stormanstown House)에 지역사회 지원캠퍼스를 설립하였습니다. 교육은 경제와 사회발전에 중요한 요소입니다. 지역 내 모든 주민들에게 교육의 기회를 제공하는 것은 NCI가 추구하는 평생교육의 핵심으로서, 정식 인증은 지역기반 교육프로그램에 있어 중요한 요소입니다.

일반적인 사회교육원 코스와 함께 NCI는 발리문주택전담위원회와 발리문 파트너십, 그리고 더블린자치체 및 발리문재생회사와 협력하여 특별히 발리문을 위한 재미있는 프로그램을 개발 중입니다.

이 중 하나가 1단계 세입자에게 무료로 제공될 발리문 이주 프로그램입니다. 이 프로그램에서는 학습효과 증진을 위해 다양한 교육 방법이 사용될 것입니다. 이 프로그램은 지역 서비스업체나 제3자 기업 및 NCI 출신의 여러 명의 강사에 의해 운영될 것입니다. 이 강좌에는 그룹 토론과 현장 견학이 포함될 것이며 재생과 관련된 문제들을 살펴보고, 인간이 개인적 혹은 지역적 수준으로 겪게 될 변화에 대처하는 법을 살펴볼 것입니다.

이사는 매우 피곤하다고 알려져 있고, 이 프로그램은 주민들이 부딪히게 될 문제점을 해결하는데 도움을 주기 위한 것입니다. 또한, 주택유지관리 문제 등과 같은 주택과 관련된 사항들을 점검하는 시간을 갖게 될 것입니다. 이 코스에서는 공공장소나 개인영역 및 모범시민 의식과 관련된 사항들을 살펴볼 것입니다.

주거 부문을 위한 세금혜택정책

저희는 발리문이 차기 도시재생 세금계획안에 포함되도록 작년 한해 많은 로비를 하였고, 그 결과 뜻을 이루게 되었습니다. 77개의 정부제출 계획안과 함께 제출된 발리문재생회사의 통합지역계획은 승인된 43건 중 하나였습니다.

발리문의 신축 주택 구매자는 누구나 매년 소득세에서 10년 동안 공사비의 5%에 해당하는 금액을 감면 받게 될 것입니다. 기존 주택 개보수를 원하는 사람 역시 10년 동안 소득세에서 개보수 비용의 10%의 금액을 감면 받게 될 것입니다. 학생과 근로자 임대용 개인주택 개발을 장려하기 위하여, 투자자 대상의 23/27면세조항이 도심거점의 2개 부지에 적용될 것입니다.

성공적인 지역에 관하여 바비 몰로리(Bobby Molloy) 환경자치부 국무성장관은, 혜택은 그 곳이 아니면 투자유치가 어려울 정도로 꼭 필요한 지역에만 허가될 것이라고 하였습니다.

23/27조항 지역을 제외하면, 세금감면은 오직 분양 주택에만 적용됩니다. 상업용 개발을 위한 혜택의 여부는 아직 결정된 바가 없으며, 정부는 유럽연합의 승인을 기다리고 있는 중입니다.

National Planning Award for Ballymun

The Masterplan for the new Ballymun received a national award from The Irish Planning Institute.

The judges said the extent and breadth of consultation, in particular public participation and the attention to detail in all aspects of the plan... "has been particularly impressive". "Equally impressive is the emphasis on quality design in all aspects of the plan, including its public and private spaces and its buildings".

O'Mahony Pike, one of the architectural firms involved in designing the first new homes, also won an award for their development of Ballsbridge Terrace, Dublin 4 on a redundant industrial site.

The National Planning Awards were established by the Irish Planning Institute to recognise outstanding projects which reflect new ways of moving planning beyond the traditional emphasis on infrastructure.

Plenty of Sport in New Town

We have commissioned a consortium consisting of Gar Holohan, Holohan Leisure, Frank Fahey, Fizzical and Morgan Buckley, Atlantic Sports and Leisure Management. This consortium will work with the community in Ballymun to develop a sport and recreation strategy for the new Ballymun.

Ballymun Regeneration Ltd. needs to hear your views. You can contact Eleanor Brennan or Evelyn Hanlon at 842 1144 if you have any ideas.

The people who attended the public meeting on the 2nd February 1999 will be contacted soon about another meeting.

Lisney Appointed to Attract People and Investment to Ballymun

Following interest from major Irish and UK auctioneers and property firms, Ballymun Regeneration Ltd. have appointed top Irish company Lisney to market the new town of Ballymun to potential investors and people who want to move into the area. Ballymun is the largest and most challenging urban renewal project ever to be undertaken in Ireland.

Lisney is a firm with unrivalled expertise in all aspects of the property world. They'll be looking for investors for industrial sites, commercial offices and retail outlets, as well as leisure space and residential homes. We are looking forward to working closely with them.

Anyone who has put their name down for private housing will be contacted shortly by Lisney.

Ballymun Regeneration Ltd (BRL) Stormanstown House Ballymun Road Dublin 9
ph: 8421144 fax: 8421443 E-mail: brl@brl.ie http://www.brl.ie

발리문 아일랜드 도시계획상 수상

신 발리문을 위한 마스터플랜이 아일랜드 계획청으로부터 도시계획상을 수상하였습니다.

심사위원들은 공공참여를 비롯하여 계획 전 분야에 걸친 세심한 배려의 면에서 자문의 폭과 깊이가 "매우 감명적이다"라고 언급하였습니다. 또한, "공유지 및 사유지 그리고 건축물 등 계획의 모든 분야에 있어서 양질의 디자인을 중요시 한 점 역시 감명적이다."라고 덧붙였습니다. 1단계 주택 디자인에 참여한 건축사무소 중 하나인 O'Mahony Pike사 또한 잉여 산업용지에 위치한 더블린 4가 발스브리지 테라스지구(Ballsbridge Terrace) 개발로 수상을 하였습니다.

아일랜드 도시계획상은 아일랜드 계획청이 제정한 것으로, 기간시설의 기존관념을 탈피한 새로운 이동계획을 반영하는 우수한 프로젝트를 표창하기 위한 상입니다.

신도시에 스포츠를

저희는 Holohan Leisure그룹의 가르 홀로한(Gar Holohan)씨와 Fizzical사의 프랭크 파헤이(Frank Fahey)씨 및 Atlantic Sports and Leisure Management사의 모간 버클리(Morgan Buckley)씨로 구성된 컨소시엄을 부탁했습니다. 이 컨소시엄은 신 발리문의 스포츠 및 여가 계획 개발을 목표로 발리문 커뮤니티와 협력해 나갈 것입니다. 발리문재생회사는 여러분의 고견을 듣고 싶습니다. 아이디어가 있으신 분은 엘리노어 브레넌(Eleanor Brennan)이나 에블린 한론(Evelyn Hanlon)에게 842 1144로 연락 주십시오.

1999년 2월 2일 공청회에 참석하셨던 분들은 곧 차기 공청회와 관련하여 연락을 받을 것입니다.

발리문에 투자와 새로운 인구의 유치 담당 회사 Lisney

아일랜드와 영국의 일류 경매회사 및 부동산회사들의 관심에 발맞춰, 발리문재생회사는 이 지역에 관심을 갖는 잠재 투자자들과 유입 인구를 대상으로 신도시 발리문을 홍보할 기관으로 아일랜드 일류 기업인 Lisney사를 선정하였습니다. 발리문 재생사업은 아일랜드의 도시재생사업 역사상 가장 규모가 크고 도전적인 사업입니다.

Lisney사는 부동산 전 분야를 통틀어 독보적인 전문 기업입니다. 그들은 여가공간과 주택을 비롯하여 산업단지와 사무실 및 소매할인점을 위한 투자자들을 유치할 것입니다. 저희는 Lisney사와 긴밀한 업무 협조체계를 구성하길 기대하고 있습니다.

개인주택분양 데이타베이스에 정보를 등록하신 분들은 곧 Lisney사로부터 연락이 있을 것입니다.

발리문재생회사(BRL) Stormanstown House Ballymun Road Dublin 9
전화: 8421144 팩스: 8421443 이메일: brl@brl.ie http://www.brl.ie

BALLYMUN

REGENERATION NEWS

June/July 1999 Issue 11

INSIDE

- More jobs for local people in building the new Ballymun
- FIE appeal delays new homes in Balcurris

Ballymun children and staff surveying their new premises in Silloge where the Ballymun Day Centre is nearing completion

NEWS FLASH

Ballymun qualifies for maximum tax incentives

Ballymun Regeneration welcomes the announcement by Mr Robert Molloy, TD, Minister for Housing and Urban Renewal, that commercial and industrial tax incentives are to be applied to Ballymun under the new Urban Renewal Scheme.

This is an exciting and important development for Ballymun and means that major Irish and International business will now be encouraged to consider Ballymun as a place to set up business.

Residential tax designation has already been granted for new housing and for the refurbishment of existing housing in Ballymun.

Anyone who wants further information on this should contact Ballymun Regeneration Ltd.

SUMMER START

It doesn't seem like 12 months since last June when we announced the very ambitious plans for the first phase new homes. At that time we had hoped to be on site building houses by now. It has taken us longer to get this far than we had hoped and I'm sure many of you doubt if building work will ever start. Thirteen schemes of new homes were designed and lodged for planning permission and three of them were appealed to an Bord Pleanala. The other ten schemes are now at detailed design stage before going to tender to select a builder.

The following table shows the expected start date for the homes in these schemes:

Scheme	Expected start date
Belclare Drive	September / October 1999
Coultry Way	October / November 1999
Shangan Avenue	October / November 1999
Shangan Road	December 1999 / January 2000
Santry Avenue	January / February 2000
Coultry Park	January / February 2000
Burren Court	January / February 2000

Continued overleaf

BALLYMUN

재 생 소 식 지

1999년 6월/7월 제11호

주요기사

- 신 발리문 건설로 지역주민 고용기회 증가
- FIE, 항소로 발커리스의 주택 신축 연기

뉴스속보

발리문, 세금혜택 최대로 가능

발리문재생회사는 주택 및 도시재생부 장관 로버트 몰리(Robert Molly) 하원의원의 발표를 기쁘게 받아들입니다. 이것은 새로운 도시재생계획안에 의한 산업 및 상업분야의 세금혜택이 발리문에 적용될 것이라는 발표입니다.

이것은 발리문에 있어서 매우 기쁘고 중요한 진전으로서, 이제는 아일랜드와 세계의 유수 기업들이 발리문에 사업을 유치할 동기가 부여되었다는 의미입니다.

신축 주택과 기존 주택의 개보수를 위한 주거지세금지정안은 이미 승인된 상태입니다.

이와 관련하여 궁금하신 사항은 발리문재생회사로 연락해 주십시오.

완공이 임박한 실로그의 발리문보육원을 둘러보는 발리문 아이들과 직원

여름의 시작

작년 여름 야심 찬 1단계 주택계획을 발표한 후로 1년이 지났다는 게 믿기지 않습니다. 그 당시 생각으로는 지금쯤이면 현장에 주택을 건설하고 있을 거라고 기대했습니다. 처음 생각했던 것보다 계획이 많이 지연되었고, 많은 분들이 착공 시기에 의문을 갖고 계시리라 생각이 됩니다. 신축 주택을 위한 13개의 안이 계획되었고 건축허가를 위해 제출된 상태이며, 그 중 3개의 안은 도시계획원에 다시 제출되었습니다. 나머지 10개안은 현재 시공업체 입찰 전 상세 디자인 단계에 있습니다.

아래의 표는 이 계획안에 포함된 주택의 예상 착공일을 나타냅니다.

계획안	예상 착공일
벨클래어 드라이브(Belclare Drive)	1999년 9월/10월
컬트리 웨이(Coultry Way)	1999년 10월/11월
샹겐 에비뉴(Shangan Avenue)	1999년 10월/11월
샹겐 로드(Shangan Road)	1999년 12월/2000년 1월
산트리 에비뉴(Santry Avenue)	2000년 1월/2월
컬트리 파크(Coultry Park)	2000년 1월/2월
부렌 코트(Burren Court)	2000년 1월/2월

Continued from page 1

The first building work you'll see in the new Ballymun will be drainage work and a new road linking Santry Avenue with Shangan Road. It is due to start in August. This new road will facilitate the construction of Coultry/Shangan housing schemes due to start later in the year.

Planning Permission Appealed
Three schemes are on appeal to An Bord Pleanála, they are Belclare Crescent, Sandyhill Avenue and Balcurris Park. BRL made a submission on each of the three schemes, reinforcing the original planning applications to Dublin Corporation. It can take up to four months before An Bord Pleanála gives a decision. No work can begin on these three schemes until then.

We will be launching the plans for the Main Street shortly and expect to start work on building the Main Street in October.

Workspace 2000 - training for the future

Workspace 2000 is a fabulous new enterprise and training facility for Ballymun. The 8,500 ft^2 building was refurbished by the Ballymun Partnership. Training facilities are second to none with a full training kitchen and bar for CERT courses and an office training centre for IT/office skills. On-site child minding is available for course participants' children (8 spaces per 30 trainees).

"Workspace 2000 is in keeping with the Ballymun Regeneration Masterplan in that it provides for social and economic regeneration," says Mr Aidan O'Connor, the project architect from the BRL team.

CERT (Catering Education Recruitment and Training) started Catering and Bar Control training courses on 14th June. Both courses will last for 26 weeks each. 15 trainees will be accepted into each course. All course participants will qualify for a CERT training allowance and uniforms are provided. On completion of the course, successful trainees will be placed in employment by CERT. Tramlines Ltd and Softech will provide office and IT skills courses. Mr Terry O'Neill, Enterprise Manager with Ballymun Partnership heads up the Enterprise team at Workspace 2000. Siobhan Guyatt, formerly of the Ballymun Job Centre, has been appointed Administrator. "Workspace 2000 is a whole new adventure and I'm really looking forward to getting involved," says Siobhán.

Mr Aidan O'Connor, BRL Architect, shows off the new training centre at Workspace 2000 to Ms Siobhan Guyatt who is the new Administrator of the facility.

For more information and registration on any of the Workspace 2000 courses contact Ballymun Job Centre at telephone 842 5722.

More jobs for local people in Ballymun

There will be jobs for local people in the new housing and other building schemes due to start soon. The Ballymun Job Centre is the first port of call for anyone interested. FAS will provide training and certification.

Jobs will be available for apprentices as well as long-term unemployed tradesmen and operatives who will be recruited through Ballymun Job Centre and FAS. There will also be work for local contractors either directly employed in the construction work or providing ancillary services to the contractors in areas such as security, catering and cleaning. Local contractors will be recruited through the Ballymun Partnership. The building project is expected to last from 5 - 10 years so those with a proven track record in delivering good quality work should have no problem securing positions.

For more information about any of these positions, contact Ballymun Job Centre and Ballymun Partnership as appropriate.

신 발리문에서 있을 첫 번째 공사는 하수도 공사와, 산트리 에비뉴와 샹겐 로드를 잇는 신도로 공사가 될 것입니다. 이 공사는 8월에 시작될 예정입니다. 이 신도로는 추후 있을 컬트리/샹겐 주택 계획안 공사를 용이하게 해 줄 것입니다.

건축허가 재심사 요청

벨클래어 크레센트(Belclare Crescent), 산디힐 에비뉴(Sandyhill Avenue), 발커리스 파크(Balcurris Park) 이렇게 3개의 계획안이 도시계획원에 재심사를 요청한 상태입니다. BRL은 초기 계획신청서를 보강하여 이 3개의 계획안을 더블린자치체에 제출했습니다. 도시계획원의 최종 결정까지 길게는 4개월 정도 소요될 수 있습니다. 그때까지 이 3개안에 대한 추가 작업은 유보할 수 밖에 없습니다.

곧 메인 스트리트(Main Street)에 대한 계획에 착수할 것이며 착공은 11월로 예상하고 있습니다.

워크스페이스 2000-미래를 위한 훈련

워크스페이스 2000은 발리문의 훌륭한 기업이자 취업교육 시설입니다. 8,500규모의 이 건물은 발리문 파트너쉽이 보수공사를 하였습니다. 취업교육 시설은 CERT(출장연회 교육과 채용 및 훈련)코스를 위한 주방과 바 훈련 시설을 완비하고 있고, IT/사무 기술을 위한 사무교육센터를 갖추고 있습니다. 코스 참가자의 자녀들을 위한 현장 보육원도 갖추고 있습니다. (코스참가자 30인당 8실)

BRL의 프로젝트 건축가인 아이단 오코너(Aidan O'Connor)씨는 "워크스페이스 2000은 사회 · 경제 재생을 포함한 발리문재생 마스터플랜과 잘 어울린다."라고 말했습니다.

CERT(출장연회 교육과 채용 및 훈련)는 6월 14일 '출장연회 관리' 및 '바 관리' 코스를 시작했습니다. 두 과목 모두 26주 코스입니다. 각 코스별 제한 인원은 15명입니다. 코스 참가자 전원에게 CERT 교육수당과 유니폼이 지급될 것입니다. 코스가 끝난 후, 우수 훈련생은 CERT에 의해 취업을 하게 될 것입니다. Tramlines Ltd 사와 Softtech사에서 사무실과 IT기술 강좌를 제공할 것입니다. 회사경영자 테리 오네일(Terry O'Neill)씨와 발리문 파트너쉽이 워크스페이스 2000의 사업팀을 총괄할 것입니다.

워크스페이스 2000의 신 훈련센터에 방문하여 시설의 관리자 숍한 가야트씨와 함께 한 BRL 건축가 아이단 오코너씨

전 발리문직업센터 소속의 숍한 가야트(Siobhan Guyatt)씨가 관리자로 임명되었습니다. 숍씨는 "워크스페이스 2000은 전혀 다른 차원의 도전이며, 그 일원이 되는 것은 매우 기대되는 일입니다."라고 했습니다.

더 자세한 사항이나 워크스페이스 2000의 코스 등록에 관한 사항은 발리문직업센터 842 5722로 연락 주시기 바랍니다.

발리문 지역 주민을 위한 취업 기회 확대

곧 시작될 주택 및 기타 건설 계획으로 지역 주민을 위한 취업의 기회가 생기게 될 것입니다. 이에 관심 있는 주민들에게 발리문직업센터는 그 창구가 될 것입니다. FAS 인력공단에서 교육과 함께 수료증을 제공할 것입니다.

취업의 기회는 견습생 및 실직한 소매상인들과 직공 모두에게 열려있으며 발리문직업센터와 FAS 인력공단를 통해 채용될 것입니다. 지역 하청업체들도 직접 건설작업에 고용되거나, 보안이나 청소 등과 같은 분야에서 다른 하청업체에 부수적인 서비스를 제공하게 되는 등의 기회가 있을 것입니다. 지역 하청업체는 발리문 파트너쉽을 통해 선정될 것입니다. 건설 사업은 5년에서 10년 정도 계속될 것이기 때문에, 과거 양질의 서비스를 제공해온 이력이 있다면 사업 수주에 어려움이 없을 것입니다.

이에 대한 자세한 사항은 발리문직업센터와 발리문 파트너쉽으로 연락 주시기 바랍니다.

French say '*Oui*' to Ballymun plans

Ms Ann Keating, Ballymun Regeneration Ltd board member presents a souvenir crystal travel clock to the leader of the French group who visited Ballymun on Friday 28th May for a three day workshop to exchange ideas on social and economic planning.

Organised by the NOW Project, the workshops were held in Dublin City University. The French group included 28 Architects and Urban Planners who gave a resounding "yes" to plans for Ballymun.

Anne Keating (right), Women's Resource Centre, presenting the clock.

FIE delays building of new homes in Balcurris

The chairpersons of the five neighbourhood fora, the Ballymun Housing Task Force and the Manager of the Area Based Partnership have written to Tony Lowes of the Friends of the Irish Environment to tell him his complaints against the regeneration of Ballymun are "anti-community and most unwelcome". Mr Lowes who is from the USA and lives in Cork has complained to the EU and to An Bord Pleanála about the planning procedures used by BRL in applying for permission for new housing for Ballymun residents. The appeals to An Bord Pleanala will certainly delay the building of some new homes.

Mr Lowes recently visited Ballymun but did not want to meet with either Ballymun Regeneration or the Housing Task Force. He has made contact with a small group of people from Ballymun and the surrounding area, some of whom were already involved in an abortive challenge in the High Court about rezoning procedures and others who are known to be opposed to the demolition of the high rise flats. The open letter to him goes on to say that people in Ballymun are disturbed to note that his organisation does not appear to have consulted "the general public or the community groups or the Housing Task Force" all of whom participated in the development of the Ballymun Masterplan.

Mr Lowes and his colleagues in Friends of the Irish Environment who include David Healy, Sara Dillon, Peter Sweetman, Frank Corcoran and Roger Garland, have interpreted an EU directive to mean that an Environmental Impact Assessment is required for all proposals in the Ballymun Regeneration framework Masterplan even though the majority of the building proposals won't be designed until the latter part of an eight year building programme. They have missed the point that the EU Directive relates to fully designed projects which exceed in size the thresholds set by the EU for individual developments and cannot refer to development plans which will be implemented in numerous individual planning applications over an eight year programme.

The open letter goes on to state the Environmental Appraisal of the Masterplan proposals which BRL carried out "far exceeds the spirit of the EU Directive". Indeed the Ballymun Masterplan recently won an award from the Irish Planning Institute for the extent and depth of its consultation.

Location of new road connecting Shangan Road and Santry Avenue.

프랑스, 발리문 계획 지지

발리문재생회사 임원 앤 키팅(Ann Keating)씨가 발리문을 방문한 프랑스그룹 대표에게 크리스탈 여행용 시계를 선물하였습니다. 프랑스그룹 대표는 사회와 경제 계획에 관한 의견 교류를 목적으로 한 3일간의 워크샵에 참석하기 위해 5월 28일 금요일 발리문을 방문하였습니다.

워크샵은 NOW프로젝트 주최로 더블린 시티 대학에서 열렸습니다. 이날 건축가와 도시계획전문가 28명으로 구성된 프랑스그룹은 발리문의 계획에 전적으로 지지 의사를 밝혔습니다.

시계를 선물하고 있는 여성인력센터의 앤 키팅씨(우)

'아일랜드 환경의 벗' 단체(FIE), 발커리스의 주택 신축 연기

5개의 지역포럼의 회장단과 발리문 주택전담위원회 및 지역기반 파트너쉽 책임자가 발리문의 재생에 관해 불만을 표현한 '아일랜드 환경의 벗 단체의 토니 로웨스(Tony Lowes)씨에게 "반사회적이고 매우 불쾌한다"는 내용의 서신을 전달했습니다. 미국에서 태어나 Cork에 거주하고 있는 로웨스씨는 유럽연합과 도시계획원에 발리문 주민용 신축 주택 건축 승인 과정에서 BRL이 사용한 계획 절차에 대해 불만을 제기해 왔습니다. 이로 인해 일부 주택 신축 공사가 지연될 예정입니다.

로웨스씨는 최근 발리문을 방문하였지만 발리문재생회사나 주택전담위원회와의 만남을 거부하였습니다. 그는 발리문 및 인근 지역의 주민 그룹 일부와만 만났는데, 그들 중 일부는 대법원에 지역 재구획을 요청했다 실패했던 이들이고, 나머지는 발리문 구 아파트 철거에 반대하는 사람들입니다. 그에게 전달된 공개 서신에는 그의 조직은 발리문 마스터플랜의 개발에 참여한 "일반 대중이나 지역주민조직 혹은 주택전담위원회"와 자문의 자리를 가진 적이 없다는 사실이 발리문 시민들의 심기를 불편하게 만든다고 언급되었습니다.

'아일랜드 환경의 벗' 단체의 로웨스씨와 데이비드 힐리(David Healy)씨, 사라 딜론(Sara Dillon)씨, 피터 스위트만(Peter Sweetman)씨, 프랭크 코코란(Frank Corcoran)씨, 로저 갈랜드(Roger Garland)씨 등 그의 동료들은 유럽연합의 지령을 해석하는데 있어서, 비록 대부분의 건축 계획이 8개년 건축프로그램의 후반에나 가서야 디자인 단계에 들어감에도 불구하고 발리문재생 마스터플랜의 모든 제안계획이 환경영향평가 기준에 부합해야 한다고 해석하고 있습니다. 그들은, 유럽연합의 지령이 유럽연합이 지정한 개별개발 한도의 규모를 초과하는 계획이 완결된 프로젝트와 관련된 것이지, 8년에 걸쳐 수많은 개별 계획이 적용될 개발 계획과는 무관하다는 사실을 간과하고 있는 것입니다.

공개 서신에는 유럽연합 지령의 목적을 상회하여 계획된 BRL의 마스터플랜 제안서의 환경평가에 대해 언급하고 있습니다. 실제로 발리문 마스터플랜은 최근 아일랜드 계획청으로부터 주민참여 폭과 깊이 면에서 수상한 바 있습니다.

샹겐 로드와 산트리 에비뉴를 잇는 신 도로의 위치

Existing Houses: "DoE to fund improved drainage" & "Refurb Tax Bonanza"

Last Friday BRL were notified by Minister Noel Dempsey that he had given approval to upgrade the drainage in the five timber clad estates. In agreeing to fund the drainage works, one of the single biggest problems facing these home owners over the years will be solved for once and for all. In addition the voluntary housing sector can help all owner-occupiers interested in refurbishing their existing homes.

Under the Urban Renewal Scheme, the Department of the Environment and Local Government has provided that home owners in Ballymun who need to spend money refurbishing their homes can write off the cost against income tax over the next ten years. The most economical and sensible way to take full advantage of this type of tax incentive is for groups of home owners to form co-operatives to get the work done together, using the same contractors.

Full details of the type of work which can be included will be sent out soon.

If you are an owner-occupier interested in refurbishment you and your neighbours should consider whether a co-op is of interest to you. You can also contact BRL for any assistance and help which we can give.

How Ballymun voted - Ballymun/Whitehall local elections

Congratulations to Noel Ahern T.D. and Eamonn O'Brien on retaining their seats in the local elections and to Deirdre Heney on her election. Both Noel and Eamonn who are directors of BRL agree "that the next five years is a term for decisions in Ballymun".

Choose your own Landlord - role of voluntary housing

Voluntary Housing Associations are not-for-profit organisations, funded by Dublin Corporation from resources provided by the Government. As well as ordinary housing, they provide housing for people requiring additional care, e.g. the elderly, the homeless and people with disabilities.

We are currently planning research to assess homelessness and other special needs. One association is looking at providing housing for homeless people. Another is seeking to provide sheltered accommodation for elderly people which could include assisted bathing areas, community and meeting rooms for health care visitors etc.

Voluntary Housing Associations also provide ordinary housing for low income families who would otherwise be housed by Dublin Corporation. Housing Association schemes are run by local management groups and offer tenants an alternative to Dublin Corporation as a landlord. This can be important for people who cannot afford to buy their home now but who would like to move away from being a Corporation tenant. Voluntary Housing Associations charge similar rent to the Corporation. If people opt to become part of a Housing Association or Co-operative they have the choice of returning to the Corporation again at a later date if they wish.

Although no commitment has been given to any organisation, we are in discussions with them to see what help they can give to the people of Ballymun, especially those who need additional care and a supported housing environment.

Quite a few Ballymun residents have already expressed an interest in becoming involved with a Housing Association or Co-operative. If you are interested in this kind of housing, please contact us at Tel. 842 1144. We will keep your name on file in the event that Voluntary Housing Associations move here. All Residents from Ballymun can apply - you do not have to be from Phase 1 to be considered.

기존 주택: "환경부의 하수도 개선 자금 지원" & "개보수 세금 노다지"

지난 금요일 BRL은 노엘 뎀프시(Noel Dempsey) 장관으로부터 5개의 목재피복건축지구 하수 시설 개량 승인에 대한 소식을 전달받았습니다. 하수도 공사 자금 지원 약속과 함께, 수년간 이 지역 주택 소유자들의 가장 큰 문제점이 한번에 해결될 것입니다. 추가적으로, 기존 주택의 개 · 보수에 관심이 있는 자가소유자들은 비영리단체자원주택 부문의 도움을 받을 수 있게 될 것입니다.

도시재생계획안에 의해, 환경자치부는 향후 10년간 개인주택 개 · 보수에 자금이 필요한 발리문의 자가소유자들에게 소득세에서 비용을 차감하는 규정을 마련하였습니다. 이 세금혜택을 최대한 활용하기 위한 최선의 방법은 자가주택 소유자들이 조합을 결성하여 같은 하청업체를 고용하여 함께 주택의 개 · 보수를 하는 것입니다.

관련 시공에 관한 자세한 사항이 조만간 발송될 것입니다.

개 · 보수에 관심이 있는 자가소유자들은 지역 이웃들과 서로 협력의 의사를 확인해 보십시오. BRL에 연락을 주시면, 저희가 도와드릴 수 있는 한도 내에서 도움을 드리겠습니다.

발리문 선거 결과 발리문/화이트홀 지역 선거

노엘 에이헌(Noel Ahern) 하원의원과 이아몬 오브라이언(Eamonn O'Brien)씨의 노당선과 데이드레 헨니(Deirdre Heney)씨의 당선을 축하드립니다. BRL의 이사로 계신 노엘씨와 이아몬씨 두 분 모두 "향후 5년은 발리문에 있어서 결정의 기간"임에 의견을 같이 하였습니다.

집주인을 고르세요 -비영리단체 자원주택의 역할

비영리단체지원주택협회는 비영리 기관으로서 무정부 재원을 받는 더블린자치체의 자금 지원으로 운영됩니다. 그들은 일반 주택을 비롯하여 추가적인 도움이 필요한 사람들 (예를 들면, 고령자나 노숙자 및 장애인)에게 주택을 제공합니다.

저희는 현재 노숙자와 기타 생활보호대상자 산정 조사를 계획 중입니다. 한 연합은 노숙자를 위한 주택 제공을 계획 중이며, 또 다른 연합은, 목욕 보조가 가능한 욕실과 의료인력 등을 위한 커뮤니티룸 및 미팅룸을 포함한 노인 보호시설을 계획 중입니다.

비영리단체지원주택협회 더블린자치체가 주택을 제공해주는 저소득 가정을 위한 일반 주택도 제공하고 있습니다. 주택협회의 계획안은 지역관리조직에 의해 운영되고 세입자들에게 더블린자치체 소유 주택 이외의 대안을 제공합니다. 이것은 현재 자가 소유가 불가능한 사람과 자치체 세입자가 되기를 꺼려하는 사람들에게 매우 중요할 수 있습니다. 비영리단체지원주택협회 주택의 임대료는 자치체 주택의 임대료와 비슷한 수준입니다. 주택협회이나 조합의 소속이 되기를 선택할 경우 추후 자신이 원하는 시기에 다시 자치체의 소속으로 변경할 수 있습니다.

아직 어떤 연합과도 결정된 사항이 없지만, 현재 그들이 발리문 주민들, 특히 부수적인 도움이나 지원 환경이 필요한 주민들에게 어떠한 도움을 줄 수 있는지 논의 중에 있습니다.

이미 많은 수의 발리문 주민들이 주택협회이나 조합에 관심을 보이고 있습니다. 이런 종류의 주택에 관심이 있으시면 842 1144로 연락 주십시오.

비영리단체지원주택협회이 지역에 들어설 날까지 기록을 보관하겠습니다. 발리문의 주민이면 누구나 신청할 수 있습니다. 1단계 대상자가 아니어도 상관없습니다.

Leisure in the new Ballymun

3rd and 4th Class at Holy Spirit National School with Margaret Gannon, Dublin Healthy Cities Project, Eleanor Brennan, Ballymun Regeneration, Frank Fahey, Fizzical, David Gannon, Teacher, Rhonda Carroll and Carol Mooney from Dublin Healthy Cities Project.

A team of three consultants, led by Holohan Leisure, have been employed to carry out a Leisure Needs Analysis in the area. The analysis will focus not just on the needs of those involved in organised competitive sport but also on the needs of those who wish to take part in active or passive recreation.

"As part of the analysis we plan to consult with interested individuals, sports clubs, local community groups, funding agencies and development organisations. The results of the consultations will help in the development of strategies geared to increase participation in leisure activity by all sectors of the population of the New Ballymun. This must include everyone from toddlers to young children, youths to adults and men and women. The special needs of groups such as older adults and people with a disability must also receive attention", says Eleanor Brennan, Project Co-ordinator.

"Throughout the month of May we met with many interest groups and have received excellent feedback", says Eleanor "and we continue the process throughout the month of June. What is really interesting is the range of interests being expressed by people of different ages and abilities. For example, youths express a huge interest in 'extreme sports' such as Rock Climbing, whereas older adults opt for more 'social' activities such as Dancing and Bowling".

The extreme lack of facilities in Ballymun is the most commonly cited barrier to greater participation in sport or recreational activities. There is general recognition however that other issues such as leadership training, variety of activities, and promotion will be key factors in significantly increasing participation in leisure activities in the New Ballymun.

Any individual, club or organisation interested in contributing to the consultation process should contact Eleanor Brennan at 842 1144.

Ballymun United FC supporters who followed the local team to Birr recently for the FAI Junior Cup Final against Limerick's Fairview. The out-going champions finally secured an historic 3-in-a-row victory despite Ballymun's strong efforts to take the title back to Dublin. Well done Ballymun United FC and best of luck next year. (photo courtesy Evening Herald)

Contents insurance for your home

Ballymun Credit Union is offering Insurance for the contents of your home. Start planning now to make sure that you can insure the contents of your new home in Ballymun. You have to be a regular saver - for at least six months - at Ballymun Credit Union to get contents insurance. For more information talk to The Manager, Ballymun Credit Union, telephone 842 5611.

신 발리문의 여가활동

성령국립학교의 3,4학년 학생들과 함께한 더블린 건강도시 프로젝트의 마가렛 가논씨, 발리문재생회사의 엘리노어 브렌난씨, Fizzical사의 프랭크 파헤이씨, 교사 데이비드 가논, 더블린 건강도시 프로젝트의 론다 카롤씨와 캐롤 무니씨

지역의 여가요구도조사를 수행하기 위해 Holohan Leisure그룹이 이끄는 3인 자문팀이 선발되었습니다. 조사는 조직적인 경쟁스포츠와 관련된 사람들의 요구뿐만 아니라 다양한 형태의 여가활동에 참여하길 원하는 사람들의 요구에도 초점을 둘 것입니다.

프로젝트 진행자 엘리노어 브렌난(Eleanor Brennan)씨는 "조사의 일환으로 저희는 관심이 있는 개인, 스포츠 클럽, 지역주민조직, 재정지원단체, 개발회사들과 자문을 계획 중입니다. 자문은 신 발리문의 모든 계층의 여가활동 참여를 증진시키기 위한 전략 개발에 도움이 될 것입니다. 여기에는 남녀노소 모두가 고려되어야 할 것입니다. 노인과 장애인과 같이 특별한 도움이 필요한 그룹에 대한 고려 역시 필요할 것입니다."라고 하였습니다.

엘리노어 브렌난(Eleanor Brennan)씨는 또한 "5월 한 달 간 저희는 많은 그룹들과 만나 훌륭한 피드백을 얻었습니다. 6월에도 계속적으로 진행해 나갈 것입니다. 가장 흥미로운 점은, 연령과 능력이 다른 사람들의 다양한 관심사입니다. 예를 들면, 젊은 연령층은 암벽등반과 같은 '익스트림 스포츠'에 큰 관심을 보이는 반면 중장년층은 춤이나 볼링과 같은 좀더 사교적인 활동을 선택하는 편입니다."라고 덧붙였습니다.

발리문의 심각한 시설부족은 스포츠나 여가활동 참가 확대를 저해하는 요소로 가장 많이 지적되었습니다. 그러나, 리더십 훈련이나 여가활동의 다양성 및 홍보 등의 문제도 신 발리문의 여가활동 참가 확대에 중요한 요소가 될 수 있다는 인식도 있습니다.

자문 과정에 도움이 되기를 희망하는 개인이나 클럽 혹은 기관은 엘리노어 브렌난씨에게 842 1144로 연락 바랍니다.

최근 열린 FAI 청소년배 결승전에 출전한 지역팀과 함께 Birr에 간 발리문 축구클럽연합 후원인들. 더블린에 우승타이틀을 안겨주기 위한 발리문의 노력에도 불구하고, 지난해 우승팀이 역사적인 3연속 우승을 거머쥐었습니다. 발리문 축구클럽 여러분 수고하셨습니다. 내년 우승을 기원합니다. (사진제공 Evening Herald)

주택 재산보험

발리문 신용조합에서 여러분 주택 내의 재산에 대하여 보험을 제공하고 있습니다. 여러분의 신축 주택 내의 재산을 지키기 위한 계획을 시작하십시오. 발리문 신용조합의 재산보험에 가입하기 위해서는 최소 6개월 이상의 정기 저축 이력이 필요합니다. 자세한 사항은 발리문 신용조합 책임자에게 842 5611로 연락하십시오.

Ballymun's Community Law Centre

BALLYMUN Community Law Centre

Ballymun needs a Community Law Centre. People here need access to legal advice and services, including family law, wills, courts and tribunals, housing problems, employment difficulties and debt.

Community Law Centres (CLC) are independent and provide legal aid and advice to people on low incomes and to local groups. They deal with civil law cases only. They provide services free to the community. After a public meeting held in Stormanstown House, a group was formed to start working on getting such a centre for Ballymun.

There are representatives from lots of local groups e.g. CAP, MABS, YAP, BRL, Welfare Rights, NCI, Dublin Corporation, Threshold, EHB, Garda, Local Schools, FLAC, BVYC and Men's Network. Ask local politicians to support a community law centre.

If you want to know more, contact Fiona Cormican, Ballymun Community Law Centre Campaign at telephone 842 8470. Free Legal Aid is available on Tues & Thurs 6.45pm to 8pm in the Ballymun Library.

Community facilities/Neighbourhood Centres

The Masterplan for Ballymun recognised the valuable contribution of community groups to Ballymun and identified a need for the provision of replacement accommodation for the groups that currently occupy flats and basements.

Community groups who currently occupy flats and basements should critically examine their accommodation needs and identify whatever sources of funding are available to them for the provision of replacement accommodation. Feasibility proposals for Neighbourhood Centres that will include community facilities are currently being developed.

Community Resource Centres in each neighbourhood will be developed and managed in conjunction with the Estate Forums. The nature of these centres will be such as to require that local groups work together and share what is available. The best use of each centre will require good local management and co-operation between groups in sharing facilities and reducing duplication.

Pending the provision of permanent accommodation, groups being displaced from the Phase 1 demolitions will be accommodated in either replacement flats, basements or new temporary units.

Ballymun Community Funday

Family Funday * Poppintree * Sunday 4th July 1999 * 2.00-6.00pm
Jazz Band * Face Painting * Balloon Sculptures * Strolling Characters * Magic Show

The Ballymun Voluntary Youth Council together with Dublin Corporation are hosting a party to beat all parties in Poppintree on Sunday 4th July from 2.00-6.00pm.

This is the first time that the famous Dublin Corporation Family Funday is being held in Poppintree and with the help of Ballymun Voluntary Youth Council it promises to be the biggest and best ever.

There will be lots of activities for children, young people and adults to enjoy. The novelty sports day is being hosted by the City of Dublin Youth Services Board. There's the Phoenix Swing Band, Magic Shows, face painting, balloons, strolling characters and plenty of surprises too…

Remember it's your day, so go along and join in the fun.

Ballymun Regeneration Ltd (BRL) Stormanstown House Ballymun Road Dublin 9
ph: 8421144 fax: 8421443 E-mail: brl@brl.ie http://www.brl.ie

발리문 지역법률사무소

발리문에 지역법률사무소가 필요합니다. 주민들은 가정법, 유언, 법원과 재판소, 가족문제, 고용분쟁, 채무 등과 관련하여 법률자문 및 서비스가 필요합니다.

지역법률사무소(CLC)는 독립적이며 저소득 주민과 지역그룹에 법률자문과 법률지원을 제공합니다. 그들은 민사사건만 다루게 됩니다. 스토맨스타운 하우스에서의 공청회 이후, 발리문에 이러한 센터 유치 작업을 위해 그룹이 구성되었습니다.

CAP(지역실행프로그램), MABS(재정 및 자금상담서비스), YAP(청소년실행프로젝트), BRL, 복지권단체, NCI(아일랜드 국립대), 더블린자치체, Threshold단체, EHB단체, 경찰, 지역학교, FLAC(무료법률자문센터), BVYC (발리문청소년자원봉사위원회), 발리문남성단체회) 등과 같은 수많은 지역그룹의 대표들이 있습니다. 지역법률센터를 지원해 달라고 지역 정치가에게 부탁하십시오.

자세한 사항을 알고 싶으시면, 발리문 지역법률센터 캠페인의 피오나 코미칸(Fiona Cormican)에게 842 8470으로 연락하십시오. 화요일과 목요일 6시45분 ~ 8시 사이에 발리문 도서관에서 무료 법률지원을 받으실 수 있습니다.

지역주민시설/주민센터

발리문 마스터플랜에서 지역주민조직들이 지역에 많은 공헌을 한다는 것을 인정하였고, 현재 발리문의 구 아파트와 지하에 위치한 단체들을 위한 대체수용시설 제공의 필요성을 확인하였습니다.

현재 발리문아파트와 지하에 위치하고 있는 지역주민 조직들은 자신들에게 필요한 설비를 꼼꼼히 점검하고 대체수용시설의 공급을 위해 가용한 자금의 출처를 확인해야 하겠습니다. 지역주민시설을 포함하는 주민센터의 가능성 제안이 현재 준비 중입니다.

각 지역의 지역자원센터는 지역지구포럼과 함께 개발되고 관리될 것입니다. 이러한 센터들은 그 특성상 지역 단체들이 서로 협력하고 가용 자원을 공유할 때 가능할 것입니다. 각 센터를 가장 효율적으로 이용하기 위해서는 시설 공유에 있어서 단체간의 협력과 우수한 지역 관리가 필요할 것입니다.

정식 수용시설의 제공 여부가 미정인 상태이므로, 1단계 철거로 거처가 사라진 단체들은 교체된 아파트나 임시 설비에 수용될 것입니다.

발리문 지역 축제일

가족의날 * Poppintree * 1999sus 7월 4일 일요일 * 오후2:00–6:00
재즈 밴드 * 얼굴 분장 * 풍선 조각 * 탈 인형 * 마술쇼

발리문 청년자원봉사위원회와 더블린자치체가 함께
7월 4일 일요일 오후 2시에서 6시까지 Poppintree에서 유례없는 파티를 주최합니다.
Poppintree에서 더블린자치체 가족축제일이 열리는 것은 처음으로
발리문 청년자원봉사위원회의 도움으로 최고의 대규모 파티가 될 것입니다.
아이들과 청소년 및 어른들이 즐길 수 있는 다양한 행사가 진행될 것입니다.
더블린시 청소년협회가 주관하는 운동회가 열릴 것입니다.
Phoenix 스윙 밴드, 마술쇼, 얼굴 분장, 탈 인형 등과 함께 다양한 볼거리가 제공될 것입니다.

여러분을 위한 날입니다. 참석하셔서 재미있는 시간 가지세요.

발리문재생회사 (BRL) 더블린 9가 발리문로 스토맨스타운 하우스
전화: 8421144 팩스: 8421443 이메일: brl@brl.ie http://www.brl.ie

BALLYMUN

REGENERATION NEWS

August 1999 Issue 12

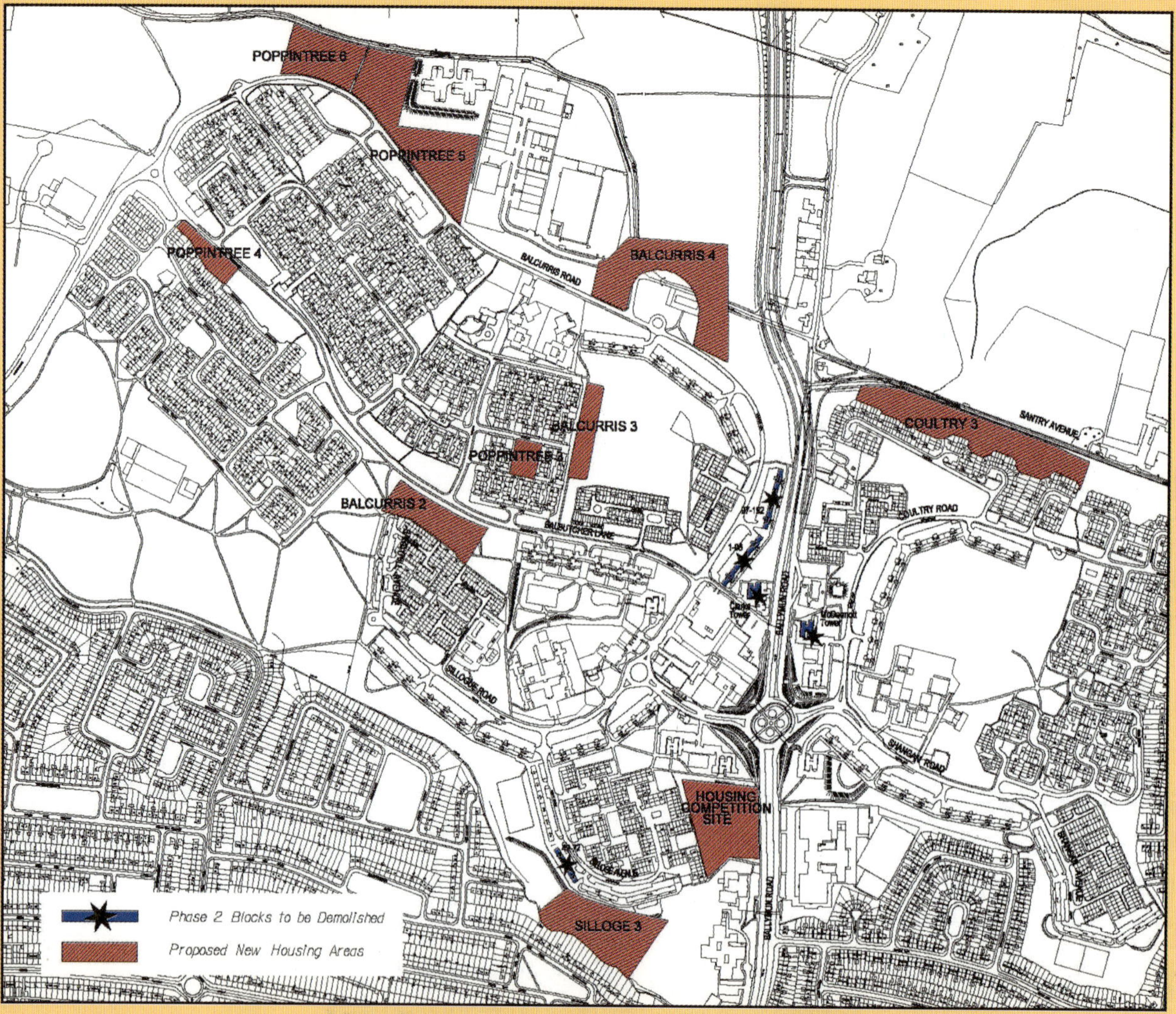

Map of Phase 2 showing demolitions and new build sites

PHASE 2 OF REGENERATION ANNOUNCED

Phase 2 of the regeneration programme has been approved by the Board of Ballymun Regeneration. It will involve the demolition of two tower blocks and two eight storey blocks as well as the demolition of a four storey block.

"Phase 1 of the regeneration of Ballymun may be delayed by Planning appeals lodged against three of our housing schemes, and five more are threatened with a judicial review," says Dr Danny O'Hare, Chairman of the Company.

"This is all part of the democratic and legal process. However, we expect to have decisions on these appeals within the next few months. In the meantime, it is important to look at the positive side and to recognise how much has been achieved in the last two years. We need to focus on the bright new future which has been promised and which will be delivered without any doubt whatever. Phase 1 housing will go on site as soon as the way is clear. As an indication of the certainty of Phase 1 happening and because it is timely to do so, BRL is

Continued overleaf

BALLYMUN

BALLYMUN

재생소식지

1999년 8월 제12호

2단계 철거 및 신축 현장 지도

2단계 재생 발표

2단계 재생프로그램이 발리문재생회사 이사회에서 승인 되었습니다. 탑상형집합주택 2동과 8층짜리 판상형집합주택 2동을 비롯하여 4층 계단식 아파트가 철거될 것입니다.

재생회사 회장 대니 오하레(Dr Danny O'Hare) 박사는 *"1단계 재생은 3개의 주택계획안에 대한 재심의 때문에 지체되고, 추가로 5개안이 위헌심사에 걸려있습니다."* 라고 했습니다.

"이 모든 것이 민주적이고 적법한 절차를 위한 것입니다. 그러나, 저희는 이 사안들이 향후 5개월 안에 결정되리라 예상하고 있습니다. 그러는 동안, 긍정적인 시각으로 지난 2년간 이루어 온 업적들을 깨닫는 것은 중요한 일입니다. 우리는 약속 받은 밝은 미래가 어떠한 일이 있어도 실현될 것이라는 점에 집중해야 할 것입니다. 1단계 주택계획은 문제가 해결되는 대로 진행될 것입니다. 1단계 실현의 확실성이 보이고 시기적으로 적

now announcing that the planning and designing of Phase 2 has begun."

Brendan Kenny, Principal Officer Dublin Corporation in charge of housing says Ballymun Regeneration and ourselves will begin discussions immediately with residents in the blocks to be demolished. *"Just like in Phase 1, the number and sizes of families in the blocks will determine the exact mix of the new homes,"* he says.

Planning and designing the Phase 2 homes will begin immediately. The blocks to be demolished are all in central locations on sites which are required for the development of the Main Street. The strategy for the Main Street development will be launched by the company in conjunction with Lisney's in September.

Brendan Boyle the Manager of the Ballymun Housing Task Force also welcomes the announcement that the regeneration is going ahead.

"The regeneration of Ballymun has the support of all parties in Government, the money is there for it and the people want it to go ahead. This is Ballymun's window of opportunity and we must seize it while we can. The Government has made tax incentives available to certain sites in Ballymun and these must be cleared and ready for the developers to move ahead with the economic regeneration of Ballymun which the Masterplan has promised."

Architectural firms from a panel already drawn up by BRL will be assigned sites on which to design the new homes.

Design sub-committees from each of the five Forum Areas will begin meeting with the architects to work on the design of the new homes.

The Design and Planning Process will take up to six months. It will take a further six months to prepare documents to go to tender and it will then take twelve months to build the new homes. **So it will be up to 2 years before the Phase 2 demolition takes place.**

All the tenants in Phase 2 will be invited to a public meeting to launch Phase 2. This will be a very important meeting at which all the details of the size of units to be allocated and the location of the sites, the names of the architectural firms designing the new housing and issues about rent and heating will be discussed. The meeting will take place early in September. Once this meeting has taken place the real work will begin.

"It is inevitable that some people will feel disappointed that they were not in Phase 1 and now they are not in Phase 2 either," says Ciaran Murray Managing Director of Ballymun Regeneration. "The decision as to which blocks needed to be demolished was determined by the need to free up sites for investors to secure jobs for the new Ballymun. The sites along the new Main Street hold the key to the success of the whole regeneration project. The tax incentives are only available for the next three years, until the end of 2002. Ballymun can't afford delays".

Every resident in Phase 2 will receive an invitation to the meeting in early September. In the meantime, if you have any queries about what is being proposed, you are welcome to call to Ballymun Regeneration at Stormanstown House any afternoon or phone 8421144.

DEVELOPMENT SITES

Coultry 3 at Santry Avenue - extending from new access road into Coultry to the junction with Ballymun Road.

Balcurris 3 at Balcurris Park - West Side.

Balcurris 4 at Balcurris Road - Crescent site at St Margaret's Rd.

Poppintree 4 at Balbutcher Lane/Belclare Park.

Poppintree 5&6 at Balbutcher Lane - adjacent St Margaret's Halting Site.

Poppintree 3 at Dolmen Court infill housing, **Silloge 3** on the site between Silloge Avenue and Willow Park Grove and the **Competition Site** between Silloge Gardens and Ballymun Road will be going ahead immediately.

DEMOLITIONS

Clarke Tower

McDermot Tower

Silloge Avenue Nos 49 to 72

Balcurris Road Nos 1 to 96 & 97 to 192

Silloge Avenue Nos 73 to 128 will proceed before Phase 2

Ballymun Regeneration Ltd (BRL) Stormanstown House Ballymun Road Dublin 9
ph: 8421144 fax: 8421443 E-mail: brl@brl.ie http://www.brl.ie

절하기 때문에, BRL은 2단계의 계획과 디자인의 시작을 선언합니다."

더블린자치체의 주택부 관리부장 씨아란 머레이(Ciaran Murray)씨는 발리문재생회사가 철거 대상 집합주택 주민들과 곧 토의를 시작할 것이라고 하면서, *"1단계와 마찬가지로, 집합주택 가족 규모에 의해 신축 주택의 혼합형태가 정확하게 결정될 것입니다."* 라고 덧붙였습니다.

2단계 주택 계획과 디자인은 곧 시작될 것입니다. 철거대상 집합주택은 모두 메인 스트리트 개발에 필요한 부지의 중심에 위치해 있습니다. 메인 스트리트 개발 전략은 Lisney사와 협력하여 9월에 선보일 예정입니다.

발리문 주택전담위원회 책임자 브랜든 보일(Brendan Boyle)씨 역시 재생사업이 진행된다는 소식을 반겼습니다.

"발리문 재생은 재정의 원천인 정부 각 부문의 지원을 받고 있고, 주민들은 사업이 진전되길 희망하고 있습니다. 이것은 발리문에 있어서 기회이고 우리는 그 기회가 주어졌을 때 잡아야 합니다. 정부는 발리문의 특정 지역에 세금혜택을 제공하였고, 우리는 이를 확실히 하여 실제로 개발자들을 유치시켜 마스터플랜이 약속한 발리문의 경제적 재생을 달성해야 합니다."

BRL이 선정한 토론단 소의속 건축설계사무소들은 주택이 신축될 부지를 할당 받게 될 것입니다.

5개의 포럼지역의 디자인 소위원회는 신축 주택 디자인과 관련하여 건축들과 미팅을 시작할 것입니다.

디자인 및 계획 단계는 6개월 정도 소요될 것입니다. 제출 서류 준비에 추가로 6개월이 소요될 것이며, 그 후 주택 신축에 12개월이 소요될 것입니다. 따라서 2단계 철거가 시작되기 전까지 약 2년이 소요될 것입니다.

2단계 대상 세입자들은 2단계 출발을 위한 공청회에 초대될 것입니다. 이 공청회는 주택 규모와 부지의 위치를 할당하는 매우 중요한 행사가 될 것이며, 신축 주택을 디자인 할 건축설계사무소명과 월세 및 난방에 관한 문제들이 토론될 것입니다. 모임은 9월 초 열릴 것입니다. 이 모임의 개최와 함께 실무가 시작될 것입니다.

*"발리문재생회사 사장 씨아란 머레이(Ciaran Murray)씨는 "1단계와 2단계 대상에서 제외된 주민들은 분명 실망감을 느끼실 것입니다."*라고 하면서, *"철거 건물의 선정은 신 발리문에 투자자를 유치하기 위한 필요한 부지선정에 기초한 것입니다. 새로운 메인 스트리트 주변 부지는 전체 재생사업 성공의 열쇠를 쥐고 있습니다. 세금혜택은 2002년 말까지인 향후 3년 동안만 유효합니다. 발리문은 지체할 여유가 없습니다."*라고 덧붙였습니다.

2단계 대상 주민들은 모두 9월 초에 있을 공청회 초대장을 받을 것입니다. 그 사이에 제안된 안건에 관해 궁금하신 사항이 있으면, 오후시간에 언제든지 스토맨스타운 하우스에 있는 발리문재생회사로 전화주시거나 8421144로 연락주십시오.

개발 부지

Santry Avenue의 Coultry 3 Coultry의 새로운 진입로부터 Ballymun Road 합류점까지

Balcurris Park의 Balcurri 3 서쪽 부지

Balcurris Road의 Balcurris 4 성 Margret's Rd.의 초승달 부지

Balbutcher Lane/BelClare Park의 Poppintree 4

Balbutcher Lane의 Poppintree 5&6 성 Margaret's Halting 부지 인근

Dolmen Court 인필하우징 단지의 **Poppintree 3** Silloge Avenue와 Willow Park Grove 사이 부지의 **Silloge 3** Silloge Gardens와 Ballymun Road사이의 경쟁부지는 곧 개발 예정.

철거

Clarke 타워

McDermot 타워

Silloge Avenue 49번지부터 72번지

Balcurris Road 1번지부터 96번지와 97번지부터 192번지

Silloge Avenue 73번지부터 128번지는 2단계 전에 진행 예정

발리문재생회사 (BRL) 더블린 9가 발리문로 스토맨스타운 하우스
전화: 8421144 팩스: 8421443 이베일: brl@brl.ie http://www.brl.ie

BALLYMUN

REGENERATION NEWS

November/December 1999 Issue 13

INSIDE

Construction workers moved on site on 18th October to start enabling work.

see full story page 5

MAIN STREET LAUNCH ATTRACTS ALL THE BIG INVESTORS

Mr Noel Dempsey, TD, Minister for the Environment & Local Government at the launch of Ballymun Main Street with Paddy Brennan, Cllr. Eamonn O'Brien, Peter Davitt, Ciaran Murray, Noel Martin, Willie Lee, Brendan Boyle and Desmond O'Malley

Over 250 leading property developers and investors attended the launch by Mr Noel Dempsey TD, Minister for the Environment of plans for Ballymun's new Main Street at the beginning of October.

Minister Dempsey praised the plans and confirmed that the Government has committed £348 million to Ballymun's regeneration programme. John Fitzgerald confirmed that Dublin Corporation was fully supportive of the programme.

There are 32 development sites totalling 150,000 sq metres on the Main Street, stretching for an entire kilometre from the existing roundabout to Santry Avenue.

The Main Street will be the centre of the new town of Ballymun. Offices, businesses, shops, a hotel, leisure facilities and an Arts & Community Resources Centre are all proposed for the new Main Street.

BALLYMUN

재생 소식지

1999년 11월/12월 제13호

주요기사

10월 18일 기초공사를 위해 부지에 도착한 현장인력

전체 기사는 5페이지

메인스트리트 개발착수식에 큰손투자자들 대거 참석

발리문 메인스트리트 개발착수식에서 패디 브렌난씨, 이아몬 오브라이언 시의원, 피터 다빗씨, 씨아란 머레이씨, 노엘 마틴, 윌레 리씨, 브렌난 보일씨, 데스몬드 오말리씨와 함게한 환경지자체부 장관 노엘 뎀프시 하원의원

250개가 넘는 부동산 개발자들과 투자자들이 10월 초 환경부 장관 Noel 노엘 뎀프시(Noel Dempsey)하원의원에 의해 개막한 발리문의 신 메인 스트리트 개발 착수식에 에 참가하였습니다.

뎀프시장관은 계획을 높이 평가하면서, 정부가 발리문재생 프로그램에 £3억4천8백만을 지원하기로 결정했다고 밝혔습니다. 존 피츠제랄드(John Fitzgerald)씨도 더블린자치체가 이 프로그램을 전적으로 지지한다고 전했습니다.

기존의 원형교차로부터 산트리 에비뉴(Santry Avenue)까지 다다르는 메인 스트리트에는 총 150,000m²의 규모에 32개의 개발 부지가 위치하고 있습니다.

이 메인 스트리트는 발리문 신도시의 중심이 될 것입니다. 사무실, 비즈니스, 상점, 호텔, 여가시설 및 예술 및 지역 재원센터 모두 신 메인 스트리트에 계획될 예정입니다.

Main Street at the heart of Ballymun

The Main Street at Night.

The Main Street will change from being a fast and busy dual carriageway to a street where people can work, shop, live and socialise.

There will be:

- **Shops** • **Entertainment** • **Jobs**
- **Hotel** • **Offices** • **Health Centre**
- **Garda Station** • **LUAS**
- **More parking spaces**
- **Dublin Corporation Headquarters**

...and lots more.

What will the new Main Street look Like?

- Buildings on the Main Street will be designed to the appropriate scale for a major urban centre. Public squares and plazas are planned along its length.
- The roundabout and underpasses will be removed and pedestrian crossings put in their place
- Lots of large trees and tubs of plants
- The design of the roadway, the location of junctions and the provision of pedestrian crossings will ensure that traffic is calm and pedestrians move about in a safe and comfortable environment.
- Cycle lanes and cycle parking will be an important part of the regeneration of the Main Street, especially where children are concerned.
- Art will be important at the building stage to make hoardings more attractive. Events will be recorded as they happen. Competitions will be held for local and national artists (including local children.)

Minister Noel Dempsey TD, studying the model of Ballymun's new Main Street with Ciaran Murray, MD, BRL and John Fitzgerald, Dublin City Manager.

Playgrounds & Neighbourhood Facilities

Playgrounds and other neighbourhood facilities will be developed alongside the new homes, with local shopping facilities and other community services.

Tax Incentives

Existing residents who have taken the opportunity to purchase their homes in years gone by, can now avail of tax incentives to refurbish their home.

발리문의 심장, 메인 스트리트

메인가의 야경

메인 스트리트는 복잡하고 빠른 왕복2차선 도로에서 사람들이 일하고 쇼핑하고 삶을 영위하며 다른 이들과 교류하는 거리로 변화할 것입니다.

메인 스트리트에는:

- 상점 · 연예오락 · 직장
- 호텔 · 사무실 · 헬스센터 · 경찰서
- LUAS 추가적인 · 주자공간
- 더블린자치체 본청

과 이 밖에 많은 것들이 들어서게 될 것입니다.

메인 스트리트의 모습을 어떨 것인가?

- 메인 스트리트의 건물들은 주요 도심지 스케일에 부합되게 디자인 공공 광장과 프라자들이 도로를 따라 계획됩니다.
- 원형교차로와 지하보도는 사라질 것이며, 그 자리에 횡단보도가 생길 것입니다.
- 대형 나무들과 대량의 초목
- 도로의 디자인은 교차로와 횡단보도의 설치를 통해 한산하면서 보행자들이 안전하고 편안하게 이동할 수 있는 환경으로 계획될 것입니다.
- 자전거도로와 자전거보관소는 메인 스트리트의 재생에 있어서 아이들의 안전과 관련이 있기 때문에 중요한 역할을 할 것입니다.
- 매력적인 옥외 광고판을 도입하기 위해 예술은 건설 단계에서 중요할 것입니다. 그에 따른 행사가 진행될 때마다 기록될 것입니다. 지역 및 전국 예술가 공모전이 개최될 것입니다. (지역 아동 포함)

BRL의 씨아란 머레이사장과 더블린시의 존 피츠제랄드국장과 함께 발리문의 신 메인가 모델을 관람하고 있는 장관 노엘 뎀프시하원의원

놀이터와 지역주민시설

놀이터와 기타 주민시설이 신축 주택, 지역 쇼핑센터, 기타 주민 서비스와 함께 개발될 것입니다.

세금혜택

현재 자신의 주택을 추후에 구매하려는 기존 거주자들은 주택 개보수 위한 세금혜택제도를 이용할 수 있습니다.

Stonehenge Site

Two gateway buildings, located on either side of Ballymun Road just on the city side of the roundabout, will be among the first buildings in the new Ballymun. The winners of the architectural competition to secure the best buildings for the gateway to the new town will be announced by Mr Bobby Molloy, Minister of State at the Department of the Environment on 25th November, in Ballymun Regeneration.

The competition was organised by the Royal Institute of Architects in Ireland (RIAI) and BRL. The winning entry will go on display at Stormanstown House Exhibition Hall during November.

The Main Street will eventually be about one kilometre in length. It will run from the gateway or sentinel buildings to Santry Avenue.

Initial construction will concentrate around the new Civic Square - where a theatre and civic offices will be built together with apartments, shops and offices.

Sketch of site.

Ballymun Main Street also benefits from Urban Renewal Tax Designation and certain sections also have the benefit of Section 23 / 27 tax incentives for apartment investments. As Dublin City University is close-by and good bus routes serve other universities from Ballymun, the opportunity also exists to avail of tax incentives for student accommodation.

Science & Technology Park

The Science and Technology Park is a 40-hectare site right beside the M50 junction. The land has full tax designation and represents one of the last opportunities in Dublin to avail of such incentives. If location is the key when it comes to property, then the Science and Technology Park has it all.

The first phase of the Science and Technology Park will commence construction in 2000 and the first buildings will be available for occupation in early 2001. The units will be completed by end 2002.

Anyone who wants to make an enquiry about property opportunities in Ballymun, should contact Hugh Markey, Ann Hargaden, Peter Stapleton or Niall O'Higgins at Lisney, 24 St Stephen's Green, telephone, 01-638 2700 or Ballymun Regeneration.

The Right Honourable Lord Mayor of Dublin, Cllr Mary Freehill, visited the Ballymun Regeneration exhibition in July. Cllr Freehill was welcomed by Ciaran Murray, Managing Director, Ballymun Regeneration and accompanied by her City Council colleagues, (l-r) Cllr Eamonn O'Brien, Cllr Pat Carey, Cllr Roisin Shortall, TD, Cllr Dessie Ellis and Cllr Deirdre Heney.

스톤헨지 부지

원형교차로 시내 바로 안쪽의 발리문 코드 양쪽에 위치하여 발리문의 관문 역할을 하게 될 2개의 건물이 신 발리문의 첫 번째 건축물에 포함될 것입니다. 신도시의 관문의 역할을 할 최고의 건물을 건설하기 위해 환경부 국무성장관 바비 몰로이(Bobby Molloy)씨가 건축설계공모 우승자를 11월 25일 발표할 것입니다.

공모전은 아일랜드 왕립 건축연구소 (RIAI)와 BRL이 주최하였습니다. 우승작품은 11월 중 스토맨스타운 하우스 전시관에 전시될 것입니다.

이 메인 스트리트는 총 길이가 약 1킬로미터 정도로 발리문 입구부터 산트리 에비뉴까지 이어질 것입니다.

초기 공사는 영화관과 공공업무 사무소가 아파트, 상점, 사무실과 함께 들어서게 될 시민광장 부근에 집중될 것입니다.

발리문 메인 스트리트는 또한 면세정책의 혜택을 누리게 되며, 일부 구역의 아파트 투자에는 23/27 면세조항도 적용될 것입니다. 더블린 시티 대학이 가까이 위치하고 다른 대학들 역시 발리문에서 대중교통이 편하기 때문에, 학생 숙소를 위한 세금혜택 역시 가능합니다.

과학기술단지

과학기술단지는 M50교차로에 인접한 40헥타르 규모의 부지입니다. 이곳은 전면적인 세금혜택이 적용되는 곳이며, 더블린에서 이러한 혜택을 받는 것은 마지막 기회가 될 것입니다. 부동산에 있어서 위치가 관건이라고 한다면, 과학기술단지는 모든 것을 갖추고 있다고 할 수 있습니다.

과학기술단지의 첫 번째 단계는 2000년도에 착공을 시작하여, 2001년 초에는 첫 건물이 완공될 것입니다. 2002년 말에는 모든 시설이 완공될 것입니다.

발리문지역의 부동산에 관해 질문이 있으신 분들은, 성 스테펜 그린(St Stephen's Green) 24번지에 위치한 Lisney사에 01-638 2700로 전화하여 휴 마케이(Hugh Markey), 앤 하가덴(Ann Hargaden), 피터 스태플레톤(Peter Stapleton), 니알 오히긴스(Niall O'Higgins)를 찾거나 발리문재생회사에 문의해 주십시오.

7월 발리문재생 전시회를 방문한 더블린 명예시장 마리 프리힐의원. 시의회 동료인 (좌-우) 이아몬 오브라이언의원, 팻 캐리의원, 로이신 쇼트롤하원의원, 데씨 엘리스의원, 데이드레 헨니의원을 대동한 프리힐의원은 발리문재생회사의 씨아란 머레이사장의 영접을 받았습니다.

Community celebrates arrival of first bulldozers

Enjoying the massive party in Coultry Park to celebrate the start of enabling works were (back l-r) Wayne Tyrrell, Eoghan Coke, PJ Thompson and (front l-r) Shane Malone and Stephen Hanaphy..

Ballymun celebrated the arrival of the first construction workers and the start of enabling works with a big party at Coultry Park on Sunday 17th October. The party, organised by Ballymun Task Force, Ballymun Regeneration and Dublin Corporation, started with a parade, led by local children and bulldozers, from Ballymun Shopping Centre to Coultry Park.

Cllr Roisin Shortall, TD, Deputy Lord Mayor of Dublin, turned the historic first sod at Coultry Park. Face painting, jumping castles and live music entertained hundreds of local residents for the afternoon.

Padhraic Moneley, Building Contractor, from Kilsaran, Co Louth moved onto site the following day and started enabling works to prepare for construction of the 250 new homes in schemes at Coultry 1, Shangan/Coultry 1 and Coultry / Shangan 1. The £2.5 million enabling works include building an access road, new sewers and removing overhead electricity cables and pylons. Two local unemployed people have already been recruited by the contractor on the works.

Also enjoying the party in Coultry Park were Jo Dalton (age 6), Josh Dalton (age 5), Jamie Dalton (age 8) and Keith Connors (age 5).

Arts & Community Resource Centre

The contract will be signed shortly for the construction of the Arts & Community Resource Centre. Construction will take about a year.

Meanwhile, Ballymun Artists Association held an exhibition of their work in Ballymun Regeneration's Exhibition Hall from 11th - 22nd October. The exhibition was very successful and attracted several hundred visitors.

Paddy Kavanagh, Sculptor, shows his bronze work, 'Manannan Mac Lir', to Cllr Eamonn O'Brien at the Ballymun Artists Association exhibition in Stormanstown House recently.

불도저 도착에 커뮤니티 축하

컬트리 공원에서 열린 기초공사 시작을 축하하는 대규모 파티를 즐기고 있는 (뒤좌-우) 웨인 티렐군, 웨그한 콕군, PJ 톰슨군 (앞좌-우)셰인 말론군, 스테펜 하나피

발리문은 현장인력의 도착과 기초공사의 시작을 축하하기 위해 10월 17일 일요일 컬트리 공원(Coultry Park)에서 거대한 파티를 가졌습니다. 발리문 주택전담위원회, 발리문재생회사, 더블린자치체가 함께 개최한 파티는 지역 아이들과 불도저가 함께 발리문 쇼핑센터부터 컬트리 공원(Coultry Park)까지의 퍼레이드로 시작하였습니다.

더블린시의 부시장 로이신 쇼트롤(Roisin Shortall) 하원의원이 컬트리 공원에서 역사적인 첫 삽을 떴습니다. 얼굴분장, 간이놀이시설, 라이브 음악으로 수많은 지역 주민들이 오후 내내 즐거워했습니다.

그 다음날 코 로우스(Co Louth)의 킬사란(Kilsaran)에서 온 건축하청업체인 Padhraic Moneley사가 현장에 도착하여 컬트리 1지구, 샹겐/컬트리 1지구, 컬트리/샹겐 1지구 계획에 포함된 250가구의 신축 주택을 위한 기초공사를 시작하였습니다. £2백5십만 비용이 소요되는 기초작업에는 주거지 진입로와 하수구의 건설과 고압선 매설 및 철탑의 제거가 포함됩니다. 벌써, 현장 하청업체에 의해 지역 실업자 2명이 고용되었습니다.

컬트리 공원에서의 파티를 즐기고 있는 조 달튼(6세), 조시 달튼(5세), 제이미 달튼(8세), 키스 코노어(5세)

예술 및 지역 자원센터

예술 및 지역 자원센터 건설을 위한 계약서가 곧 작성될 것입니다. 완공에는 약 1년이 소요될 예정입니다.

한편, 발리문 예술가협회는 10월 11일-22일 발리문 재생회사 전시장에서 그들의 예술작품의 전시회를 개최하였습니다. 전시회는 매우 성공적이었고 수백명의 인파가 전시회장을 찾았습니다.

최근 스토맨스타운 하우스에서 열린 발리문 예술가협회 전시회에서 이아몬 오브라이언의원에게 자신의 작품 'Manannan Mac Lir'를 선보이고 있는 조각가 패디 카바낙씨

Full steam ahead for Phase 1 housing

We are ready to proceed with ten of the 13 Phase 1 housing. Three schemes are still on appeal to An Bord Pleanala - two at Sandyhill and one in Balcurris. An Bord Pleanala has confirmed that they will give a decision on these appeals by 24th December this year.

The High Court action delayed the start of the remaining schemes. It wasn't possible to place contracts for constructing roads and services in Coultry and underground cables on Santry Avenue in August as was originally planned. This work has now started.

· The scheme at Poppintree, at the back of Belclare Drive designed by Architect Fionnuala Rogerson, the three Shangan Avenue schemes and BRL's own scheme at Coultry Way will be the first housing schemes to start, either before or immediately after Christmas.

· The schemes at Burren Court in Poppintree designed by Cathal Crimmins Architect will go on site in February / March 2000.

· The schemes designed by architects McCormac Jamieson Pritchard and Levitt Bernstein will begin in March / April 2000.

· Schemes on Santry Avenue designed by Gilroy McMahon Architects and Peter Twamley Architects will now begin in May 2000 because of the delay in under-grounding the electric cables.

"The top quality of the Ballymun Regeneration programme is an important statement of the high standards we are setting for the redevelopment of the city in the next Millennium," said John Fitzgerald, Dublin City Manager at the launch of the Main Street plan.

Locals build new town

The Masterplan for Ballymun states that local people will be employed during the construction of the new town.

The Ballymun Jobs Centre has been actively encouraging local men and women to register with them if they are interested in trade apprenticeships, construction skills training or direct employment in building their new town.

Over 300 local people are now registered with the Job Centre who have mentioned a specific interest in getting involved. Many of these registrants already have skills in the construction industry and they can receive assistance to access direct employment.

"We are absolutely delighted that the enabling works have started and provided jobs for four local people so far," says Desmond O'Malley, Employment Officer, Ballymun Jobs Centre.

Another area of training interest is in general construction skills and approximately 20 Job Centre registrants have already completed a five month Construction Operative course, run in co-operation with FAS. The course covers site skills, site safety, bricklaying and pipe laying.

As well as construction based courses, the Jobs Centre is planning for future employment opportunities that will arise in Ballymun. In particular, their FIT - Fastrack into Technology - course has been specially designed to equip staff with the necessary skills to work in the Science and Technology Park when it comes on stream.

Desmond O'Malley, Employment Officer at Ballymun Job Centre with construction workers from P.&O. Lynch Plant Hire carrying out enabling works at Santry Avenue

1단계 주택을 향한 전속력 전진

저희는 1단계 주택 13개안 중 10개에 대하여 진행할 준비가 되었습니다. 3개의 안은 아직 도시계획원에서 심의 중입니다. 이 3개안은 산디힐(Sandyhill)지역의 2개안과 발커리스(Balcurris) 지역의 1개안 입니다. 도시계획원은 이 심의안에 대한 결정을 올해 12월 24일까지 마친다고 하였습니다. 컬트리(Coultry) 지역의 기간시설 공사와 산트리 에비뉴(Santry Avenue)지역의 케이블 매몰 공사를 위한 하청업체 선정이 초기 계획했던 9월에는 불가능하였습니다. 이제는 이 공사들이 착공에 들어갔습니다.

Fionnuala Rogerson 설계사무소가 디자인 한 벨클래어 드라이브 뒤쪽의 파핀트리(Poppintree)지역의 계획안과 샹겐 에비뉴(Shangan Avenue) 계획안 3개 및 BRL의 컬트리 웨이(Coultry Way) 계획안은 주택 계획안 중 처음으로 시작될 것이며, 시기는 크리스마스 전 혹은 그 직후가 될 것입니다.

Cathal Crimmins 설계사무소가 디자인 한 파핀트리(Poppintree)의 부렌 코트(Burren Court)지역 계획안은 2000년 2/3월에 착공될 예정입니다.

MaCormac Jamieson Pritchard 설계사무소와 Levitt Bernstein 설계사무소가 디자인 한 계획안은 2000년 3/4월에 착공될 예정입니다.

Gilroy McMahon 설계사무소와 Peter Twamley 설계사무소가 디자인 한 산트리 에비뉴(Santry Avenue) 지역의 계획안은 고압선 매몰 작업 지연으로 인해 2000년 5월에 착공될 예정입니다.

더블린시 도시과장 존 피츠제랄드(John Fitzgerald)씨는 메인 스트리트 계획 착수식에서 "최고 수준의 발리문재생 프로그램은 새천년 도시 재개발을 위해 저희가 정한 높은 기준으로서 중요한 의미를 가집니다."라고 말했습니다.

지역이 만드는 신도시

발리문 마스터플랜에서 신도시 건설 과정에서 지역 주민들이 일할 기회를 얻게 될 것이라고 명시하고 있습니다.

발리문 직업센터는 여러분의 신도시를 건설하는데 있어서 사무직 인턴쉽이나 건설기술훈련 혹은 건설현장에서의 직접채용 등에 관심이 있는 지역 남녀들의 등록을 기다리고 있습니다.

현재까지 300명의 지역 주민이 취업센터에 등록을 하였고 자신들이 관심 있는 분야에 대해 이야기 해 주었습니다. 이들 대부분이 이미 건설분야에 경력이 있고 현장 채용에 도움을 받게 될 것입니다.

발리문 취업센터 고용담당자 데스몬드 오말리(Desmond O'Malley)씨는 "저희는 기초공사의 시작과 현재까지 4명의 지역 주민이 취업을 한 것에 대해 매우 기쁩니다."라고 말했습니다.

주민들이 훈련 받기를 원하는 또 하나의 분야는 일반 공사 기술로서 현재까지 20명의 취업센터 등록자가 FAS인력공단과 공동 진행하고 있는 5개월 과정의 건설인력 코스를 마쳤습니다. 과정에서는 현장기술, 현장안전, 미장기술 및 배관기술을 가르치고 있습니다.

취업센터는 시공 관련 과정과 더불어, 향후 발리문에 생기게 될 취업기회에 대해 계획하고 있습니다. 특히, FIT (기술속성)코스는 과학기술단지 공사가 시작되면 투입될 인력이 필요한 기술을 습득할 수 있도록 하기 위한 목적으로 특별히 준비되고 있습니다.

산트리 에비뉴지역 기초공사를 수행하고 있는 P.&O. Lynch Plant사 현장직원들과 함께한 발리문 취업센터의 채용담당자 데스몬드 오말리

Phase 2 - Your Questions Answered

1 What flat blocks are included for demolition and rehousing in Phase 2?
The blocks in Phase 2 are McDermott Tower, Clarke Tower, 1 to 192 Balcurris Road and numbers 49 to 72 Sillogue Avenue.

This handy new booklet answers residents' questions about the size of new omes, demolitions, money matters and lots more.

2 When will Phase 2 begin?
In many ways Phase 2 has already begun:

- The blocks to be demolished have been identified
- Sites for new homes have been identified
- Tenants have been informed by newsletter
- Architects have been chosen.

The next stage is the design of the Phase Two housing.

3 What height will the houses be?
Most will be two or three storey but a few may be single storey. Another option could be duplex or maisonette in some circumstances depending on the site.

4 What about the apartments; how high will apartment buildings be?
Again these will usually range from two storey to three and four storey.

5 Will there be any flat roofs in Phase 2?
No, there will be no flat roofs in Phase 2, some roofs will be "A" pitched, and some may be monopitch, especially if the front of the house is three storey and the back of the house is two storey. Monopitch roofs will be provided where the design of the housing requires it but flat roofs will not be provided.

6 How will individual queries from tenants be dealt with?
Individual queries can be answered through BRL, the Housing Task Force, Dublin Corporation or the Estate Forum for the area.

7 Will the rent go up?
No. The rent will not go up as a result of moving to a new home. In addition no heating charge will be included by Dublin Corporation. Rent will continue to be assessed on household income as at present.

8 Will people be paid compensation for moving?
No. But Ballymun Regeneration Limited and Dublin Corporation will provide a furniture removal services to help with the move and will arrange for the transfer of phone, TV and electricity connections for tenants.

9 What kind of heating will be provided and will it be included in the rent?
Heating will be gas central heating with radiators and an individual boiler for each house. The heating can be paid by the tenant using smart cards purchased from the Gas Company or direct payment to the Gas Company. Tenants will not be expected to pay for installation charges for phones, gas or electricity.

10 Will there be any open fires?
There will be open fires in all the houses and some apartments.

Ballymun Regeneration Ltd (BRL) Stormanstown House Ballymun Road Dublin 9
ph: 8421144 fax: 8421443 E-mail: brl@brl.ie http://www.brl.ie

2단계 - 여러분의 질의응답

1 **2단계에서 주택 신축을 위해 철거되는 구 아파트는 은 어느 것 입니까?**

2단계 집합주택은 맥더못 타워(McDermott Tower), 클라크 타워(Clarke Tower), 발커리스 로드(Balcurris Road) 1번지에서 192번지, 실로그 에비뉴(Sillogue Avenue) 49 번지에서 72번지 입니다.

이 소책자에는 신축 주택의 규모나 철거 및 금전문제 등 여러 주제에 관한 주민들 질문에 대한 답변을 싣고 있습니다.

2 **2단계의 시작은 언제입니까?**

많은 부분에서 2단계는 벌써 시작되었습니다:

- 철거 대상 구 아파트가 선정되었습니다
- 주택을 신축할 부지가 선정되었습니다.
- 대상 세입자들에게 뉴스레터를 통해 공지 하였습니다.
- 건축가들이 결정되었습니다.

다음 단계는 2단계 주택의 디자인 입니다.

3 **주택의 높이는 얼마나 됩니까?**

대부분의 주택이 2층이나 3층이 될 것이지만, 일부는 1층이 될 수도 있습니다. 부지 상황에 따라서 2세대 주택(duplex)나 복층주택이 될 수도 있습니다.

4 **아파트는 몇 층까지 올라갑니까?**

이것 역시 대부분 2층이나 3층 혹은 4층의 수준이 될 것입니다

5 **2단계에서 평지붕 주택이 있습니까?**

아니요. 2단계에서는 평지붕은 없을 것입니다. A자형이나 경사지붕 중 하나가 될 것이며, 특히 주택의 전면이 3층이면 뒷편은 2층이 될 것입니다.. 경사지붕이 필요한 경우에 경사지붕이 제공될 것이지만 평지붕은 없을 것입니다.

6 **세입자들의 개별 문의사항은 어떻게 처리됩니까?**

개별 문의사항은 BRL과 주택전담위원회 그리고 더블린자치체 및 지역지구포럼을 통해 답변될 것입니다.

7 **월세가 올라가나요?**

아니요. 신축주택으로 이주한다고 월세가 올라가지 않을 것입니다. 게다가 더블린자치체에서 난방비를 부과하지 않을 것입니다. 월세는 현재와 마찬가지로 각 가정의 소득을 기준으로 산정될 것입니다.

8 **제공되는 난방은 어떤 종류이며, 난방비는 월세에 포함됩니까?**

난방은 라디에이터를 이용한 가스중앙난방이 될 것이며 각 가구 개별 보일러가 제공될 것입니다. 난방비는 세입자가 가스회사로부터 구입한 스마트카드를 이용하거나 직접 납부할 수 있습니다. 세입자는 전화와 가스 및 전기의 설치비용을 부담하지 않게 될 것입니다.

9 **벽난로가 제공됩니까?**

모든 주택과 일부 아파트에 벽난로가 제공될 것입니다.

발리문재생회사 (BRL) 더블린 9가 발리문로 스토맨스타운 하우스
전화: 8421144 팩스: 8421443 이베일: brl@brl.ie http://www.brl.ie

BALLYMUN

REGENERATION NEWS

December/January 1999 Issue 14

HEALTH & SAFETY SPECIAL EDITION

INSIDE

- Frequently asked questions
- Do's & Don'ts

CONTACT PHONE NUMBERS

Daytime phone numbers

Ballymun Regeneration	8421144
Ballymun Housing Task Force	8421795 8424866
Dublin Corporation	
Regional Office	8424985
Estate Offices	
Shangan	8426200
Coultry	8424683
Balcurris	8425155
Silloge	8422495
Poppintree	8424985
Estate Forums	
Shangan	8425700
Coulttry	8620685
Balcurris/Balbutcher	8622248
Silloge/Sandyhill	8429266
Garda	6664400

Emergency phone number
(weekends & evenings)
Dublin Corporation 6796186

PLEASE BE CAREFUL

Construction sites are dangerous places for the untrained.

The regeneration of Ballymun will begin in earnest in January next, when building of the first new housing starts.

Many of you will be aware that an enabling works contract has already started on Shangan Road, Santry Avenue and Coultry. New housing will start soon after the New Year at the end of Shangan Avenue, and in Belclare Drive. The Arts and Community Resource Centre will also start in the New Year, beside McDonagh Tower.

This is an exciting time. We're now setting out on a journey which will lead to the new Ballymun, a new town of which we can all be proud.

The journey won't be without inconvenience or hazard; and it's these that we want to bring to your attention. The journey with its risks and inconveniences will be worthwhile.

Health and Safety

Ballymun Regeneration Limited has been set the task of completing the physical, economic and social regeneration of Ballymun "on time and within budget". We must also add "in safety".

Building is a hazardous business. The newspapers almost daily carry stories about accidents in the

BALLYMUN

재생소식지

1999년 12월/1월 제14호

건강과 안전 특집호

주요기사

- 자주하는 질문
- '해야할 것'과 '하지 말아야할 것'

연락처

주간 연락처

발리문재생회사	8421144
발리문 주택전담위원회	8421795
	8424866
더블린자치체	
지역사무소	8424985
지역지구사무소	
샹겐(Shangan)	8426200
컬트리(Coultry)	8424683
발커리스(Balcurris)	8425155
실로그(Silloge)	8422495
파핀트리(Poppintree)	8424985
지역지구포럼	
샹겐(Shangan)	8425700
컬트리(Coultry)	8620685
발커리스/발부처 (Balcurris/Balbutcher)	8622248
실로그/산디힐(Silloge/Sandyhill)	8429266
경찰서	6664400
긴급연락처(주말&저녁)	
더블린자치체	6796186

조심 하십시오

건설현장은 훈련받지 않은 일반인에게 위험한 장소입니다.

발리문 재생은 내년 1월 첫 주택 신축이 시작되면서 본격적으로 시작될 것입니다. 많은 분들이 알고 있듯이 샹겐로드(Shangan Road), 산트리 에비뉴(Santry Avenue), 컬트리(Coultry)에서 기초공사가 시작되었습니다. 주택 신축은 신년 직후 샹겐 에비뉴(Shangan Aveneu)와 벨클래어 드라이브(Belclare Drive)에서부터 시작될 것입니다. 예술 및 지역 자원센터 또한 신년이 되면 맥 도나(McDonagh Tower) 옆에 착공될 것입니다.

우리는 현재 발리문을 우리가 자부심을 가질 수 있는 신도시로 안내해 줄 여행을 준비하는 것입니다. 이 여행에는 불편과 위험이 없을 수는 없을 것입니다. 그리고 바로 이것이 여러분 주의를 환기시켜 드리고 싶은 점입니다. 불편과 위험이 있는 여행은 그만큼 값어치가 있을 것입니다.

건강과 안전

발리문재생회사는 "정해진 시간과 예산 안에서" 발리문의 물리적 · 경제적 · 사회적 재생을 완성할 과업을 정했습니다. 여기에는 "안전"도 포함되어야 하겠습니다.

건설은 매우 위험한 일입니다. 신문에서는 거의 매일 건설산업 관련 사고에 관한 기사를 싣고 있습니다.

발리문재생회사는 이 사업이 아일랜

Continued from page 1

construction industry.

Ballymun Regeneration Limited is aware that this is one of the largest, single, urban reconstruction projects in Ireland, if not Europe; and the consequential implications for Health and Safety are enormous.

Ballymun Regeneration Limited's Approach

Ballymun Regeneration, as employer of building contractors has certain responsibilities under Health and Safety Legislation, but we are aware that health and safety are so vital to the project that we want to go beyond that in ensuring the safety of the work.

We want to improve safety in a number of ways through:

- Effective communication
- Education
- Monitoring and Management
- Constant review of policy

Communication

Good communication between Ballymun Regeneration Limited and residents is essential; we will provide you with advance notice of works, so that you can take whatever measures necessary to minimise risk. We will tell you what specific risks may be involved.

You need to tell us (the earlier, the better) when things aren't working.

To that end in the event of you needing to report a hazard to us please call one of the following:

Ballymun Regeneration Limited, David Byrne - 8421144

Dublin Corporation - 8424985

Ballymun Housing Task Force, Noel Martin - 8421795 / 8424866

Garda Síochaná - 666 4400

Specific Risks

Civil Engineer/Services Contracts present particular risks to the public. Housing sites to a lesser extent, ***as long as there is no trespassing.***

Education

Building sites provide a powerful attraction for children. We must ensure that children are aware of the dangers of building sites. Ballymun Regeneration Limited propose an active on-going programme, in co-operation with the local schools, to make youngsters aware of health and safety as it effects them and adults in the community.

Monitoring and Review

Ballymun Regeneration Limited will employ a person to monitor health and safety issues as the project proceeds. This newsletter is the first of many which will be issued in the course of the project. If you have any ideas please give us a call.

Frequently Asked Questions (FAQ)

Q1 Will residents get notice of building work starting in their area?

You will get plenty of advance notice of building work starting in your area. Ballymun Regeneration Limited will keep all the residents informed of major construction work through the Regeneration Newsletter. This will give plenty of notice of work starting near you - usually at least two months. We will also deliver a leaflet to all affected homes about a fortnight before work starts.

Q.2 Will there be interruptions to services such as water, gas and electricity?

There will be some interruptions to main services during the course of the project. As far as possible these breaks in service will be planned well in advance and affected residents will be informed at least two days in advance. This is to enable you to take whatever precautions are necessary - turning off taps, filling the kettle, switching off gas, etc. These breaks will be kept as short as possible and we will try to ensure they happen outside of peak times.

It is almost certain that there will be accidental interruptions to water and electricity services. We ask for your understanding and patience. We will put these right as quickly as possible. In the event of an interruption to your water, electricity or gas supply you are advised to make sure that taps and

드에서 가장 큰 단일 도시 재건설 사업이라는 것과, 건강과 안전에 파급되는 의미는 매우 크다는 것을 알고 있습니다.

발리문재생회사의 접근

건강과 안전에 관한 법규아래 일정 책임을 지닌 건설시공사들의 고용주로서 발리문재생회사는 이 건강과 안전이라는 것이 사업에서 얼마나 중요한지 알고 있기 때문에 '작업현장에서의 안전보장' 그 이상을 추구하고 싶습니다.

저희는 다음을 통하여 다방면으로 안전성을 개선하고자 합니다:

- 효과적인 의사소통
- 교육
- 감시와 관리
- 지속적인 정책 검토

의사소통

발리문재생회사와 주민간의 효과적인 의사소통은 매우 중요합니다. 여러분이 위험부담을 줄일 방법을 강구할 수 있도록 저희가 사업에 관해 사전공지 할 것입니다. 저희가 여러분과 관계된 위험부담이 무엇인지 자세히 알려드리겠습니다.

여러분은 문제점이 생길 때 최대한 빠르게 저희에게 알려주십시오.

저희에게 신고해 주실 위험이 있으면 아래의 연락처로 연락주십시오.

발리문재생회사, 데이비드 바이른(David Byrne) – 842 1144

더블린자치체 – 842 4985

발리문 주택전담위워회 노엘 마틴(Noel Martin) – 842 1795/842 4866

발리문 경찰 – 666 4400

특정 위험

토목공사는 대중에게 위험요소를 발생시킬 수 있습니다. 현장에 무단출입하지 않는 한 주택 건설현장의 위험은 최소한이 될 것입니다.

교육

공사현장은 아이들에게 있어서 매우 유혹적인 장소입니다. 우리는 아이들에게 공사현장의 위험성을 일깨워 주어야 합니다. 발리문재생회사는 지역 학교들과 함께 적극적으로 프로그램을 진행 중입니다. 이 프로그램은 지역의 아이들과 성인들에게 건강과 안전에 대해 주의를 환기시키기 위한 것입니다.

감시와 검토

발리문재생회사는 사업 진행과정에서의 건강과 안전 문제에 대한 감시 인력을 고용할 것입니다. 본 소식지는 사업과정에서 나오게 될 다양한 수단 중 그 첫 번째 입니다. 좋은 생각이 있으시면 연락주십시오.

자주하는 질문 (FAQ)

Q1 건축공사가 시작되면 해당 지역 주민에게 알려주나요?

여러분 지역에 시작될 건축공사에 대해서는 수차례 사전공지를 전달받게 될 것입니다. 발리문재생회사는 재생 소식지를 통하여 모든 주민들이 주요 건축공사에 대한 정보를 지속적으로 접할 수 있도록 할 것입니다. 여러분은 자신의 지역에 시작 될 사업에 대해 최소한 2주 전부터 여러 차례 공지를 받으실 것입니다. 저희는 또한, 사업과 직접 관련되는 가정으로 공사 시작 2주전에 전단지를 발송할 것입니다.

Q2 수도, 가스, 전기 같은 서비스가 중단되기도 합니까?

사업 진행과정 중 어느 정도 주요 서비스의 중단이 있을 것입니다. 최대한 이러한 서비스중단 계획을 미리 준비할 것이며, 관계 주민들에게는 최소한 2틀 전에 미리 알려드릴 것입니다. 이로 인해 여러분은 수도와 가스밸브를 잠그거나 물을 받아 놓는 등 필요한 대비책을 준비하실 수 있을 것입니다. 이러한 서비스중단은 최대한 단기간이 되도록 하면서, 서비스의 수요가 많은 피크 타임대를 피하도록 노력할 것입니다.

분명 사고로 인해 수도와 전기공급이 중단될 경우도 있을 것입니다. 이해해 주시고 조금만 참고 기다려 주시길 부탁드립니다. 저희가 최대한 빠르게 정상화 시키겠습니다. 수도, 전기, 가스의 공급이 중단될 경우에는, 모든 밸브를 잠그고 가전기기 전원을 꺼 주십시오. 외출이나 잠자리에 들

Civil engineering and services contracts are complex and will cause some traffic disruption.

appliances are switched off. You should check that they are turned off before going out or going to bed.

Q.3 Will there be traffic disruption?

Yes, there will be some traffic disruption. We will work with Dublin Corporation and the Gardai to ensure that this is kept to a minimum and that traffic is kept flowing. We ask you to be aware of construction traffic and to take additional care when driving, cycling or walking in Ballymun during the course of the project.

Q.4 Will there be dust and muck?

Building work generates both dust and muck. We will be requiring the building contractors to minimise the effect of this. Lorries and equipment will be cleaned before leaving building sites to keep the roads clean. Contractors will also be required to keep roads and footpaths near sites clean. Despite this, there will be some dust and muck.

Q.5 What times will building work take place?

Standard working hours will be 8.00 a.m. to 6.00 p.m. Monday to Friday, and 9.00 a.m. to 1 p.m. on Saturdays. Work will not normally occur outside these times and then only with the special permission of the architect and in consultation with local residents.

Q.6 Will there be a lot of noise?

There will be noise during the standard working hours described above. If you have a particular concern about noise please contact us to discuss what can be done.

Q.7 What special steps will BRL be taking to help protect children when building work starts?

Building sites are seen by children as being interesting and attractive but they are dangerous places and children should not be allowed to play near them or on construction machinery. Construction machinery and contractor's deliveries will cause extra hazards on the road for all road users but especially children. We will try to ensure deliveries by contractors are made outside school starting and finishing times whenever possible, especially on sites near schools.

In conjunction with other relevant agencies BRL are arranging a program to increase parents and childrens' awareness of these hazards and of how they can protect themselves. This program will be delivered as part of BRL's Health and Safety Strategy.

Q.8 When will demolition begin?

Demolition will begin in 2001 with the blocks in Phase 1. No decision has yet been taken as to who will carry out the demolition or what method will be used. Whichever method is used dismantling or implosion or a combination of both methods, the demolition will be carried out to the highest safety standards.

Q.9 What about the disposal of waste materials?

The demolition will result in a large quantity of waste materials. Some of this material can be recycled as "fill" for the new roads. Metals and other salvageable materials will also be recycled.

Some of the waste materials cannot be recycled and will require safe removal and disposal by specialist waste contractors e.g. PCBs, Fluorescent light fittings and small amounts of asbestos which pose no threat at present but require specialist disposal treatment. This waste will be taken away and disposed of safely away from Ballymun.

토목공사와 서비스 계약은 복잡한 일이기 때문에 다소 교통 체증을 유발할 것입니다.

기 전에 이러한 사항을 꼭 확인해 주시길 바랍니다.

Q3 교통 체증이 발생할까요?

네. 어느 정도 교통체증이 발생하는 경우도 있을 것입니다. 저희는 더블린자치체와 더블린 경찰과 함께 이러한 교통체증을 최소화 하는데 노력할 것입니다. 공사차량의 통행이 있음을 주지하시고, 운전이나 자전거 또는 보행하는 데 있어서 각별히 주의하시길 당부 드립니다.

Q4 먼지와 진흙의 문제는?

건축공사에 먼지와 진흙의 문제가 없을 수는 없습니다. 저희는 건설하청업체들에게 이러한 문제를 최소화 할 것을 당부할 것입니다. 화물차와 장비들은 공사현장을 떠날 때 깨끗이 청소하여 도로를 더럽히지 않도록 할 것입니다. 하청업체들은 현장 주변의 도로와 인도를 깨끗이 하도록 지시 받을 것입니다. 이러한 조치들에도 불구하고, 어느 정도의 먼지와 진흙 문제는 발생할 것입니다.

Q5 건축공사가 이루어지는 시간대는 언제입니까?

기본적으로 월요일부터 금요일까지는 오전 8시부터 오후 6시까지이고, 토요일에는 오전 9시부터 오후 1시까지 입니다. 이 시간대 이외에는 일반적으로 공사가 없을 것이나, 지역 주민과의 자문을 거쳐 건축가의 승인 하에 예외가 있을 수도 있습니다.

Q6 소음이 많이 발생합니까?

위에 설명한 시간대의 일반적인 공사 시간에는 소음이 발생할 것입니다. 소음에 대해 특별히 걱정되는 주민께서는 저희에게 연락을 주시면 대책을 강구하도록 하겠습니다.

Q7 건설 공사가 시작되면 BRL은 지역 아이들을 보호하기 위해 어떤 특별 조치를 취할 것입니까?

공사 현장은 아이들에게 재미있고 유혹적인 장소이지만 매우 위험하기 때문에, 아이들은 현장이나 공사장비 근처에서 놀아서는 안됩니다.
공사장비와 자재배달차량은 도로 자체와 도로 사용자 특히 아이들에게 위협요소를 발생시킬 것입니다. 저희는 하청업체들에게 현장의 자재 배달에 있어서 있어서, 특히 학교 근처 현장의 경우, 학생들의 등하교 시간은 피할 것을 당부할 것입니다.
BRL은 기타 관련 기관들과 함께 지역 아이들과 부모를 대상으로 이러한 위험에 대한 인식과 안전 보호 대책에 대한 교육 프로그램을 실시 중입니다. 이 프로그램은 BRL의 건강과 안전 전략의 일환으로 실행될 것입니다.

Q8 철거의 시작은 언제입니까?

1단계의 구 아파트 철거는 2001년 시작될 것입니다. 철거 담당 기관과 방법에 대한 사항은 아직 결정된 바가 없습니다. 건물분해, 건물폭파 등 어떠한 방법이 사용되던 간에, 철거는 안전을 최우선으로 하여 실시될 것입니다.

Q9 건설 폐기물의 처분은 어떻게 합니까?

철거로 인해 대량의 폐기물이 발생하게 될 것입니다. 이 중 일부는 신도로 공사 자재로 재활용이 가능합니다. 고철과 기타 가용 자재들은 재활용 될 것입니다.
재활용이 불가능한 나머지 폐기물은 PCBs사와 같은 전문 폐기물 하청업체에 의해 안전하게 수집 · 처분되어야 할 것입니다. 형광등 기기나 소량의 석면 등은 현재 큰 위협이 되지 않지만 전문적인 처리가 필요합니다. 이러한 폐기물은 발리문재생회사에서 안전하게 폐기 처분 할 것입니다.

Do's & Don'ts

DO take extra care when driving, cycling or walking in Ballymun during the regeneration project

DO stay away from construction machinery

DO stay away from construction sites and road works

DO report to site staff or security if you see anyone especially children playing on sites or near machinery

DO obey temporary traffic lights and signs

DO obey traffic directions given by contractor's road workers

DO use temporary footpaths where they are provided

DO make sure your children stay away from building sites - they can be dangerous places!

DO switch off water taps and gas cookers during interruptions to services

DO use extra care when crossing the road near road works

DON'T let your children play on building sites

DON'T let your children play on or near construction machinery e.g. JCBs or bulldozers

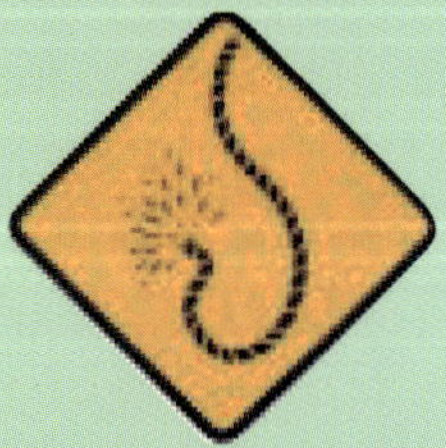

DON'T touch fallen wires or cables

Ballymun Regeneration Ltd (BRL) Stormanstown House Ballymun Road Dublin 9
ph: 8421144 fax: 8421443 E-mail: brl@brl.ie http://www.brl.ie

'해야할 것'과 '하지 말아야할 것'

DO 재생 사업 기간 동안 발리문 내에서 운전 혹은 자전거를 타거나 보행 시 각별한 주의를 기울이십시오.

DO 공사장비에서 멀리 떨어져 지내십시오.

DO 건설현장과 도로공사현장에서 멀리 떨어져 지내십시오.

DO 공사현장이나 공사기기 근처에서 놀고 있는 아이들을 보시면 현장직원에게 보고하십시오.

DO 임시 신호와 표지판을 준수하십시오.

DO 하청업체의 도로 관리직원 교통 지시를 따르십시오.

DO 임시보행로가 제공된 곳은 임시보행로를 이용하십시오.

DO 아이들이 공사현장 근처에 가지 못하게 하십시오 – 매우 위험합니다!

DO 수도와 가스공급이 중단되었을 시에는 수도꼭지와 가스렌지를 잠그십시오.

DO 도로공사현장 근처에서 도로횡단 시 각별히 주의하십시오.

DON'T 아이들이 공사현장에서 놀지 못하도록 하십시오.

DON'T 아이들이 굴착기나 불도저 등의 공사장비에 올라가거나 근처에서 놀지 못하도록 하십시오.

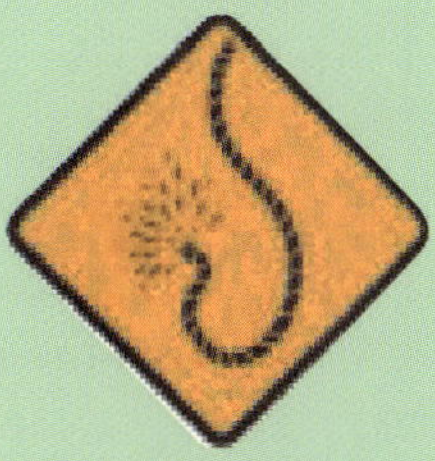

DON'T 땅에 놓인 전선이나 케이블을 손대지 마십시오.

발리문재생회사 (BRL) 더블린 9가 발리문로 스토맨스타운 하우스
전화: 8421144 팩스: 8421443 이베일: brl@brl.ie http://www.brl.ie

BALLYMUN

REGENERATION NEWS

February/March 2000 Issue 15

Major Progress for New Housing

INSIDE

- ARP Lorimer Architects win competition for new Main Street homes
- Celebration for Shangan residents
- Legal Services campaign begins

Residents Madeleine McLoughlin, Kelly McLoughlin, Deborah Brennan and Paula Kavanagh studying the model of their new homes.

On the 20th and 27th January most of the new Phase 1 Shangan tenants at last found out where their new homes would be in the new schemes designed by McGarry Ní Eanaigh, McCrossan O'Rourke, Ballymun Regeneration Ltd and Derek Tynan Architects. At a celebration evening down in Stormanstown House people were able to see their names on the site plans for their new homes. These are due on site any day now. Everyone is hoping to be in their new homes by about 2001. Tenants in Coultry will find out where their new homes will be during March.

Phase 1 residents are all being encouraged to take part in the first transition programme which CAFTA are delivering in Stormanstown House - see page 4 for full report.

An Bord Pleanála recently granted planning permission for the final three housing schemes which had been appealed. All the Phase 1 schemes are expected to be on site before the summer.

The leader of the Labour Party, Mr Ruairí Quinn, TD, visited Stormanstown House on Tuesday 31st January to hear about the regeneration project and to pay his compliments to the Regeneration project team for all its work and for their innovative architectural designs. Ruairí Quinn is pictured here with Ciarán Murray, Managing Director, BRL, Cllr Eamonn O'Brien and Ald Roisín Shortall, TD.

BALLYMUN

재생소식지

2000년 2월/3월 제15호

주요기사

- ARP Lorimer설계사무소 신 메인 스트리트 주택 설계 공모전에서 우승
- 샹겐(Shangan) 주민을 위한 축하
- 법률 서비스 캠페인 시작

노동당 대표 루에리 퀸(Ruairi Quinn) 하원의원이 1월 31일 화요일, 재생사업에 관해 듣고 재생사업팀의 지금까지의 업적과 혁신적인 건축 디자인에 대한 노고를 치하하기 위해 스토맨스타운 하우스를 방문하였습니다. 사진은 BRL의 씨아란 머레이(Ciaran Murray)사장, Eamonn O' Brien시의원, 행정장관 이아몬 오브라이언(Eamonn O' Brien) 시의원, 로이신 쇼톨(Roisin Shortall)의원과 함께한 루에리 퀸(Ruairi Quinn)씨.

주택 신축에 커다란 진전

새 주택의 모델을 보고 있는 주민 Madeleine McLoughlin, Kelly McLoughlin, Deborah Brennan, Paula Kavanagh

1월 20일과 27일, 겐(Shangan) 지역의 1단계 세입자들은 드디어 그들의 주택이 어디에 위치하게 될 지 알게 되었습니다. 이 주택들은 새로운 계획안으로 McGarry NiEanaigh설계사무소, McCrossan O' Rourke설계사무소, 발리문재생회사, Derek Tynan설계사무소에 의해 디자인 되었습니다. 저녁 축하파티에서 주민들은 새 주택을 위한 부지 계획안에서 그들의 이름을 찾아 볼 수 있었습니다. 이 계획안은 이제 곧 현실화 될 것입니다. 모두가 2001년 까지는 새 주택으로 이주하고 싶어합니다. 컬트리(Coultry)지역 세입자들은 3월 중으로 새 주택의 위치를 알게 될 것입니다.

1단계 세입자들은 모두 CAFTA (지역 및 가족교육센터)가 스토맨스타운 하우스에서 제공 중인 1차 이주 프로그램에 참가할 것을 권장드립니다. – 자세한 내용은 4페이지를 참조

최근 도시계획원은 재심의에 들어갔던 마지막 3개의 주택 계획안에 대한 건축허가를 결정하였습니다. 1단계 계획안 모두 여름 전에 착공이 들어갈 것으로 예상됩니다.

Continued from page 1

Tenders have been received in respect of 4 schemes and tenders have been invited in respect of a further 4 schemes. The remaining schemes will go to tender in the next few weeks.

Ballymun Regeneration Ltd has just been notified that Robert Guillemot, a tenant in Balcurris is seeking a Judicial Review in the High Court of An Bord Pleanála's decision to grant planning permission on one of the Phase 1 housing sites in Ballymun.

"We intended to begin building all Phase 1 homes this summer and are very disappointed at the prospect of any delay", says Ciarán Murray, Managing Director, BRL. "Building costs are going up and up and we could do without any further delays and without spending our money on a High Court case. We had hoped that everyone would accept An Bord Pleanála's decision and we know people in Ballymun will be disappointed too. However it's full steam ahead with the remaining 12 Phase 1 sites all of which we hope to have on site this summer".

Design teams have been meeting in each Forum area as part of the consultation process involved in designing the new homes in Phase 2. Each design team has residents of the flat blocks moving into the new homes and representatives of residents from adjoining houses. This work is progressing very well and it is expected that all Phase 2 sites will be lodged for planning permission before the end of May.

Playgrounds

Ballymun Regeneration has engaged specialist Playground Consultants to design and oversee the installation of twelve playgrounds in Ballymun. They will develop the designs in consultation with the community.

Throughout the five neighbourhoods in the new Ballymun there will be:

- four regional playgrounds for children aged up to 12 years
- eight local playgrounds for children aged up to 6 years.

All going well the first playgrounds will be ready for use during the Summer 2000.

Ballymun Regeneration Limited are happy to announce that they have recruited a specialist Health and Safety Engineer who will take up his new job in April.

Safety reminder

Building of the new Arts and Community Resource Centre started in February. There will be some realignment of the roads at the junction of Shangan and Coultry.

A traffic warden will be on Shangan Road during school opening and closing times while work is being carried out. Please co-operate with the traffic warden and use this supervised road crossing.· Please drive slowly and pay attention to construction traffic and workers.

· Please remember that building sites are dangerous places and explain to your children that these sites are not playgrounds and that they should stay away.

· If you are concerned about health and safety please contact David Byrne, Ballymun Regeneration (telephone 842 1144). Ballymun Regeneration welcomes your help in ensuring that the construction work proceeds safely.

Voluntary/Co-Operative Housing

There was huge interest in learning more about Voluntary Housing Associations and Housing Co-operatives at a recent information meeting held by Ballymun Housing Task Force in Stormanstown House. Over 50 people attended the information meeting and most people there wanted to hear more about how they could get involved and purchase a new home in Ballymun. More on this soon.

Legal Services campaign begins

The Ballymun Community Law Centre campaign has issued its feasibly study report and is now actively looking for funding and political support to ensure that people in Ballymun have access to legal services.

The Community in Ballymun have already shown that they are behind the idea of a Community Law Centre.

4개 계획안에 대한 업체입찰이 완료되었고, 다른 4개 계획안에 대한 입찰을 신청 받았습니다. 나머지 계획안은 몇 주 후에 입찰에 들어갈 것입니다.

발리문재생회사는 발커리스(Balcurris)지역의 세입자 로버트 길레못(Robert Guillemot)씨가 발리문 1단계 주택공사 부지 중 한 곳에 대한 도시계획원 대법원의 건축허가 승인 결정에 대해 위헌심사를 신청할 것이라는 소식을 전해 들었습니다.

BRL의 씨아란 머레이(Ciaran Murray) 사장은 "저희는 올 여름 1단계 주택 공사를 시작하려고 했습니다. 일정 지연 가능성 소식에 매우 실망하였습니다."라고 하면서, "건설비가 계속 상승하는 가운데, 더 이상의 일정 지연이나 법정소송 건으로 자금을 낭비할 여유가 없습니다. 저희는 모두가 도시계획원의 결정을 인정할 것이라 믿었고, 주민 여러분 역시 실망하였을 것입니다. 하지만 1단계의 남은 12개 부지에 대해 전력을 다하고 있으며, 올 여름에 이 모든 부지가 착공되길 희망합니다."라고 덧붙였습니다.

디자인팀은 2단계 주택 디자인과 관련한 자문 과정의 하나로서 각 지역지구포럼과 미팅을 하고 있습니다. 각 디자인팀에는 신축 주택 이주 대상 주민과 인근 주택단지 주민 대표로 구성되어 있습니다. 이 작업은 매우 순조롭게 진행되고 있으며 5월 말 전에는 2단계 주택 부지의 건축허가를 신청할 것으로 예상됩니다.

놀이터

발리문재생회사는 발리문에 있는 12개의 놀이터의 디자인과 설치 관련 조사를 위해 놀이시설자문 전문가와 접촉해왔습니다. 그들은 지역주민과의 자문을 통해 디자인을 발전시킬 것입니다.

신 발리문의 5개의 지역지구에 걸쳐 다음과 같은 놀이터가 생길 것입니다:

- 12세미만 아동 대상의 지역 놀이터 4곳
- 6세미만 아동 대상의 동네 놀이터 8곳

모든 것이 순조롭게 진행된다면, 첫 번째 놀이터가 2000년 여름 중 오픈 할 것입니다.

발리문재생회사는 4월에 일을 시작할 수 있는 건강과 안전 전문 설계기사를 채용했음을 기쁘게 알려드립니다.

안전에 대한 재확인

예술과 지역 자원센터의 건설이 2월에 시작되었습니다. 샹겐/컬트리 교차로의 도로 재조정이 필요하게 되었습니다.

공사가 진행되는 동안은 학교 등하교 시간에 샹겐 로드(Shangan Road)에 시민 교통보조원이 나오게 될 것입니다. 이들의 지시에 협조해 주시고, 도로 횡단시 통제에 따라주십시오. 공사차량과 인부들에 각별히 주의하며 서행해 주십시오.

공사현장은 매우 위험하다는 점을 명심하시고, 자녀들에게 공사현장이 놀이터가 아니므로 근처에 가지말것을 당부하십시오.

건강과 안전에 관해 걱정거리가 있으시면, 발리문재생회사의 데이비드 바이른(David Byrne)에게 연락주십시오 (전화 842 1144). 발리문재생회사는 건설공사가 안전하게 진행되는데 있어서 여러분의 도움을 환영합니다.

비영리단체지원주택/조합주택

스토맨스타운 하우스에서 발리문 주택전담위원회와 가졌던 최근의 설명회에서 비영리단체지원주택협회와 주택조합에 관한 커다란 관심을 보여주셨습니다. 50명이 넘는 인원이 참석한 설명회에서 대부분의 사람들이 새 주택의 구매 절차에 대해 궁금해 하였습니다. 자세한 사항은 추후에.

법률서비스 캠페인 시작

발리문 지역법률센터 캠페인은 센터의 가능성 연구 보고서를 발행하였고, 발리문 주민들이 법률서비스를 받을 수 있도록 재정지원과 정치적 지지를 절실하게 찾고 있습니다.

발리문 주민들은 이미 지역법률센터 아이디어를 지지하고 있다는 것을 보여주었습니다.

ARP Lorimer Architects win competition for new Main Street homes

Mr Bobby Molloy, T.D., Minister for Housing congratulated Scottish firm, ARP Lorimer and Associates, who won the overall competition with their designs for a 172-unit scheme. The winning scheme will include 2 "gateway" buildings on two sites which in total comprises 4.5 acres at the start of the new Ballymun Main Street.

The competition was organised for Ballymun Regeneration by the RIAI as part of its Housing 2000 Initiative to secure quality designs for a mixed use development of public and private housing. 39 firms competed and there were entries from Ireland, the UK and Holland.

The competition site has the benefit of Section 23 residential tax incentives under the Urban Renewal Scheme. A planning application has already been made and it is intended to put the site, with the benefit of planning permission, on the open market.

The design of this development has been discussed with the relevant Estate Forums and presented to residents of Silloge Gardens at a public meeting on 18th January 2000.

The winning design is based around a series of mews cul-de-sacs and successfully integrates the new housing with existing homes in the immediate area. It includes two sentinel buildings marking the entrance to the new Main Street and one, two and three-bedroomed family homes.

The winning design team from Architectural firm APR Lorimer and Associates.

"The jury was impressed by the clarity and strength of the urban design approach taken by A.R.P Lorimer Architects. Of all the schemes submitted, this one engaged most appropriately with neighbouring housing," said Mick McDonagh, Senior Architect with Ballymun Regeneration Ltd.

The planning application for this scheme was lodged with Dublin Corporation on 10th February 2000.

Free financial advice service for home buyers

Lisney's, who are working with Ballymun Regeneration Limited on the regeneration project, have offered to provide financial advice to existing home owners and people wishing to buy their new homes. The service will be available in Lisney's office in Stormanstown House from April onwards. The service will cover:

- Tax designation advice for both new home purchase and refurbishment
- Mortgage advice including information about Loans from Dublin Corporation
- Loans from Banks and Building Societys
- Shared ownership
- Repair and home improvement loans.

Appointments will be made on an individual basis in advance by phoning Lisney at 63802700 or Ballymun Regeneration Limited at 8421144. The advice centre will be open on Friday afternoons only.

Business & Technology Park

The Board of BRL will recommend to Dublin Corporation that Green Property plc should develop the new Business & Technology Park with BRL. More details will be available shortly.

ARP Lorimer 설계사무소, 신 메인 스트리트 주택 공모전에서 우승

주택부장관 바비 몰로이(Bobby Molloy) 하원의원은 172 가구 디자인 계획안으로 공무전에서 우승한 스코틀랜드 기업 ARP Lorimer and Associates사를 축하해주었습니다. 우승 계획안은 총 4.5에이커 규모의 부지에 신 발리문 메인 스트리트 시작점에 2개의 "관문" 건물을 디자인하였습니다.

공모전은 공공주택과 개인주택의 복합용도개발에 수준 높은 디자인을 도모하기 '주택 2000 계획(Housing 2000 Initiative)'의 일환으로 RIAI(아일랜드 왕립건축연구소)가 발리문재생을 위해 주최하였습니다. 아일랜드와 영국 그리고 홀란드의 39개 업체가 경쟁하였습니다.

공모전 대상 부지는 도시재생계획안에 의거한 주거지세금혜택 제23항의 혜택이 적용되는 곳입니다. 건축허가 신청서는 이미 작성이 완료되었고, 건축허가 혜택을 제공하면서 부지 분양에 들어갈 예정입니다.

이 개발에 관한 디자인에 대해서는 관련 지역지구포럼과 상의가 되었고, 2000년 1월 18일에 있었던 공청회에서 실로그 가든스(Silloge Gardens) 주민들에게 설명되었습니다.

우승 디자인은 일련의 쿨드삭을 기초로 하고 있으며, 인근 지역의 기존 주택들과 신축 주택을 잘 조화시켰습니다. 이 안은 신 메인 스트리트의 입구를 표시하는 관문 건물 2개를 포함하며, 주택은 침실이 1개인 것, 2개인 것 그리고 3개인 것으로 디자인 되었습니다.

APR Lorimer and Associates 건축설계사무소의 우승 디자인팀

발리문재생회사의 수석 건축가 믹 맥도나(Mick McDonagh)씨는 *"심사위원단은 A.R.P Lorimer 설계사무소의 도시디자인 접근법의 명확성과 강렬함에 깊은 인상을 받았습니다. 제출된 많은 계획안 가운데, 이 계획안은 인근 주거지와 가장 훌륭하게 조화시키고 있습니다."*라고 언급했습니다.

이 계획안에 대한 건축허가 신청서는 2000년 2월 10일 더블린자치체에 제출되었습니다.

주택구매자를 위한 무료 재정상담서비스

재생사업에서 발리문재생회사와 협력 중인 Lisney사가 기존 주택소유자와 새로 주택을 구매하려는 사람에게 재정상담을 제공하기로 하였습니다. 상담서비스는 4월 이후부터 스토맨스타운 하우스에 위치한 Lisney사무소에서 받으실 수 있습니다. 상담내용은 다음과 같습니다: 새 주택 구매와 주택 보수와 관련된 세금혜택

- 더블린자치체로부터의 융자 정보를 포함한 담보대출 상담
- 은행과 건물연합으로부터의 융자
- 공동소유권
- 주택 개 · 보수 관련 융자

예약은 개인별로 미리 해야 하며, Lisney사 63802700이나 발리문재생회사 8421144로 전화 주시면 됩니다. 상담은 금요일 오후에만 가능합니다.

비즈니스 및 기술단지

BRL 이사회는 비즈니스 및 기술단지 개발에 있어서 Green Property Plc사는 BRL과 공동 개발해야 한다는 내용을 더블린자치체에 추천할 것입니다. 더 자세한 사항은 곧 알려드릴 것입니다.

Breaking new ground in Ballymun

(left to right) Evelyn Hanlon, Ballymun Regeneration, Residents Marie Langan and Naomi Lock from Shangan, Colm Ó Muirí, CAFTA and Michele Ryan, Head of the National College of Ireland Centre for Educational Opportunity.

Families moving into new homes are being encouraged to take part in a specially designed life skills programme. The National College of Ireland (NCI) have tailored this programme to complement the physical changes happening in Ballymun.

NCI has worked closely with Ballymun Regeneration, Dublin Corporation, the Ballymun Partnership and the Ballymun Housing Task Force to develop a transition programme to help people cope with the upheaval involved in regeneration.

The transition programme aims to help people build and maintain sustainable communities in their new neighbourhoods thereby ensuring that regeneration is a success.

The course will assist participants by

- Building confidence
- Providing information and knowledge
- Developing skills
- Facilitating reflection
- Developing awareness of socio-economic and wider policy contexts
- Contributing to strengthening community networks

CAFTA (Community and Family Training Agency) will actively facilitate the programme. NCI are also pleased that Poppintree Environmental Association, MABS and City of Dublin Energy Management Agency will provide specific inputs. Each household that participates in the transition programme will be awarded a certificate of participation.

Arts & Community Resource Centre

Construction workers moved on site in February to start building the new Arts and Community Resource Centre which will include a lovely new theatre, café bar and training rooms on a site beside McDonagh tower.

Ald Noel Ahern TD with residents of Shangan Avenue at the celebration evening in Stormanstown House.

Ballymun Regeneration Ltd (BRL) Stormanstown House Ballymun Road Dublin 9
ph: 8421144 fax: 8421443 E-mail: brl@brl.ie http://www.brl.ie

A Dublin Corporation Initiative

발리문 신기원을 이루다

(좌에서 우) 교육 기회를 위해 모인 발리문재생회사의 Evelyn Hanlon, Shangan지역 주민 Marie Langan와 Naomi Lock, CAFTA의 Colm O' Muiri, 아일랜드국립대 학장

신주택으로 이주하는 주민들은 특별 생활기술 프로그램에 참가할 것을 권장드립니다. 아일랜드국립대 (NCI)는 발리문의 물리적 변화를 보완하기 위해 이 프로그램을 계획하였습니다. NCI는 발리문재생회사, 더블린자치체, 발리문 파트너십, 발리문 주택전담위원회와 긴밀히 협조하여 재생과 관련된 대변화를 주민들이 잘 극복할 수 있도록 도와주기 위한 이주프로그램을 개발하였습니다.

이주프로그램은 주민들이 그들의 새 이웃 안에서 지속가능한 지역사회를 만들고 지속하여 결과적으로 재생을 성공으로 이끌어 나가는데 도움을 주는 데에 목적이 있습니다.
이 코스는 다음을 통해 도움을 주게 될 것입니다

- 자신감 배양
- 정보와 지식 제공
- 능력 개발
- 회고 모임
- 사회경제에 대한 폭넓은 정책에 대한 이해력 개발
- 지역사회 네트워크 강화에 공헌

CAFTA (지역 및 가족교육센터)는 적극적으로 프로그램을 전파할 것입니다. NCI 역시 Poppintree환경연합과 MABS(재정 및 자금상담 서비스) 및 더블린 에너지관리소가 전문 정보를 제공할 것이라는 사실에 기뻐하고 있습니다. 이주프로그램에 참가하는 각 가정에게는 수료증가 주어질 것입니다.

예술 및 지역 자원센터

멋진 극장, 카페, 교육실 등을 포함한 예술 및 지역 자원센터의 준공을 위해 건설 인력들이 2월 McDonagh타워 인접 부지로 투입되었습니다.

스토맨스타운 하우스에서 있었던 저녁 축하파티에서 샹겐 에비뉴 주민과 함께한 행정장관 Noel Ahern 하원의원

발리문재생회사 (BRL) 더블린 9가 발리문로 스토맨스타운 하우스
전화: 8421144 팩스: 8421443 이베일: brl@brl.ie http://www.brl.ie
더블린자치체회사

BALLYMUN

BALLYMUN

REGENERATION NEWS

May 2000 Issue 16

INSIDE

BUSINESS & TECHNOLOGY PARK APPROVED

Dublin City Council approved a proposal by Ballymun Regeneration Ltd and Green Property Plc to form a fifty-fifty joint venture company to develop the Ballymun Business and Technology Park. Ballymun Business and Technology Park Developments Ltd will develop between 90 and 100 acres of land on the Ballymun junction, fronting onto the M50 and the Ballymun Road. It will be developed in tune with the Masterplan for the new Ballymun and will provide many opportunities for local employment.

"Green Property Plc sees the Ballymun Business and Technology Park as a high profile, flagship project of international significance and that is very important to us," says Ciaran Murray, Managing Director, Ballymun Regeneration.

BALLYMUN'S PAST REMEMBERED

Trinity College Historians "Eneclann" have been appointed to document the history of Ballymun. A major part of this historical report will involve local people from Ballymun telling their own story. The research team will begin work in June and hope to recruit individuals and groups interested in telling their stories and experiences. We also want to include existing knowledge of anyone already involved in local or family history. Participants can receive 3rd level accreditation and there is also the potential for an MA.

For further information contract: The History Project, Ballymun Regeneration, Stormanstown House, Dublin 9 or email us at brl@brl.ie

BALLYMUN

재생소식지

2000년 5월 제16호

주요기사

- 놀이터 디자인, 발리문 아이들과 함께
- ABC2000 캠페인에 대한 의견을 알려주세요
- 건축공사 새 소식
- 이주 지원 프로그램

발리문의 과거 회상

'에네클란(Eneclann)' 연구소가 발리문의 역사를 기록하는 기관으로 지명되었습니다. 이 역사보고서의 주요 부분에 발리문 주민들이 말하는 실제 이야기가 포함될 것입니다. 연구팀은 6월부터 작업에 들어갈 것이며 자신의 이야기를 들려줄 개인이나 그룹을 모집하길 원합니다. 지역역사 및 가문역사 분야에 종사하던 분들의 지식도 포함시키려 합니다. 참가자는 고등교육기관 자격을 받을 수 있으며, 문학 석사 취득의 가능성도 있습니다. 더 자세한 사항에 대해서는 아래로 연락 주십시오.

역사 프로젝트, 발리문재생회사, 스토맨 스타운 하우스, 더블린 9가 혹은 brl@brl.ie로 메일 주십시오.

비즈니스 및 기술단지 승인

더블린시의회는 발리문 비즈니스&기술단지 개발에 있어서 발리문재생회사와 Green Property Plc사가 50대50의 지분으로 합작투자회사를 결성한다는 제안을 승인하였습니다. 발리문 비즈니스 및 기술단지 개발회사는 M50 고속도로와 발리문 로드(Ballymun Road)가 접하는 발리문 교차로에 위치한 90-100에이커의 부지를 개발할 것입니다. 이것은 발리문 마스터플랜과 조화를 이룰 수 있도록 개발될 것이며, 이를 통해 지역 고용 기회를 제공하게 될 것입니다.

발리문재생회사의 씨아란 머레이(Ciaran Murray) 사장은 "Green Property Plc사는 발리문 비즈니스 및 기술단지를 국제적으로 의미가 있는 중요한 사업으로 발리문에게 있어서 매우 중요하다고 생각합니다."라

Continued from page 1

High quality landscaping will be fundamental to the design, providing elegant and safe open places to complement the buildings. Energy consumption will be minimised during construction and operation of the Business and Technology Park. Public transport, cycle and pedestrian facilities will be emphasised on site.

Employment:

The project management team will appoint an Employment Liaison Officer as a facilitator between potential employers and the local community, schools, colleges, employment groups and statutory bodies. He or she will work with the Local Employment Service, Ballymun Job Centre and the Ballymun Partnership.

An "Employment Exchange" building will be one of the first buildings on site and will be central to the local employment drive. It will be made available free of charge for the duration of the development process to all prospective employees and employers, relevant statutory and community organisations, groups and individuals.

Community focus:

"The Employment Exchange building will continue as a centre for interaction between the local community and the occupiers of the Business and Technology Park with displays of products produced on site and presentations and exhibitions to the local community and schools of new technological innovations," says Ciaran Murray.

"In developing the site, we will be seeking to maximise links with the existing fabric of Ballymun," says Stephen Vernon, Managing Director, Green Property Plc.

Ballymun Arts and Community Resource Centre

An Taoiseach, Bertie Ahern, TD, wearing the colourful Arts & Community Resource Centre yellow cap with pupils from Holy Spirit Girls & Boys National School, Scoil an Tseachtar Laoch, Virgin Mary National School and St Joseph's National School.

Ballymun Arts and Community Resource Centre team was delighted to welcome An Taoiseach, Bertie Ahern, T.D. and Sile De Valera, TD, Minister for Arts & Culture to officially turn the first sod at the site of the new centre in April. This community led project costing £5.9 million is supported by the EU Urban Programme through Round Limited, Ballymun Partnership, Dublin Corporation, The Department of Arts, Heritage, Gaeltacht and the Islands, the Department of the Environment and Local Government and Ballymun Regeneration Limited. An Taoiseach praised the hard work and commitment by local arts and community development groups who campaigned to ensure Ballymun Arts and Community Resource Centre will soon be a reality.

BRL's in-house architects designed the building and Duggan Brothers started construction work on the site which is near McDonagh Tower in March. Facilities at the centre will include a theatre with seating for approximately 200 people, a second performance space, training rooms, crèche, café bar, recording studio, offices for community development groups and other space for various uses.

Contact Sean Cooke at the Ballymun Partnership, telephone 842 3612 for more information.

고 말했습니다. 건물들과 더불어 품위 있고 안전한 공공장소를 제공하기 위해서 양질의 조경디자인은 필수적입니다. 비즈니스 및 기술단지의 건설과 운영 시 에너지 소비를 최소한으로 할 것입니다. 대중교통과 자전거 및 보행자를 위한 시설들이 강조될 것입니다.

고용

사업 관리팀은 잠재고용주와 지역사회, 학교, 대학, 고용단체, 법정기관 사이에서 연결자 역할을 담당할 고용교섭담당관을 지명할 것입니다. 그/그녀는 지역고용서비스, 발리문취업센터, 발리문 파트너쉽과 함께 일하게 될 것입니다. "공공 직업소개소" 건물은 부지에 들어서는 첫 번째 건물이 될 것이며, 지역 고용 창출에 있어서 중심 역할을 할 것입니다. 개발기간 동안 잠재고용인과 고용주, 관련 관련 법정기관과 지역기업 및 지역조직과 개인들은 무료로 이용하게 될 것입니다.

지역 포커스

씨아란 머레이(Ciaran Murray)씨는 "공공직업소개소 건물은 지역사회와 비즈니스 및 기술단지 입주자 간 상호작용의 중심역할을 계속해 나갈 것입니다. 단지 내에서 생산된 제품을 전시하고 지역사회와 학교에 혁신기술을 소개하는 전시회를 가질 것입니다."라고 말했습니다.

Green Property Plc사의 스테펜 버논(Stephen Vernon)사장은 "저희는 부지 개발에 있어서 발리문의 기존 사회구조와의 연계를 최대화하는데 중점을 둘 것입니다."라고 말했습니다.

발리문 예술 및 지역 자원센터

Holy Spirit Girls&Boys공립학교와 Scoil an Tseachtar Laoch학교, 성모마리아공립학교, 성 죠셉공립학교의 학생들과 함께 예술 및 지역 자원센터 모자를 쓰고 있는 공화국수상 버티 에이헌(Bertie Ahern) 하원의원

발리문 예술 및 지역 자원센터팀은 공화국수상 버티 에이헌(Bertie Ahern) 하원의원과 예술문화부장관 사일 드 발레라(Sile De Valera) 하원의원을 4월에 있을 센터 부지 착공식에서 첫 삽을 뜰 인사로 모시게 된 것을 기뻐했습니다. £5백9십만 비용이 드는 사업을 이끄는 이 팀은 Round사, 발리문 파트너쉽, 더블린자치체, 지역문화유산국, 환경자치부, 발리문재생회사을 통해 유럽연합도시프로그램에 의해 지원을 받고 있습니다. 공화국수상은 발리문 예술 및 지역 자원센터를 실현시킨 지역예술 및 지역개발그룹의 노고와 책임감을 치하했습니다.

건물은 BRL의 사내 설계팀이 설계하였고, 시공은 Duggan Brothers사에 의해 McDonagh타워 인접 부지에서 5월에 시작될 것입니다. 센터 내에는 200명을 수용할 수 있는 극장, 추가 공연 무대, 연습실, 보육원, 카페바, 녹음실, 지역개발그룹 사무실과 기타 다양한 시설들이 포함될 것입니다.

자세한 정보는 발리문연합의 숀 쿡(Sean Cooke)에게 842 3612로 연락바랍니다.

Building Update

Phase 1 Housing:

• Enabling Works on Santry Avenue are progressing on schedule. Bulldozers moved on site in October 1999 to build an access road from Santry Avenue to Shangan Road, to replace sewers and remove pylons and electric cables to enable construction of Phase 1 Housing Schemes at Coultry and Shangan.

• The building contractor for the first houses on Belclare Drive went on site on 2nd May 2000

• The contract is due to be signed in the coming weeks for Shangan Avenue scheme (67 homes) and we hope to see the building contractor on site by the end of May 2000.

• Tenders have been received and are currently being reviewed for the following 5 schemes:

MV Cullinan and Gerry Cahill schemes at Sillogue /Sandyhill, Cathal Crimmins scheme at Burren Court and the Levitt Bernstein and BRL schemes at Coultry/Shangan.

• Tenders have been invited for the MacCormac Jamieson Prichard scheme at Coultry, the Gilroy McMahon and Peter Twamley schemes at Santry Avenue and the O'Mahoney Pike scheme at Balcurris and are due back in May 2000.

• Balcurris scheme is under judicial review.

• First demolitions will take place after the first homes are built and occupied - approximately Autumn/Winter 2001.

Architect Fionnuala Rogerson with Ciaran Murray, Managing Director, BRL and Tom Gilligan, McCabes Builders, signing the contract for the first houses on Belclare Drive which went on site on 2nd May.

Phase 2 Housing:

•Planning applications for all the Phase 2 housing schemes should be lodged with Dublin Corporation before the end of May.

Commercial Property:

• Building contractors Duggan Brothers moved on site in March to build the Arts Centre and it is expected to be completed by Spring 2001 - (story page 2).

• Between 90 and 100 acres of land on the Ballymun junction, fronting the M50 and Ballymun Road, Dublin 9 will be developed as a Business and Technology Park in a joint venture between Green Property Plc and BRL - (see front page story).

Ballymun children help design playgrounds

Local children from St. Joseph's School seen here on a recent visit with Consultants to playgrounds around the city as part of the process of designing Ballymun's 12 new playgrounds.

The children visited Tolka Park playground and the new playground in Sheriff Street accompanied by Sr. Malen de Valle, Aishling Project and Lisa McKnight, LMK Consultants, Playground Specialists.

The children interviewed each other describing their favourite pieces of equipment and what they would like in Ballymun's new playgrounds. They recorded their interviews on dictaphones.

The plans for Ballymun include providing four new regional playgrounds and eight new local playgrounds.

건축공사 새 소식

1단계 주택:

- 산트리 에비뉴(Santry Avenue)지역의 기초공사가 예정대로 진행 중입니다. 컬트리(Coultry)와 샹겐(Shangan)의 1단계 주택계획안을 위한 기초공사인 산트리 에비뉴와 샹겐 로드(Shangan Road)를 잇는 도로 공사, 하수도 교체, 고압선과 철탑 제거를 위하여 1999년 10월 현장에 불도저가 투입되었습니다.
- Belclare Drive지역 1차 신축 주택을 위해 건설시공업체가 2000년 5월 2일 현장에 투입되었습니다.
- 샹겐 에비뉴(Shangan Avenue) 계획안 (67가구)을 위한 계약은 다음주 내에 체결될 것이며, 2000년 5월 말까지 건설하청업체가 현장에 투입될 것입니다.
- 다음 5개 계획안에 대한 입찰 신청을 받았고, 현재 검토 중에 있습니다:
  실로그/산디힐(Sillogue/Sandyhill)지역의 MV Cullinan사와 Gerry Cahill사 계획안, 부렌 코트(Burren Court)지역의 Cathal Crimmins사 계획안, 컬트리/샹겐(Coultry/Shangan)지역의 Levitt Bernstein사와 BRL사 계획안
- 컬트리 지역의 MacCormac Jamieson Prichard사 계획안, 산트리 에비뉴 지역의 Gilroy McMahon사와 Peter Twamley사 계획안, 그리고 발커리스(Balcurris)지역의 O' Mahoney Pike사 계획안이 입찰 권유를 받았고 2000년 5월이 마감입니다.
- 발커리스 현재 위헌심의 중에 있습니다.
- 첫 번째 철거는 2001년 가을이나 겨울쯤 첫 주택이 신축되고 입주가 끝나는 데로 시작할 것입니다.

5월 2일 벨클래어 드라이브지역의 첫 주택 시공 계약서에 서명을 하고 있는 건축가 피오누알라 로저슨(Fionnuala Rogerson)와 BRL 사장 씨아란 머레이(Ciaran Murray), 그리고 McCabes Builders사의 톰 길리간(Tom Gilligan)

2단계 주택:

- 2단계 주택 계획안을 위한 건축허가 신청서는 5월 말 전에 더블린자치체에 제출되어야 합니다.

상업용 부지:

- 2001년 봄까지 완공 계획인 예술센터의 착공을 위해 건설하청업체 Duggan Brothers사가 3월 현장에 투입되었습니다. (2페이지 기사)
- M50고속도로와 더블린9가의 발리문 로드(Ballymun Road) 접하는 발리문 교차점에 위치한 90-100에이커의 부지는 Green Property Plc사와 BRL의 합작 투자에 의해 비즈니스 및 기술단지로서 개발될 것입니다. (1면 기사)

놀이터 디자인, 발리문 아이들과 함께

발리문에 12개의 새 놀이터를 디자인하는 과정의 일환으로 도심의 놀이터들을 방문 중인 성 요셉 학교의 학생들과 자문가들의 사진입니다.

아이들은 Aisling프로젝트의 말렌 드 발레(Malen de Valle)수녀, LMK컨설팅회사의 리사 맥나이트(Lisa McKnight)와 놀이터 전문가들과 함께 톨카 공원(Tolka Park) 놀이터와 쉐리프 스트리트(Sheriff Street)에 새로 개장한 놀이터를 방문하였습니다.

아이들은 자신이 가장 마음에 들었던 기구가 무엇인지, 발리문의 새 놀이터에 어떤 시설이 생겼으면 좋겠는지 등에 대해 서로 이야기를 나누었습니다. 그들의 이야기는 녹음하여 기록되었습니다.

발리문 놀이터 계획에는 지역놀이터 4곳과 동네놀이터 8곳이 포함되어 있습니다.

Transition Programme

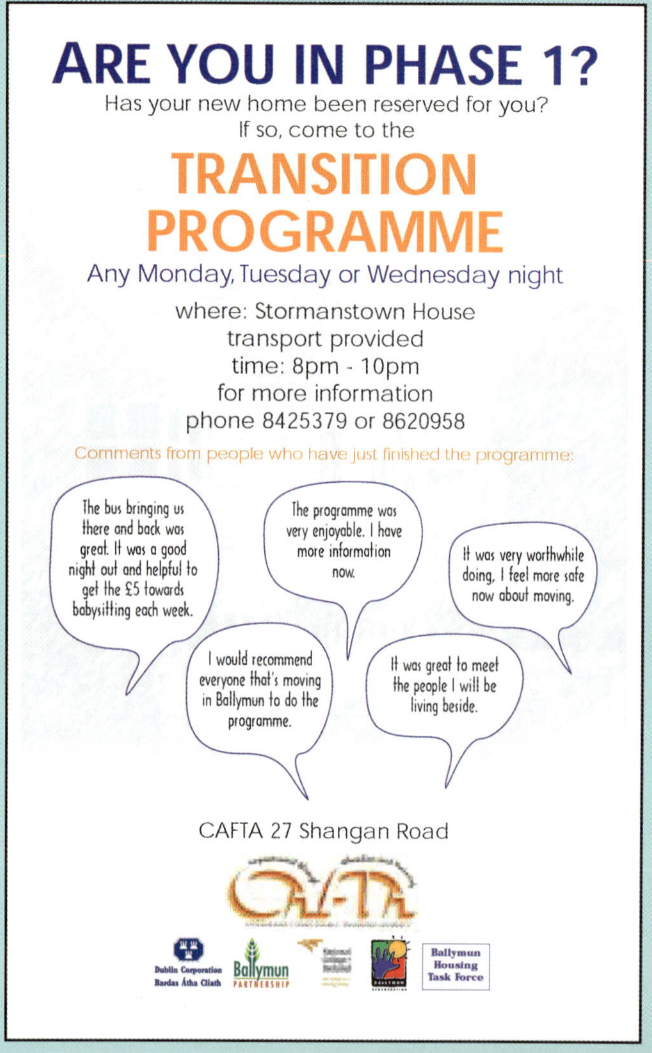

Residents at the Transition Programme.

Residents have given their enthusiastic approval to the Transition Programme which is held every Monday, Tuesday and Wednesday evening for people moving into new homes. It is specially designed to help residents cope with regeneration and should help to build communities in the new neighbourhoods. The programme:

- gives residents a chance to meet new neighbours
- provides information about the new homes
- brings people to see their new homes being built
- deals with maintenance, safety and security issues
- provides information on housing costs and budgeting.

CAFTA believes that the programme will give residents the opportunity to help create a community where people will be happy and proud to live, and that it will help to create a safe and good place for children to grow up.

Tell us what you think - the ABC2000 campaign

Ballymun will be buzzing with activity this summer, thanks to the ABC2000 campaign. ABC2000 aims to involve as many adults as possible in physical activity like walking the dog, climbing the stairs instead of using the lift, playing games, gardening and cycling / walking instead of using the bus.

We want Ballymun's 500+ older people to get active over the next few months. First we need to know what people want to do. We will send out questionnaires and invitations to participate in meetings over the next few weeks.

Get involved. Tell us what activities you want and make Ballymun a place where you and your friends can enjoy doing what you like. Send your ideas to Nuala at Ballymun Regeneration.

Ballymun Regeneration Ltd (BRL) Stormanstown House Ballymun Road Dublin 9
ph: 8421144 fax: 8421443 E-mail: brl@brl.ie http://www.brl.ie
A Dublin Corporation Initiative

이주 지원 프로그램

1단계 대상이세요?

이주하실 신 주택이 있으세요?
그렇다면 참여하세요.

이주 지원 프로그램

매주 월요일, 화요일, 수요일 저녁

장소: 스토맨스타운 하우스
교통편 제공
시간: 오후 8시 – 10시
자세한 사항은
8425379나 8620958로 전화주세요

아래는 프로그램을 마친 분들의 말씀입니다.

버스로 우릴 데려가고 데려다 줘서 좋았어요. 저녁에 외출해서 좋았고, 아이들의 베이비시터 비용으로 매주 받은 £5도 도움이 되었어요.

매우 재미있는 프로그램이었어요. 많은 정보를 알게 되었어요.

참여할 가치가 있어요. 이사에 대한 걱정을 덜었어요.

발리문으로 이주하는 모든 사람들에게 추천합니다.

근처에 같이 살게 될 사람들하고 만나서 좋았어요.

CAFTA Shangan Road 27번지

이주 지원 프로그램에 참석한 주민들

주민들은 신 주택 이주자를 대상으로 매주 월,화,수요일에 열린 이주 지원 프로그램에 대해 매우 긍정적인 평가를 해주셨습니다. 이 프로그램은 주민들이 재생과정에 적응할 수 있도록 도와주기 위한 목적으로 만들어졌으며, 새로 건설되는 지역 안에서 지역사회를 구성하는데 도움을 줄 것입니다. 이 프로그램은:

- 새로운 이웃과 만날 수 있는 기회 제공
- 신축 주택에 관한 정보 제공
- 신축되고 있는 주택 견학 기회 제공
- 유지관리, 안전, 보안 관련 문제 해결 능력 배양
- 주택 비용과 자금 관련 정보 제공

CAFTA(지역 및 가족 교육센터)는 이 프로그램이 주민들이 행복하고 자부심을 가지고 살 수 있는 지역사회를 만들고 아이들이 성장하는데 안전하고 도움이 되는 환경을 조성하는데 도움을 줄 것입니다.

ABC2000 캠페인에 대한 의견을 알려주세요

발리문은 올 여름 ABC2000캠페인 덕택에 매우 분주해 질 것입니다. ABC2000은 개 산책시키기, 엘리베이터 대신 계단 사용하기, 운동하기, 정원 가꾸기, 버스 대신 자전거타기 혹은 걷기 등의 활동에 최대한 많은 성인을 참여시키는데 그 목적을 두고 있습니다.

저희는 앞으로 몇 달 안에 발리문의 노인 500명 이상을 참여시키고 싶습니다. 먼저 저희는 누가 참여에 관심 있는지를 알아야 합니다. 저희는 향후 몇 주간 설문지와 모임 참석 초대장을 보내드릴 것입니다.

참여하세요. 여러분이 원하는 활동이 무엇인지 알려주시고, 어떻게 하면 발리문이 모든 사람이 즐길 수 있는 곳이 될지 알려주세요. 여러분의 생각을 발리문재생회사의 누알라(Nuala)에게 보내주십시오.

발리문재생회사 (BRL) 더블린 9가 발리문로 스토맨스타운 하우스
전화: 8421144 팩스: 8421443 이메일: brl@brl.ie http://www.brl.ie
더블린자치체회사

BALLYMUN

REGENERATION NEWS

June/July 2000 Issue 17

INSIDE

NEWS FLASH!

Details of the work starting on Phase 3 Housing will be announced at a special reception in August. Members of the BRL Board, the Task Force, the Forums and local City Councillors will be invited to the reception in Stormanstown House on a date soon to be confirmed.

4-year old Eric Rooney helped An Taoiseach, Bertie Ahern, TD, and Cllr Mary Freehill, Lord Mayor of Dublin, turn the first sod to mark the start of building the first new homes in Shangan on Friday 19th May.

TAOISEACH & RESIDENTS CELEBRATE BUILDING START

History was made in Ballymun on Friday 19th May 2000 when An Taoiseach Bertie Ahern TD and the Lord Mayor of Dublin, Cllr Mary Freehill, turned the first sod to mark the start of building the first 137 homes in Poppintree, Shangan and Coultry. Residents were entertained on the Shangan site by the Earl Street Stringers jazz band and celebrated in style with a champagne breakfast. The high-profile launch was also attended by the Minister for the Environment & Local Government and local representatives from Dublin City Council.

Bertie Ahern said it was an important, historic occasion for him and he was

BALLYMUN

BALLYMUN

재 생 소 식 지

2000년 6월/7월 제17호

주요기사

- 발리문 아이들을 위한 새로운 놀이터
- 해 주실 이야기가 있으세요?
- 건설공사 붐
- 현장 안전은 우리 모두의 책임
- 발리문의 활기찬 삶
- 발리문의 스포츠와 여가 필요성에 대한 장관의 의견

뉴스속보

9월에 있을 특별 공식연회에서 3단계 주택 공사 착공에 대한 상세정보가 발표될 것입니다. BRL이사회, 전담위원회, 포럼 지역 시의회의 구성원들은 내용이 정해지는대로 스토맨스타운 하우스에서 있을 공식연회에 초대될 것입니다.

5월 19일 금요일 있었던 샹겐(Shangan)지역의 주택 신축 착공식에서 첫 삽을 뜨고 있는 공화국수상 버티 에이헌(Bertie Ahern) 하원의원과 더블린시장 마리 프리힐(Mary Freehill)시의원을 돕고 있는 4세의 에릭 루니(Eric Rooney)

수상과 주민, 건설 착공 축하

공화국수상 버티 에이헌(Bertie Ahern) 하원의원과 더블린시장 마리 프리힐(Mary Freehill)시의원이 파핀트리(Poppintree)와 샹겐(Shangan) 및 컬트리(Coultry) 지역의 신 주택 137가구 건설의 착공을 알리며 첫 삽을 뜨는 것과 동시에 2000년 5월 19일 금요일은 발리문 역사에 한 줄을 장식하는 날이 되었습니다. 주민들은 Earl Street Stringers 재즈밴드와 함께 샹겐 부지에서 즐거운 시간을 보내면서, 샴페인을 곁들인 아침식사를 하면서 축하의 시간을 보냈습니다. 세간의 주목을 끌었던 이번 착공식에는 환경자치부장관과 더블린시의회 지역대표들도 함께 참석하였습니다.

버티 에이헌씨는 그 자리가 자신에게 있어서도 매우 중요하고 역사적인 사건이

Continued from page 1

delighted that the regeneration programme was now truly underway.

Building contractors are now on site building

- 10 units in Poppintree - McCabe Builders
- 67 units in Shangan - Gem Contractors
- 60 units in Coultry - McInerney Construction

As soon as the first 137 houses are built, the residents will move into their new homes and when the balance of Phase 1 is completed next year, ten of the high rise flat blocks will be demolished.

These new home designs were designed by five of Ireland's top architectural firms and will have high-energy efficiency, thanks to specifications that are higher than the current recommended Building Regulations. McCrossan O'Rourke, McGarry Ní Eanaigh and Derek Tynan Architects designed one scheme while Fionnuala Rogerson Architects and Ballymun Regeneration's own in-house team of architects designed the other two schemes.

As well as re-housing existing residents of Ballymun we'll be building a number of homes in each phase for sale on the open market," said Ciaran Murray. "All will be affordable homes and we expect demand for them to be very strong. Ballymun is now being seen as a good location to live in and invest in and we are getting a lot of enquiries from people interested in the new town," he said.

A total of 2,820 homes will be built over the next 8 - 10 years in Ballymun.

The area forums made vital and valuable contributions during the consultation process and we are most grateful for their involvement," said Peter Davitt, Chairman, Housing Task Force.

Doctor of Sociology Laurence Cox, researcher with Eneclann with Kathleen Higgins and Joan McDonald from Coultry Grove at the launch of the Ballymun History Project.

Building Blitz

These days it seems like everywhere you look there's building contractors, site offices and large machinery. The construction phase of the regeneration is well and truly underway and more work is scheduled to start before the end of the summer.

Shangan Forum Area

- Gem Construction Ltd. started building the three schemes of 67 houses at Shangan Avenue in early May for the residents of 57 to 120 Shangan Avenue.
- The construction of the new road and drains at the Virgin Mary church is almost complete. This will allow the Levitt Bernstein scheme to start on site in August.

Coultry Forum Area

- McInerney Construction started building 60 new houses on site near Coultry Way, Shangan Park and Shangan Crescent.
- Work also started on the new pitch at Coultry as well as a temporary kick-about area near the last block on Coultry. This should be available for limited use in the new year and the kick about area will be available early in August.
- Tenders are being examined for the MJP scheme of 101 houses and the LBA scheme of 95 houses. Building work is expected to start on these schemes in August when the Roadworks and drains are completed. Tenders are being examined for 60 new houses along Santry Avenue and building work is expected to start at the end of September.

Sillogue/Sandyhill Forum Area

- A contract has been signed with Harvey Constructing to build 101 new houses on the site between Sandyhill Avenue and Belclare Crescent. The building is expected to start on site in August.

Poppintree Forum Area

- Work is in progress on the scheme at Belclare Drive.
- Work is also in progress on realigning Balbutcher Lane between Belclare Drive/Crescent and Dolmen Court. When this work is completed, construction will start on 71 new houses at this location.

Balcurris/Balbutcher Forum Area

- Tenders are being examined in respect of the 57 new houses adjoining Balcurris Gardens.

며 재생프로그램이 실제로 진행되는 모습에 기쁨을 감출 수 없다고 하였습니다.
건설하청업체들은 현장에서 다음 공사들을 진행 중입니다.

- 파핀트리지역의 10가구 – McCabe Builders사
- 샹겐지역의 67가구 – Gern Construction사
- 컬트리지역의 60가구 – McInerney Construction사

이 137가구의 건설이 완공되자마자 주민들의 이주가 시작될 것이며, 그 다음해 1단계 정착이 안정이 되면 탑상형집합주택 10동의 철거가 시작될 것입니다.
이 신축 주택들은 아일랜드의 5개 일류 설계사무소에서 디자인하였으며, 현재의 건축법에서 명시하는 기준보다 높은 에너지 고효율 주택입니다. 1개안은 McCrossan O' Rourke, McGarry NiEanaigh, Derek Tynan 설계사무소가 디자인하였고, 나머지 2개안은 Fionnuala Rogerson설계사무소와 발리문 사내설계팀에서 디자인하였습니다.
씨아란 머레이(Ciaran Murray)씨는 "저희는 발리문 기존 주민을 위한 주택을 신축하는 것과 더불어, 각 단계마다 일반 대중 대상 분양을 목적으로 추가로 주택을 신축할 것입니다." 라고 하면서, "이 주택들은 모두 저소득주택으로 수요가 많으리라 예상하고 있습니다. 발리문은 이제 살기 좋고 투자하기 좋은 지역으로 알려졌으며, 우리의 신 도시에 관심 있는 사람들로부터 많은 문의를 받고 있습니다." 라고 덧붙였습니다.
발리문에는 앞으로 8 ~ 10년 간 총 2,820가구가 신축될 것입니다.
주택전담위원회의 피터 다빗(Peter Davitt) 회장은 "지역포럼들은 자문과정에서 매우 중요하고 소중한 공헌을 해주셨으며, 저희는 그들의 참여에 진심으로 감사드립니다." 라고 말했습니다.

발리문 역사프로젝트 착수식에서 사회학 박사 로렌스 콕스(Lawrence Cox)씨와 에네클란(Eneclann)연구소의 캐서린 히긴스(Kathleen Higgins)씨와 컬트리(Coultry) Grove연합의 조안 맥도날드(Joan McDonald)

건설공사 붐

최근 어디를 가나 건설하청업체들과 현장사무소 및 공사장비들을 보게 되는 것 같습니다. 재생의 공사 단계는 현재 계획대로 진행되고 있으며, 여름이 지나가기 전에 새롭게 시작될 공사도 더 있습니다.

샹겐(Shangan) 포럼지역

- Gem Construction Ltd사는 5월 초 샹겐 에비뉴(Shangan Avenue) 57 – 120번지 주민들을 위한 67가구 주택 신축의 3개 계획안 공사를 시작했습니다.
- 성모마리아교회의 신 도로와 배수시설 공사는 거의 완료 되었습니다. 이로써 8월 Levitt Bernstein설계사무소 계획안이 착공에 들어갈 수 있게 될 것입니다.

컬트리(Coultry) 포럼지역

- McInerney Construction사는 컬트리 웨이(Coultry Way), 샹겐 공원(Shangan Park), 샹겐 크레센트(Shangan Crescent) 인근 부지에 60가구 주택 신축 공사를 시작했습니다.
- 컬트리 지역의 남아있는 구 아파트 근처의 임시 축구장을 비롯하여 컬트리에 새로 생긴 운동장 부지의 공사도 시작되었습니다. 새 운동장은 내년이 되어서야 제한된 사용이 가능해 질 것이며, 임시 축구장은 8월 초면 사용이 가능해 질 것입니다.
- 입찰 신청이 된 MJP사의 101가구 계획안과 LBA사의 95가구 계획안을 검토 중입니다. 이 계획안들의 공사는 도로와 배수로 공사가 끝나는 8월에 시작될 예정입니다. 또한, 산트리 에비뉴를 따라 신축되는 60가구 계획안도 검토 중에 있으며, 착공은 9월 말이 될 예정입니다.

실로그/산디힐(Sillogue/Snadyhill) 포럼지역

- 산디힐 에비뉴와 벨클래어 크레센트(Belclare Crescent)사이의 부지에 신축될 101가구 건설공사를 위해 Harvey Constructing사와 계약서에 도장을 찍었습니다. 착공은 8월 예정입니다.

파핀트리(Poppintree) 포럼지역

- 벨클래어 드라이브(Belclare Drive)지역 계획안에 따라 공사가 진행 중입니다.
- 벨클래어 드라이브/크레센트와 돌멘 코트(Dolmen Court)사이 발부쳐 레인(Balbutcher Lane)지역의 재조정 공사가 진행 중입니다. 이 작업이 완료되면, 이 지역에 신축될 71가구 건설공사가 시작될 것입니다.

발커리스/발부쳐(Balcurris/Balbutcher) 포럼지역

- 감독관들은 발커리스 공원(Balcurris Gardens) 인근 신축될 57가구 주택 계획을 검토 중입니다.

Have you got a story to tell?

Mary O'Connor snr (sitting) from Sandyhill Gardens, with her grandchildren Patricia (11), Karen (6) and Stephen (3) and her daughter Mary from Balcurris Road at the launch of the Ballymun History Project.

Ballymun Regeneration and Eneclann, professional Historians and Sociologists from Trinity College Dublin, launched the oral history project to a capacity crowd on Thursday 29th June 2000.

Ballymun Regeneration have commissioned Eneclann to work with residents and local historians to record the history of Ballymun. The project will involve architecture, stories told by local people in face-to-face interviews and on video, documents/photos and footage from RTE and other media.

Eneclann will compile all of this information to create an archive that will hopefully be updated and maintained by the local community.

Architectural history

A history of the architecture of Ballymun from the time it was farm land to the present day will be researched and compiled. An Architectural Historian will compile a comprehensive set of original maps and drawings of the housing built in the 1960's and 1970's. This will be displayed with the drawings and plans for the new housing and buildings being designed as part of the regeneration process.

Marie Kenny from Silloge, 1st Tenant to move into Ballymun (2nd August 1966) and Bridget Cushen, Burren Court.

Documents and film footage

The second part of the project will examine the history of Ballymun as told in documents and film footage. If you have documents like letters, photos, old rent books, etc that would help to tell the story of Ballymun, please let the historians know. Eneclann will also compile an archive of film footage from RTE and other sources.

Oral history

The final and very important element of the project will involve recording the oral history of Ballymun as told by local people and people living in the surrounding areas. A number of local people will be recruited to research, interview people and record their stories and memories. People can also tell their story at video booths which will be located around Ballymun. Interviews recorded by the local researchers will be written up for current residents and future generations to look back at how the community developed.

Also at the launch were (back row l-r) Pat McBride, Researcher from Eneclann and Evelyn Hanlon, Ballymun Regeneration; (front row l-r) Molly Moran, Shangan; Maura Walsh, Sillogue Gardens and Ellen O'Neill, Santry (formerly Sillogue Gardens).

Get Involved

Ballymun Regeneration wants to hear from people wishing to tell a story to the researchers and from anybody with documents or photographs they feel would be of interest.

Eneclann wants to hear from people interested in doing research for the history project and are hoping to source funding so an allowance can be paid to the local researchers. They are also interested in hearing from anyone interested in obtaining their Masters Degree (MA) as part of the project. All enquiries to Ballymun Regeneration at 01-842 1144.

해 주실 이야기가 있으세요?

발리문 역사프로젝트 착수식에서 산디힐 가든스(Sandyhill Gardens) 주민 마리 오코너(Mary O' Connor)씨(착석)와 그녀의 손녀와 손자 파트리샤(11), 카렌(6), 스테판(3) 및 발커리스 로드(Balcurris Road)지역에서 온 그녀의 딸 마리(Mary)

발리문재생회사와 더블린 트리니티대학의 역사학 사회학 전문 연구소인 에네클란(Eneclann)연구소는 2000년 6월 29일 화요일 만석을 이룬 상태에서 구전역사프로젝트를 시작 하였습니다.

발리문재생회사는 발리문의 역사 기록을 위하여 에네클란 연구소에 주민과 지역역사가들과 함께 일할 것을 의뢰하였습니다. 프로젝트에는 건축, 지역주민들과의 개별 인터뷰나 비디오 자료로부터의 이야기, 사진과 문서, RTE방송국과 다른 매체로부터의 영상자료 등이 관련될 것입니다.

에네클란연구소는 이 모든 자료를 수집하여 기록보관소를 만들 것이며, 이것은 지역사회에 의해 업데이트되고 유지 관리 되기를 희망하고 있습니다.

건축 역사

발리문이 농장지역이었던 시절부터 현재까지의 발리문 건축 역사가 연구되고 자료가 수집될 것입니다.

발리문의 1호 이주자 (1966년 8월 2일)인 실로그(Sillogue)주민 마리에 케니(Marie Kenny)씨와 부렌 코트(Burren Court)주민 브리짓 쿠센(Bridget Cushen)씨

건축역사담당자는 1960대에서 1970년대 사이에 지어진 주택의 원본 도면과 그림들을 포괄적으로 수집될 것입니다. 이 자료들은 신축될 주택과 재생과정 지어질 건물들의 도면 및 계획안과 함께 전시될 것입니다.

문서와 영상자료

프로젝트의 2장은 문서와 영상자료에서 나타나는 발리문의 역사에 관해 다루게 될 것입니다. 만약 여러분이 편지, 사진, 고서 등 발리문의 이야기에 도움이 될 만한 문서자료를 가지고 계시다면, 역사저작자에게 알려주십시오. 또한, Eneclann연구소는 RTE방송국와 기타 출처로부터의 영상자료 기록보관소를 만들 것입니다.

구전 역사

마지막으로 프로젝트에서 매우 중요한 요소로서 지역주민과 인근 지역주민들의 발리문에 대한 구전 역사를 기록할 것입니다. 이를 연구하고 사람들과 인터뷰를 하고 그들의

착수식에 참가한 (뒤열 좌–우) 에네클란연구소의 팻 맥브리드(Pat McBride) 연구원, 발리문재생회사의 에블린 한론(Evelyn Hanlon)씨, (앞열 좌–우) 샹젠주민 몰리 모란(Molly Moran)씨, 실로그 가든스 주민 마우라 월쉬(Maura Walsh)씨, 산트리(구실로그 가든스) 주민 엘렌 오네일(Ellen O' Neill)씨

이야기와 기억을 기록하기 위해 많은 지역 주민들이 고용될 것입니다. 또한, 주민들은 발리문 곳곳에 설치될 비디오 부스에서 자신들의 이야기를 해도 됩니다. 인터뷰는 지역 연구자들이 녹음하고 문서화하여, 현재 거주자나 다음 세대들이 지역 발전상에 대해 돌아볼 수 있도록 할 것입니다.

참여하세요

발리문재생회사는 연구자들에게 이야기를 들려주고 싶어하는 분들과 흥미롭다고 생각되는 문서나 사진을 가지고 있는 분들의 연락을 기다리고 있습니다.

에네클라(Eneclann)연구소 역시 역사프로젝트 연구에 관심 있는 분들의 이야기를 기다리고 있으며, 지역 연구자들에게 지급할 봉사료를 위한 재원을 찾고 있습니다. 또한, 프로젝트의 일환으로 석사학위 취득에 관심이 있는 분들의 연락을 기다리고 있습니다. 모든 문의는 01-842 1144 발리문재생회사로 연락주십시오.

Minister told of Ballymun's sport and leisure needs

Dr. Jim McDaid TD, Minister for Tourism, Sport & Leisure, Cllr Deirdre Heney and Ciaran Murray, Managing Director, BRL.

Dr. Jim McDaid TD, Minister for Tourism, Sport & Leisure visited Ballymun on 18TH May, where he heard about Ballymun's regeneration plans. Ciaran Murray, Managing Director of Ballymun Regeneration compared Ballymun to towns of a similar size such as Sligo and spoke to Minister McDaid about the need for Ballymun to have the sports and leisure amenities and facilities that towns like Sligo have.

Ballymun Regeneration did a Feasibility Study on a Town Centre Sports Complex incorporating a Swimming Pool and Sports Hall. The existing pool is over twenty five years old and is quite inadequate for the existing population in Ballymun, never mind the extra people who are expected to work and live in the area as a result of the regeneration programme. The pool is used mainly by school children with fewer than 200 adults using it last year.

The Feasibility Study concludes that it would not be feasible to refurbish the existing pool and turn it into a Town Centre facility. Ballymun Regeneration has identified a number of alternative sites for the proposed new complex and is currently preparing a brief for the architects who will be designing the new complex.

"In the meantime, we've been doing a lot of consulting with schools, clubs and other local organisations, as well as local people of all ages, to see what sports and leisure facilities people are currently using, as well as what recreation and fun facilities they need and would use, if they were available," said Ciaran Murray.

The kind of facility planned is a 25m leisure pool, with fun additions to attract a family and youth market. The emphasis will be on recreation and swimming, rather than lane swimming. It will have a kiddies fun pool, viewing area, health suite, sauna, steam room, showers and changing facilities and a café or snack bar. A mutli purpose sports hall, with a fitness gym and aerobics studio will complete the complex.

The project is expected to cost in the region of £6 million, BRL is confident that half the money can be raised through Dublin Corporation, its own resources, together with contributions from the local community. It is hoped that the Government will fund the balance of the project.

It is vital that we develop outreach programmes to encourage people to try different activities, according to their interests and ability. This work has just begun and two Sports Development Officers have recently been appointed by Dublin Corporation to help move the process along quickly. The two SDOs will be working mostly with young people and will be a very welcome addition to the community in Ballymun

Physical activity is one of the most important things you can do to maintain your health as you get older. As part of Active Living Ballymun, we want people to encourage people to be more active. A fun physical activity session for older adults is being held every Wednesday during July at 3.15pm in Stormanstown House. Activities will include bowls, petanque, walking and swimming and transport is provided. For more information, please contact Nuala in Ballymun Regeneration, tel. 01-842 1144. Information on activities being held in August will be distributed soon.

ACTIVE
LIVING
BALLYMUN
For Older Adults

발리문의 스포츠와 여가 필요성에 대한 장관의 의견

관광스포츠여가부 장관 밈 맥대드(Mim McDaid) 하원의원과 더드레 헨니(Deirdre Heney) 시의원, BRL의 씨아란 머레이(Ciaran Murray)사장

관광스포츠레저부 장관 밈 맥대드(Mim McDaid) 하원의원은 5월 18일 발리문을 방문하여 발리문 재생계획에 관해 전해 들었습니다. 발리문재생회사 씨아란 머레이(Ciaran Murray) 사장은 발리문을 비슷한 규모의 슬리고(Sligo) 등의 도시와 비교하면서, 맥대드 장관에게 발리문의 스포츠여가 편의시설의 필요성에 대해 이야기 하였습니다.

발리문재생회사는 수영장과 체육관을 포함하는 도시거점스포츠종합센터의 가능성 연구를 하였습니다. 현재의 수영장은 만들어 진지 25년이 넘었을 뿐 아니라, 재생사업 이후 지역에서 일하고 살기를 원하는 새로운 인구를 생각하지 않고 현재 발리문의 기존 인구만을 생각했을 때에도 매우 부족합니다. 이 수영장은 작년 한해 성인 이용자 수는 200명이 안되었고, 주 이용자는 학교 아이들인 것으로 조사되었습니다.

가능성 연구의 결과 기존의 수영장을 보수하여 도시거점시설로 만든다는 것은 불가능하다는 결론을 얻었습니다. 발리문재생회사는 신축 스포츠종합센터 부지를 여러 곳 찾아내었고, 현재는 새 종합센터를 디자인하게 될 건축설계사무소들을 위한 브리핑을 준비 중에 있습니다.

씨아란 머레이씨는 "그 사이, 저희는 현재 사용되고 있는 스포츠레저시설과 주민들에게 필요하고 이용하고 싶은 레크레이션과 놀이시설이 무엇인지 알아보기 위해 학교와 클럽, 기타 지역단체 및 모든 연령의 지역주민들과 수많은 자문의 시간을 가져왔습니다."라고 말했습니다.

계획될 시설은 가족과 젊은 층을 유인할 수 있는 부가시설을 갖춘 25m 규모의 여가용 수영장입니다. 이 수영장은 수영시합보다는 놀이로서의 수영에 중점을 둘 것입니다. 이곳은 유아수영장, 관람석, 운동실, 사우나, 샤워실, 탈의실, 카페와 스낵바 등으로 구성될 것입니다. 헬스장과 에어로빅 스튜디오를 포함한 다용도 실내체육관 역시 종합운동장에 계획될 것입니다.

이 프로젝트는 £6백만 정도의 비용이 소요될 것으로 예상되며, BRL은 더블린자치체와 재생회사 자체재원 및 지역사회의 기부를 통해 이 비용의 반은 모을 수 있다고 확신하고 있습니다. 프로젝트를 위한 나머지 재원은 정부에서 지원해 주길 바라고 있습니다.

주민들의 관심사항과 능력에 따라 그들이 다양한 활동을 할 수 있게 독려하는 지원프로그램을 개발하는 것은 매우 중요한 일입니다. 이 프로젝트는 이제 막 시작했으며, 더블린자치체는 빠른 추진을 도와줄 스포츠개발담당자 2명을 임명하였습니다. 이 2명의 스포츠개발담당자는 대부분 젊은 연령층과 함께 일할 것이며, 발리문 지역사회의 참여를 환영합니다.

노령화가 진행되면서 건강을 유지하는 데 체육활동은 매우 중요한 요소입니다. '활기찬 발리문 생활(Active Living Ballymun)'의 일환으로 저희는 주민들이 더욱 활동적이 되도록 서로 독려하기를 바랍니다. 7월 한달 매주 수요일 오후 3시15분에 스토맨스타운 하우스(Stormanstown House)에서 노인 분들을 위한 재미있는 체육활동모임이 있습니다. 이 모임에서는 볼링, 페탕크, 걷기, 수영, 이동 등의 활동이 수행됩니다. 자세한 사항은 발리문재생회사의 누알라(Nuala)에게 연락하십시오. 전화: 01-842 1144

8월의 프로그램에 대한 정보는 곧 배포될 것입니다.

Site safety is everyone's responsibility

Pupils in an Gael Scoil Bhaile Munna watching the "Game Over" video.

Ballymun Regeneration is committed to an "all accidents are preventable" policy. We aim to establish a strong and lasting culture of Health and Safety throughout the development of the regeneration. We will endeavour to achieve this as follows:

Safety Guidelines Produced

We have produced a "Project Health, Safety & Environmental Strategy" document outlining the high level of standards required from Contractors.

All building sites will be fenced-off and patrolled round the clock by security staff to prevent unauthorised persons, particularly children, entering the site.

Safety Monitor Appointed

John Rizzolo has been appointed as Ballymun Regeneration's Health & Safety Monitor. John is responsible for overseeing compliance of health and safety laws by the Contractor's staff and the public. John is an Engineer with a Masters Degree in Safety Science. He is a full member of the Institute of Occupational Safety and Health.

However, the day-to-day responsibility for the implementation and compliance of health and safety on site rests solely with the Main Contractors.

Protecting Children

- Ballymun Regeneration are taking considerable steps to protect children once building work starts. A series of safety awareness programmes have started to inform children and parents of the dangers on construction sites and in particular unauthorised entry to sites by children. The awareness programmes for children will continue throughout each year of the project.
- All local Ballymun infants and junior schools have seen the first showing of the "Game Over" video highlighting how dangerous building sites can be for children.
- A series of videos highlighting the dangers of construction sites will be commissioned and offered to all local schools and parents; poster design competitions will be held and Health & Safety Newsletters produced.
- Attractive, safe, children-friendly playgrounds will be provided during the construction period so there is space for children to play. These playgrounds will be designed in consultation with Ballymun children and will be provided at various locations.

Public Involvement

Weekly meetings are proposed between the local residents and H&S Officers / Site Managers from the Building Contractors.

Members of the public can report any observed unsafe or unhealthy conditions to Site Managers (at the site office). If you are unable to contact them or are not satisfied with their response, contact John Rizzolo, Project H&S Monitor at Ballymun Regeneration, tel. 01-8421144.

Members of the public who have been injured, or who have suffered any damage to their property, vehicles etc. from the construction activities, are asked to inform BRL as soon as possible, so that immediate, corrective action can be taken to prevent further injuries or damage.

Let's all work together to keep Ballymun safe for residents, children and workers during the construction phase of our regeneration.

Looking for a job?

Ballymun Regeneration Ltd are advising the contractors to recruit labour through the Ballymun Job Centre in order to maximise local labour on the new construction sites. If you are looking for work in the building sector, please register with the Ballymun Job Centre, telephone 01-842 5722.

현장 안전은 우리 모두의 책임

"게임오버" 비디오를 보고 있는 Gael Scoil Bhaile Munna학교의 학생들

발리문재생회사는 "모든 사고는 예방될 수 있다"는 정책을 주장하고 있습니다. 저희는 재생이 진전 되는 과정에서 견고하고 오래가는 건강 · 안전문화를 만드는 것을 목표로 하고 있습니다. 이를 성취하기 위해 저희는 다음과 같이 노력하고 있습니다:

안전 수칙 작성

건설하청업체를 위한 높은 수준의 기준을 규정하는 문서 "프로젝트 건강 · 안전 · 환경 전략"을 만들었습니다. 모든 공사 현장에는 차단벽이 세워지고 안전요원은 시간마다 순찰을 돌아 공사관련자가 아닌 사람, 특히 아이들이 현장에 들어가는 것을 방지할 것입니다.

안전모니터 임명

발리문재생 건강 · 안전 모니터로 존 리졸로(John Rizzolo)씨가 임명되었습니다. 존은 일반인이나 건설하청업체 인부들이 건강 · 안전법을 준수하는지 감시하게 될 것입니다. 존은 안전학 석사학위를 소유한 공학자입니다. 그는 직업 안전과 건강 협회의 정식 멤버입니다. 그러나 평상 시 현장에서의 건강과 안전 수칙을 지키는 책임은 해당 건설업체에 있습니다.

아동 보호

- 발리문재생회사는 건설공사가 시작되면 아동 보호를 위해 많은 조치를 취합니다. 아이들이 공사현장에 무단으로 들어가는 것이 얼마나 위험한 일인지 등에 대한 정보를 아이들과 그 부모들에게 알리기 위한 안전의식 프로그램을 여러 차례 실시해 왔습니다. 이 프로그램은 아이들을 위하여 사업이 진행되는 동안 매년 계속될 것입니다.
- 발리문의 모든 미성년자들에게 공사현장이 아이들에게 어떻게 위험한지를 보여주는 "게임오버"라는 비디오를 상영하였습니다.
- 공사현장의 위험성에 관한 비디오를 계속해서 제작할 것이며 지역 학교와 부모들에게 공급할 것입니다. 포스터공모전이 개최될 것이며, 건강과 안전 소식지가 제작될 것입니다.
- 아이들이 놀 수 있는 공간을 제공하기 위해 공사기간 동안 안전하고 아이들이 좋아할 만한 놀이터가 제공될 것입니다. 이 놀이터의 디자인에는 발리문 아이들이 참여하였으며, 다양한 위치에 제공될 것입니다.

공공 참여

지역 주민과 건설하청업체의 현장감독관 및 H&S(건강과 안전)담당자간의 주간 미팅이 계획되었습니다.

지역 주민은 위험하거나 건강에 해를 끼치는 요소를 발견하였을 때 (현장 사무소에 있는) 현장감독관에게 신고할 수 있습니다. 그들과 연락이 되지 않거나 그들의 대응에 불만을 느끼실 경우, 발리문재생회사의 프로젝트 H&S담당자인 존 리졸로씨에게 연락주십시오. 전화. 01-8421144

현장공사로 인하여 다치거나 차량 등의 재산상의 피해를 입은 주민들은 즉시 BRL로 신고해 주시길 바랍니다. 즉각적인 시정조치를 취하여 또 다른 사고나 피해가 없도록 하겠습니다.

재생의 건설 단계에서 주민과 아이들 및 인부 모두에게 안전한 발리문을 만드는데 우리 모두 함께 노력합니다.

직업을 구하세요?

발리문재생회사는 공사현장에서 지역 노동력의 최대한 활용하기 위하여 발리문 취업센터를 통해 노동 인력을 모집할 것을 하청업체들에게 당부하였습니다. 건설현장에서 일하기를 원하는 분들은 발리문 취업센터에 등록하십시오. 전화. 01-842 5722

Transition Programme

The first module of the Transition Programme developed by National College of Ireland (NCI) for Ballymun Regeneration for the 600 Phase 1 tenants is nearing an end.

NCI employed the services of local education and training providers like CAFTA for the programme which was attended by over 200 residents so far.

Contributors to Module 1 include BRL, Dublin Corporation, Money Advice and Budgeting Services and An Gardaí Siochana.

Residents meet in groups of no more than 25 people on Mondays, Tuesdays or Wednesdays in Stormanstown House from 8.00pm - 10.00pm. The small size of each group gives people a chance to meet their new neighbours and discuss issues of concern to them.

Issues raised include

- how the new town will be managed
- waste disposal
- energy conservation
- landscaping
- naming of new streets and roads
- security
- neighbour conflicts.

One very positive aspect of the programme is the extent to which people are coming together to discuss common problems and solutions including looking at options for working together to ensure that the new town of Ballymun becomes a better place for people to work and live in.

The Transition Programme consists of four modules. The next module will concentrate on interior design, gardening, waste management and energy conservation. There will be specialist contributors to the next module looking at each of these areas including the architects who designed the new housing.

New playgrounds for Ballymun children

Contractors have moved on site in Sillogue and Shangan to begin the ten week building programme on the first new playgrounds in Ballymun. In addition a hard surface kick-about and play area is under construction in Coultry.

A total of 12 playgrounds are being built at a cost of approximately £1.5m. Eight of the new playgrounds will be aimed specifically at younger children while the other four will be regional for all age groups.

As part of the overall playground strategy it is hoped that local people will undergo training and become involved in managing and inspecting the facilities.

Sample of play equipment for 0-6 year olds that will be in the new playground behind Silloge nursery.

Ballymun Regeneration Ltd (BRL) Stormanstown House Ballymun Road Dublin 9
ph: 8421144 fax: 8421443 E-mail: brl@brl.ie http://www.brl.ie

A Dublin Corporation Initiative

이주 지원 프로그램

이주 지원 프로그램의 첫 번째 모듈은 1단계 대상 세입자 600명을 위해 아일랜드 국립대 (NCI)가 개발하였습니다.

NCI는 프로그램을 위해 지역교육기관과 CAFTA와 같은 교육단체를 고용하였고, 지금까지 200명이 넘는 주민들이 이 프로그램에 참가하였습니다.

모듈1에는 BRL, 더블린자치체, 재정 및 자금상담 서비스, 경찰청 등이 공헌하였습니다.

주민들은 스토맨스타운 하우스(Stormanstown House)에서 월,화,수요일 오후 8시 - 10시에 25명 이하 인원으로 모임을 가졌습니다. 각각의 소규모 그룹은 자신들의 새로운 이웃들과 만날 기회를 가지고 서로 걱정하는 문제들에 대해 토의하였습니다.

다루어진 주제들은 다음과 같습니다

- 신 도시의 관리 방법
- 쓰레기 처리
- 에너지 절약
- 조경
- 신 도로와 골목길의 이름
- 안보
- 주민간 갈등

이 프로그램의 가장 긍정적인 부분 중 하나는 신 도시 발리문을 살기 좋은 곳으로 만들기 위해 일반적인 문제를 토의하고 함께 해결책을 찾기 위해 다양한 사람들이 모였다는 것입니다.

이 이주 지원 프로그램은 4개의 모듈로 구성되었습니다. 다음 모듈은 인테리어 디자인, 정원가꾸기, 쓰레기 관리, 에너지절약에 초점을 맞출 것입니다. 다음 모듈에는 신축 주택 디자인을 담당한 건축가 등 각 분야와 관련이 있는 전문가들도 참석할 것입니다.

발리문 아이들을 위한 새로운 놀이터

발리문의 첫 번째 놀이터를 위한 10주간의 건설 프로그램을 시작하기 위해 시공업체가 실로그(Sillogue)와 샹겐(Shangan)지역 현장에 투입되었습니다. 또한, 컬트리(Coultry)에서는 튼튼한 바닥으로 된 운동장과 놀이 공간이 공사 중에 있습니다.

총 12개의 놀이터의 건설에는 약 £1백5십만의 비용이 소요될 것입니다. 8개의 놀이터는 특별히 유아들을 위해 설계될 것이며, 나머지 4개의 놀이터는 지역의 좀더 다양한 연령의 아이들을 위해 설계될 것입니다.

전체적인 놀이터계획 전략의 일환으로 지역 주민들은 훈련을 받고 시설의 관리와 감시에 참여해 주시기를 부탁드립니다.

실로그보육원 뒤편에 생길 놀이터에 설치될 0-6세 아동을 위한 놀이 시설의 예

발리문재생회사 (BRL) 더블린 9가 발리문로 스토맨스타운 하우스
전화: 8421144 팩스: 8421443 이메일: brl@brl.ie http://www.brl.ie
더블린자치체회사

BALLYMUN

TAX INCENTIVES SPECIAL

August 2000

TAX INCENTIVES FOR EXISTING HOUSING IN BALLYMUN

The Integrated Area Plan (IAP) prepared by Ballymun Regeneration Limited identified the need to ensure that residents of existing houses in Ballymun were included in the regeneration programme.

Ballymun Regeneration Ltd. applied to the Government for residential tax incentives to give owner-occupiers an opportunity to refurbish their homes. This is also a means of improving the visual environment and existing housing thereby providing for a more sustainable environment.

In responding to the Integrated Area Plan the Department of the Environment and Local Government decided to grant residential tax incentives for the refurbishment of all existing houses in the Ballymun regeneration area.

The Government has also agreed to fund the upgrading of the drainage in existing timber clad housing as part of the regeneration project. The

세금혜택 특별판

2000년 8월

발리문의 기존 주택을 위한 세금혜택

발리문재생회사에 의해 계획된 통합지역계획 (IAP)에는 기존 주택 거주자를 재생프로그램에 포함시켜야 하는 필요성에 대해 설명되어 있습니다.

발리문재생회사는 자택소유자에게 그들의 주택을 보수할 수 있도록 도와주는 세금혜택안을 정부에 제출하였습니다. 이것은 또한 기존 주택과 그 환경의 개선을 통해 좀더 지속가능한 환경을 제공하는 수단이기도 합니다.

환경자치부는 통합지역계획에 대해 발리문재생 지역 내의 기존 주택의 보수를 위한 거주자 세금혜택안을 마련하기로 하였습니다.

정부 또한 재생사업의 일환으로 기존 목재주택지역의 배수시설의 개선을 위한 자금지원에 동의하였습니다. 발커리스(Balcurris) 1단계 주택개발에는 발

Continued page 2

first phase housing development at Balcurris will include drainage works in Balcurris Gardens and all the other timber clad areas will be upgraded on a phased basis. BRL will also continue to investigate the possibilities of environmental improvements to the existing two storey housing areas throughout the programme.

Tax incentives available under the Urban Renewal Scheme for individual home owners is part of BRL's commitment to improving the environment and the standard of housing for all the residents of Ballymun.

Dublin Corporation is also committed to continuing its maintenance programme for rented housing.

How do I apply?

There are a number of steps to be followed in applying for tax incentives:

Before works commence apply to:

1. Ballymun Regeneration Limited for a Certificate of Consistency with the Integrated Area Plan. A "first stage" certification letter will be issued by BRL within one month from the date of receipt of the written application for certification.

2. The Department of the Environment and Local Government for a Certificate of Compliance or a Certificate of Reasonable Cost. A fee of £50 is payable in respect of an application for a Certificate of Reasonable Cost.

After work is completed:

1. Apply to both Ballymun Regeneration Ltd. and the Department of the Environment and Local Government for final inspections.

2. To claim the relief you should apply to your local tax office with:

   (i) A Certificate of Consistency

   (ii) A Certificate of Compliance or a Certificate of Reasonable Cost.

Assitance from BRL/Dublin Corporation

An inspection of your house will be carried out by both Ballymun Regeneration Limited and the Department of the Environment and Local Government. Inspections will be required both before and after works are completed.

Application forms for the *Certificate of Consistency* (BRL) and the *Certificates of Compliance and Reasonable Cost* will be available at the front desk in Ballymun Regeneration Limited, Stormanstown House, Ballymun Road, Dublin 9.

Ballymun Regeneration with the help of the Dublin Corporation Maintenance Department will provide assistance with the information required by the Department of the Environment and Local Government for the Certificates of Compliance and Reasonable Cost, i.e. provide location maps and house plans.

A design pack will also be available with information and advice on design, materials and construction to ensure that the works comply with the objectives of the Integrated Area Plan.

커리스 가든스 지역의 배수시설 공사가 포함될 것이며, 기타 목재주택 지역은 단계별로 개선공사가 시행될 것입니다. BRL은 사업을 실행해가면서 기존 2층 주택 지역의 환경개선의 가능성에 대해 계속적으로 타진할 것입니다.

개인 주택 소유자를 위한 도시재생계획안의 일환인 세금혜택은 발리문 주민을 위한 주택기준과 환경을 개선하려는 BRL의 또 하나의 노력입니다.

더블린자치체 또한 임대주택에 대한 유지관리 프로그램을 지속할 것을 약속하였습니다.

어떻게 신청하나요?

세금혜택에 지원하기 위해서 따라야 할 몇 가지 절차가 있습니다.

공사를 시작하기 전에 다음을 신청하세요:

1. 발리문재생회사에 통합지역계획과의 '규정부합증명서'를 신청하세요. 증명서 신청서가 접수된 날로부터 1개월 이내에 BRL로부터 "1단계" 증명서가 발행될 것입니다.
2. 환경자치부에 '규정준수증명서'나 '공정비용증명서'를 신청하세요. '공정비용증명서'의 경우 £50의 비용을 지불해야 합니다.

공사를 마친 후:

1. 발리문재생회사와 환경자치부에 최종 점검을 신청하세요.
2. 지역 세무서에 다음 서류와 함께 세금공제를 신청하세요:
   (i) 규정부합
   (ii) 규정준수증명서나 공정비용증명서

BRL이나 더블린자치체로부터의 보조

주택의 점검은 발리문재생회사와 환경자치체부 두 곳에서 모두 실시할 것입니다. 점검은 공사 전과 후 모두 필요합니다.

규정부합증명서(BRL)과 규정준수증명서 및 공정비용증명서는 더블린9가 발리문 로드(Ballymun Road) 스토맨스타운 하우스(Stormanstown House)에 위치한 발리문재생회사 안내데스크에 비치되어 있습니다.

더블린자치체의 유지보수부의 도움으로 발리문재생회사는 환경자치부로부터 수락증명서와 공정비용증명서를 발급받는데 필요한 정보(즉, 지역 지도와 주택 도면 제공)에 대한 도움을 제공할 것입니다.

주택의 개보수 공사가 통합지역계획의 목적에 합당하게 진행될 수 있도록 디자인과 재료 및 시공에 대한 정보를 담고 있는 디자인 패키지 또한 준비될 것입니다.

What works can be carried out under the urban renewal scheme?

Refurbishment works include works necessary for the purposes to ensure the suitability of a house as a dwelling.

This includes all necessary structural works such as re-roofing, insulation of attic and walls, replacement of timber cladding to houses, rewiring, gutter replacement, etc.

It also includes works such as upgrading windows and central heating, as well as bathroom and kitchen refurbishment.

It should be noted that refurbishment of kitchens and bathrooms will not be permitted if other necessary works such as proper insulation are not included. The Department of the Environment and Local Government and BRL will be able to advise on individual cases.

Technical standards are laid down by the Department of the Environment and Local Government to ensure that all works are constructed and carried out in accordance with good building practice and are in compliance with the requirements of the Department of the Environment and Local Government Housing Standards (HA1, HA2) and the Building Regulations 1997 (where they apply).

Certain design criteria may be specified by Ballymun Regeneration Limited to ensure works comply with the Integrated Area Plan Objectives of improving the visual environment, improving the standard of housing and providing for a more sustainable environment. Standards of construction will need to match those in the new dwellings. When the works are completed you will own a more attractive home which is also more economical to run.

Note: The scheme of works must include all necessary works and be completed in one phase. It is not possible to have works certified in sections over the life-time of the scheme.

New construction works may include building extensions to houses. However it should be noted that dwellings must have a floor area between 38 sq.m. and 125 sq.m. in order to comply with Department of the Environment and Local Government requirements.

What tax incentives are available?

Tax relief is granted at the individual's highest rate of tax. The relief comprises a deduction of the amount of the qualifying expenditure from an individual's total income over a period of ten years. Where the individual is self-employed the tax relief will be given in the annual tax assessment.

Example

Ms Connolly has spent £5,000 refurbishing her house. Under the urban renewal scheme she is entitled to claim tax relief equal to 10% per annum against her total income for ten years. This means she will pay income tax on £500 (i.e. £5000 x 10%) less per year, for ten years.

Tax Incentives For Refurbishment Works

100% of eligible refurbishment expenditure allowed at the rate of 10% per annum over 10 years against total income.

Tax Incentives For New Construction

50% of eligible construction costs allowed at the rate of 5% per annum over 10 years against total income.

도시재생계획안에 의거하여 어떤 공사를 할 수 있나요?

보수 공사에는 주택을 지속가능한 거주처로 만드는 목적에 필요한 공사가 포함됩니다.

여기에는 지붕교체, 다락과 벽의 단열공사, 주택의 목재표피 교체, 배전공사, 지붕홈통교체 등과 같은 모든 구조적 공사가 포함됩니다.

또한, 여기에는 욕실과 주방의 보수를 비롯하여 창문과 중앙 난방의 개선공사 등도 포함됩니다.

주방과 욕실의 보수공사는 이에 필요한 절연공사가 같이 시공될 때에만 허가될 것입니다.

환경자치부와 BRL에서 각 건에 대해 상담을 제공할 것입니다.

환경자치부는 모든 공사가 성실한 건설을 전제로 실시되어야 하며, 환경자치부의 주택 기준(HA1, HA2)과 1997 건축법 (적용될 경우)의 기준을 따라야 한다는 기술 기준을 세웠습니다.

특정 디자인 기준은 발리문재생회사에 의해 지정되는 경우도 있습니다. 이는 공사가 통합지역계획의 목적인 환경과 주거 기준을 개선하고 좀더 지속가능한 환경을 제공하기 위한다는 전제에 부합시키기 위함입니다. 공사 기준은 신축 주택의 기준과 동일해야 할 것입니다. 공사가 완료되면 여러분은 좀더 아름답고 유지비가 절약되는 주택을 갖게 될 것입니다.

알림: 공사의 계획안에는 모든 공사가 포함되어야 하며 이는 한 단계로서 모두 완공되어야 합니다. 계획안의 '지속기간을 넘어서는' 공사는 시공할 수 없습니다.

신축 공사에는 주택 확장 공사가 포함될 수 있습니다. 그러나 이는 환경자치부 기준에 부합하기 위해서 거주자의 주택의 건평이 38m^{2}에서 125m^{2}가 되어야만 합니다.

어떤 세금혜택이 있습니까?

세금공제는 개인의 최고 세율을 기준으로 합니다. 감면은 10년간 개인의 총 수입으로부터 발생된 합당 지출액의 공제로 구성됩니다. 개인 사업장의 경우 연간 세금평가에서 공제를 받게 될 것입니다.

예

코놀리(Connolly)씨는 그녀의 주택 보수에 £5,000의 비용이 들었습니다. 도시재생계획안에 따르면 그녀는 10년 동안 자신의 총 수입에 대해 연간 10%의 세금공제를 받을 수 있습니다. 따라서, 그녀는 10년간 소득세에서 매년 £500 (£5,000 x 10%)을 공제받게 됩니다.

보수공사에 대한 세금혜택

규정에 부합하는 보수비용 전액의 10%를 10년간 소득세에서 매년 공제

신축공사에 대한 세금혜택

규정에 부합하는 공사비용의 50%에서 5%를 10년간 소득세에서 매년 공제

Planning permission

If you propose to build an extension to the front of your house, apart from porches of a specified size, or an extension to the rear of your house which is larger than 40 square metres (431 sq.ft) planning permission is required from Dublin Corporation (extensions under 40 sq.m. must also comply with certain criteria to be exempt from planning permission).

Before applying for any certificates under the Urban Renewal Scheme you need to have received planning permission, if required.

Who can qualify for tax incentives?

Owner-occupiers in Ballymun (with or without a mortgage) who are paying income tax can avail of tax incentives under the scheme.

The house must be the main residence of the person claiming tax relief and must be used solely as a dwelling, i.e. it cannot be used for any business purposes.

People renting their home from Dublin Corporation cannot avail of tax incentives under the scheme, but a tenant purchaser is eligible. The availability of tax incentives will be likely to increase the value of your home.

Interested in a building co-operative?

BRL already has a database of residents interested in refurbishing their homes. A group of neighbours could come together to form a Co-op and carry out refurbishment works together. If you are interested in this idea BRL could help.

Further information

If you want any further information please contact Dara McGuigan at BRL 842 1144.

Please note that it is your own responsibility to make your claim to the tax office. This document is for information only and is not a legal interpretation of the Taxation, or any other code.

Time period

The closing date for the Urban Renewal Scheme is the 31st December 2002. That means the works must be completed by that date. Expenditure after this date is not allowable.

Ballymun Regeneration Ltd (BRL) Stormanstown House Ballymun Road Dublin 9
ph: 8421144 fax: 8421443 E-mail: brl@brl.ie http://www.brl.ie

A Dublin Corporation Initiative

건축 허가

주택의 현관을 제외한 앞쪽이나 뒤쪽으로 40m² (431평방피트)이상의 확장공사를 원할 경우에는 더블린자치체의 건축허가가 필요합니다. (40m² 이하의 경우에도 건축허가를 면제받기 위해서 특정 기준을 따라야 합니다)

도시재생계획안의 의한 증명서를 신청하기 전에 필요한 경우 건축허가를 받아야 합니다.

세금혜택은 누구에게 적용되나요?

소득세를 납부하는 발리문 자가거주자 (주택담보대출 여부와 무관)는 이 계획안에 따라 세금혜택을 받을 수 있습니다.

주택은 세금감면을 신청하는 사람의 실 주거지여야 하고, 오직 주거의 목적으로만 사용되어야 합니다. 즉, 사업용으로 사용되면 안됩니다.

더블린자치체의 주택을 임대한 사람은 세금혜택을 받을 수 없지만, 임대주택을 구매한 세입자는 가능합니다. 세금혜택의 가능성은 주택의 가치를 높여줄 것입니다.

건물조합 설립에 관심있으세요?

BRL은 이미 주택 보수에 관심 있는 주민들의 데이터베이스를 소유하고 있습니다. 지역 주민이 함께 모여 조합을 구성하고 보수공사를 함께 진행할 수 있습니다. 관심 있는 분들은 BRL이 도와드릴 수 있습니다.

추가 정보

기타 추가 정보를 원하시면 BRL의 Dara McGuigan에게 연락하십시오. 842 1144

세무서에 공제 신청하는 것은 여러분의 책임임을 명심하십시오. 이 문서는 오직 정보 제공의 목적입니다. 이 문서는 세금제도에 대한 법적인 의무나 기타 다른 규약이 아닙니다.

기간

도시재생계획안은 2002년 12월 31일부로 만료될 것입니다. 따라서 그 전에 공사가 완료되어야 합니다. 이 기간 이후의 비용에 대해서는 적용이 불가능합니다.

발리문재생회사 (BRL) 더블린 9가 발리문로 스토맨스타운 하우스
전화: 8421144 팩스: 8421443 이메일: brl@brl.ie http://www.brl.ie
더블린자치체회사

BALLYMUN

BALLYMUN

REGENERATION NEWS Issue 18: September 2000

Sunday, 10th September 2000

Open Day to view designs for Phase 2 Homes

671 new Phase 2 homes will be located in:

Santry Avenue between new access road to Coultry and the Santry Avenue/Ballymun Road junction

Balcurris Park west side

Balcurris Park crescent site at St Margaret's Road

Balbutcher Lane at Belclare Park

Balbutcher Lane adjacent to Poppintree Industrial Estate

Balbutcher Lane adjacent to Sandyhill Gardens

Silloge adjacent to Silloge Avenue

Top Quality Homes

There will be a mix of two, three and four storey homes, similar to Phase 1 homes already under construction.

All of the homes in the regenerat programme will be designed and built to achieve Lifetime Home standards, facilitating the needs of older people and people with disabilities, with high standards c insulation, double-glazed timber windows, individual central heati and high-specification finishes fo ease of long-term maintenance.

Phase 2 homes have been exclusiv designed by ten leading architect practices with lots of input from representatives of the five Ballym Area Forums, adjoining communities and residents of the new homes.

(CONTINUED OVERLEAF)

BALLYMUN

재 생 소 식 지 제18호 2000년 9월

2000년 9월 10일 일요일 제18호

2단계 주택의 디자인 감상을 위한 공개일 행사

671가구의 2단계 주택은 다음에 위치하게 될 것입니다.

산트리 에비뉴(Santry Avenue) 컬트리(Coultry) 신 진입로부터 산트리 에비뉴/발리문 로드(Ballymun Road) 교차로 사이

발커리스 공원(Balcurris Park) 서쪽 지역

발커리스 공원(Balcurris Park) 성 마가렛 로드(St Margaret's Road)의 초승달 부지

발부쳐 레인(Balbutcher Lane) 벨클래어 공원(Belclare Park) 인근

발부쳐 레인(Balbutcher Lane) 파핀트리(Poppintree) 산업부지 인근

발부쳐 레인(Balbutcher Lane) 산디힐 가든스(Sandyhill Gardens) 인근

실로그(Silloge) 실로그 에비뉴(Silloge Avenue) 인근

최고의 주택

현재 공사가 진행 중인 1단계 주택과 비슷하게, 2층 · 3층 · 4층 주택이 혼재할 것입니다.

재생프로그램의 주택들은 모두 노인과 장애인이 편리한 생활을 할 수 있도록 높은 단열기준, 이중유리 목재창, 개별 중앙 난방, 장기 유지보수에 편리한 고사양의 마감재를 사용한 생애주택의 기준 달성을 목표로 디자인되었습니다.

2단계 주택은 5개의 발리문 지역포럼과 인근 지역 및 신주택 거주자들의 대표들로부터 받은 많은 정보를 참고로 10개의 일류 설계사무소가 디자인 하였습니다.

Who will be moving into Phase 2 homes?

The following flats will be demolished and residents rehoused in Phase 2 homes:

- Clarke Tower
- McDermot Tower
- 1-96 Balcurris Road
- 97-192 Balcurris Road
- 49-72 Silloge Avenue

Individual housing will be assigned based on family size, the location of the existing flat and preferences stated by residents.

What next?

BRL has submitted planning applications to Dublin Corporation and depending on the planning process, we would hope to start building in 2001, in which case residents could move into their new homes in 2002.

New playground at Shangan, recently completed and now open.

Progress so far ...

Already great progress has been made towards Regenerating Ballymun:

- So far, BRL has earmarked 22 of the 36 existing flat blocks to be replaced with new two, three and four storey homes over the next four years. This means that 5,000 residents have already been designated new homes in Phases 1, 2 and 3.
- Construction workers are on site building over 560 of the Phase 1 homes and we expect residents to move into their new homes in 2001.
- Phase 3 housing details were announced in August and architects will soon be appointed to progress designs.
- Investors are showing strong inte in the Main Street plans, launche last November. The new Main S will consist of leisure facilities, ci amenities, offices, shops, bars, a h and private housing.
- BRL is developing a Business & Technology Park in a joint ventu with Green Property. The £600 million development on 90 - 10C acres at the Ballymun junction, fronting the M50 and Ballymun Road, will have huge potential fo local employment.
- The Arts & Community Resourc Centre is well underway and is expected to be completed next Spring (2001).
- Phase 1 residents are participatin in a Transition Programme develc by BRL and the National College Ireland and being delivered by CAFTA. The Transition Program has been developed to assist resid moving into new homes.
- Twelve new specially designed an purpose-built playgrounds are bei developed as part of the regenerat The first two of these new playgrounds in Shangan and Sillc are open.
- Historians "Eneclann" have been appointed to assist the communit compiling a history of Ballymun.

All of this progress could only have happened with your co-operation a enthusiasm. As well as input from you, the residents, the involvement of the many local organisations, including the Ballymun Housing Ta Force and the Area Forums has bee vital to achieving so much already.

Special thanks are also due to Dubl Corporation, the North-west Area Committee and the Department of the Environment & Local Governm for their continuing support and encouragement.

Ciarán Murray
MANAGING DIRECTOR
BALLYMUN REGENERATION LTD.

2단계 주택 이주 대상은 누구입니까?

아래의 집합주택이 철거되고 그 거주자들이 2단계 주택으로 이주할 것입니다.

- 클락 타워(Clarke Tower)
- 맥더못 타워(McDermot Tower)
- 발커리스 로드(Balcurris Road) 1 - 96번지
- 발커리스 로드 97 - 192번지
- 실로그 에비뉴(Silloge Aveneu) 49 - 72번지

최근 완공하여 오픈한 샹겐(Shangan) 지역의 새 놀이터

개별 주택은 가족의 규모와 기존 거주지의 위치 및 거주자의 선호를 기준으로 배정될 것입니다.

앞으로 어떤 일이?

BRL은 더블린자치체에 건축허가 신청서를 제출했고, 이에 따라 2001년에는 착공을 할 수 있으리라 여겨지며, 그럴 경우 2002년에는 신 주택으로 이주할 수 있게 될 것입니다.

지금까지의 진전상황은 …

발리문을 재생하면서 이미 많은 진전을 이루었습니다.

- 지금까지, BRL은 기존의 집합주택 36동 중 향후 4년간 2층 · 3층 · 4층 주택으로 교체될 22동을 선별하였습니다. 이것은 5,000명의 주민이 1,2,3단계를 통해 신축 주택으로 이주할 것이라는 의미입니다.
- 현장인부들이 현장에서 1단계 주택 560가구를 신축 중에 있고, 2001년에는 주민들이 새 주택으로 이주하게 되리라 예상됩니다.
- 8월 3단계 주택 계획안이 발표되었고, 디자인을 진전 시키기 위해 곧 설계사무소가 지정될 것입니다.
- 투자자들은 작년 11월 발표된 메인 스트리트 계획안에 매우 큰 관심을 보이고 있습니다. 이 새로운 메인스트리트에는 여가시설, 시민편의시설, 사무실, 상점, 술집, 호텔, 개인 주거지 등이 들어설 것입니다.
- BRL은 Green Property사와 합작투자 형태로 비즈니스 및 기술단지를 개발 중에 있습니다. M50과 발리문 로드(Ballymun Road)를 접하고 있는 발리문 교차로에 위치한 90 -100에이커 규모의 부지에 개발되는 £6억 규모의 이 사업은 지역 고용문제 해결에 있어서 커다란 잠재력을 갖게 될 것입니다.
- 예술 및 지역 자원센터는 현재 잘 진행되고 있으며 내년 (2001년) 봄에 완공되리라 예상됩니다.
- 1단계 주민들은 BRL과 아일랜드 국립대에 의해 개발되고 CAFTA (지역 및 가족 교육센터)에 의해 실행되고 있는 이주 지원프로그램에 참여하고 있습니다. 이 프로그램은 주민들이 새 주택으로 이주하는데 도움을 줄 목적으로 개발된 것입니다.
- 특별한 목적을 위해 디자인된 12개의 새 놀이터가 재생의 일환으로 개발 중에 있습니다. 이 중 샹겐(Shangan)과 실로그(Silloge) 지역의 놀이터 2곳은 개장을 하였습니다.
- "에네클란(Eneclann)" 연구소가 발리문 역사 자료를 수집하는 것을 도와주기 위해 임명 되었습니다.

이 모든 진전상황들은 여러분의 협력과 열정이 있었기에 가능했던 것입니다. 주민들의 참여를 비롯하여, 발리문 주택전담위원회와 지역포럼을 포함한 많은 지역 단체의 참여는 지금까지 이루었던 많은 것들에 없어서는 안될 요소였습니다.

더블린자치체와 북서지역위원회 및 환경자치부의 지속적인 지원과 격려에도 특별히 감사의 말씀을 드립니다.

Ciarán Murray

사장
발리문재생회사

Coultry 3: Ballymun Regeneration Ltd Architects

Difficult site transformed into new neighbourhood

100 homes designed by Ballymun Regeneration's in-house team of Architects will be built on Santry Avenue, north of Coultry Drive and Coultry Crescent.

- The development comprises
  - 63 apartments
  - 37 houses.

The site presents a number of challenges to the design team as it is on one of the main roads into Ballymun and any development must provide an appropriate street frontage, yet the scale of this development must also be in keeping with the existing two storey houses in Coultry.

Furthermore, the site is divided into two by existing underground services crossing from east to west and the southern section of the site is very narrow in parts.

The proposed plan deals with these issues successfully.

- The northern half of the site is laid out with seven three storey U-shaped buildings, each comprising nine apartments. These are arranged around private, south-facing courtyards facing the new internal road. The three-storey scale is appropriate to Santry Avenue and also relates to the Phase 1 apartments by Gilroy McMahon Architects.
- Parking is provided for the apartments in landscaped areas to the side of each building.
- Terraces of two storey houses with rear gardens will line the southern half of the site and will back onto the existing Coultry houses.
- Each terrace is also arranged in a U-shape corresponding to the apartment building opposite. This plan enhances the scale of the long estate road positioned over the services.

- It is important that the street frontage to the new road is complete and that the back garden walls of the existing Coultry houses are protected.
- Particular care has been taken in designing the houses proposed for the narrowest parts of the site. These will be partly single storey and will have no rear windows on the first floor to eliminate the possibility of overlooking.
- All new houses will have south facing gardens.
- All apartments will have 'own door' access and generous south or west facing terraces.
- The large ground floor apartments will have private gardens.

Poppintree 4: Cullen Payne Architects

Infill scheme combines simplicity and style

Poppintree 4, designed by Cullen Payne Architects, will comprise 25 homes on an infill site in Poppintree. The site is bounded on the north by Balbutcher Lane, on the south and west by rear garden walls of homes on Belclare Park and on the east by a mounded green space fronting Belclare Lawns.

- The development comprises
  - 14 two-bedroom apartments
  - 11 three-bedroom houses.
- Every home will have a private front garden for access to individual front doors.
- Porches supported by a combined bin store and meter point will shelter all front doors.
- Each home has a private back garden.
- Individual homes have been planned and the site laid out to ensure that as many living/dining rooms as possible can face the sun while being distanced from Balbutcher Lane.
- The smaller units are concentrated at the east and west ends of the site where they can be grouped to provide continuous overlooking of street corners.
- In most homes, the front door can be supervised from the kitchen window.
- Kitchens in the larger homes have been designed to accommodate a secondary dining area.
- All houses have been designed as Lifetime Homes for people of all ages and people with disabilities.
- Smaller homes will have on-street car parking along Balbutcher Lane.

- Larger homes will have a driveway in their front gardens.
- The height of the development has been restricted to two-storeys with pitched roofs to respect the existing urban context and grain.
- The mounded green space fronting Balbutcher Lawns will be landscaped as a mini park as part of the new development.
- External walls will be clad in brick or render. Roofs will be covered in concrete tiles to accord with the palette of materials common in the area and for easy long-term maintenance.
- Windows and doors will be timber framed and double-glazed.

Coultry 3: 발리문재생회사 설계팀

ㅐ로운 동네로 변형하기 어려웠던 부지

발리문재생회사 사내 설계팀이 디자인한 100개의 주택이 컬트리 드라이브(Coultry rive)/컬트리 크레센트(Coultry resent) 북쪽의 산트리 에비뉴 antry Avenue)에 지어질 것입니다.

개발은 다음과 같이 구성됩니다.

아파트 63가구

주택 37가구

 부지는 디자인팀에게 몇 가지 난를 던져 주었는데, 그것은 이 부지 - 발리문으로 들어오는 메인 도로와 하고 있어 그에 맞는 파사드를 제 -해야 하면서 그 규모에 있어서는 트리의 기존의 2층 주택과 맞추어 개발되어야 한다는 것입니다.

게다가, 이 부지는 기존의 동과 서를 잇는 지하보행로에 의해 둘로 나누어지고, 남쪽 부분은 매우 좁은 형태로 나뉩니다.

이 계획안의 목적은 이러한 문제들을 성공적으로 해결하는 것에 두었습니다.

- 부지의 북쪽 반은 3층 규모의 U자 형태의 건물 3채를 각각 9개의 아파트로 구성하여 배열하였습니다. 이 건물들은 남향의 개인 안뜰을 가지고 새로 생긴 안쪽 도로를 바라보고 배치되어 있습니다. 3층이라는 규모는 산트리 에비뉴에 가장 적합하며, Gilroy McMahon 설계사무소가 디자인한 1단계 아파트들과도 잘 어울립니다.
- 각 건물의 옆에 조경 처리를 한 주거자용 주차시설을 마련했습니다.
- 뒤뜰을 가진 2층 규모의 주택의 테라스는 부지의 남쪽 반 지역에 배치될 것이며, 기존의 컬트리 주택과 연결될 것입니다.

- 각 테라스는 반대편의 아파트 건물과 대응하여 U자 형태로 배열됩니다. 이 계획은 지역 서비스를 따라 형성된 긴 지역 도로의 규모를 강화시킵니다.
- 신 도로의 파사드에 완벽을 기하는 것과 기존의 컬트리 주택의 뒤뜰의 담장이 보호되는 것은 중요합니다.
- 부지의 가장 좁은 곳의 주택을 디자인하는데 특별히 신경을 썼습니다. 이 주택의 일부는 1층이 될 것이며, 타인의 주택의 내부가 들여다 보이는 것을 방지하기 위해 1층 뒤편에는 창이 없을 것입니다. 모든 신 주택에는 남향의 정원이 계획될 것입니다.
- 모든 아파트에는 개별 입구가 계획될 것이며, 일반적으로 남향이나 서향의 테라스가 계획될 것입니다.
- 대형의 1층 아파트들은 개별 정원을 갖게 될 것입니다.

Poppintree 4: Cullen Payne 설계사무소

간순함과 스타일을 겸비한 공지이용 계획안

Cullen Payne 설계사무소가 디자인한 파핀트리 4(Poppintree 4)지구는 파핀 ㅌ리의의 공지이용부지에 25가구의 -택으로 구성될 것입니다. 이 부지는 -쪽으로 발부쳐 레인(Balbutcher ane)을 접하고 있고, 남쪽과 서쪽 -로 벨클레어 파크(Belclare Park)]역 주택의 뒤뜰의 담장을 접하며, -쪽으로는 벨클레어 론스(Belclare awns)을 바라보는 녹지 언덕과 접 ㅏ고 있습니다.

이곳은 다음과 같이 구성됩니다.

2침실 아파트 14가구

3침실 주택 11가구

모든 주택에는 개별 정문까지 이르는 앞뜰이 계획될 것입니다.

현관은 쓰레기통 보관소와 계량기에 의해 지지되는 현관은 정문에 필로티를 형성할 것입니다.

각 주택에는 개별 뒤뜰이 계획될 것입니다.

각 주택은 발부쳐 레인으로부터 떨어져 있지만 가능한 거실과 식당이 태양을 향할 수 있도록 계획되고 배치되었습니다.

- 소규모 주택은 도로 모퉁이를 바라볼 수 있도록 부지의 동쪽과 서쪽의 끝에 모아서 배치하였습니다.
- 대부분의 주택들이 주방 창문에서 정문을 볼 수 있도록 디자인 되었습니다.
- 큰 규모의 주택의 주방은 부수적인 식당 공간이 함께 디자인 되었습니다.
- 모든 주택은 노인과 장애인을 배려하는 생애 주택으로 디자인 되었습니다.
- 소규모 주택은 발부쳐 레인을 따라 노상주차공간을 갖게 될 것입니다.
- 대규모 주택은 앞뜰에 자동차 진입로가 계획되었습니다.
- 기존 지역의 특성과 구성을 중시하여 개발 높이는 박공지붕의 2층으로 제한하였습니다.
- 벨클래어 론스를 마주하는 녹지언덕은 재생의 일환으로 소규모 공원으로 조경 디자인될 것입니다.
- 주택의 외부벽은 벽돌쌓기나 시멘트 마감이 될 것입니다. 지붕은 지역에 흔한 재료와 어울리면서 장기적으로 관리하기 쉽도록 콘크리트 타일로 덮여질 것입니다.
- 창문과 문은 목재틀로 계획되고 이중유리가 사용될 것입니다.

Poppintree 5A: Colette Downey Architect

Apartments and houses form traditional streets

Colette Downey Architect has designed a development of 54 dwellings at Poppintree on the existing green area bounded by the realigned Balbutcher Lane to the south and west and St Margaret's Road to the north.

The development is laid out as traditional streets of terraced houses following the line of the realigned Balbutcher Lane and St Margaret's Road, connected by a new street.

- A mixture of apartments and houses are accommodated in two and three storey buildings.
- Houses are finished in render and brick with pitched roofs covered in concrete roof tiles.

The scheme comprises:

- 25 two-bedroomed apartments
- 25 three-bedroomed houses
- 4 four-bedroomed houses

Poppintree 5B: National Building Agency

Sunny interiors for Poppintree homes

The homes designed by the National Building Agency form a new edge to the realigned Balbutcher Lane opposite the existing Community Centre.

- The development consists of three traffic-controlled areas. Two-storey houses and three-storey apartments define the entrance to two cul-de-sacs.
- The development will comprise 94 homes:
  - 14 two-bedroom apartments
  - 23 two-bedroom dwellings
  - 45 three-bedroom dwellings
  - 12 four-bedroom dwellings.
- All houses / apartments are designed as lifetime homes.
- House exteriors will be a mixture of brick and render, with high performance double glazed timber windows and slate pitched roofs.
- The sitting and dining areas in the houses open from front to back, so all living areas can benefit from direct sunlight.

Poppintree 5A: Colette Downey 설계사무소

전통거리를 구성하는 아파트와 주택

Colette Downey 설계사무소는 파핀트리(Poppintree)지역의 남쪽과, 서쪽으로는 발부쳐 레인(Balbutcher Lane)과 인접하고 북쪽으로는 성마가렛 로드(St Margaret's Road)와 접하는 기존의 녹지 부지에 개발되는 54가구의 주택을 디자인 하였습니다.

이 계획에서는 신 도로에 의해 연결된 발부쳐 레인과 성마가렛 로드를 따라서 테라스주택을 전통적인 거리를 구성하도록 배치하였습니다.

- 2층과 3층 규모의 아파트와 주택을 혼합하여 계획하였습니다.
- 주택은 시멘트와 벽돌로 마감을 하였고 지붕은 콘크리트타일을 얹은 박공지붕으로 계획되었습니다.

이 계획은 다음과 같이 구성됩니다.

- 2침실 아파트 25가구
- 3침실 주택 25가구
- 4침실 주택 4가구

Poppintree 5B: 국가건축원

파핀트리 주택을 위한 밝은 인테리어

국가건축원이 디자인한 주택들은 기존 커뮤니티센터 맞은편에 재 계획된 발부쳐 레인(Balbutcher Lane)의 가장자리 구성하고 있습니다.

- 이 개발은 3개의 차량통제지역으로 구성됩니다. 2층 규모의 주택과 3층 규모의 아파트가 2개의 쿨드삭의 입구를 형성합니다.
- 개발은 94가구로 구성됩니다.
  - 2침실 아파트 14가구
  - 2침실 주택 23가구
  - 3침실 주택 45가구
  - 4침실 주택 12가구
- 모든 주택과 아파트는 생애주택으로 디자인되었습니다.
- 외부는 벽돌과 시멘트의 혼합으로 마감되었고, 고성능 이중유리 원목창과 슬레이트 박공지붕이 사용되었습니다.
- 거실과 식당은 앞뒤가 오픈 되게 계획되어 모든 거실은 외부 햇빛이 직접 유입되는 이점을 가졌습니다.

Poppintree 3: Fionnuala Rogerson Architects

Attractive alternative to derelict playground

At last the proposed new houses at Dolmen Court are ready for planning. Fionnuala Rogerson Architects' scheme, of 38 single and two-storey houses around the perimeter of the existing courts, includes ten houses on the site of the old playground.

The playground had become an eyesore as well as a problem for all who lived nearby, and it is hoped that these new houses will provide an attractive alternative.

The scheme closes off all pedestrian routes through the courts and creates new gated entrances to the rear laneways, which will only be open to the residents of the courts. Existing back garden walls will generally be screened from view. All the new homes will have off-street parking as well as small private front gardens.

There will be 16 two-bedroom houses, 20 with three bedrooms and two four-bedroom houses.

Balcurris 4 - Gilroy McMahon Architects

Variety of homes at Balcurris Crescent

This scheme will contain 160 homes in a combination of two-storey family houses with three and four storey apartments on a large (8.7 acre) site, north of Balbutcher Lane. On the southern portion of the site will be a small crescent-shaped park linking with the new playing fields south of Balbutcher Lane forming a large open space.

The three and four storey apartment buildings will overlook the new Park and Balbutcher Lane, while the houses will be grouped in a series of neighbourhoods on the quieter northern portion of the site.

The housing is consistently laid out as a series of neighbourhoods with cul-de-sacs to avoid interference from through-traffic and to provide a secure atmosphere, suitable to a residential area. At the end of each road where two adjoining neighbourhoods meet there will be a small sitting out / playing area.

- All buildings will be insulated to a high standard, exceeding the level required under current Building Regulations. Walls will generally be rendered with some brickwork at ground level and boundary walls.
- High quality double-glazed timber-framed windows with integrated draught seals will be provided.
- Roofs will be pitched with concrete tiles. Smaller lean-to roofs over entrance canopies, bay windows, etc, will have shallow pitched roofs clad with standing seam metal roofing to give a neat appearance. These built-on bay windows, conservatories, etc, will have lightweight timber and double glazed wall panelling.
- Living areas extend from front to back allowing kitchens and living rooms to be interchanged, depending on the direction homes face and the family's requirements.
- The larger houses incorporate a bedroom at ground level – suitable for use as a playroom, study or bedroom for an elderly or disabled family member, etc.
- Larger houses will have a w.c. at ground floor level in addition to a family bathroom upstairs.
- All apartments have a minimum of two bedrooms.
- Single person apartments are arranged so that the smaller bedroom can easily be combined with the living area to form a much larger room, if needed.
- In general, houses will have front and rear gardens with off-street parking in front.
- Level thresholds will be provided to each dwelling for easy access.
- The duplex (Type C) apartments at first-floor level will have their own back garden area at ground-floor level accessible via an external stairs.

Poppintree 3: Fionnuala Rogerson 설계사무소

버려진 놀이터에 대한 매력적인 대안

마침내 돌멘 코트(Dolmen Court)지역의 신 주택이 건설될 준비가 되었습니다. 38가구의 1, 2층 규모의 주택으로 구성된 Foinnuala Rogerson 설계사무소의 계획안에는 오래된 놀이터 부지에 10가구의 주택을 계획하고 있습니다.

이 놀이터는 보기에도 흉측했고 인근 주민들에게 문젯거리였으나, 이 개발로 계획된 새 주택들이 보기 좋은 경관을 제공할 수 있기를 기대합니다.

이 계획안은 부지로의 보행로를 모두 차단하였고, 뒤편의 골목길로 이어지는 곳에 문이 달린 입구를 계획함으로써 이 지역에 거주하는 주민들만 드나들 수 있도록 하였습니다. 기존의 뒤뜰의 담장은 일반적으로 시야를 차단해 줄 것입니다. 모든 신 주택에는 도로에서 분리된 주차장과 개별 앞뜰이 계획되었습니다.

2침실 주택 16가구와 3침실 주택 20가구 및 4침실 주택 2가구가 계획될 것입니다.

Balcurris 4 – Gilroy McMahon 설계사무소

발커리스 크레센트(Balcurris Crescent)에 다양한 주택을

이 계획안에는 발부쳐 레인 북쪽의 대 부지 (8.7에이커)에 2층 주택과 3,4층 아파트가 혼합된 160가구의 집이 포함될 것입니다. 부지의 남쪽 부분에는 큰 오픈 스페이스를 구성하는 발부쳐 레인 남쪽 운동장과 연결되는 초승달 모양의 작은 공원이 계획될 것입니다.

3, 4층 아파트 건물은 새 공원과 발부쳐 레인을 바라보게 될 것이며, 부지의 조용한 북쪽 부분에 몇 개의 동네로 그룹을 지어 계획될 것입니다.

주택은 통과차량에 의한 방해를 방지하고 주민들에게 안전한 분위기를 조성해 주기 위해 쿨드삭을 갖춘 몇 개의 동네를 일정하게 배열하는 방식으로 계획되었습니다. 두 인접한 동네가 만나는 도로의 끝에는 옥외 벤치와 놀이공간이 계획될 것입니다.

- 모든 건물의 단열은 기존의 건축법에 의해 규정된 수준 이상으로 시공될 것입니다. 1층 부의 벽과 경계벽은 일반적으로 벽돌과 시멘트로 마감될 것입니다.
- 문풍장치가 탑재된 고품질의 이중유리 목재창문이 제공될 것입니다.
- 지붕은 콘크리트 타일의 박공지붕이 될 것입니다. 입구 캐노피와 내민창 위에는 깔끔한 외관을 위해 기본 철재 이음을 이용한 얇은 지붕이 시공될 것입니다. 이 붙박이 내민창과 온실은 경량 목재와 이중유리가 사용된 창틀이 사용될 것입니다.
- 거실공간은 앞과 뒤가 연결되어 주택의 향과 거주자의 필요에 따라 주방과 거실을 바꿔서 사용할 수 있도록 계획되었습니다.
- 대규모 주택의 1층에는 침실을 계획하여 놀이방이나 서재 혹은 노인이나 장애인의 침실로 사용이 가능하도록 되어있습니다.
- 대규모 주택에는 윗층 가족 욕실과 더불어 1층에 화장실을 계획하였습니다.
- 모든 아파트는 최소한 2개의 침실이 계획되었습니다.
- 독신자 아파트는 필요에 따라 작은 침실과 거실공간을 합하여 큰 방으로 사용 할 수 있도록 계획되었습니다.
- 일반적으로 주택은 앞뒤에 정원이 계획되었고, 정면에 별도 주차공간이 계획되었습니다.
- 각 거주자들의 손쉬운 접근을 위하여 단차가 있는 입구가 제공될 것입니다.
- 2층의 2세대 (타입 C) 아파트는 외부 계단으로 연결되는 1층에 개인 뒤뜰이 제공될 것입니다.

Balcurris 2: Burke-Kennedy Doyle Architects

A strong sense of identity for Balcurris

Burke-Kennedy Doyle's development is located between Sandyhill Gardens and Balbutcher Lane and will form the corner of the new Silloge link road.

The new development is linked into the existing pattern of Sandyhill Gardens forming a cul-de-sac at the front of Numbers 133-142 and a new street connecting with the existing pedestrian route between Numbers 51 and 133. Both of these new spaces are enclosed by two-storey family houses with front and rear gardens forming secure residential enclaves, with landscape features and seating areas.

- 74 new homes will be provided comprising
  - 32 three-bedroom houses
  - 42 two-bedroom and three-bedroom apartments.

- Two and three-bedroom apartments will be developed in three-storey blocks along Balbutcher Lane, mostly ground-level duplex units with own door access and private south-facing rear gardens.
- Upper floor apartments all have large south-facing terraces and privat enclosures at ground level.
- Landmark blocks of three or four storeys are located at strategic points along the Balbutcher Lane frontage to define the entrances to the new enclaves.
- Access to upper floor apartments is by semi-private gated open stairways shared by 2-3 tenants.
- Exteriors will be brick and self-coloured render with hardwood windows and black roof tiles.

Balcurris 3: O'Mahony Pike Architects

Rooms with a view

Forming the western flank of the new Balcurris Park, this three-storey terrace development, designed by O'Mahony Pike Architects, defines a strong edge to this Merrion Square-size open space. There is a small apartment building at one end and a large family house at the other.

- Each unit is identified by its own entrance, stairwell and garden.
- The cross-section through the terrace allows for three-storeys overlooking the park and two storeys to the rear overlooking private gardens adjoining the existing lanes at Cairn Court.

This makes further extension of the house possible by adding a large window in the roof space.

- In all cases living and kitchen spaces have been connected by large doors and have views in two directions. All rooms are naturally ventilated, allowing direct use of the large rear gardens and easy supervision of the public street at the front.

The development comprises 33 homes:

- 5 single-person apartments in the prominent 'Gateway' building
- 7 two-person ground-floor apartments
- 7 three-bedroom duplex homes
- 12 three-bedroom houses all within the terrace and with their own fron doors at ground level.
- A four-bedroom house completes the North end of the terrace, while a two-bedroom bungalow complete the Southern end.
- Each apartment or house has its own parking space.

Balcurris 2: Burke-Kennedy Doyle 설계사무소

발커리스(Balcurris)의 강한 주체성

Burke-Kennedy Doyle 설계사무소의 개발안은 산디힐 가든스(Sandhill Gardens)와 발부쳐 레인(Balbutcher Lane) 사이에 위치하며, 신 실로그(Silloge) 연결도로의 교점을 형성할 것입니다. 이 개발은 133에서 142번지 앞의 쿨드삭을 형성하는 산디힐 가든스의 기존 형태와 51에서 133번지 사이의 보행로에 이어지는 신 도로와 연결됩니다. 이 두 곳 모두 앞뒤 뜰을 가진 2층 주택에 둘러싸여 조경과 휴식 공간이 있는 안전한 주거지를 형성합니다.

- 제공되는 74가구는 다음과 같이 구성됩니다.
  - 3침실 주택 32가구
  - 2침실, 3침실 아파트 42가구
- 2침실, 3침실 아파트는 발부쳐 레인을 따라 3층 규모의 집합주택의 형태로 개발될 것입니다. 대부분 1층에는 개별 입구와 남향 뒤뜰이 딸린 2세대 주택으로 구성될 것입니다.
- 2층 이상의 아파트에는 대형의 남향 테라스가 계획되었으며 1층에는 울타리진 마당이 계획되었습니다.
- 랜드마크적인 3, 4층 집합주택은 신 주거지의 입구를 상징하는 의미로서 발부쳐 레인 전면을 따라서 전략적인 곳에 위치 하였습니다.
- 아파트 위층으로의 접근은 2-3명의 세입자가 공유하는 문이 달린 계단을 사용하게 됩니다.
- 외관은 벽돌과 단색 시멘트로 시공될 것이며, 목재창틀과 검정지붕 타일이 사용될 것입니다

Balcurris 3: O'Mahony Pike 설계사무소

전망이 있는 방

신 발커리스 공원(Balcurris Park)의 서쪽을 구성하는 3단의 테라스 대지 개발은 O'Mahony Pike 설계사무소가 디자인하였고, 메리온(Merrion) 광장만한 오픈스페이스에 강력한 끝점을 생성합니다. 부지 한끝에는 소규모 아파트건물이 또 다른 편에는 대규모 주택이 계획되었습니다.

- 각 주거는 개별 입구와 계단홀 및 정원에 의해 구분되어 집니다.
- 대지의 횡단축을 따라 한쪽은 공원을 바라보는 3층 건물이, 그 뒤편은 카이른 코트(Cairn Court)의 기존 길에 인접한 개인 정원을 바라보는 2층 건물이 계획되었습니다. 이는 지붕에 큰 창을 설치함으로써 추가적인 확장이 가능하게 만들어 줍니다.
- 모든 경우, 거실과 주방공간은 큰 문으로 연결되어 있으며 2방향의 전망이 가능합니다. 모든 방은 자연 환기가 되도록 설계되었고, 뒤편의 정원을 직접 사용할 수 있으며 전면의 도로를 쉽게 관망할 수 있습니다.

개발에는 33가구가 포함됩니다.

- 두드러지는 '관문' 건물로서의 독신자 아파트 5가구
- 2인용 1층 아파트 7가구
- 3침실 2세대 주택 7가구
- 테라스 대지 내에 위치하고 1층에 개별 정문이 있는 3침실 주택 12가구
- 테라스 대지 북쪽 끝에 위치한 4침실 주택 1가구와 테라스 대지 남쪽 끝에 위치한 2침실 방갈로
- 각 아파트와 주택은 개별 주차장이 계획되었습니다.

Silloge 3A: Howley Harrington Architects

Great views from innovative terraced housing

Howley Harrington Architects have designed a new street of 35 dwellings near Silloge Avenue.

The development comprises:

- two-bedroomed apartments
- three-bedroomed houses
- four-bedroomed houses

Leading down to a quiet, tree-lined cul-de-sac, the new houses and apartments will run along one side of an avenue. They will face newly planted, large mature trees and overlook the school playing fields beyond.

All dwellings have their own secure rear private garden, facing either south or west to make the best of the afternoon sun. The front gardens are separated from the footpaths by metal railings and gates.

The buildings are constructed of brick walls, slate pitched roofs and all have double glazed windows, high levels of insulation and controllable natural ventilation. The dwellings are mainly three-storey, three-bedroom houses, but there are also smaller dwellings for one or two people and several larger houses, to suit all family sizes.

All homes are designed to be adaptable as the family and age profile of the occupants change, with a separate w.c. on the ground floor, as well as a bathroom upstairs, and a kitchen/ dining area and living room that can be arranged either as separate rooms or open plan. Every dwelling has an individual heating system and lockable bin store.

The accommodation has been designed to make it easy to look out onto the street and courtyard, enhancing the safety and security of the area. Cars will be slowed down using speed ramps to help ensure the safety of children at play.

Silloge 3B: Gardiner Architects

Gardens, terraces and landscaping define Silloge

The new homes in Silloge 3B will be located south of the four-storey blocks 73/96 and 87/128 on Silloge Avenue, west of the Setanta senior Gaelic pitch and backing onto Willow Park Grove to the south. The east-side of the development will back onto Silloge 3A.

- Gardiner Architects' development will have two entrances, between the existing blocks, leading into traffic calming cul-de-sacs linked by a hard surfaced central plaza, all overlooked by houses and apartments.
- The cul-de-sacs will be intensively landscaped providing a sense of identity to each area of the development. They will also be pedestrian priority areas with surface finishes distinguishing them from access roads.
- There will be 58 homes in this development:

  - 12 two-bedroom apartments in six detached three-storey blocks, providing two different sized apartments in each block
  - 43 three-bedroom two-storey houses
  - 3 four-bedroom two-storey houses.

- Each apartment will have its own hall-door entrance at ground level and a separate private garden.
- All houses will have front and back gardens with metal railings to the front gardens.
- Off-street parking will be provided for most homes, the balance being provided in shared parking areas in front of the houses and apartments.
- The fronts of all homes will be predominantly brickwork with pitched roofs.
- All homes in this development will be fitted with double-glazed stained timber windows.

Silloge 3A: Howley Harrington 설계사무소

혁신적인 테라스 하우스로부터의 멋진 전경

Howley Harrington 설계사무소는 실로그 에비뉴(Silloge Avenue) 근처에 5가구 주거지를 디자인하였습니다.
|발은 아래와 같이 구성됩니다.
2침실 아파트
3침실 주택
4침실 주택
| 주택들은 조용하고 나무가 늘어선 |드삭으로 이어지는 가로수의 한편 | 따라 배치될 것입니다. 주택들은 |로 심어진 커다란 나무들을 바라보 | 뒤로는 학교 운동장을 바라보게 | 것입니다.
|든 거주지는 각각 오후 햇살을 가 | 잘 받을 수 있도록 남쪽이나 서쪽 | 향한 개별 뒤뜰이 계획되었습니 |. 앞뜰은 철울타리와 문에 의해 보 |로와 구별되었습니다.
|물은 조적벽이고 지붕은 슬레이트 |공지붕이며, 모두 이중유리창과 고 |능 단열제가 사용되었으며 조절가 |한 자연환기방식이 사용되었습니다. 주거는 대부분 3침실의 3층 주택이나 1, 2인을 위한 소규모 주거나 가족용 대규모 집도 있습니다.

모든 집은 가족 구성원이나 나이의 변화를 수용할 수 있도록 디자인 되었습니다. 윗층의 욕실과 더불어 1층에 개별 화장실이 계획되었고, 주방/식당과 거실은 분리 혹은 함께 사용 가능하도록 계획되었습니다. 각 주택에는 개별난방과 열쇠가 달린 쓰레기통 보관소가 있습니다.

주택은 지역의 안전성을 증진시키기 위해 주택 내에서 거리와 정원을 내다볼 수 있도록 디자인 되었습니다.

아이들의 안전을 위해 과속방지턱을 사용하여 자동차가 속도를 줄이도록 계획되었습니다.

Silloge 3B: Gardiner 설계사무소

정원과 테라스 및 조경으로 실로그(Silloge)를 말한다

실로그 3B 구역의 새 주택들은 실로그 에비뉴(Silloge Avenue)의 4층 집합주택 73/96번지와 87/128번지의 남쪽, 세탄타 노인 게일 운동장(Setanta senior Gaelic pitch)의 서쪽, 그리고 남쪽으로는 윌로우 파크 그로브(Willow Park Grove)를 등지고 위치할 것입니다. 개발부지의 동쪽으로는 실로그 3A 구역과 접하게 됩니다.

- Gardiner 설계사무소의 개발안은 기존의 구 아파트 사이에 2개의 입구를 가지며, 바닥이 포장된 중앙 광장과 연결된 차량통제 쿨드삭으로 이어집니다.
- 쿨드삭은 각 개발지역의 정체성을 살리기 위해 철저한 조경이 계획될 것입니다. 또한 이곳은 보행자 우선 지역으로서 일반도로와 구분되는 바닥마감재로 계획될 것입니다.
- 이 개발안은 58가구로 구성됩니다.

-각 동에 크기가 다른 아파트 2가구로 구성된 3층 집합주택 6동의 2침실 아파트 12가구
-3침실 2층 주택 43가구
-4침실 3층 주택 3가구

- 각 아파트는 1층 홀 내에 개별 입구와 개별 개인 정원을 갖게 될 것입니다.
- 모든 주택은 앞뒤 뜰을 갖게 될 것이며, 앞뜰에는 철재 울타리가 계획될 것입니다.
- 대부분의 주택에는 도로에서 떨어진 주차장이 제공될 것이며, 주택과 아파트의 앞과 공동 주차장간에 균형을 이루도록 계획될 것입니다.
- 모든 주거지의 앞면은 대부분 벽돌마감에 박공지붕으로 계획될 것입니다.
- 이 개발부지의 모든 주택에는 이중유리 원목무늬 창이 사용될 것입니다.

An Taoiseach, Bertie Ahern, TD, with the then Lord Mayor of Dublin, Cllr Mary Freehill, turned the sod to mark the start of building Ballymun's first new homes at Shangan on 19th May 2000.

Phase 2 Architects

Ballymun Regeneration Ltd Architects

Burke-Kennedy Doyle Architects

Colette Downey Architect

Cullen Payne Architects

Fionnuala Rogerson Architects

Gardiner Architects

Gilroy McMahon Architects

Howley Harrington Architects

National Building Agency

O'Mahony Pike Architects

FOR MORE INFORMATION ABOUT PHASE 2 HOMES, PLEASE CONTACT US AT:

Ballymun Regeneration,
Stormanstown House,
Ballymun Road, Dublin 9

Telephone 01-8421144,
Fax 01-8421443
e-mail brl@brl.ie
Website: http//www.brl.ie

You can also refer to "Frequently Asked Questions" available from Ballymun Regeneration.

2000년 5월 19일 샹겐(Shangan)지역에서의 발리문 최초 신축 주택 착공을 기념하기 위해 첫 삽을 뜨고 있는 공화국수상 버티 에이헌(Bertie Ahern) 하원의원, 더블린 시장 마리 프리힐(Mary Freehill) 시의원

2단계 주택에 관한 더 자세한 사항은 아래로 연락주십시오.

발리문재생회사
스토맨스타운 하우스
더블린 9가 발리문로
전화번호 01-8421144
팩스 01-8421443
이메일: brl@brl.ie
웹사이트: http://www.brl.ie

발리문재생회사에 비치된 "자주 있는 질문"을 참고하셔도 됩니다.

2단계 설계사무소

발리문재생회사 설계팀

Burke-Kennedy Doyle 설계사무소

Colette Downey 설계사무소

Cullen Payne 설계사무소

Fionnuala Rogerson 설계사무소

Gardiner 설계사무소

Gilroy McMahon 설계사무소

Howley Harrington 설계사무소

국가건축원

O' Mahony Pike 설계사무소

BALLYMUN

REGENERATION NEWS

November 2000 Issue 19

INSIDE

We are delighted to welcome three new directors to the Board of Ballymun Regeneration:
Mr John Lamont, Health Board Representative
Mr Aidan Smith, Ballymun Housing Task Force Community Representative
and Supt. Albert Treacy, An Garda Siochana.

Alderman Maurice Ahern, Lord Mayor of Dublin, paid his first official visit to Ballymun in August. Members of the five Area Forums, the Ballymun Housing Task Force, the Board of Ballymun Regeneration Ltd and local politicians joined the Lord Mayor for lunch in Stormanstown House to mark the start of Phase 3. (see back page)

JUDICIAL REVIEW WITHDRAWN IN HIGH COURT

Building of the remaining 57 housing units in Phase 1 is now going ahead following the withdrawal in the High Court on 3rd October of an application for Judicial Review against An Bord Pleanála's decision to uphold the planning permission granted by Dublin Corporation, for the new homes in Balcurris.

'I am delighted that the way is now clear to go ahead with bulding the final units in the first phase of the largest regeneration programme in the country," said Cíaran Murray, Managing Director, Ballymun Regeneration Ltd.

'Despite the fact that we were confident we had no case to answer, the court case inevitably delayed the process of tendering and appointing contractors to build these 57 new homes by about six months. We'll now be moving at full speed to get the building process underway without further delay," he said.

The application was withdrawn by Robert Guillemot, Ballymun resident. Friends of the Irish Environment were Notice Party to the proceedings. Costs, expected to be in the region of £100,000, were awarded to An Bord Pleanála, Ballymun Regeneration Ltd and Dublin Corporation.

BALLYMUN

재 생 소 식 지

2000년 11월 제19호

주요기사

- 지역 아이들 놀이터 디자인에 참여
- 3단계 주택 계획
- 2단계 디자인에 감동한 장관과 주민들
- 구전 역사 프로젝트 시작
- 환경을 살리고 £350 버세요
- 법률센터 실행계획 발촉

저희는 발리문재생회사의 새로운 중역 이사 3분을 환영합니다.
존 라몬트(John Lamont)씨, 보건국 대표
아이단 스미스(Aidan Smith)씨, 발리문 주택전담위원회 지역대표
알버트 트레아시(Albert Treacy) 총경, 경찰청

8월 발리문에 첫 공식 방문한 더블린 시장인 마우리스 에이헌 시의원. 5개 지역포럼, 발리문 주택전담위원회, 발리문재생회사위원, 지역 정치가들이 시장과 함께 3단계 시작을 축하하기 위해 스토맨스타운 하우스에서 점심만찬을 하며 한자리에 모였습니다.

대법원 위헌심사 철회

더블린자치체에 의해 승인된 발커리스(Balcurris)지역 신축 주택 시공 승인을 확정한 도시계획원의 결정에 대한 위헌심사 신청을 10월 3일 대법원이 철회하면서 1단계의 잔여 57가구 주택 건설이 진행될 수 있게 되었습니다.

발리문재생회사 씨아란 머레이(Ciaran Murray) 사장은 "국가의 가장 큰 재생사업 첫 단계의 최종 주택의 건설이 진행 될 수 있게 되어서 기쁩니다."라고 말했습니다.

"아무 문제가 없다고 확신했음에도 불구하고, 법원일로 불가피하게 57가구 주택 공사 건설하청업체 선정 단계가 약 6개월 가량 지체되었습니다."라고 덧붙였습니다.

발리문 주민 로버트 길레못(Robert Guillemot)씨에 의한 신청서는 철회되었습니다. '아일랜드 환경의 벗'은 소송에 있어서 Notice Party였습니다. £100,000 정도로 예상되는 비용은 도시계획원과 발리문재생회사 및 더블린자치체에게 배상되었습니다.

Minister and residents impressed with Phase 2 designs

Pictured at the Phase 2 exhibition were Rita Cahill, Pearse Tower, Ballymun with the Minister for the Environment and Local Government, Mr Noel Dempsey, TD, Mick McDonagh, Senior Architect, Ballymun Regeneration and Ciaran Murray, Managing Director, Ballymun Regeneration Ltd.

Over 650 residents came to Stormanstown House for the launch by the Minister for the Environment and Local Government, Mr Noel Dempsey, TD, of architectural designs for the 671 new Phase 2 homes on Sunday 10th September. Drawings and computer generated images of the new homes were on display and architects were on hand to explain the plans to residents. Children were treated to a party with Pokemon, Barney, magic shows, balloons and face painting.

'It is obvious from the high quality of the designs on display that the architects have a lot of experience in planning unique housing developments,' said Minister Dempsey. 'They have also demonstrated their understanding for what the residents want and require in their new homes."

Phase 2 involves demolishing Clarke Tower, McDermot Tower and flats at 1-96 Balcurris Road, 97-192 Balcurris Road and 49-72 Silloge Avenue.

Phase 2 homes will be located in:

- Santry Avenue
- Balcurris Park
- Balbutcher Lane
- Silloge
- Poppintree.

'Depending on the planning process, families should be moving into their new Phase 2 homes sometime during 2002,' said Cíaran Murray, Managing Director, Ballymun Regeneration Ltd.

Phase 2 homes were exclusively designed by ten leading architectural practices with input from residents, the Ballymun Housing Task Force and the five Area Forums.

"All Ballymun Regeneration homes will be designed and built to achieve Lifetime Home standards facilitating the needs of older people and people with disabilities, with high standards of insulation, double-glazed timber windows, individual central heating boilers and high-specification finishes for ease of long-term maintenance,' said Cíaran Murray.

Ballymun Oral History Project Gets Started

Are you interested in the history of Ballymun? Would you like to become involved in developing a project which hopes to record the history of Ballymun, as experienced by local people? Are you interested in doing a training course in oral history methods (free of charge) through which you can gain new skills and a certificate from the National College of Ireland? If the answer to any of these questions is yes, then read on...

Oral history uses interviewing techniques to record the lives, experiences, activities and memories of ordinary people. Most 'official history' is a history of great men, war and parliamentary politics. Oral history focuses on finding out about ordinary people's lives, work and knowledge. The Ballymun Oral History Project aims to bring together local people to decide what themes in Ballymun history to highlight, who to interview, what questions to ask, and what to do with the results. Pat McBride and Laurence Cox (who are working on the project) need local people to 'come on board', either as participants in the training course, or perhaps as part of a council overseeing the work of the project. Central to the success of the project is that local people themselves identify ways that they could become involved. The idea is that local participants in the training course will go out and interview other local people, thus creating a genuine 'people's history' of Ballymun, by and for local people.

Community ownership, participation and control at all levels of the project are essential. Pat and Laurence's involvement ceases after 12 months, and the project will pass to community control. Meetings with local people and groups are currently underway and active community consultation will be ongoing.

If you would like more information about the project, if you have any questions, comments or suggestions, or if you think you would like to get involved, then please get in touch! You can contact Pat by phoning 086-8486877, or by calling into Stormanstown House on the Ballymun Road.

2단계 디자인에 감동한 장관과 주민들

2단계 전시회에서 환경자치부 장관 노엘 뎀프시 하원의원과 발리문재생회사 수석 건축가 믹 맥도나씨 및 발리문재생회사 씨아란 머레이 사장과 함께한 발리문 피어스 타워 주민 리타 카힐씨

9월 10일 일요일 스토맨스타운 하우스에서 환경자치부 장관 노엘 뎀프시(Noel Dempsey) 하원의원에 의해 진행된 2단계 주택 671가구의 건축디자인 발표식에 650명이 넘는 주민들이 참석하였습니다. 신축 주택의 그림과 컴퓨터 이미지가 전시되었고, 건축가들이 현장에서 주민들에게 계획안을 설명하였습니다. 아이들은 포켓몬, 바니, 마술쇼, 풍선, 얼굴 분장 등으로 파티를 즐겼습니다.

뎀프시 장관은 "전시된 디자인의 완성도를 보니 참여 건축가들이 이런 특별한 주거지 개발에 많은 경험이 있다는 걸 쉽게 알 수 있었습니다."라고 하면서, "그들은 주민들이 원하는 것이 무엇이고 새 주택에 필요한 것이 무엇인지 잘 이해하고 있다는 걸 보여주었습니다."라고 덧붙였습니다.

2단계 계획에는 클락 타워(Clarke Tower)와 맥더못 타워(McDermot Tower) 및 발커리스 로드(Balcurris Road) 구 아파트, 1-96번지, 발커리스 로드 97-192번지, 실로그 에비뉴(Sillоge Avenue) 49-72번지의 구 아파트의 철거가 포함됩니다.

2단계 주택은 다음에 위치하게 될 것입니다.

- 산트리 에비뉴(Santry Avenue)
- 발커리스 파크(Balcurris Park)
- 발부쳐 레인(Balbutcher Lane)
- 실로그(Silloge)
- 파핀트리(Poppintree)

발리문재생회사의 씨아란 머레이(Ciaran Murray) 사장은 "계획의 진행에 따라, 주민들은 2002년 중 2단계 신축 주택으로 이주하게 될 것입니다."라고 말했습니다.

2단계 주택들은 주민들과 발리문 주택전담위원회 및 5개의 지역포럼으로부터의 정보를 바탕으로 10개의 일류 건축설계사무소에서 디자인하였습니다.

씨아란 머레이씨는 "재생프로그램의 주택들은 모두 노인과 장애인이 편리한 생활을 할 수 있도록 높은 단열기준, 이중유리 나무창문, 개별 중앙 난방, 장기 유지보수에 편리한 고사양 마감재를 사용한 생애주택의 기준 달성을 목표로 디자인되었습니다."라고 덧붙였습니다.

발리문 구전역사프로젝트의 시작

발리문 역사에 관심이 있으십니까? 지역 주민들의 경험에 의한 발리문의 역사 기록 프로젝트 개발에 참여하고 싶으세요? 아일랜드국립대로부터 수료증을 받고 새로운 기술을 습득할 수 있는 구전역사법강좌(무료)의 수강에 관심 있으세요? 위의 질문 중 어느 하나에라도 '네' 라는 답을 하셨다면 계속 읽어주십시오…

구전역사기술에는 일반인들의 삶과 경험, 활동 그리고 기억을 기록하기 위해 인터뷰 기법이 사용됩니다. 대부분의 '공식적인 역사' 는 영웅과 전쟁 및 국가 정치가들의 역사입니다. 구전역사는 일반인의 삶과 활동 및 지식에 관해 알아보는 것에 초점을 둡니다. 발리문 구전역사프로젝트는 지역주민과 함께 발리문역사에서 중요시 다루어져야 할 주제가 무엇인지, 누구에게 무엇을 물어봐야 하는지 그리고 그 결과를 가지고 어떻게 해야 하는지를 결정하는데 그 목적이 있습니다. 팻 맥브리드(Pat McBride)씨와 로렌스 콕스(Laurence Cox)씨 (프로젝트 담당자)는 지역주민의 '참여' 를 필요로 하고 있습니다. 훈련강좌에의 참여도 좋고, 프로젝트를 관리하는 위원회로서의 참여도 좋습니다. 이 사업 성공의 열쇠는 지역 주민들이 스스로 참여할 수 있는 방법을 강구하는데 있습니다. 그것은 바로 훈련코스 참여자가 다른 지역 주민들과 인터뷰를 하고 그로부터 진정한 발리문 '사람의 역사' 를 주민에 의해 주민을 위해 만든다는 것입니다.

지역 주인의식과 사업의 모든 수준에 있어서의 참여와 통제는 매우 중요합니다. 팻씨와 로렌스씨의 관여는 12개월 후면 끝이 나고, 이 사업은 지역의 권한으로 넘어가게 됩니다. 지역 주민들과 그룹들과의 면담이 현재 진행 중이며 적극적인 지역 자문이 곧 시작될 것입니다.

프로젝트에 대한 자세한 정보를 원하시거나, 질문이나 코멘트 혹은 제안이 있거나, 혹은 참여하고 싶으시면, 연락주십시오! 086-8486877로 팻씨에게 연락을 하시거나, 발리문로의 스토맨스타운 하우스로 전화주십시오.

Local children help design playgrounds

The Minister for the Environment. Mr Noel Dempsey, TD, tried out the new equipment with local children when he officially opened the first of Ballymun's twelve new playgrounds in Shangan on 10th September.

As part of the regeneration Programme, twelve new specially designed playgrounds are being built in Ballymun at a cost of over £1 million. Four playgrounds are being provided for older children and eight for younger children.

The first two new playgrounds are open and are being enjoyed by local children. Shangan Playground is designed on the theme of trains and has colourful red and green play equipment and soft permanent ground surface. Silloge playground is designed and built with themes of the sea, earth and sky.

A number of temporary playgrounds, are being provided and will be relocated to their permanent home when building sites are finished. All equipment can be safely relocated to another area during construction, where necessary. Play areas are fitted with safety surfaces.

Local children helped to design the new playgrounds. Ballymun Regeneration's playground consultant Lisa McKnight, brought fifteen 7 to 12 year-olds from Ballymun to visit other Dublin Corporation play facilities where she observed while they played and listened to their views. Their responses contributed to the design of the new playgrounds and to the choice of equipment provided.

The new playgrounds are public facilities for all children in

the community. Ballymun will have the best play facilities in Dublin when the playground strategy is complete.

On 8th November Fergal Foley from the Bar Council launched the Action Plan for the Community Law Centre, the centre will go ahead despite the lack of financial commitment from Government. The next step is to employ a project manager to begin implementation using funding from existing sponsors, local groups, Katharine Howard Foundation, Dublin Corporation and BRL.

지역 아이들 놀이터 디자인에 참여

10월 10일 발리문 12새 신 놀이터 중 첫 번째인 샹겐지역 놀이터 오픈식에서 지역 아이들과같이 탈것을 타보는 환경부장관 노엘 뎀프시 하원의원

재생프로그램의 일환으로 £1백만 이상의 비용이 드는 12개의 놀이터가 만들어지기 시작했습니다. 일반 아이들용 놀이터 4곳과 유아용 놀이터 8곳이 제공될 것입니다.

2곳의 놀이터가 개장을 하여 지역 아이들이 이용할 수 있게 되었습니다. 샹겐(Shangan)지역의 놀이터는 기차를 테마로 빨강과 초록 등 다채로운 색상의 놀이 기구와 부드러운 영구 바닥이 계획되었습니다. 실로그(Silloge)지역의 놀이터는 바다와 지구와 하늘을 테마로 디자인 되었습니다.

건물이 완공되면 주거지 인근에 다수의 임시 놀이터도 제공될 것입니다. 모든 놀이기구는 공사기간 중 필요한 곳으로 안전하게 이동될 수 있습니다. 놀이 구역은 안전 바닥으로 계획될 것입니다.

지역 아이들이 새 놀이터 디자인에 참가하였습니다. 발리문재생회사의 놀이터 자문위 리사 맥나잇(Lisa McKnight)씨는 발리문지역 7세에서 12세 아동 15명과 함께 다른 지역의 더블린자치체가 설계한 놀이시설을 방문하여 아이들이 노는 모습을 관찰하고 아이들의 의견을 들었습니다. 아이들의 의견은 새 놀이터를 디자인하고 제공될 놀이기구를 선정하는데 많은 도움이 되었습니다. 새 놀이터는 아이들을 위한 지역의 공공시설입니다. 놀이터전략

이 완료되면 발리문은 더블린에서 최고의 놀이 시설을 갖춘 지역으로 거듭날 것입니다.

절약 돈 에너지 환경

주민들이 환경에 미치는 영향을 줄이는 것을 돕기 위해 1990년 Global Action Plan International (GAP)이 설립되었습니다. BRL은 GAP와 발리문이 협력하여 발리문 전체를 위한 주민환경프로그램과 지역환경계획을 고안하는 것을 제안하였습니다.
여기에 참여하고 싶으세요?

무엇을 할 수 있나요?

먼저

계획실행팀에 가입하십시오. 이 소규모 그룹은 매달 두 시간씩 만나게 됩니다. 에너지를 절약하여 공과금을 줄이는 법, 재활용 하는 법, 지역에서 살 수 있는 환경친화 제품이 무엇인지 등에 대한 주제로 함께 이야기 할 것입니다. 변화를 만드는 것은 쉽습니다. 이 계획실행팀에서 알려드립니다.

스스로 계획실행팀을 만드셔서 £350을 버세요

계획실행팀에 참가한 후에 자신의 팀을 이끌면 £350을 받을 수 있습니다.
학력 무관, 인생 경험만 있으면 됩니다.

두 번째로

계획실행팀을 완료한 후에 어떤 나무를 심는 것이 좋은지 에서부터 재활용 센터의 계획에 이르기까지, 환경에 대한 여러분의 아이디어를 사용하십시오.
큰 규모의 아이디어가 여러분의 동네를 더 깨끗하고 더 살기 좋은 곳으로 만들 수 있습니다.

누구에게 물어봐야 하나요?

조안나 폴크너(Joanne Faulkner)씨가 실행팀과 직접 함께 할 것입니다.
전화번호는 01-473 8017 혹은 086 607 0432 입니다.
에릭 포스마크(Eric Forsmark)씨는 프로젝트의 진행담당자 입니다.
전화번호는 01-677 5439 혹은 087 697 6054 입니다.
11월 15일 오후 3시에 발리문 쇼핑센터의 파트너쉽건물에서 공청회가 있습니다.
여기에 참가하지 못하셔도 추후에 또 공청회가 있을 것입니다. 시간과 장소 및 날짜는 쇼핑센터에 공지될 것입니다.

BALLYMUN Community Law Centre

11월 8일 변호사위원회의 페르갈 폴리(Fergal Foley)씨가 지역법률센터를 위한 실행계획을 발족 하였습니다. 정부의 재정지원 약속은 없지만 센터의 계획은 계속 진행될 것입니다. 다음 단계는 기존의 후원자, 지역단체, Katharine Howard재단, 더블린자치체, BRL의 재원을 이용하여 실행을 시작할 프로젝트 관리자를 고용하는 일입니다.

Phase 3 housing plans

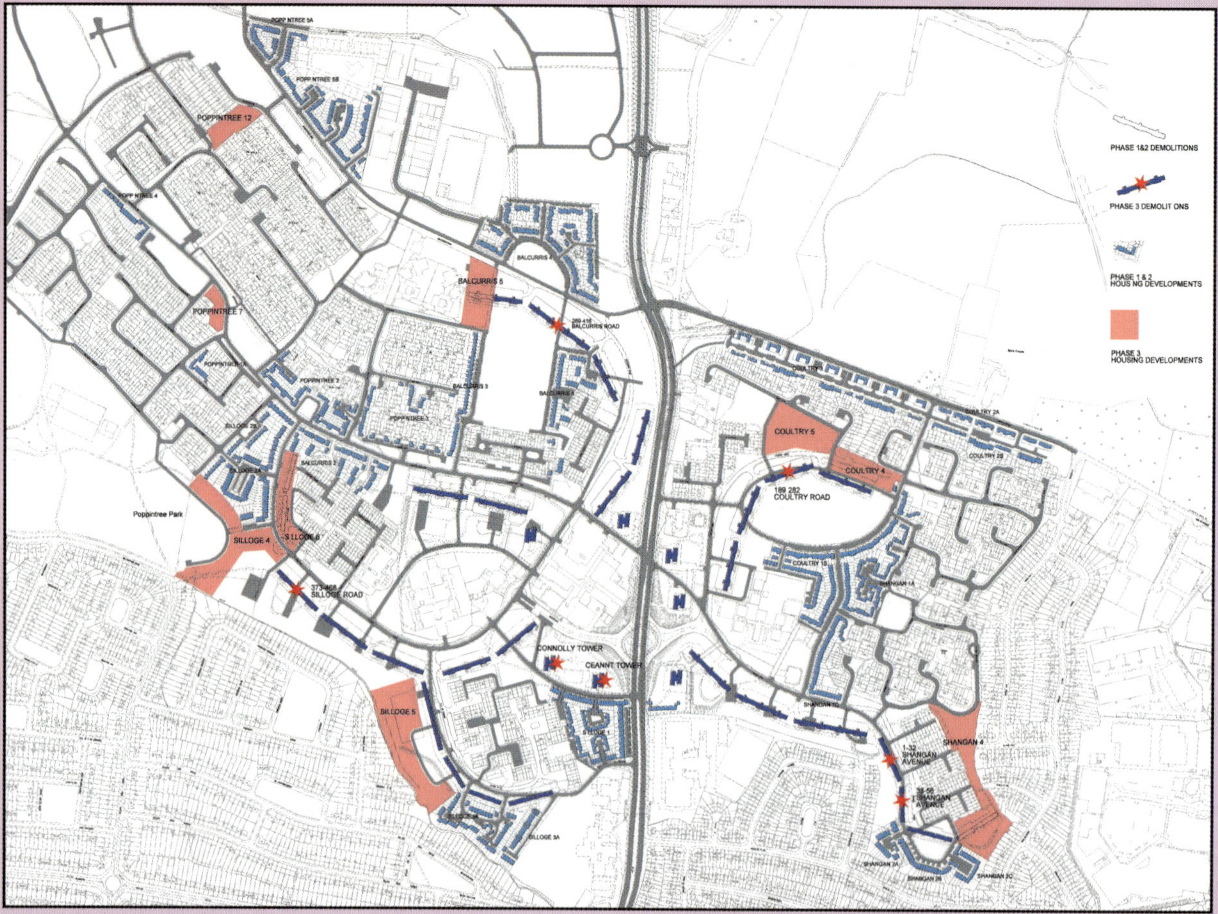

The Lord Mayor of Dublin, Alderman Maurice Ahern, visited Stormanstown House in August for the announcement of Phase 3 Housing plans.

- 556 flats will be demolished and replaced by a mix of two, three and four-storey homes, similar to those in Phases 1 and 2.
- Approximately 2,000 existing residents from Coultry Road, Ceannt Tower, Connolly Tower, Balcurris Road, Shangan Avenue and Silloge Road will be rehoused in Phase 3.

The following blocks have been identified for demolition in Phase 3:

- 289-416 Balcurris Road
- 187-282 Coultry Road
- 1-56 Shangan Avenue
- Ceannt Tower
- Connolly Tower and
- 373-468 Silloge Road.

It is hoped that Phase 3 residents will move into their new homes in 2003.

A series of Information Meetings have been held for the residents of Phase 3 flats. Residents should also refer to the green Frequently Asked Questions (FAQ) book for more information - available from Ballymun Regeneration.

Any Phase 3 resident who has not returned their Phase 3 survey form to Ballymun Regeneration should please do so immediately to be sure their household information can be given to the Phase 3 Architects.

Ballymun Regeneration Ltd (BRL) Stormanstown House Ballymun Road Dublin 9
ph: 8421144 fax: 8421443 E-mail: brl@brl.ie http://www.brl.ie

A Dublin Corporation Initiative

3단계 주택 계획

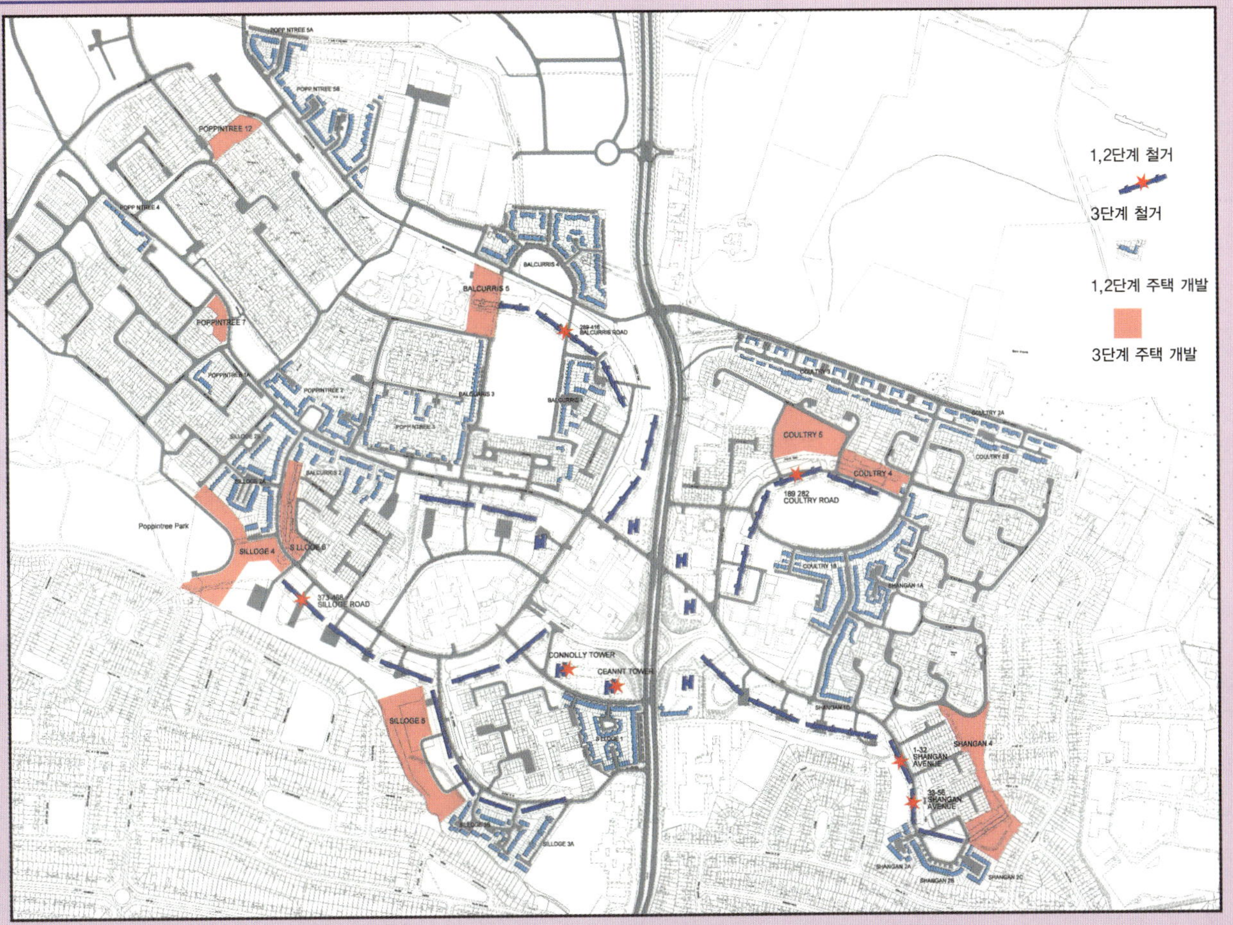

더블린 시장인 마우리스 에이헌(Maurice Ahern) 의원은 8월 3단계 주택 계획 공표를 위해 스토맨스타운 하우스(Stormanstown House)를 방문했습니다.

- 구 아파트 556가구가 철거되고 1,2 단계와 비슷하게 2,3,4층 주택으로 대체 될 것입니다.
- 컬트리 로드(Coultry Road), 씬트 타워(Ceannt Tower), 코놀리 타워(Connolly Tower), 발커리스 로드(Balcurris Road), 샹겐 에비뉴(Shangan Avenue), 실로그 로드(Silloge Road)의 기존의 약 2,000명 가량의 주민들은 3단계에서 새 주택으로 이주하게 될 것입니다.

3단계에서 철거될 집합주택은 다음과 같습니다:

- 발커리스 로드 289-416번지
- 컬트리 로드 187-282번지
- 샹겐 에비뉴 1-56번지
- 씬트 타워
- 코놀리 타워
- 실로그 로드 373-468번지

3단계 주민들이 2003년에는 새 주택으로 이주 할 수 있게 되기를 바랍니다.
3단계 아파트 주민들을 위한 설명회가 수 차례 열렸습니다. 주민들은 발리문재생회사에 비치된 자주있는질문 (FAQ) 책자를 참조하시기 바랍니다.

아직 3단계 조사양식을 완료하지 않은 3단계 대상 주민께서는 호구 정보가 3단계 설계사무소에게 전해질 수 있도록 양식을 완료하여 조속히 발리문재생회사로 보내주십시오.

발리문재생회사 (BRL) 더블린 9가 발리문로 스토맨스타운 하우스
전화: 8421144 팩스: 8421443 이베일: brl@brl.ie http://www.brl.ie
더블린자치체회사

BALLYMUN

REGENERATION NEWS

January/February 2001 Issue 20

INSIDE

The Ballymun Community Law Centre Campaign Committee is currently seeking applications for the position of Development Manager. For an information pack including job description contact Amanda on 8421144.

Full planning permission has been granted for the competition site. There will be approximately 40 units of social housing in the scheme, plus some non-residential uses and student accommodation. See building update inside.

BUILDING OF PHASE 1 NEW HOMES FORGES AHEAD

Residents due to move into the Phase I new homes will be pleased to know that building is going ahead on all thirteen sites as planned. Some of the schemes were slightly delayed last autumn, due to shortages of skilled tradesmen and general problems relating to the very wet weather in November and December. The cold dry weather in recent weeks has helped the contractors to catch up and starting this Summer, people will be moving into their new homes.

"I want to reassure people that there will be no delay to the Phase 1 new homes as a result of a complaint made to the EU regarding the method used by BRL to carry out the Environmental Impact Assessment on the thirteen schemes in Phase 1", says Ciarán Murray, Managing Director, Ballymun Regeneration Ltd.

"Events have overtaken the initial complaint which is focused on

재 생 소 식 지

2001년 1/2월 20호

주요기사

- 신축 주택 최신정보
- 발리문 아동안전을 위한 시상 정보
- 라디오 스타
- 교통
- 환경 의식
- 지역주민시설
- 법률센터 실행계획 착수

발리문커뮤니티 법률센터, 홍보위원회에서 현재 개발책임자를 찾고 있습니다. 직무설명이 포함된 정보 페키지를 원하시는 분은 아만다(Amanda)씨 (8421144)에게 연락주세요..

경쟁(컨테스트) 부지를 위해 건축허가 승인이 완료되었습니다. 계획안에는 임대주택 약 40가구와 일부 비주거용 숙소 및 학생 숙소가 포함될 것입니다. 최신 건축 정보를 보세요.

빠르게 진전되는 1단계 신축 주택

1단계 신축 주택으로 이주할 주민들께서는 13개 부지에 대한 건설이 예정대로 진행되고 있다는 소식에 기뻐하실 것입니다. 지난 가을에는 전문적인 협상가들의 부족과 이곳의 11월과 12월의 습한 날씨와 연관되는 문제들로 몇몇 계획이 약간 지연되었습니다. 최근 몇 주간의 차고 건조한 기후는 건설업자들이 예정된 기한에 맞출 수 있게 해 주어서 여름이 시작되면 거주자들이 신축 주택으로 이사하게 될 것이다.

"저는 1단계의 13개 계획안에 대한 BRL의 환경영향평가 수행 방법에 관해 유럽연합에 제기되었던 항의로 인해 1단계 주택 신축이 지연되지 않을 것이라는 것을 주민 여러분께 재차 확신시켜 드리고 싶습니다."라고 발리문재생회사의 씨아란 머레이(Ciaran Murray)사장이 말했습니다.

"이 일은 절차상 문제에 초점을 둔 초기의 불만을 넘어선 것입니다. BRL을 모든 마스터 플랜 제안서에 적용하였던 전략의 평가는 역설적으로 그 당시

continued from page 1

procedural issues. The strategic appraisal that BRL carried out on all the Masterplan proposals, was ironically, more than what was required by EU legislation at the time. We supplemented the appraisal with an Environmental Impact Statement (EIS) on the Phase 1 schemes and that satisfied An Bord Pleanála. The EU is now moving towards strategic assessment, which is the approach we

Computer generated view of the proposed Ballymun Sports & Leisure Centre.

adopted in planning the implementation strategy," says Ciarán.

The new EU Draft Directive, approved by the Council of Ministers, seeks to bring in Strategic Environmental Assessment for programmes like the regeneration of Ballymun which are on-going over a number of years. It recognises it is inappropriate to evaluate one element of a Masterplan without putting it in the overall environmental context in which it will fit. The EU letter to the Irish Government states specifically that "the Commission intends no criticism of the Ballymun regeneration"... and goes on to say ..."on the contrary, the objectives pursued by the scheme"... "are fully in line with Community policy" and "the information available to the Commission indicates that a high degree of care and expertise has been applied to the preparation of the scheme".

Building Update

Full planning permission has been granted for the competition site. There will be approximately 40 units of social housing in the scheme, plus some non-residential uses and student accommodation.

As a result of the success of the temporary playground in Shangan, two further temporary play spaces were provided in Coultry and Sillogue for children aged 7 years and over. The Sillogue Playground for younger children is open although some decorative painting work is still needed and cannot take place until the weather improves.

Getting active at Stormanstown House every Wednesday. See Alive & Kicking.

Recreation, Sport and Leisure

The Leisure and Recreation Study prepared last year proposed that any new or existing facilities should be shared by the many and varied groups and clubs working within the area. It also proposed that along with new facilities what was needed was new programmes and support for existing programmes.

The first new outdoor facilities to be built were the new grass football pitch in Coultry and the four new playgrounds. The first of the many proposed indoor facilities is the town centre sports complex which will be built along the new Main Street. This development which includes residential, commercial and sporting facilities including a new swimming pool, gym, sports hall, sauna and steam room has been lodged for planning. A creche where parents can leave their smaller children is also being included in the development. This was something which many parents asked to be provided during the consultations as part of the development of the Sports, Leisure and Recreation Strategy.

유럽연합합 법안에서 제시한 규정을 상회하였습니다. 저희 회사는 1단계 계획안에 대한 환경영향진단서를 평가내용에 보완하였고, 도시계획원은 이에 만족하였습니다. 유럽연합은 지금 전략평가로 선회하고 있는데 이것은 저희가 수행 전략으로 채택한 접근법고 같습니다."라고 씨아란 사장이 덧붙였습니다.

발리문 스포츠레저센터의 컴퓨터 이미지

유럽연합합 국무회의에서 인준된 새로운 유럽연합 지침서에는 수년간 진행되는 발리문재생과 같은 프로그램은 전략 환경 평가를 시행하도록 규정하고 있습니다. 유럽연합합에서도 환경에 맞는 전체 환경적 맥락을 고려하지 않고 마스터플랜의 하나의 요소만 평가한다는 것이 부적합하다는 것을 인식하고 있습니다.

아일랜드 정부에 보낸 유럽연합 서한 에서 " 위원회는 발리문 재생사업을 비판할 의도가 없으며"...중략..."오히려, 그 계획안에서 추구하는 목표들은"..."커뮤니티 정책과 같은 맥락이며"..."위원회가 검토한 정보에 따르면 높은 수준의 관심과 전문성이 시책 준비에 적용되었다는 것을 보여준다."

최신 건축정보

경쟁 부지를 위한 건축허가 승인이 완료되었습니다. 이 계획안에는 약 40세대의 임대주택과 비주거용 숙소 및 학생 숙소가 포함될 것입니다.

샹겐(Shangan)에 있는 임시 놀이터의 성공으로 인하여, 컬트리(Coultry)와 실로그(Silloge)에 7세 이상의 아동을 위한 임시 놀이 2곳이 마련되었습니다. 더 나이 어린 아동을 위한 실로그 놀이터는 페인팅 마무리 작업이 필요하고, 기후가 좋아질때까지 작업을 할 수 없을지라도 공개되었습니다.

매주 수요일 활기차 지는 스토맨스타운 하우스. '생기있고 활기차게" 기사를 참조하세요.

레크리에이션, 스포츠, 여가

지난 해에 준비된 레저와 여가에 관한 연구에서 신설 혹은 기존의 시설들은 많은 사람과 그리고 지역내에서 운영되고 있는 다양한 그룹과 클럽이 공유할 수 있어야 한다고 제시하였습니다. 또한 신설 시설들과 함께 그곳에 적합한 새로운 프로그램이 필요하고 기존의 프로그램을 보완할 수도 있어야 한다고 제시하였습니다.

제일 먼저 지어진 실외 시설에는 컬트리에 있는 새로운 잔디 축구장과 네 곳의 신설 놀이터가 있습니다. 실내 시설로 제시된 많은 곳 중 첫번째는 새로운 메인스트리트에 건축될 도시거점 스포츠 종합센터입니다. 주거시설, 상업시설, 스포츠 시설-신설 수영장, 체육과, 스포츠회관, 사우나, 스팀 룸-을 포함하는 이 개발은 계획이 시작되었습니다. 부모가 어린 아동을 맡길 수 있는 보육원도 이 개발에 포함되어 있습니다. 이 시설은 스포츠, 레저 및 여가 전략 개발의 한 부분이었던 자문과정에서 많은 부모님들께서 요청하신 중요한 내용이었습니다.

Prizes galore for Ballymun's safety kids

Pupils from St. Joseph's Junior School proudly showing their award certificates and prizes.

Hundreds of pupils, parents and teachers packed Ballymun Regeneration's exhibition hall on 4th December for a prize-giving ceremony as part of BRL's Youth Safety Awareness Campaign poster competition, intended to increase young people's understanding that building sites are not safe play areas for children.

Over 400 entries were received from primary and post-primary pupils in eight local schools which were exhibited in Stormanstown House and will be exhibited in Ballymun Shopping Centre over the coming months. Certificates and prizes such as books, scooters, toys, art materials, videos and board games were awarded to the 130 winners.

Prizewinning pupils from Gael Scoil Báile Munna.

"We were delighted with the number of entries and with the high standard of artwork entered in the competition and are grateful to teachers, parents and sponsors for their help and co-operation," said John Rizzolo, Health & Safety Monitor, Ballymun Regeneration. "Most of all we are extremely encouraged by the strong level of awareness portrayed by the children's posters that building sites are not playgrounds and can be dangerous."

The following schools were involved in the Poster Competition:

- Ballymun Senior Comprehensive School
- Holy Spirit Girls National School
- Ballymun Junior Boys School
- Gael Scoil Báile Munna
- Scoil an tSeachtar Laoch
- Our Lady of Victories Infants School
- St. Joseph's Junior School
- St. Joseph's Senior School

Happy faces as pupils from Scoil an tSeachtar Laoch display their prizes.

Gem Construction Ltd and McCabe Builders, who are two of the contractors involved in building the new homes in Ballymun, sponsored the competition along with the Health & Safety Authority of Ireland and BRL.

Alive & kicking

More and more older Ballymun residents are getting actively involved in the Ballymun Active Living Campaign. Now there is a choice of bowling, dancing, swimming, exercise classes and pitch and putt each week. And, thanks to the support of voluntary leaders and local agencies, most activities are free of charge. Our monthly newsletter with details of events is posted free to all older adults in the area.

For further information contact Alison Fleming at 8421144.

발리문 아동 안전을 위한 시상 내용

성조셉 초등학교 학생들의 상장과 상품을 자랑스럽게 보여주는 모습

수백명의 학생, 학부모와 교사들이 12월 4일 발리문재생회사의 전시관을 가득 채웠습니다. 이 날은 BRL의 청소년 안전 의식 캠페인 포스터 대회의 한 부분으로 상패수여식이 개최되었는데, 이는 청소년들이 공사현장이 그들의 놀이공간으로 안전하지 않다는 것을 이해시키려는 의도에서 마련되었습니다.

400명 이상의 참가자는 스토맨스타운 하우스에 있는 8개의 현지 학교에서 온 초등학생과 중학생이었으며 작품들은 다음달까지 발리문 쇼핑 센터에서 전시될 것입니다. 130명의 입상자에게는 상장과 함께 책, 스쿠터, 장나감, 미술재료, 비디오, 보드 게임과 같은 상품이 수여되었습니다.

Gael Scoil Baile Munna 초등학교의 수상학생들의 모습

“저희는 이번 대회에 질 높은 작품들이 많이 출품되어 기쁘고, 교사들과 부모들 그리고 후원자들의 도움과 협조에 감사를 드립니다.”라고 발리문재생회사의 건강과 안전 모니터 존 리졸로(John Rizzolo)씨가 말했습니다. “가장 고무되었던 것은 아동들의 포스터에서 공사현장은 놀이터가 아니며 위험할 수 있다는 것을 강력하게 인지하고 있음이 나타났다는 점입니다.”

다음에 제시된 학교들은 포스터 대회에 참가한 학교입니다.

- Ballymun Senior Comprehensive School
- Holy Spirit Girls National School
- Ballymun Junior Boys School
- Gael Scoil Baile Munna
- Scoil an tSeachtar Laoch
- Our Lady of Vitories Infants School
- St. Joseph' s Junior School
- St. Joseph' s Senior School

Scoil an tSeachtar Laoch 초등학교 학생들이 수상하여 기쁜 모습

발리문 신축 주택 하청업체인 Gem 건설사와 McCabe Builders사는 아일랜드의 건강 · 안전국 및 BRL과 함께 대회를 후원해 주었습니다.

생기있고 활기차게

발리문의 점점 더 많은 노령 거주자들이 발리문의 활력있는 삶 캠페인(Ballymun Active Living Campain)에 적극적으로 참여하고 있습니다. 현재 참가할 수 있는 것은 매주 실시되는 볼링, 댄싱, 수영, 체력단련, 골프연습교실이 있습니다. 특별히 자원봉사자 대표들과 지역기관들의 후원에 감사하며 대부분의 강습은 무료로 제공됩니다. 행사의 자세한 내용은 담은 월간 소식지가 지역의 모든 고령자에게 배달됩니다.

자세한 내용은 엘리슨 플래밍(Alison Fleming)씨(8421144)에게 연락 주십시오.

Action Plan for Law Centre launched

After almost two years of campaigning to introduce a Community Law Centre in Ballymun, the Campaign Committee launched a detailed Action Plan in the offices of the Bar Council of Ireland just before Christmas 2000. A Community Law Centre in Ballymun is long overdue. There are no solicitors in practice in Ballymun and the residents of Ballymun have very little access to the law.

Over 20 voluntary, community and statutory groups contributed to the Action Plan, which was researched by Dave Ellis, Community Legal Resource Consultant.

The Action Plan was launched by Fergal Foley from the Bar Council of Ireland, other speakers at the launch included Cllr Roisin Shorthall TD, Paul Smyth SIPTU who chairs the campaign committee, Dave Ellis and Anne Keating local resident and community activist.

The Ballymun Community Law Centre will:

- empower and assist local community groups and resource centres through training and information on legal issues
- provide legal advice and services to members of the community on areas of civil law concerning individuals, e.g. family, social welfare, debt, employment, tenants rights etc. It will also reach out to the community and ensure that all residents are aware of the service and what it proposes to provide.

"Even though there is no financial commitment from Government for the Centre, it will not deter us in our plans to establish a Community Law Centre in Ballymun during the coming year," said Paul Smyth, spokesperson for the campaign.

Cllr Roisin Shorthall TD speaking at the launch of the Action Plan for Ballymun Community Law Centre at the Bar Council offices.

The good news is that the Committee has now raised enough money to employ a Project Development Officer to implement the Action Plan. To date contributors to the campaign funds include: BRL, Dublin Corporation, the Katharine Howard Foundation, Combat Poverty Agency, Sisters of Mercy, SIPTU, Ballymun Partnership. Other contributions have also been promised. Since the launch word has been received from the Government that they are not able to fund a community law centre in Ballymun but that the Legal Aid Board will work closely with it once it is established.

Transport

Ballymun Regeneration is in regular contact with the LUAS project team and the Dublin Transportation Office to ensure that Ballymun is provided with the best possible public transport.

A LUAS line in Ballymun would help attract new businesses to the area and of course, be a great benefit to local people, linking them with the airport and the city centre. The route for a Quality Bus Corridor (QBC) is being extended to beyond the roundabout at Superquinn to the junction with Balbutcher Lane near Santry Avenue.

Radio Stars

RTE radio's Marian Finnucane broadcast an hour-long special radio show live from Ballymun on the morning of 8th November. Members of the whole community were welcomed into Mary O'Connor's home in Balcurris Road to participate in the show.

Long standing residents told stories about 'the old days' while some younger members of the community talked about their expectations for the future of Ballymun and the regeneration programme. Congratulations and well done to all those who took part.

법률센터를 위한 실행계획 착수

발리문에 지역 법률센터를 만드려고 2년 가까이 캠페인을 해 온 결과, 캠페인 위원회는 2000년 성탄절 직전에 아일랜드 변호사 위원회의 사무소에서 세부적 실행계획을 발족하였습니다. 발리문의 지역 법률센터는 이미 시작되었어야 합니다. 발리문에 개업한 사무변호사가 없고, 발리문 주민들은 법에 대한 접근이 매우 어려웠습니다.

지역법률재원자문인 데이브 엘리스(Dave Ellis)씨의 조사에 따르면, 자원단체 및 지역단체 그리고 법정단체 총 20곳 이상이 이 실행계획에 기여했다고 합니다.

이 실행계획안은 아일랜드 변호사위원회의 퍼갈 폴리(Fergal Foley)씨가 발족하였고, 발족식에는 하원의원 로이신 쇼트홀(Roisin Shorthall) 시의원과 전국노동조합(SIPTU) 소속의 캠페인위원회 의장인 폴 스미스(Paul Smyth)씨, 그리고 지역주민 데이브 엘리스(Dave Ellis)씨와 지역활동가 안네 키팅(Anne Keating)씨가 자리를 함께 하였습니다.

발리문 지역법률센터는:

- 법률적 사안에 관한 교육과 정보를 통하여 지역주민조직과 자원센터를 보조하고 역량을 강화
- 지역에서 발생하는 개인, 가족, 사회 복지, 채무, 고용, 세입자 권리 등에 관련된 민사분야의 법률 상담과 서비스를 제공. 또한, 이를 통해 제공되는 서비스에 대해 모든 주민이 알 수 있도록 지역과 접촉할 것임.

"아직 정부로부터 센터에 대한 재정적 지원에 대한 조치가 없을지라도, 내년 발리문에 지역 법률센터를 건립하고자 하는 계획은 변함 없을 것입니다."라고 캠페인 대변인인 폴 스미스씨가 말했습니다.

하원의원 로이신 쇼트홀 시의원이 변호사위원회 사무소에서 발리문 지역 법률센터 실행안 착수에 대하여 설명하고 있는 모습

좋은 소식으로 위원회는 충분한 기금을 확보하게되어 실행계획을 추진하는 프로젝트 개발 담당 직원을 고용할 수 있다는 것입니다. 지금까지 캠페인 기금 후원자로 BRL, 더블린자치체, Katharine Howard 재단, 빈민퇴치기관, 자비수녀원, 전국노동조합, 발리문 파트너쉽이 있습니다. 후원을 약속한 후원자들도 더 있습니다. 정부는 발리문 지역법률센터 기금 지원이 불가능하지만 일단 센터가 설립되면 법률보조국이 센터와 협조할 것이라고 하였습니다.

교통

발리문 재생사업은 LUAS 프로젝트 팀과 더블린 교통사무국과 지속적인 연락을 취하며, 발리문에 최고의 대중교통 서비스가 제공될 수 있도록 노력하고 있습니다. 발리문내의 LUAS 라인은 지역으로 새로운 사업을 유인하는데 일조할 것이고, 공항과 도심을 연결해 줌으로써 지역 주민들에게 큰 이익이 될 것입니다.

버스우선제도(QBC: Quality Bus Corridor)를 위한 노선이 슈퍼퀸(Superquinn)의 원형교차로를 지나서 산트리 에비뉴(Santry Avenue) 인근의 발부쳐 레인(Balbutcher Lane) 교차로까지 연장될 것입니다.

라디오 스타

RTE 라디오의 마리안 핀누카네(Marian Finnucane)씨가 11월 8일 아침에 발리문에서 1시간동안의 생방송 라디오쇼를 진행하였습니다. 이 쇼에 참여를 위해 발커리스 로드(Balcurris Road)에 위치한 마리 오코너(Mary O' onnor)씨의 집으로 온 전 지역의 주민들은 환영받았습니다.

지역 노인 분들은 '옛 시절'에 대한 이야기를 들려주셨고, 젊은 주민들은 재생사업과 발리문의 미래에 대한 기대에 대해 말해 주었습니다. 참여해주신 분들께 감사 말씀과 함께 축하의 메시지를 전합니다.

Neighbourhood Facilities

Individual Draft Area Action Plans have been prepared for each of Ballymun's five communities - Poppintree, Coultry, Sillogue/Sandyhill, Shangan and Balcurris/Balbutcher. The Draft Action Plans were prepared in consultation with local organisations and the forums and take into consideration the unique aspects of each community as well as facilities that will be required in the future, including:

- Sports
- Childcare
- Meeting rooms
- Play areas
- Retail space
- Facilities for small enterprises

The preparation of the strategy included the carrying out of an audit of existiing groups and facilities in Ballymun.

The Action Plans set out proposals for accommodating groups locally and have been sent to local Dublin City Councillors and Dublin Corporation Officials. Members of the Board and Area Forum representatives are also considering the draft plans which will be finalised once the consultation process with all interested parties has been completed.

The neighbourhood strategy can accommodate all the local groups. A number of 'Ballymun wide' services are being catered for separately including:

- Women's Resource Centre
- Urrus Training Centre
- Ballymun Community Law Centre
- Ballymun Animal Carers Association
- Youth Strategy Group
- Arts and Culture Group

In some cases work has already commenced and in others proposals are being developed. In addition BRL are working closely with the Childcare Task Force to ensure that the future needs of children and their families in the area will be met.

Architectural teams for each neighbourhood centre have been agreed by BRL's board of directors. They will be appointed soon.

Environmental Awareness

Global Action Project (GAP) have been working with local individuals and groups to improve awareness of environmental and energy issues. They have been setting up environmental teams to work on a neighbourhood basis. To date nearly 50 people have signed up to be part of the environmental action teams and four teams are up and running already.

"It will be very interesting to see how the issue of recycling can be developed at a practical level in Ballymun" says Ciarán Murray BRL "I am very keen to see Ballymun leading the way in environmental sustainability, and showing other areas what can be done when local people come together to tackle waste disposal and energy conservation at household and local area level."

Cleansing continues to be an issue that undermines attempts to improve the image of Ballymun. While it is recognised that some improvements have been made, more work is required to ensure that cleansing services are provided on the type of continuous basis that appears to be required, particularly in prime areas where private sector investment is being sought.

SAVE MONEY ENERGY THE ENVIRONMENT

Global Action Plan International (GAP) was founded in 1990 to help people reduce their impact on the environment. BRL have asked GAP to work with the Ballymun community to create a neighbourhood environmental programme and a local environmental plan for the whole of Ballymun.
Do you want to be part of creating it?

WHAT CAN YOU DO?

STEP ONE

Join an Action Team.
These small groups meet for two hours every month.
Together we look at topics such as how to reduce your energy use and therefore household bills, how and what to recycle and which environmentally friendly products are available to buy in Ballymun. It's easy to make a difference. These action teams show you how.

EARN £350 BY LEADING YOUR OWN ACTION TEAM

After taking part in an Action Team you can earn £350 by leading your own team. No formal education is needed, just life experience.

STEP TWO

After completing an Action Team you can use your environmental ideas, which could be anything from what type of tree to plant to the creation of a recycling centre. Your ideas used on a large scale can make your neighbourhood a cleaner, better place to live.

WHO DO I TALK TO?

Joanne Faulkner will be working directly with the Action Teams.
Her number is 01-473 8017 or 086 607 0432.
Eric Forsmark is the coordinator for the project and he can be contacted on 01-677 5439 or 087 697 6054.

There first meeting was on the 15th of November at 3:00 pm in the Partnership Building, Ballymun Shopping Centre.
If you missed this meeting there will be other meetings. Times, venues and dates will be posted in the Shopping Centre.

지역주민시설

발리문의 5개 지역커뮤니티 – 파핀트리(Poppintree), 컬트리(Coultry), 실로그/산디힐(Sillogue/Sandyhill), 샹겐(Shangan), 발커리스/발부쳐(Balcurris/Balbutcher) – 를 위한 각각의 실행계획안 초안이 준비되었습니다. 실행계획 초안은 지역 단체와 포럼들과의 자문을 통해 준비되었고, 각 지역의 독특한 특성뿐만 아니라 향후 필요한 다음과 같은 시설에 대해서도 고려되었습니다.

- 스포츠
- 아동보육
- 회의실
- 놀이공간
- 소매공간
- 소기업을 위한 시설

전략 계획에는 발리문의 기존 단체와 시설들에 대한 회계 감사 수행결과도 포함되었습니다.

실행계획안은 이 단체들을 위한 공간제공에 관한 제안을 피력하였고, 이는 지역의 더블린 시의회 의원과 더블린자치체 공무원에게 보내졌습니다. 이사회 위원과 지역포럼 대표들 역시 관련자들과의 자문이 완료되는데로 최종 확정이 될 계획 초안을 주시하고 있습니다.

근린전략은 지역의 모든 단체를 수용할 수 있습니다. 다음과 같은 여러개의 '/발리문 와이드(Ballymun wide)' 서비스가 별로도 만들어 질 것입니다.

- 여성인력센터
- Urrus 훈련센터
- 발리문 지역법률센터
- 발리문 동물보호협회
- 청소년전략단체
- 예술 및 문화단체

일부는 작업이 이미 시작되었고 나머지는 제안서 작업 중입니다. 또한, BRL은 지역 아동과 그 가족들의 미래 요구에 부응하기 위해 아동전담위원회와 긴밀히 협조 중에 있습니다.

각 지역의 주민센터를 위한 설계팀들은 BRL의 이사회의 승인을 얻었고, 곧 공식적인 지정이 있을 것입니다.

환경 의식

글로벌 실행 프로젝트(GAP)은 환경과 에너지 문제에 대한 의식을 향상시키려고 지역의 개인과 단체들과 함께 협력해 왔습니다. 또 근린을 단위로 활동하는 환경팀을 구성하였습니다. 현재까지 50명이 환경실행팀에 가입하였고 4개의 팀이 구성되어 이미 활동 중에 있습니다.

"발리문에서 재활용문제가 실행적 차원에서 어떻게 진전되고 있는지 관찰하는 것은 매우 흥미로울 것입니다." BRL의 씨아란 머레이(Ciaran Murray)씨가 말했습니다. "저는 발리문이 환경적 지속성 분야에서 선두를 달리며, 지역 주민들이 하나가 되어 쓰레기 처리와 가정과 지역 전체의 에너지 보존 문제를 해결할 때 어떤 성과가 가능한 지를 다른 지역 주민들에게 보여주기를 희망합니다."

청소는 발리문의 이미지 개선을 위해 지속적으로 다루어져야 할 사안입니다. 민간 부문의 투자를 유치하려는 주요 지역에 필요한 청소서비스를 계속적으로 제공할 수 있도록 하기 위한 더 많은 일들이 이루어져야 하겠습니다.

절약 돈 에너지 환경

주민들이 환경에 미치는 영향을 줄이는 것을 돕기 위해 1990년 Global Action Plan International (GAP)이 설립되었습니다. BRL은 GAP와 발리문이 협력하여 발리문 전체를 위한 주민환경프로그램과 지역환경계획을 고안하는 것을 제안하였습니다.
여기에 참여하고 싶으세요?

무엇을 할 수 있나요?

먼저

실행팀에 가입하십시오.이 스몰그룹은 매달 두 시간씩 만나게 됩니다. 에너지를 절약하여 공과금을 줄이는 법, 재활용 하는 법, 지역에서 살 수 있는 환경친화 제품이 무엇인지 등에 대한 주제로 함께 이야기 할 것입니다. 변화를 만드는 것은 쉽습니다. 이 실행팀에서 알려드립니다.

스스로 실행팀을 만드셔서 £350을 버세요

실행팀에 참가한 후에 자신의 팀을 이끌면 £350을 받을 수 있습니다.
학력 무관, 인생 경험만 있으면 됩니다.

두 번째로

실행팀을 완료한 후에 어떤 나무를 심는 것이 좋은지 에서부터 재활용 센터의 계획에 이르기까지, 환경에 대한 여러분의 아이디어를 사용하십시오.
큰 규모의 아이디어가 여러분의 동네를 더 깨끗하고 더 살기 좋은 곳으로 만들 수 있습니다.

누구에게 물어봐야 하나요?

Joanne Faulkner가 실행팀과 직접 함께 할 것입니다.
전화번호는 01-473 8017 혹은 086 607 0432 입니다.
Eric Forsmack은 프로젝트의 진행담당자 입니다.
전화번호는 01-677 5439 혹은 087 697 6054 입니다.

New housing update

Phase 1

Location	No. of Homes	Contractor	Expected Completion Date	Remarks
Shangan Road	95	GEM Contractors	March 2002	On Programme
Shangan Ave	67	GEM Contractors	July 2001	On Programme
Coultry Way	60	McInerney	August 2001	On Programme
Coultry Park	101	Pierse Contracting	August 2001	On Programme
Santry Avenue	57	McInerney	January 2002	On Programme
Sillogue Avenue	40	Harvey Contractors	August 2001	On Programme
Sillogue Avenue	64	Harvey Contractors	August 2001	On Programme
Belclare Drive	10	McCabe Builders	February 2001	On Programme
Balcurris Park	57	Not yet appointed		*
Burren Court	71	Contractor appointed		**

*Delay caused by judicial review - will have to be retendered.
**Awaiting completion of Balbutcher Road realignment

Phase 2

Location	No. of Homes	Architect	Remarks
Santry Avenue	100	BRL Architects	Delayed due to planning appeal
Dolmen Court	37	Fionnuala Rogerson Architects	Planning application being prepared
Balbutcher Lane	25	Cullen Payne Architects	Delayed due to planning appeal
Sillogue Avenue	30	Howley Harrington Architects	Tender documents being prepared
Sillogue Avenue	58	Gardiner Architects	Tender documents being prepared
Sillogue Avenue	4	BRL	Tender documents being prepared
Balbutcher Lane	73	Burke-Kennedy Doyle Architects	Tender documents being prepared
Balcurris Park	33	O'Mahony Pike Architects	Tender documents being prepared
St. Margaret's Road	54	Colette Downey Architects	Tender documents being prepared
St. Margaret's Road	161	Gilroy McMahon Architects	Tender documents being prepared
St. Margaret's Road	94	N.B.A.	Tender documents being prepared
Coultry Avenue	5	BRL	Tender documents being prepared

P.J.Carey (Contractors) Ltd has started construction of the new Main Street which will involve removing of the roundabout and the dual carriageway on Ballymun Road. The expected completion date for this work is March 2002.

Ballymun Regeneration Ltd (BRL) Stormanstown House Ballymun Road Dublin 9
ph: 8421144 fax: 8421443 E-mail: brl@brl.ie http://www.brl.ie
A Dublin Corporation Initiative

신축 주택 최신정보

1단계

위치	가구 수	건설하청업체	예상 완공일	비고
Shangan Road	95	GEM Contractors	March 2002	진행중
Shangan Ave	67	GEM Contractors	July 2001	On Programme
Coultry Way	60	McInerney	August 2001	On Programme
Coultry Park	101	Pierse Contracting	August 2001	On Programme
Santry Avenue	57	McInerney	January 2002	On Programme
Sillogue Avenue	40	Harvey Contractors	August 2001	On Programme
Sillogue Avenue	64	Harvey Contractors	August 2001	On Programme
Belclare Drive	10	McCabe Builders	February 2001	On Programme
Balcurris Park	57	미 지정		*
Burren Court	71	업체 지정 완료		**

*위헌심사로 인해 지연 – 업체 재입찰 필요
**발부처 로드의 재조정 공사 완료를 기다리는 중

2단계

위치	가구 수	건축설계사무소	비고
Santry Avenue	100	BRL Architects	계획안 재심의로 인해 지연
Dolmen Court	37	Fionnuala Rogerson Architects	건축허가 신청 준비 중
Balbutcher Lane	25	Cullen Payne Architects	계획안 재심의로 인해 지연
Sillogue Avenue	30	Howley Harrington Architects	입찰 서류 준비 중
Sillogue Avenue	58	Gardiner Architects	입찰 서류 준비 중
Sillogue Avenue	4	BRL	입찰 서류 준비 중
Balbutcher Lane	73	Burke-Kennedy Doyle Architects	입찰 서류 준비 중
Balcurris Park	33	O'Mahony Pike Architects	입찰 서류 준비 중
St. Margaret's Road	54	Colette Downey Architects	입찰 서류 준비 중
St. Margaret's Road	161	Gilroy McMahon Architects	입찰 서류 준비 중
St. Margaret's Road	94	N.B.A.	입찰 서류 준비 중
Coultry Avenue	5	BRL	입찰 서류 준비 중

PJ. Carey사(건설하청업체)는 신메인스트리트 공사를 시작하였으며, 이 공사는 원형교차로와 발리문 로드(Ballymun Road)의 중앙분리차로의 제거작업도 포함될 것입니다. 완공은 2002년 3월로 예상하고 있습니다.

발리문재생회사 (BRL) 더블린 9가 발리문로 스토맨스타운 하우스
전화: 8421144 팩스: 8421443 이베일: brl@brl.ie http://www.brl.ie
더블린자치체회사

BALLYMUN

REGENERATION NEWS

March/April 2001 Issue 21 MAIN STREET SPECIAL EDITION

INSIDE

MAIN STREET UNDERWAY

We're building a fabulous new Main Street in Ballymun with all the facilities of a modern town - offices, hotel, leisure centre, arts centre, civic buildings, shops and housing. The new 1km Main Street stretches from the Ballymun Road/Santry Avenue junction to the Ballymun Road/Shanliss Avenue junction. It will transform the area in the long-term and everybody will benefit.

- The dual-carriageway is being replaced by an attractive, extensively landscaped, pedestrian prioritised street.
- A Quality Bus Corridor (QBC) will be put in place, to be replaced by the LUAS light rail line when it comes on stream in a couple of years.
- There will be jobs for local people in the new businesses and other facilities.

People from outside the area will come to Ballymun to live, shop, socialise and conduct business, which will boost the local economy.

continued back page

If you have concerns about health & safety issues, please contact the Project Health & Safety Monitor, John Rizzolo at Ballymun Regeneration Ltd 8421144

NATIONAL DEVELOPMENT PLAN

BALLYMUN

재생소식지

2001년 3/4월 21호

메인 스트리트 특집

주요기사

- 신규 건물과 인도, 교통 흐름 및 신규 도로 등을 보여주고 있는 메인 스트리트의 지도
- 메인 스트리트 건설 일정

메인 스트리트는 공사중

우리는 현대적 도시의 모든 시설-사무실, 호텔, 레저 센터, 예술 센터, 공공업무센터, 상점, 주택-을 모두 갖춘 새로운 메인 스트리트를 발리문에 건설 중입니다. 새로 건설되는 1킬로미터의 메인 스트리트는 발리문 로드/산트리 에비뉴(Ballymun Road/Santry Avenue) 교차로에서 발리문 로드/샨리스 에비뉴(Ballymun Road/Shanliss Avenue) 교차로로 이어집니다. 이 도로는 장기적으로 이 지역을 변화시킬 것이며 모든 이들이 그 유익을 누리게 될 것입니다.

- 중앙분리차로 대신 매력적이며 광경이 뛰어나고 보행자가 우선되는 도로가 건설되고 있습니다.
- 버스우선제도(QBC)가 시행될 것이며, 몇 년 후 LUAS경전차가 운행을 시작하면 대체될 것입니다.
- 새로운 산업과 기타 시설들이 지역 주민들을 위한 일자리를 마련하게 될 것입니다.

지역 외부 사람들이 거주를 위해, 혹은 쇼핑과 친교, 사업체 운영을 위해 발리문을 찾을 것이며 이는 지역 경제를 일으킬 것입니다.

건강 및 안전 문제에 우려가 있으신 분은 발리문재생회사, 프로젝트 건강과 안전 모니터의 존 리졸로(John Rizzolo)씨 (8421144)로 연락 주십시오.

NDP
NATIONAL DEVELOPMENT PLAN

Ballymun's new MAIN STREET

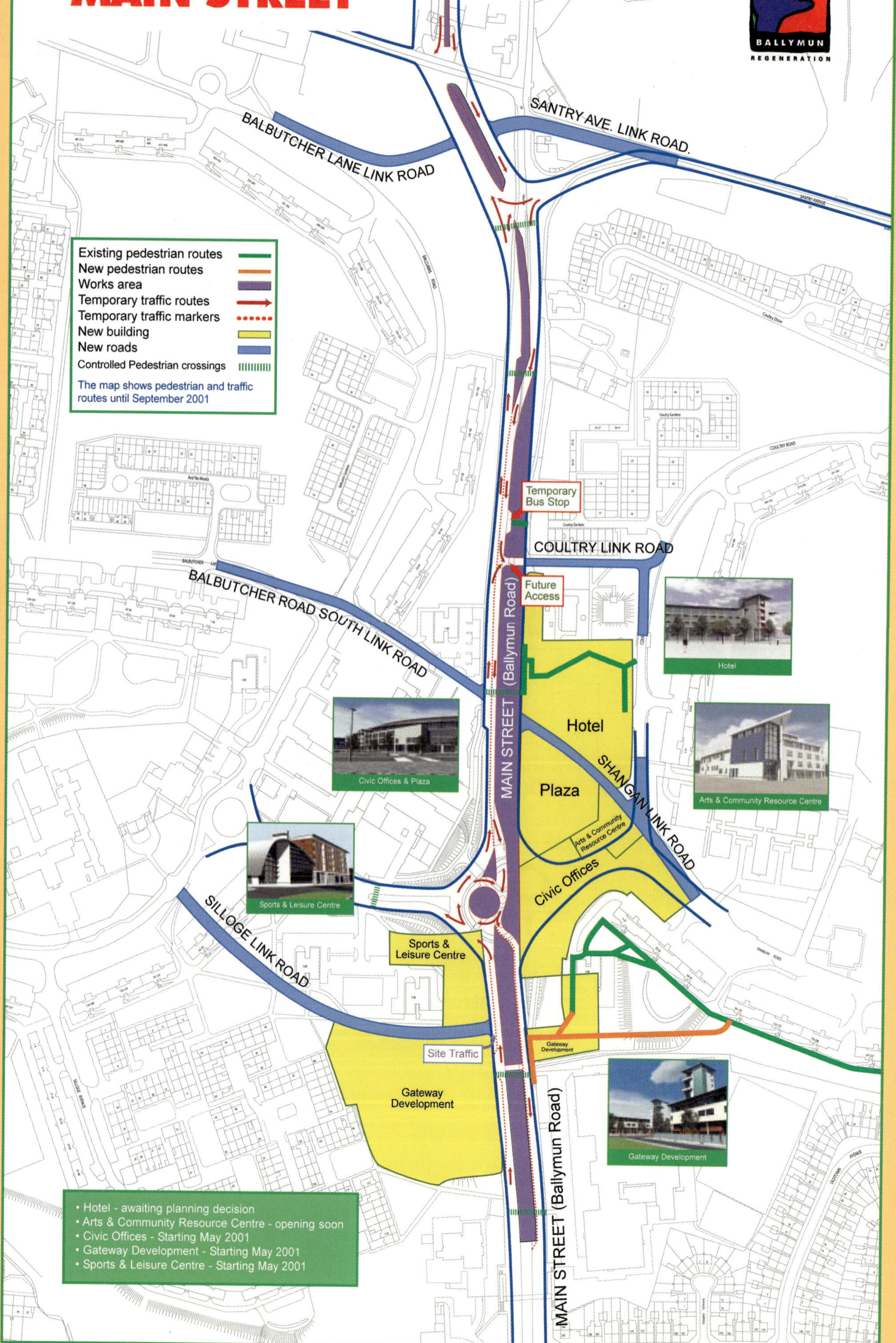

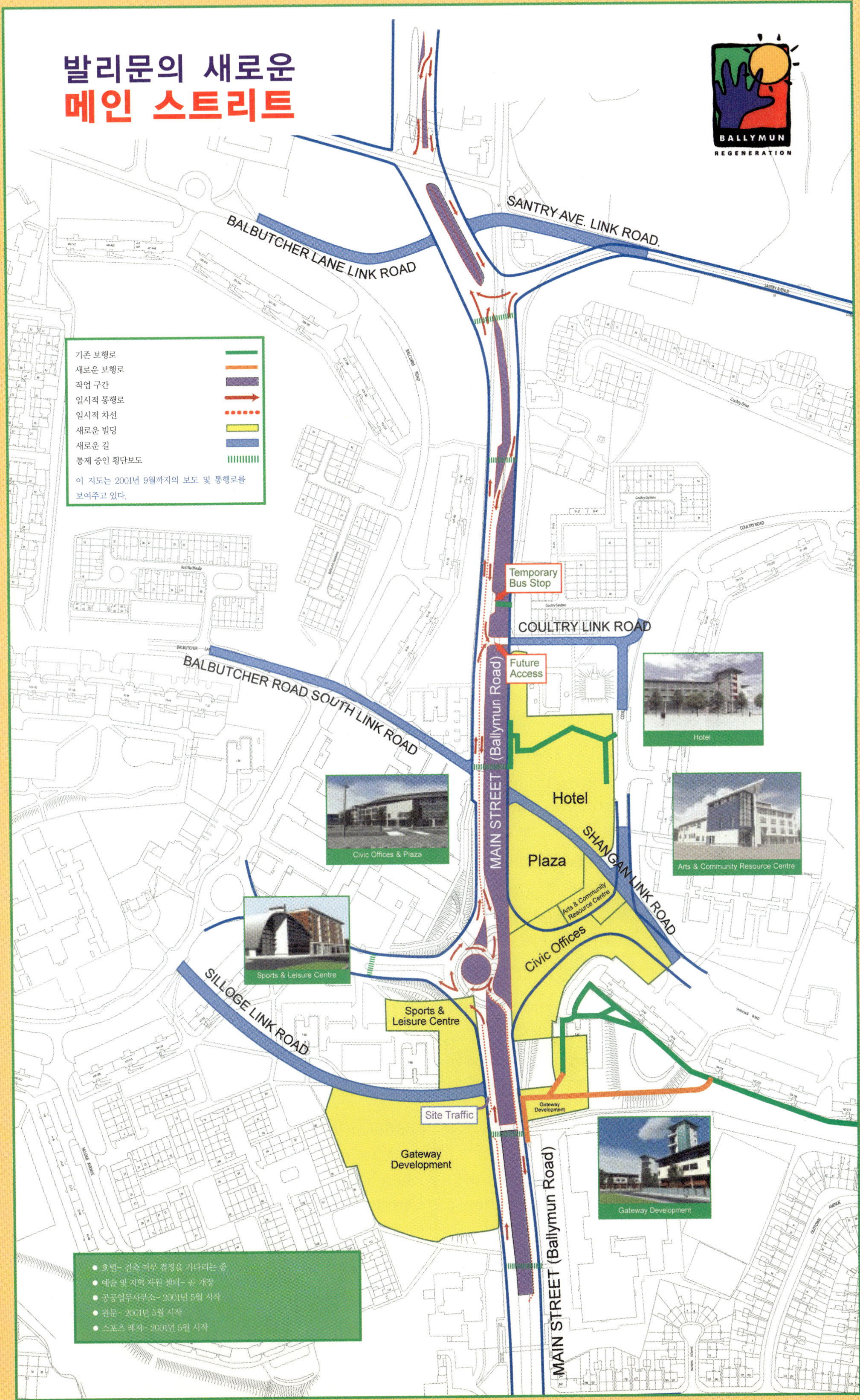
발리문의 새로운
메인 스트리트
BALLYMUN
REGENERATION
기존 보행로
새로운 보행로
작업 구간
일시적 통행로
일시적 차선
새로운 빌딩
새로운 길
통제 중인 횡단보도
이 지도는 2001년 9월까지의 보도 및 통행로를 보여주고 있다.
SANTRY AVE. LINK ROAD.
BALBUTCHER LANE LINK ROAD
Temporary Bus Stop
COULTRY LINK ROAD
Future Access
BALBUTCHER ROAD SOUTH LINK ROAD
MAIN STREET (Ballymun Road)
Hotel
Plaza
SHANGAN LINK ROAD
Arts & Community Resource Centre
Civic Offices
Civic Offices & Plaza
Sports & Leisure Centre
Arts & Community Resource Centre
SILLOGE LINK ROAD
Site Traffic
Gateway Development
Gateway Development
Gateway Development
MAIN STREET (Ballymun Road)
● 호텔- 건축 여부 결정을 기다리는 중
● 예술 및 지역 자원 센터- 곧 개장
● 공공업무사무소- 2001년 5월 시작
● 관문- 2001년 5월 시작
● 스포츠 레저- 2001년 5월 시작

Main Street works schedule

BALLYMUN ROAD - SOUTHBOUND CARRIAGEWAY 13TH MARCH - SEPTEMBER 2001

- New Surface Drainage Sewer in Carriageway • New Gas and Water Services in Carriageway
- New Telecommunication, Water, Gas, Public Lightning & ESB under the Footpath
- Realignment of the Carriageway crossing including Traffic Calming Measures
- New Pedestrian Cross including Traffic Calming Measures

BALLYMUN ROAD - NORTH BOUND CARRIAGEWAY SEPTEMBER 2001 - APRIL 2002

- New Foul Drain in Carriageway • New Water Service in Carriageway
- New Telecommunication, Water, Gas, Public Lightning & ESB under the Footpath
- Realignment of the Carriageway and Footpath • New Pedestrian Cross including Traffic Calming Measures

MAIN STREET/COULTRY LINK ROAD MARCH - JUNE 2001

- New Foul Drain in Carriageway Gas, Water, ESB and Telecommunications services under the Footpath • New Road and Footpaths

SHANGAN ROAD DIVERSION MAY - OCTOBER 2001

- New Foul and Storm Drainage under the Carriageway
- New Gas, Water, ESB and Telecommunication services under the Footpath
- New Shangan Link Road and Footpaths from Shangan Road to Main Street including New Junction

BALBUTCHER ROAD SOUTH AUGUST - OCTOBER 2001

- New Storm and Foul Drainage in the Carriageway
- New Gas, Water, ESB and Telecommunication services under the Footpath
- New Junction from Balbutcher Lane to Santry Avenue

BALBUTCHER LANE AND SANTRY ROAD LINK SEPTEMBER - MAY 2002

- New Storm and Foul Drainage in the Carriageway
- New Gas, Water, ESB and Telecommunication services under the Footpath
- New Junction from Balbutcher Lane to Santry Avenue

SILLOGUE ROAD LINK AND SILLOGUE AVENUE JULY 2001 - MAY 2002

- New Gas, Water, ESB and Telecommunication services under the Footpath
- New Storm and Foul Drainage in the Carriageway • New Road and Footpath

This schedule shows the proposed work programme for the Main Street construction and may change as the work progresses.

continued from page 1

PJ Carey Contractors Limited started construction work on the Main Street in March. The most noticeable change to the landscape so far has been the filling in of the old roundabout, this work is creating new sites for the new buildings on the Main Street.

"There will be delays during construction but we are confident that motorists and pedestrians will be patient while we create the best planned and most exciting Main Street in Ireland," says Ciaran Murray, Managing Director. "Ballymun Main Street will be the focal point of the new town and putting it in place is going to take time."

Ballymun Regeneration Ltd (BRL) Stormanstown House Ballymun Road Dublin 9
ph: 8421144 fax: 8421443 E-mail: brl@brl.ie http://www.brl.ie
A Dublin Corporation Initiative

메인 스트리트 건설 일정

발리문 로드(Ballymun Road)– 남행 차도 2001년 3월 13일–9월

- 차도의 새로운 하수구 맨홀 – 차도의 새로운 가스 및 수도 서비스
- 새로운 텔레커뮤니케이션, 수도, 가스, 가로등 및 보도 아래의 ESB
- 교통 서행 장치를 비롯한 도로 횡단 재조정
- 교통 서행 장치를 비롯한 새로운 횡단 보도

발리문 로드– 북행 차도 2001년 9월– 2002년 4월

- 차도의 새로운 오물 배수 시설 – 차도의 새로운 수도 서비스
- 새로운 텔레커뮤니케이션, 물, 가스, 가로등 및 보도 아래의 ESB
- 도로와 보도의 재조정 – 교통 서행 장치를 비롯한 새로운 횡단보도

메인 스트리트/컬트리(Main Street/Coultry) 연계 도로 2001년 3월–6월

- 보도 아래 새로운 오물 배수 시설, 수도, 가스, ESB와 텔레커뮤니케이션 서비스
- 새로운 도로와 보도

샹겐 로드(Shangan Road) 우회로 2001년 5월–10월

- 도로 아래의 오물 및 빗물 배수 시설
- 보도 아래의 새로운 가스, 수도, ESB, 텔레커뮤니케이션 서비스
- 샹겐 로드에서 메인 스트리트까지의 보도와 신 교차로 및 신 샹겐 연계 도로

발부쳐 로드(Balbutcher Road) 남단 2001년 8월–10월

- 차도의 새로운 빗물 및 오물 배수 시설
- 보도 아래의 새로운 가스, 수도, ESB, 텔레커뮤니케이션 서비스
- 발부쳐 레인(Balbutcher Lane)에서 산트리 에비뉴(Santry Avenue)로 이어지는 신 교차로

발부쳐 레인과 산트리 로드(Santry Road) 연계 도로 2001년 9월 – 2002년 5월

- 도로 아래의 오물 및 빗물 처리 배수
- 보도 아래의 새로운 가스, 수도, ESB, 텔레커뮤니케이션 서비스
- 발부쳐 레인에서 산트리 에비뉴로 이어지는 새로운 교차로

실로그 로드(Sillogue Road) 연계 도로와 실로그 에비뉴(Sillogue Avenue) 2001년 6월 –2002년 5월

- 보도 아래의 새로운 가스, 수도, ESB, 텔레커뮤니케이션 서비스
- 도로 내 새로운 오물 및 빗물 배수 시설 – 새로운 도로와 보도

이 일정은 메인 스트리트 건설 프로그램에 대한 제안 일정을 보여주고 있으며 일이 진행됨에 따라 변경될 수 있다.

PJ Carey Contractors사는 메인 스트리트 공사를 3월에 시작하였습니다. 지금까지 발생한 환경 변화 중 가장 주목할 만한 것은 오래된 우회도로를 대체한 것으로, 이 작업은 메인 스트리트에 새로운 건물을 지을 수 있는 공간을 만들어내고 있습니다. "공사는 지체가 되겠지만 저희가 가장 좋은 계획으로 가장 즐거운 메인 스트리트를 아일랜드에 만들어내도록 자동차 운전자들과 보행자들 모두 기다려 줄 것이라 확신합니다." 씨아란 머레이(Ciaran Murray) 사장의 말입니다. "발리문 메인 스트리트는 뉴 타운에 있어 중요한 포인트가 될 것이지만, 설치 완료까지 시간이 걸릴 것입니다."

발리문재생회사 (BRL) 더블린 9가 발리문로 스토맨스타운 하우스
전화: 8421144 팩스: 8421443 이메일: brl@brl.ie http://www.brl.ie
더블린자치체회사

BALLYMUN

BALLYMUN

REGENERATION NEWS

July 2001 Issue 22

INSIDE

If you have concerns about health & safety issues, please contact the Project Health & Safety Monitor, John Rizzolo at Ballymun Regeneration Ltd 8421144

Shangan 1a Phase 1 housing nears completion.

RESIDENTS 'DELIGHTED' WITH NEW HOMES

A few more months to the start of Ireland's Biggest House Move

Nearly 100 Phase I residents donned safety boots and hard hats for a guided tour by Ballymun Regeneration architects and site managers to see some of the Phase 1 homes under construction on our building sites at Coultry, Shangan, Balcurris, Sillogue and Poppintree.

The residents were amazed to see their new homes and excitedly discussed curtains and paint colours as the prospect of moving this year becomes a reality. The site visit was organised as part of the Transition Programme, co-ordinated by the National College of Ireland (NCI) and delivered by CAFTA. The Transition Programme provides

BALLYMUN

재 생 소 식 지

2001년 7월 22호

주요기사

- 발리문의 더 푸른 미래
- AXIS 오픈
- 활기찬 인생(Active Living)
- 새 시민 센터
- £1천만 규모의 레저 센터
- 건설 프로그램을 위태롭게 하는 공공기물 파손자

건강 및 안전 문제에 우려가 있으신 분은 발리문재생회사, 프로젝트 건강과 안전 모니터의 존 리졸로(John Rizzolo) 씨에게 연락주십시오. 8421144

완성되어 가는 1단계 샹겐 1a 주택

신규 주택에 '기뻐하는' 거주자들

아일랜드 최대의 이사 행렬이 시작되기까지 남은 몇 달의 시간들

약 100 명에 달하는 1단계 입주자들은 안전 부츠와 안전모를 착용하고 발리문재생회사 건축자와 현장관리자의 지도로 현재 컬트리(Coultry), 샹겐(Shangan), 발커리스(Balcurris), 실로그(Sillogue), 파핀트리(Poppintree) 지역에서 공사중인 1단계 주택 일부를 둘러 보았습니다. 거주자들은 새 주택을 보고 깜짝 놀라면서 이듬해에 이곳으로 이사올 일이 현실이 될 것을 기대하며 커튼과 페인트 색에 대해 흥에 겨워 이야기를 하기도 하였습니다. 현장 방문은 아일랜드 국립 대학(NCI)이 함께 준비하고 CAFTA(지역 및 가족 교육센터)가 시행한 이주 지원 프로그램의 일환으로 조직되었다. 이 이

continued from page 1

residents with the skills to strengthen community networks and provides assistance in choosing appropriate home furnishings, interior decorating and gardening for their new homes.

"Construction workers are now on-site building almost 500 homes and we expect to hand over the keys to the first new home owners later this year," says Eamon Farrelly, Ballymun Regeneration.

Mary Masterson & Catherine Murphy discuss their new homes with BRL's Eamonn Farrelly

"It's brilliant. I'm so lucky," said Mary Masterson when she saw her new two-bedroom bungalow, which will be ready to move into later in the year.

Shangan/Coultry Phase 1 building nears completion.

- **So far Ballymun Regeneration Ltd will construct 622 new homes in Phase 1.**
- **665 homes are at either planning application or tender stage in Phase 2**
- **The design process is commencing for 9 Phase 3 sites.**
- **The first demolitions will take place when residents have moved into their new homes**

Building work continues on Phase 1 Sillogue and Poppintree sites.

Ann McLoughlin beside the foundation of her new home in Shangan.

Santry Ave. Phase 1 housing underway.

주 지원프로그램은 거주자들에게 지역의 네트워크를 강화하고 새 주택을 위한 적절한 주택 가구와 인테리어 장식, 정원을 선택하는데 필요한 도움을 주고 있습니다.

"건설 인부들은 이제 현장에서 500개의 주택을 짓고 있으며, 올 해 후반에는 신규 주택 입주자들에게 열쇠를 넘겨줄 수 있을 거라 생각합니다." 발리문재생회사의 이아몬 파렐리(Eamon Farrelly)씨의 말입니다.

완성이 되어가는 샹겐/컬트리 1단계 건축

- 현재 발리문재생회사는 1단계에서 622가구의 주택을 신축할 예정입니다.
- 665가구의 주택이 현재 2단계의 건축허가 신청 혹은 시공업체 입찰 단계에 있습니다.
- 3단계를 위한 9개의 현장에 대한 설계 과정이 시작되고 있습니다.
- 첫 철거작업은 거주자들이 신축 주택으로 이주 한 후에 시작될 것입니다.

샹겐의 신규 주택 부지에 서 있는 앤 맥러틴

BRL의 이아몬 파렐리씨와 신규 주택에 대해 논의하고 있는 마리 마스터슨씨와 캐서린 머피씨

"정말 멋져요. 전 행운아인가봐요." 연말에 입주하게 될, 2 침실 방갈로 주택을 본 마리 마스터슨(Mary Masterson)

1단계 실로그와 파핀트리 현장에서 계속되고 있는 건설 작업

산트리 에비뉴. 1단계 주택이 건설 중

Pat & Lisa Turner examine plans with BRL Architect Susan Leahy.

Work progressing on the new Main Street, Plaza, Civic Offices and Gateway Buildings. The new Arts and Community Resource Centre (AXIS) opened on 27th June.

Flats and tower blocks will only be demolished when residents in each building have been rehoused. We expect residents from Shangan to be the first to be settled into their new homes. These will be the first flats to be demolished .

What's so great about timber framed housing?

Timber frame construction has become very popular in Ireland in the last few years but it has been an approved building technique for some time. Timber framing is easy to erect and homes can be completed quickly.

They build timber frame homes in the colder Scandinavian countries because they provide great insulation and heat. In Ireland, timber frame construction will only be certified by HomeBond, the home builders' authority, when approved timbers are used. The timber frame manufacturer must supply a certificate to the Building Contractor stating that the design complies with all technical requirements and the building contractor must build the frame to the manufacturer's instructions.

Concrete block party walls are constructed in all timber-framed homes to prevent the spread of fire and to reduce noise levels.

The roof, as well as door and window frames, are weather protected by polythene.

Pat Kelly R.I.P.

Pat Kelly represented the community on the Board of Ballymun Regeneration since 1998. Pat worked tirelessly to ensure that the regeneration would be successful. She always gave serious thought and consideration to how decisions would affect the local community and her contributions to Board meetings were always pertinent.

We will miss Pat and offer our sincerest sympathy to her family and many friends. Ar dheis Dé go raibh a anam.

BRL 건축가인 수잔 리와 계획을 점검하고 있는 팻과 리사 터너

씨의 말입니다.

구 아파트와 탑상형 집합주택은 그 거주자들이 이사를 간 후에야 철거될 것입니다. 샹겐(Shangan) 출신의 거주자들이 새 주택에 들어가는 최초의 입주자가 될 것으로 기대하며, 그들이 살던 주택들이 제일 먼저 철거될 것입니다.

건설되고 있는 메인 스트리트, 광장, 공공업무사무소, 관문 건물. 새로운 예술 및 지역 자원 센터(AXIS)가 6월 27일 문을 열었다.

목재 구조 주택이 좋은 점은 무엇인가?

목재 구조 건축은 지난 몇 년 간 아일랜드에서 큰 인기를 얻었지만 오랜 동안 인정을 받아온 건설 기술이기도 합니다. 목재 구조는 건축이 쉽고, 주택도 빨리 완성될 수 있습니다.

건축가들은 단열 및 온기를 높여주기 때문에 날씨가 더 추운 스칸디나비아 국가에 이러한 목재 구조 주택을 짓습니다. 아일랜드에서 목재 구조 건설은 주택건설국인 홈본드(HomeBond)의 승인이 있어야 하고, 공인된 목재를 사용해야 합니다. 목재 구조 제조자는 반드시 설계가 모든 기술적 요구 조건에 부합한다는 것을 상술하는 인증서를 건설 하청업체에게 공급해야 하며 건설 하청업체는반드시 제조자의 지시에 따라 구조를 세워야 합니다.

목재 구조를 가진 주택은 모두 콘크리트 블록 벽을 세워 화재가 번지는 것을 막고 소음을 줄여야 합니다.

문과 창틀은 물론이고 지붕은 폴리에틸렌으로, 기후의 영향에도 견딜수 있습니다.

팻 켈리 고이 잠들다

팻 켈리(Pat Kelly)씨는 1998년 이후 발리문재생회사 이사회에서 지역을 대표해 왔습니다. 팻은 쉼없이 일하며 재개발이 성공적으로 이루어지도록 노력하였습니다. 그녀는 언제나 특정 의사결정이 지역 커뮤니티에 어떠한 영향을 미칠지 심각하게 생각하고 고민하였으며 언제나 이사회 모임에서 많은 기여를 하였습니다.

우리는 팻을 그리워하며 그녀의 가족과 많은 친구들에게 진심으로 위로를 전합니다. 그녀의 영혼이 하나님의 곁에서 쉬시길.

Active Living Ballymun

Christy O'Connor, Joyce Doherty, Patricia Dawson, Age & Opportunity, Eddie O'Keefe and Carol Lucey, BRL at the Go for Life physical activity training workshop.

The Active Living Campaign for Older Adults is now in full swing with activities being held three days per week. The activities on offer include outdoor pitch and putt, social walking, petanque, a fun swim, indoor pitch and putt, a fun exercise class and indoor bowling. An afternoon of dance is held once a month.

Recently we organised a Go for Life Physical Activity Leaders workshop which was kindly sponsored by Age and Opportunity. Congratulations to all those who attended. We are still looking for people to get involved in leading and organising activities and training can be provided training free of charge. Best of luck to Ellen Reddin, Mary Donnelly and Christie O Connor who will be attending an Irish Heart Foundation Walk Leader Training Course in Wicklow which is being held in July .

Active Living Campaign for People with a Physical Disability is now under way. An advisory group has been established and we hope to organise activities for people with a physical disability in the next few months. First we need to find out what you want to do. We will be sending out a questionnaire over the next few weeks to help us organise the activities that you want.

So get involved and tell us what you would like to do.

If you are interested in being involved, or for more information, please contact Carol in Ballymun Regeneration, tel 8421144.

Vandals jeopardising building programme

Unfortunately, some of the building contractors have reported vandalism on the building sites. Some of the vandalism has been very expensive to repair or replace and has caused delays in the building project.

More worrying, vandalism on our sites sends out a negative message to building contractors and could discourage other contractors from working in Ballymun. We need to respect the building contractors and not vandalise their sites so that the building project will be completed and everyone in Ballymun can benefit from new homes and great new town facilities as soon as possible. CCTV cameras have identified some of those involved in vandalising building sites so far and there is only a minority involved.

We ask parents to please explain to children and teenagers that vandalising expensive equipment/ materials on sites, throwing stones at workers and abusive language delays the building project and prevents builders from coming here to work. The message is clear: if the regeneration of Ballymun is to be completed, we need vandalism free building sites.

발리문에서의 활기찬(Active Living) 삶

체육활동훈련 워크샵인 '분발하세요(Go for Life)' 에 참석한 '나이와 기회' 단체의 크리스티 오코너씨, 조이스 도허티씨, 파트리샤 도슨씨와 BRL의 에디 오키페씨, 캐롤 루시씨

노년층들을 위한 활기찬 삶(Active Living) 캠페인이 주당 삼 일 열리면서 활기를 띠고 있습니다. 제공되고 있는 활동들에는 야외 미니 골프, 함께 걷기, 페탕크, 즐거운 수영, 실내 미니골프, 즐거운 체육수업, 실내 볼링 등이 있습니다. 오후의 댄스 교실은 매달 한 번씩 진행됩니다.

최근 우리는 '나이와 기회' 라는 단체의 후원을 받아 '분발하세요. 체육활동' 리더를 위한 워크숍을 기획하였습니다. 참여하신 분들께 축하의 말씀을 전합니다. 저희는 계속적으로 활동과 훈련이 무료로 제공될 수 있도록 기획하고 운영하는데 참여하실 분들을 찾고 있습니다. 7월에 위크로우(Wicklow)에서 열릴 아일랜드 심장재단 걷기행사 리더 훈련 강좌에 참여하실 엘렌 레딘(Ellen Reddin)씨, 마리 도넬리(Mary Donnelly)씨, 크리스티 오코너(Christie O'onnor)씨 수고하십시오.

신체 장애자들을 위한 활기찬 삶(Active Living) 캠페인이 시행 중에 있습니다. 자문단체가 설립되었고 이제 저희는 향후 몇 달 안에 신체 장애를 가진 사람들을 위한 활동을 조직하게 되길 희망하고 있습니다. 우선 저희는 여러분이 원하는 것을 알고 싶습니다. 저희는 여러분이 원하시는 활동을 기획하기 위해 향후 몇 주 동안 설문지를 발송할 것입니다.

여러분이 원하시는 활동을 저희에게 알려주세요.

참여에 관심이 있으시거나 혹은 좀 더 많은 정보를 원하신다면 발리문재생회사의 캐롤(Carol)씨에게 연락 주십시오. 전화 8421144

건설 프로그램을 위태롭게 하는 공공기물 파손자

안타깝게도 몇몇 건축하청업체들로부터 건설 현장에 파괴행위가 있었음이 보고받았습니다. 이러한 파괴행위의 일부는 수리를 하거나 대체하는데 매우 많은 비용이 들었으며 건설 프로젝트의 지연을 야기하였습니다.

더 걱정스러운 것은 공사현장 파괴행위가 건축하청업체들에게 부정적 메시지를 야기하며 발리문에서 일을 하고자 하는 다른 하청업체들의 사기를 꺾을 수 있다는 점입니다. 우리는 건축하청업체들을 존중하고 그들의 현장을 파괴하지 않게 하여 건설 프로젝트가 완료되고 발리문의 모든 이들이 새로운 주택과 훌륭한 시설로 인해 가능한 빨리 혜택을 얻기를 바랍니다. CCTV 카메라가 지금까지 건설 현장을 파괴하는데 참여한 자들 중 일부를 밝혀내었는데, 미성년자들이었습니다.

저희는 학부모들에게 현장의 값비싼 장비나 자재를 훼손시키고 근로자에게 돌을 던지거나 가혹한 말을 내뱉는 행위는 건설 프로젝트를 지연시키며 건축업자들이 이곳에서 일을 하고 싶지 않도록 하는 행위임을 자녀들과 십대들에게 설명해 줄 것을 부탁드립니다. 메시지는 분명합니다. 발리문 재생이 완수되기 위해서는 건설 현장에 파괴 행위가 있어서는 안 된다는 것입니다.

First new building opens

The new Arts and Community Resource Centre (AXIS) opened on 27th June. Designed by BRL's in-house architects, the centre will include a 200-seat theatre, a second performance space, training rooms, crèche, café bar, recording studio and offices for community development groups.

AXIS is a coalition of local arts and community development groups, funded from the URBAN programme through ROUND Ltd (Regeneration of Urban North Dublin).

AXIS (Arts and Community Resource Centre) foyer.

Ballymun Civic Centre

Computer visualisation of new Civic Centre on Ballymun Plaza, next to AXIS (the Ballymun Arts & Community Resource Centre)

A £40 million Civic Centre planned for the new Main Street commenced on site in June this year and should be substantially completed by the end of 2002. The LUAS line will run directly in front of the Civic Offices.

The main building will be four storeys high fronting the Main Street, lowering to three storeys to the south containing offices, a nursery/crèche, meeting rooms, health centre, space for a pharmacy, shops and a restaurant. A large atrium, accessible from the civic plaza, will contain exhibition space, a coffee shop and a waiting area for health centre patients. "60% of the office space has been pre-let to Dublin Corporation for area based services as part of its commitment to decentralisation, and to the North Area Health Board for a District Health Centre," says Ciarán Murray, Managing Director, Ballymun Regeneration. "All facilities on the site have attractive tax incentives for investors or owner-occupiers."

A mixed-use five-storey block fronting Shangan Road will accommodate retail space, offices and 47 private apartments as well as a 110-space basement car park.

Millennium Medal

Deputy Lord Mayor Royston Brady presenting Daphne and Alex Sproule from Ballymun with The Dark Horse Venture's Millennium Medal awarded to older people who undertake a project to commemorate the Millennium.

첫 신축 빌딩이 문을 열다

신축 예술 및 지역 자원센터(AXIS)가 6월 27일 문을 열었습니다. BRL의 사내 설계팀이 설계한 이 센터에는 200석 규모의 극장과 공연장, 연습실, 탁아소, 카페, 녹음실 및 커뮤니티 개발 단체를 위한 사무실이 들어설 것입니다.

AXIS는 지역 예술과 커뮤니티 개발 단체가 손을 잡은 것으로 ROUND사(북 더블린 도시재생)를 통한 URBAN 프로그램의 지원을 받습니다.

AXIS(예술 및 지역 자원 센터)의 로비 전경

발리문 공공업무센터

AXIS(발리문 예술 및 지역 자원 센터) 옆에 위치한 새로운 공공업무센터의 컴퓨터 디자인 모습

메인 스트리트에 위치할 4천만 파운드에 달하는 공공업무센터가 올해 6월 착공되었으며 2002년 말에 완성될 예정입니다. LUAS 선이 공공업무사무소 바로 앞을 지나게 될 것입니다.

메인 빌딩은 메인 스트리트를 마주하는 4층 건물이 될 것이며, 남측으로 가면서 3층으로 낮아지게 됩니다. 남측에는 사무실, 탁아소 및 유치원, 회의실, 건강 센터, 약국, 상점, 레스토랑이 들어설 예정입니다. 시민 광장에서 접근이 가능한 대형 아트리움에는 전시장, 커피숍, 건강 센터 환자를 위한 대기실 등이 만들어질 것입니다. "사무실 공간의 60 퍼센트는 이미 분산화의 일환인 지역 기반 서비스를 위해 더블린자치체, 그리고 지역 건강 센터를 위한 북부 지역 보건국에 이미 임대된 상황입니다." 발리문재생회사 사장 씨아란 머레이(Ciaran Murra)씨의 말입니다. "현장의 모든 시설들에는 세금 혜택이 주어져, 투자자나 자가거주자들에게는 매력적일 것입니다."

샹겐 로드(Shangan Road)를 마주하고 있는 5층짜리 주상 복합 건물에는 소매점, 사무실, 47개의 아파트뿐만 아니라 110개의 공간을 확보하고 있는 지하 주차장이 계획될 것입니다.

밀레니엄 메달

밀레니엄을 추도하는 프로젝트를 도맡은 노인들에게 수여된 다크 호오스 벤쳐스 밀레니엄 메달 수상자인 발리문의 데이폰과 알렉스 스프로울을 소개하는 시장 로이슨 브래디.

Interested in the history of Ballymun?

The Ballymun Oral History Project has been up and running since September 2000 to research and record the lives, experiences, knowledge and activities of people in Ballymun. Oral history sets out to generate a community history by and for local people. That community history might, for example, incorporate themes like 'local movements in Ballymun', or 'people's everyday life and work'.

Between September and December 2000 a community consultation process with local individuals and groups was undertaken by historians Pat McBride and Laurence Cox from Eneclann, who were appointed by BRL to carry out this work. The consultation helped build essential community ownership and participation in the project.

A group of local people undertook a training course in oral history research methods in January to learn practical and technical interviewing skills. At this stage six local adults have completed the introductory module of the training course and a group from Ballymun Youthreach is also participating. By identifying what themes to highlight, who to interview, what questions to ask and what to do with the results of the completed interviews, participants are working towards producing a history of Ballymun which is told in the words of local people themselves.

Anyone who wants to know more about Ballymun Oral History Project or wants to get involved should contact Pat McBride, telephone 01-862 5794 or 087 848 6877.

Parents in Education

*Graduates of the highly successful NCI **Parents in Education** programme sponsored by BRL. Thanks to The Holy Spirit NS who accommodated the group over the 20 week period and to the Home School Liaison Co-ordinators in Ballymun who provided on the ground support. 18 parents from all over Ballymun took part in the programme and most of these are planning to sign up for the second year.*

발리문의 역사가 궁금하세요?

발리문 구전 역사 프로젝트가 2000년 9월부터 시작, 진행되어 발리문 거주민들의 삶과 경험, 지식과 활동들을 연구 및 기록하고 있습니다. 구전 역사는 지역 사람들을 위한, 그리고 지역 사람들에 의한 지역의 역사를 만들어내고 있습니다. 그러한 지역의 역사는 '발리문 지역의 움직임' 혹은 '사람들의 일상 생활과 일' 과 같은 테마들을 포함할 수 있습니다.

2000년 9월과 12월 사이, 지역 주민 및 단체와의 지역 자문 과정이 역사가인 팻 맥브라이드(Pat McBride)씨와 로렌스 콕스(Laurence Cox)씨에 의해 진행되었습니다. 이들은 에네클란(Eneclann)연구소 소속으로 이 임무를 수행하기 위해 BRL에 의해 임명되었습니다. 이러한 자문 과정은 공동체에 대한 주인 의식과 프로젝트 참가를 고취시킬 수 있었습니다. 지역 주민 그룹이 1월에 구전 역사 연구 방법에 관한 훈련을 받으며 실제적이고 기술적인 면담 기술을 습득하였습니다. 지금까지 여섯 명의 지역 주민이 훈련 과정의 입문반을 이수하였으며, 발리문 청소년교육센터도 참가하고 있습니다. 어떠한 주제를 강조해야 하며 누구를 면담하고 어떤 질문을 던져야 하며 완성된 면담 결과는 어떻게 해석해야 하는지 등을 발견하면서 참가자들은 지역 주민들의 입으로 전해지는 발리문의 역사를 만들어내는 일을 하고 있습니다.

발리문 구전 역사 프로젝트에 대해 더 알고 싶거나 그에 참여하고자 하는 분들은 팻 맥브라이드(Pat McBride)씨, 전화 01-862 5794 혹은 087 848 6877로 연락 주십시오.

학무모 교육

BRL이 후원한 매우 성공적인 NCI '학부모교육' 의 졸업자들. 20주 동안 각 팀을 관리한 더 홀리 스피릿 NS와 기본적인 도움을 주었던 발리문의 홈 스쿨 연락책 코디네이터. 발리문 전역에서 18명의 학부형들이 프로그램에 참여하였고 이들 중 대다수는 다음 해에도 등록할 예정이다.

Plans for £10 million Leisure Centre

Permission has been granted for a £10 million leisure complex on the new Main Street. The proposed leisure centre will include:

- **a swimming pool and water leisure centre**
- **gymnasium, including a weights room and health suite**
- **crèche for children while their parents are using the centre**
- **viewing areas**
- **shops, offices, restaurant and underground car park for about 100 cars**

There are also plans for offices, 89 apartments and roof gardens over the complex.

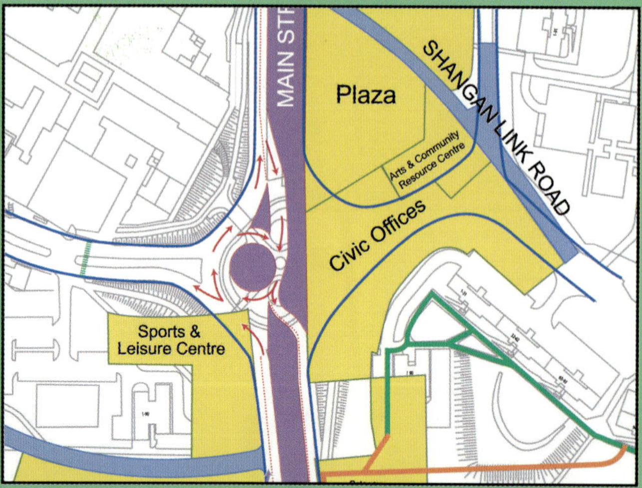

Ciarán Murray, Managing Director of Ballymun Regeneration and the Board of BRL have warmly welcomed the granting of £500,000 from the Minister for Tourism, Sport and Recreation, Mr Jim MacDaid, towards the building of the £4 million Sports and Leisure Centre. The Department of Tourism Sport & Leisure money will be put towards building a multi-purpose hall in the complex.

"We're delighted to get this money and know exactly how we will use it to get best value for every penny," confirms Ciarán Murray, Managing Director, BRL. "The remaining capital costs of building the Leisure Centre will be raised through the sale of Dublin Corporation sites in the area and we have submitted a separate grant application for £3million to the Department of Tourism, Sport and Recreation to cover the cost of building the swimming pool and the water leisure centre."

Computer generated image showing the north elevation of the leisure complex facing the shopping centre.

"The Area Committee Members and the Chairman of the Area Committee are fully supportive of the project and have been instrumental in pushing the project forward as quickly as possible," confirms Ciarán Murray. "The start date for construction is dependent on a positive response to the £3 million grant application and we hope the Minister will back our plans and allow us to forge ahead quickly".

Welcoming the news of the £500,000 grant, Alderman Noel Ahern, TD said it is proof of the Government's commitment to sport and recreation facilities and to the overall regeneration of Ballymun.

"It's very important that sports and recreation facilities are provided for the new Ballymun and I hope the Minister will announce shortly that a major grant will also be provided for the proposed water leisure centre", he said.

Computer generated image of the new swimming pool and water leisure centre on Main Street

1천만 파운드 규모의 레저 센터 계획

새로 지어질 메인 스트리트의 1천만 파운드 규모의 레저 센터에 대한 건축허가가 승인되었습니다. 제안된 레저 센터에 포함되는 시설은 다음과 같습니다.

- 수영장과 워터 레저 센터
- 헬스장과 피로회복시설이 있는 체육관
- 부모들이 센터를 이용할 동안 아이들을 맡길 수 있는 탁아소
- 관람 장소
- 상점, 사무실, 식당, 100대의 자동차를 세울 수 있는 지하 주차장

또한 사무실과 89채의 아파트, 복합 건물의 옥상 정원에 대한 계획도 있다.

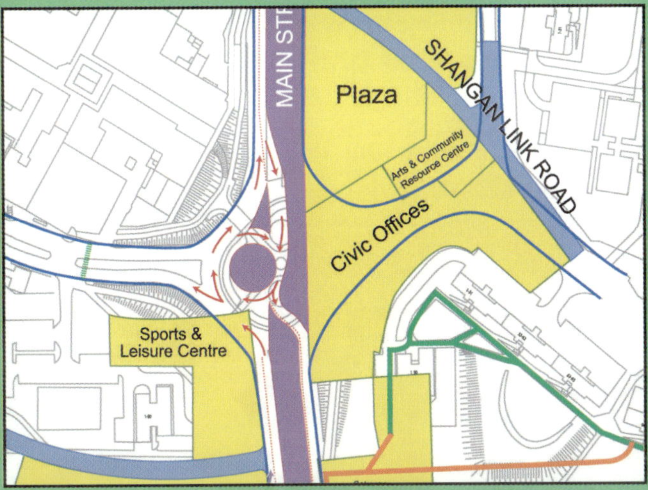

발리문재생회사의 사장이자 BRL의 이사인 씨아란 머레이(Ciaran Murray)씨는 관광스포츠레저부 장관인 짐 맥대드(Jim MacDaid)씨로부터 4백만 파운드 규모의 스포츠 레저센터 건립을 위한 후원금 50만 파운드를 감사히 받았습니다. 관광스포츠레저부의 기금은 이 복합 건물에 다목적 홀을 건축하는데 사용될 것입니다.

"이 자금을 받게 되어 무척 기쁩니다. 그리고 저희는 한푼 한푼을 가장 값지게 사용하기 위한 방법도 정확히 알고 있습니다." BRL 사장 씨아란 머레이씨의 말입니다. "레저 센터를 짓는데 필요한 나머지 자금은 이 지역에 갖고 있는 더블린자치체의 부지를 매각하여 마련할 것이며 수영장과 워터 레저 센터를 짓는 비용을 마련하기 위해서 관광스포츠레저부에 3백만 파운드에 달하는 별도의 지원금을 신청한 상태입니다."

"이 지역 위원회 위원들과 지역 위원회 회장은 이 프로젝트를

쇼핑 센터를 마주하고 있는 레저 복합 센터의 북쪽 부분을 보여주고 있는 컴퓨터 이미지.

전적으로 지원하고 있으며 가급적 신속하게 진행될 수 있도록 하는데 중추적인 역할을 해왔습니다." 씨아란 머레이씨의 말입니다. "착공일은 파운드의 지원금에 대한 긍정적인 답변이 오느냐에 달려 있으며, 저희는 장관께서 우리의 계획을 지지하여 신속히 실행되게 해 주실 거라 믿습니다."

50만 파운드 지원금이 주어진다는 소식을 환영하며 노엘 에이헌(Noel Ahern) 하원 시의원은 이것이 정부가 스포츠와 여가 시설 및 발리문의 전반적 재생에 집중하고 있는 증거라고 하였습니다.

"새로운 발리문에 스프츠와 여가 시설이 들어선다는 사실은 매우 중요합니다. 저는 장관께서 곧 제안된 워터 레저 센터에 지원금을 허락한다는 공표를 해 주실 거라 믿습니다."라고 덧붙였습니다.

메인 스트리트에 위치한 새로운 수영장과 워터 레저 센터의 컴퓨터 이미지

Greener future for Ballymun

SAVE MONEY
ENERGY
THE ENVIRONMENT
GAP Global Action Plan

Lots of people are already involved in Ballymun's environmental project through Action Teams and Input Groups. Eric Forsmark and Jo Faulkner from GAP Ireland have been working with individuals and groups to improve awareness of environmental and energy issues through Action Teams. Action Teams work on a neighbourhood basis and to date nearly 70 people have signed up and 10 teams are up and running.

"We are delighted with the number of people involved and already jobs are being created as a result of the project," says Jo Faulkner, GAP. "It's not too late for more people to join and to be part of a project that makes a difference by improving our environment."

Environmental Action Teams are working to raise awareness and use natural resources wisely in the following areas:

- **Waste minimisation and recycling**
- **Water conservation**
- **Shopping sensibly to reduce the amount of packaging waste and to buy products that do not contain chemicals which are harmful to the environment**
- **Transport methods which are environmentally friendly**
- **Energy – using energy efficient appliances and promoting well-insulated buildings**

Action Team members receive a free home composting bin for garden waste like grass cuttings and kitchen waste like vegetable peelings, fruit skins and newspapers, to create a fresh, organic compost for the garden. Action Team members also receive free sample products like eco-friendly washing-up liquid and low energy light bulbs, which, over their lifetime do save money. A certificate is awarded to participants who complete six two-hour sessions.

Believe it or not, Ballymun is the largest GAP project in Ireland, ahead of Macroom and Tipperary. Towns and cities are participating in GAP projects in countries like the UK, Spain, Russia, Poland, Norway, Holland and Sweden.

"All of the environmental changes made in Ballymun will be recorded on the GAP worldwide database and will be accessible through the web," says Jo Faulkner.

To sign-up for an Action Team, contact Jo at GAP, telephone 4738017.

Olive Kearney from Balcurris with her free Compost Bin which she received on joining a GAP Action Team. Olive uses the bin to create compost from kitchen and garden waste including vegetable peelings, grass cuttings and newspapers.

Ballymun Regeneration Ltd (BRL) Stormanstown House Ballymun Road Dublin 9
ph: 8421144 fax: 8421443 E-mail: brl@brl.ie http://www.brl.ie
A Dublin Corporation Initiative

발리문의 좀 더 푸른 미래

절약 돈 에너지 환경

GAP 글로벌 실행 계획

수 많은 사람들이 이미 실행팀과 자문단을 통해 발리문의 환경 프로젝트에 참여하고 있습니다. 아일랜드 GAP의 에릭 포스마크(Eric Forsmark)씨와 조 포크너(Jo Faulkner)씨는 개인 및 단체들과 함께 손을 잡고 실행팀을 통해 환경과 에너지 문제에 대한 깨달음을 고취시키려고 합니다. 실행팀은 지역을 기반으로 일을 하고 있으며 지금까지 약 70명의 사람들이 참여하였고, 10개의 단체가 운영 중에 있습니다.

"많은 사람들이 참여한 데다 이미 프로젝트의 결과로 일이 행해지고 있다는 사실에 기쁘기만 합니다," GAP 조 포크너의 말입니다. "지금도 늦지 않았습니다. 더 많은 사람들이 참여하고 프로젝트의 일부가 되어 환경을 증진시킴으로 차이를 만들어야 합니다."

환경 실행팀은 다음의 분야에서 인식을 증진시키고 천연 자원을 현명하게 사용하기 위해 협동하고 있습니다.

- 쓰레기 최소화 및 재활용
- 물 절약
- 포장지의 양을 줄일 수 있도록 현명하게 쇼핑하는 방법과 환경에 치명적인 화학물질을 포함하지 않은 상품 구입하기
- 환경 친화적인 운송 수단
- 에너지- 에너지 효율적인 가전제품을 사용하고 단열이 잘 된 건물 장려하기

실행팀 일원들은 정리한 잔디와 같은 정원 쓰레기, 야채 껍질, 과일 껍질, 신문과 같은 주방 쓰레기를 위한 무료 가정용 가정퇴비제조기를 받아 정원에 쓸 수 있는 신선하고 유기적인 물질을 만들게 되었습니다. 실행팀의 일원들은 또한 환경 친화적 세제와 앞으로 평생 비용을 절약할 수 있는 에너지 절약형 전구의 무료 샘플을 받기도 합니다. 2시간 길이 세션 여섯 번을 마친 이들에게는 증서가 수여되고 있습니다.

믿거나 말거나, 발리문은 맥룸(Macroom)과 텝퍼라리(Tipperary)를 제치고, 아일랜드 최대의 GAP 프로젝트입니다. 영국, 스페인, 러시아, 폴란드, 노르웨이, 네덜란드, 스웨덴 같은 국가의 도시들도 GAP 프로젝트에 참여하고 있습니다.

"발리문에서의 모든 환경적 변화는 GAP 전세계 데이터베이스에 기록되어 웹을 통해 접근할 수 있게 될 것입니다." 조 포크너의 말입니다.

실행팀에 참여하고자 한다면 GAP의 조에게 연락주십시오. 전화번호는 4738017입니다.

GAP 실행팀에 참여하여 받은 무료 가정용퇴비제조기 앞에 서 있는 올리브 키어니 발커리스 주민. 올리브는 이 통을 이용하여 야채 껍질, 잔디, 신문과 같은 주방 및 정원의 쓰레기를 분해한다.

발리문재생회사 (BRL) 더블린 9가 발리문로 스토맨스타운 하우스
전화: 8421144 팩스: 8421443 이메일: brl@brl.ie http://www.brl.ie

더블린자치체회사

BALLYMUN

REGENERATION NEWS

December 2001 Issue 23

Christmas Edition

INSIDE

A design update for Coultry Park will take place on Monday 10th December at 5.30pm in BRL's offices. Crèche available and light refreshments served - All Coultry residents are invited.

NDP

Mick O'Rourke, Dublin Corporation, handing over the keys of the first new house to Mary O'Connor.

HEALTH & SAFETY

The Health & Safety Authority agreed in the High Court that all of Ballymun's housing sites are safe. Work has resumed and nine families have moved into their new homes at Belclare Drive. Fionnuala Rogerson, Architects, designed these houses. New homes in Shangan Avenue are likely to be the next to be completed and residents will be moving in there in the New Year.

Unfortunately, Terence Harvey Contract Services Ltd., builders of two housing schemes at Silloge, went into liquidation and a liquidator has been appointed by the High Court. BRL is busy negotiating with alternative contractors to get the housing back into production. Michael Cullinan and Gerry Cahill, Architects designed these homes.

BRL is appealing to everyone in Ballymun to explain to children and teenagers the dangers of entering construction sites and the areas surrounding them, particularly entrances. The Health &

continued page 2

BALLYMUN

재생소식지

2001년 12월 23호 크리스마스 특집

주요기사

- 건강과 안전팁
- 지역 '콘크리트 뉴스' 발족
- 활기찬 삶(Active Living) – 노년층
- 발커리스 공원(Balcurris Park)을 위한 큰 계획
- 새로운 도로 이름 짓기
- 큰 성공을 거둔 환경 공개일 행사

컬트리 공원(Coultry Park)에 대한 설계 업데이트는 12월 10일 오후 5시 30분에 BRL 사무실에서 열릴 예정입니다. 탁아소 이용이 가능하며 간단한 다과가 제공될 예정입니다. 컬트리 주민이라면 모두 참석이 가능합니다.

첫 입주자인 매리 오코너에게 열쇠를 넘기고 있는 더블린 주식회사의 믹 오로크

건강 및 안전

건강 · 안전국은 발리문의 주택 부지 모두가 안전하다는 대법원의 의견에 동의합니다. 작업이 다시 시작되었고 아홉 가정이 벨클래어 드라이브(Belclare Drive)에 신축된 주택으로 하였습니다. 건축가인 피오누알라 로저슨(Fionnuala Rogerson)씨가 이러한 주택을 설계하였습니다. 이후에는 샹겐 에비뉴(Shangan Avenue)의 신규 주택들이 완성될 것이며 입주자들은 이듬해에 이주할 것입니다.

실로그(Sillogе)에서 2개의 주택 계획안 건설을 담당한 Terence Harvey Contract Services사는 안타깝게도 파산하였고 대법원이 청산인을 하였습니다. BRL은 그들을 대신하여 건설을 다시 시작하게 될 건설하청업체들과 바쁘게 협상 중입니다. Michael Cullinan사와 Gerry Cahill사가 이 주택을 디자인하였습니다.

BRL은 발리문 주민여러분께서 아동 및 십대들에게 공사현장 및 인근 주변, 특히 공

continued from page 1

Safety Authority may close any sites where security is being breached. If this happens, it will result in everyone having to wait longer for their new homes to be completed.

The Health & Safety Authority inspectors visit the building sites regularly. Nobody - BRL, the contractors, the Health & Safety Authority nor the residents of Ballymun, wants to see sites closed again. Site safety is of paramount importance for everyone.

John Rizzolo, BRL's Health & Safety Officer is contactable at 842 1144 if anyone sees a hazard that needs to be addressed.

It's never too late to get active

Thanks to Active Living Ballymun over 200 older people are now enjoying almost 30 activities from pitch and putt to afternoon dancing.

Since the launch of the 2002 Plan last month the health board has agreed to fund the weekly exercise, walking and line dancing sessions. The 2002 venue for the exercise and line dancing will be AXIS. Other likely sponsors include Dublin Corporation and Dublin VEC.

Abseiling in DCU at the Ballymun Senior Games Festival August 2001

"We established Active Living in 2000 to get older people involved in physical activity," says Alison Fleming, BRL. "We surveyed older people to find out what they would like to do. From their responses we built a calendar of events for each month, with something to suit all tastes and levels of fitness."

Every month we distribute a programme showing these events to over 600 people, including Ballymun Library, local churches and doctor's surgeries. Events include weekly bowling, walking and exercise classes and dancing once a month. Swimming is also included.

Tommy and Lily Hanley have found plenty to occupy their time since retirement, thanks to Active Living. "As well as bowls on Thursday, we walk on Tuesday afternoons at Albert College, after which we do a bit of Tai-Chi and a session of outdoor boule. On Wednesdays we swim in the mornings and do aerobics in the afternoon. All the activities we do are a tonic, we feel very good in ourselves". Local people help to plan the monthly programme and to organise various activities and this is important. "An important aspect of Active Living is that local people have opportunities to develop their knowledge and leadership skills through training programmes, like the Irish Heart Foundation Walking Leader Course. Four people participated this year."

"It's great to hear the buzz of laughter - a great group of people, taking part in activities, enjoying life to the full again," says Eddie O'Keeffe, Dublin Healthy Cities. Over the coming year Active Living aims to increase the number of older people taking part in physical activities by securing more events in a wide range of facilities.

In December 2001, Eamon Farrelly accompanied local residents, including Kendra Campbell & Mabel Murphy (see photo), on a trip to Manchester to look at playground equipment for the new parks and playgrounds in Ballymun. Also on the trip were officials and local people from Laois County Council.

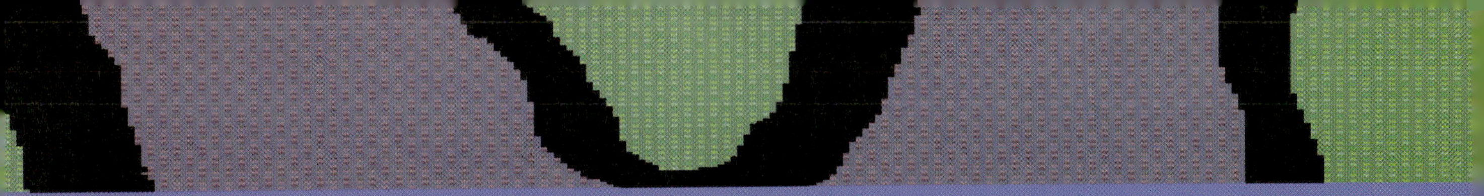

사장 입구의 위험성에 대해 지도해 주시길 부탁드리고 있습니다. 건강 · 안전국은 안전 수칙이 위배되고 있는 건설 현장을 폐쇄할 수도 있습니다. 만약 그런 일이 일어난다면, 결국 모든 이들이 새로운 주택이 완성되기까지 더 기다려야 할 것입니다.

건강 · 안전국의 조사관들은 건설 현장을 주기적으로 방문하고 있습니다. BRL, 건설하청업체, 건강 · 안전국, 발리문의 거주자들 그 누구도 건설 현장이 다시 폐쇄되는 모습을 보고 싶어하지 않습니다. 현장의 안전은 모든 이들에게 가장 중요한 부분입니다.

해결되어야 할 위험이 있다면 BRL 건강과 안전 담당자인 존 리졸로(John Rizzolo)씨에게 842 1144로 연락주십시오.

활기차게 사는데는 나이가 중요치 않다.

발리문의 '활기찬 삶(Active Living)' 덕분에 200명 이상의 노년층들이 이제 미니골프를 비롯하여 오후 댄스 교실에 이르기까지 약 30개 활동을 즐기고 있습니다.

2002 계획이 지난 달 발족한 이래, 보건국은 매주의 운동, 걷기, 댄스 수업에 자금 지원을 하기로 결정하였습니다. 이러한 운동과 댄스를 열게 될 2002년도 장소는 AXIS가 될 것입니다. 또 다른 예상 후원자로는 더블린자치체와 더블린 직업교육위원회가 있습니다.

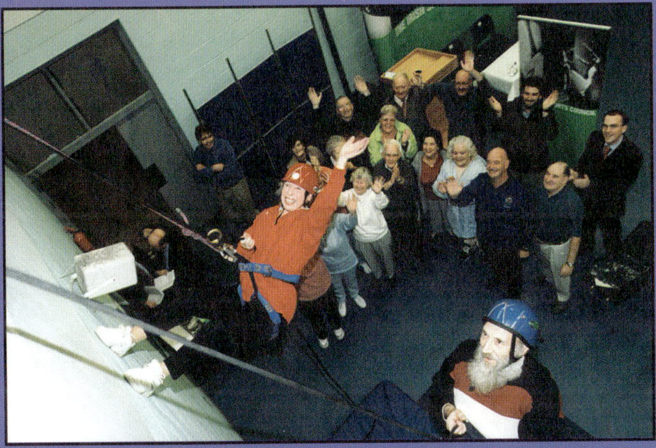

더블린시티대학에서 열린 발리문 고령자 게임 페스티발의 로프하강게임

"저희는 2000년, "활기찬 삶(Active Living)'을 설립하여 노년층들이 신체 활동에 참여할 수 있도록 하였습니다." BRL의 앨리슨 플레밍(Alison Fleming)씨의 말입니다. "저희는 노년층들을 대상으로 설문 조사하여 그분들이 무엇을 하고 싶어하는지 알아내었습니다. 그분들의 반응을 토대로 각 달에 열릴 행사 달력을 만들고 모든 이의 취향과 건강 정도에 맞는 무언가를 준비하고 있습니다."

매달 우리는 이러한 행사들을 설명하는 프로그램을 발리문 도서관, 지역 교회, 병원을 비롯하여 600 여명의 사람들에게 알립니다. 행사로는 주간 볼링, 걷기, 운동 수업, 월간 댄스 수업 등이 있습니다. 수영도 역시 포함됩니다.

토미와 릴리 핸리(Tommy and Lily Hanley)씨 부부는 '활기찬 삶(Active Living)' 덕분에 은퇴 이후 시간을 보낼 거리를 많이 찾게 되었습니다. "목요일 볼링뿐만이 아니라 화요일 오후에는 앨버트 대학에서 걷기 운동을 하고 그 후에는 타이치를 약간 한 다음 야외 불 게임을 합니다. 수요일에는 아침엔 수영을 하고 오후에는 에어로빅을 하지요. 모든 활동이 우리에겐 강장제가 되지요. 아주 기분이 좋답니다."

지역 주민들은 월간 프로그램을 계획하고 다양한 활동을 조직하는데 도움을 주는데, 이는 중요한 일입니다. 활기찬 삶(Active Living)에서 중요한 면은 지역 주민들이 자신의 지식과 리더십 기술들을 훈련 프로그램을 통해 개발할 수 있는 기회를 가진다는 점입니다. 마치 아일랜드 심장 재단 걷기행사 지도자 코스처럼 말입니다. 올 해에는 네 명이 참가하였습니다."

"끊임 없는 웃음 소리를 듣는 건 큰 기쁨입니다. 많은 사람들이 활동에 참여하고 삶을 충분히 즐기는 것이죠." 더블린 건강도시단체의 에디 오키페(Eddie O'Keeffe)씨의 말입니다. 앞으로 활기찬 삶(Active Living)은 더 많은 시설에서 더 많은 이벤트를 유치함으로 신체 활동에 참여하는 노년층의 수를 늘리는 것을 목표로 하고 있습니다.

2001년 12월, 발리문에 들어설 새로운 공원과 놀이터를 위한 장비를 둘러 보고자 지역 주민 켄드라 캠벨과 메이블 머피 사진를 동행하고 맨체스터로 간 에런 패럴리. 또한 라오스 카운티 의회의 직원들과 지역 주민도 여행길에 올랐다.

Balcurris Park Plans well received

The fruits of a series of planning workshops held in April and May 2001 between local people and the designers, were exhibited at the AXIS Centre in the first week of October 2001, when the plans for Balcurris Park went on exhibition. The workshops, which involved local residents, children, and sports groups, were held to inform the designers, Whitelaw + Turkington, Landscape Architects, what sort of park the people would like.

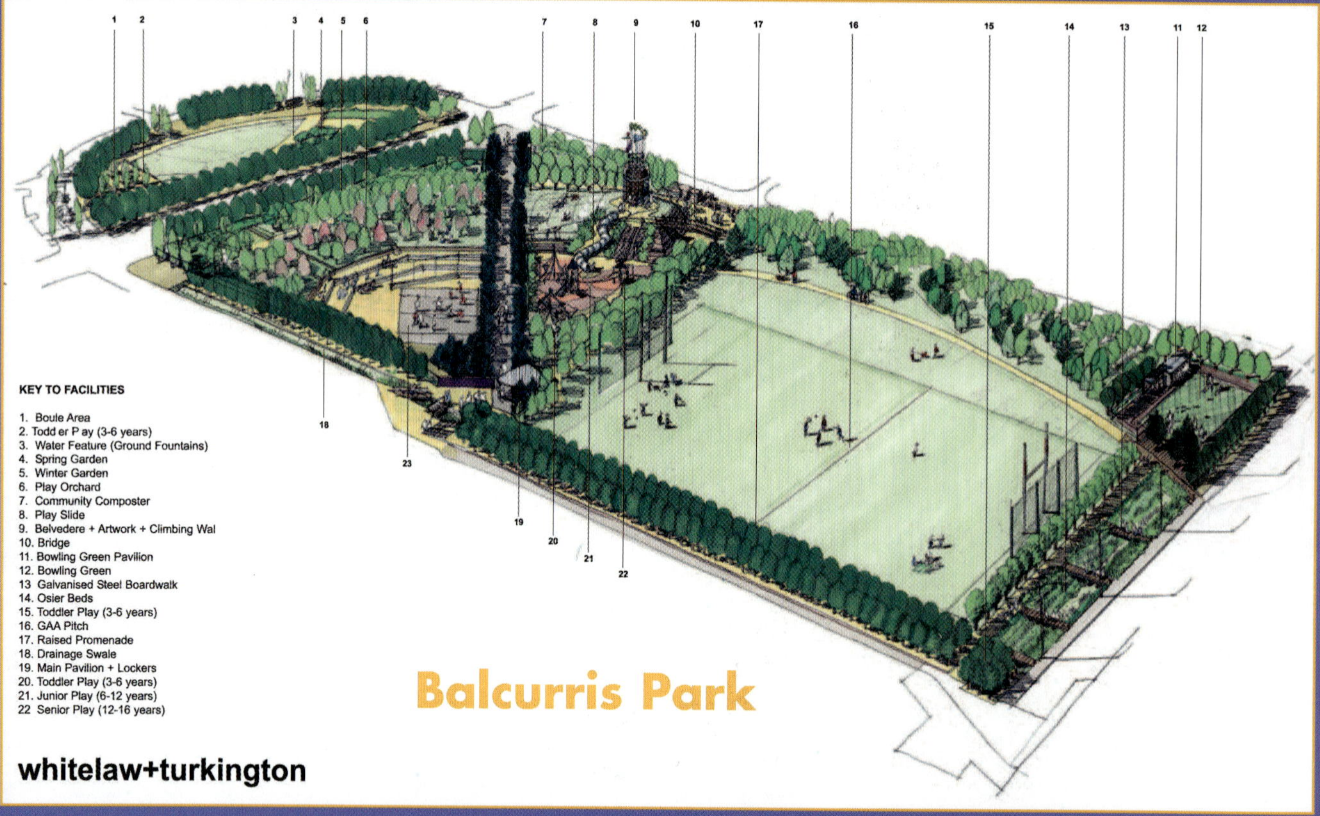

Aerial view of new public park for Ballymun

Those who saw them greeted the plans with plenty of enthusiasm, and comments and suggestions from visitors to the exhibition are being reviewed and evaluated by BRL and the designers before the final decision is submitted to the Department of the Environment and Local Government for budget approval.

The Park at about 4.5 hectares (11 acres) is roughly the same size as Merrion Square, and is one of three major parks, together with Poppintree Park and Coultry Park, proposed for the area.

The main features of the park will be a junior hurling pitch, a kick-about area for teenagers, a major playground and pocket play areas for younger children so that they can play close to their own homes, a bowls area and a series of carefully planned walks, promenades, and viewing points. These will provide a range of recreational opportunities, from very active to passive, for all ages. The park will also include some provision for the environmental project. Several hundred trees will be planted (mostly native species) to provide a variety of habitats from woodland glades, to orchard, to boulevard, giving year-round interest and providing a suitable habitat for a diverse range of wildlife.

The plans incorporate a high standard of finishes for paths and street furniture and a lot of thought has gone into designing a park which is as safe and secure as possible.

Balcurris Park will take about two-and-a-half years to complete and will be built over a number of Phases. The first one, comprising the main playground and kick-about area will go on site in 2002.

환영 받는 발커리스 공원(Balcurris Park)

2001년 4월과 5월에 지역 주민과 설계자들 사이에서 열린 일련의 계획 워크샵의 결과들이 2001년 10월 첫 주 AXIS 센터에서 전시되었고, 동시에 발커리스 공원 계획도 전시되었습니다. 지역 주민과 아이들, 스포츠 단체들이 참가한 워크샵은 설계자들과 Whitelaw+Turkington 조경회사에게 주민들이 선호하는 공원의 종류에 대한 정보를 알려주기 위해 열린 것입니다.

들이 공을 찰 수 있는 공간, 주요 놀이터, 어린 아이들이 집과 가까운 곳에 놀 수 있도록 해주기 위한 곳곳의 놀이공간, 볼링장, 주의 깊게 설계된 보도, 산책로, 전망 장소 등이 계획될 것입니다. 이러한 시설은 매우 활동적인 것부터 수동적인 것까지 전 연령대에게 다양한 여가 활동의 기회를 제공할 것입니다. 이 공원에는 또한 환경 프로젝트의 준비가 될 만한 몇 가지 것들도 포함되어 있습니다. 수 백 그루의 나무들이(대부분 토종) 심어져 숲 속 공터, 과수원, 가로수

발리문 신규 공원에 대한 상세도

이 전시를 본 사람들은 열정적으로 그 계획들을 반겼고, 전시회를 찾은 방문자들의 의견과 제안은 예산 평가를 위해 환경자치부에 최종 결정이 제출되기 전에 BRL과 설계자들이 다시 검토하고 평가할 것입니다.

약 4.5 헥타르 규모에 달하는 공원은 메리온 광장(Merrion Square)과 거의 유사한 크기이며, 파핀트리 공원(Poppintree Park)과 컬트리 공원(Coultry Park)과 함께 그 지역 세 개의 주요 공원 중 하나입니다.

이 공원의 주요 시설로는 아이들을 위한 헐링 경기장, 십대

길에 이르기까지 다양한 종류의 생태 서식지를 제공할 것이며 이는 다양한 야생 동물들에게 적절한 서식지를 제공하고 연중 내내 관심을 끌게 될 것입니다.

이 계획에 따라 산책로와 도로 시설물들은 고급 마감이 될 것이며, 또한 심사숙고 하여 가능한 안전한 공원을 조성하려고 하였습니다.

발커리스 공원은 완성되는데 약 2년 반이 걸릴 것이며 수 많은 단계를 거쳐 완공될 것입니다. 첫 번째 단계에는 주요 놀이터와 소형축구장이 포함되는데, 2002년에 착공될 것입니다.

Local newspaper looks forward to a new Ballymun

Journalists and local people turned out in force for the official launch by Sean Boyne from the Sunday World of The Ballymun Concrete News in AXIS on 25th October. The Concrete News is familiar to residents from its first issues, which were one-page newsletters three years ago to the now full colour eight-page tabloid with a 10,000 circulation each month. Seamus Kelly (NUJ) Editor and Proprietor of The Concrete News runs the newspaper from his three bedroom flat in Joseph Plunkett Tower.

"The new town of Ballymun will be one of the biggest developments in this country and The Ballymun Concrete News is proud to play its part," says Seamus Kelly.

Seamus works with an old computer and has very little in the way of resources, but this has never deterred him from his mission to produce a newspaper for Ballymun with a positive outlook. The newspaper is colourful, pictorial and punchy in its style and Seamus believes that it is the positive news he reports in his newspaper, which is the key to its success.

"Producing positive news is the best medicine for lifting people's spirits. With so much negativity in the world, it's refreshing to see there are so many good things going on in our own back yards," says Seamus Kelly.

"Being exposed to too much bad news depresses people and I find that my readers like to read good news about their area and themselves. This is one of the reasons for The Ballymun Concrete News's popularity. It is also important that this newspaper

Seamus Kelly (NUJ) Editor and Proprietor of The Concrete News

supports the regeneration of Ballymun through its editorial. The regeneration will attract huge private investments to the area and improve the housing standards for the people of Ballymun."

Changing Face of Ballymun

First new homes completed in Belclare.

New play equipment beside McDermot Tower

새로운 발리문을 기대하는 지역 신문

신문 기자들과 지역 주민들은 10월 25일 AXIS에서 선데이 월드(Sunday Wolrd) 신문사의 숀 보인(Sean Boyne)씨가 진행한 발리문 콘크리트 뉴스(Ballymun Concrete News)의 공식 발행식에 대거 참석하였습니다. 콘크리트 뉴스는 창간호부터 주민들에게 친숙했던 신문으로, 3년 전 한 페이지짜리 소식지로로 시작하여 이제 매달 만 부가 읽히는 8페이지 천연색 타블로이드가 되었습니다. 컨크리트 뉴스의 편집자이자 소유주인 시머스 켈리(Seamus Kelly)씨(국가기자연합)는 조셉 플런켓 타워(Joseph Plunkett Tower)에 위치한 방 세 칸까지 아파트에서 이 신문을 발행하고 있습니다.

"발리문 뉴타운은 이 나라에서 가장 변화한 곳 중 하나가 될 것이며, 발리문 컨크리트 뉴스가 그 일부를 감당하게 되어 매우 자랑스럽게 생각합니다." 시머스 켈리의 말입니다.

시머스는 낡은 컴퓨터로 일하고 가진 자원도 매우 부족하지만 그렇다고 해서 긍정적인 외관을 갖춘 발리문을 위한 신문을 만들어내는 임무를 소홀히 한 적은 없었습니다. 신문은 다채로운 색에 많은 사진을 담고 있으며 신식 스타일을 보여주고 있습니다. 시머스는 그가 신문에 긍정적인 소식을 전하는 것이 신문이 성공을 거두는 주요 이유라고 믿고 있습니다.

"긍정적인 뉴스를 만드는 것이 사람들의 의식을 고취시키는 가장 좋은 처방입니다. 세상에는 좋지 않은 일들이 많이 있지만 우리 주변에 수 많은 좋은 일이 일어나고 있다는 사실은 우리에게 새 힘을 주지요." 시머스 켈리의 말입니다.

"너무 많은 나쁜 소식에 노출되면 사람들은 우울해집니다. 전 독자들이 자신의 주변과 자신들에 대한 좋은 소식을 읽고 싶어한다는 사실을 알고 있습니다. 그래서 발리문 컨크리트 뉴스가 인기를 얻고 있는 것입니다. 또한 이 신문이 논평을 통해 발리문의 재생을 지지해 주고 있다는 점도 중요

컨크리트 뉴스의 발행인이자 편집자인 시머스 켈리(NUI)

한 사실입니다. 이 재생 사업은 이 지역에 엄청난 민간 투자를 유치할 것이며 발리문 주민을 위한 주거의 질을 향상시킬 것입니다."

변화하는 발리문의 모습

벨클래어에 제일 먼저 완성된 주택들

맥더모트 타워 옆의 새로운 놀이터

Manzone launch 'The Seven Flowers of Ballymun' CD

Manzone outside Ballymun Men's Centre.

Congratulations to Manzone who recently recorded and launched their new CD and video "The Seven Flowers of Ballymun".

The song was written, composed and performed by the men from Ballymun Men's Centre, with the help of children from local schools in Ballymun. The video was shot and edited by BRL and was launched at a special event in Axis during October. To buy a copy of the CD contact the Men's Centre at 8623117.

Scene from 'The Seven Flowers of Ballymun' video.

Residents pick names for their new streets

All Phase I residents are being invited to participate in the process of naming the new streets where their homes are being built. The idea came from the participants of the Housing Transition Programme, and both CAFTA and GAP were involved.

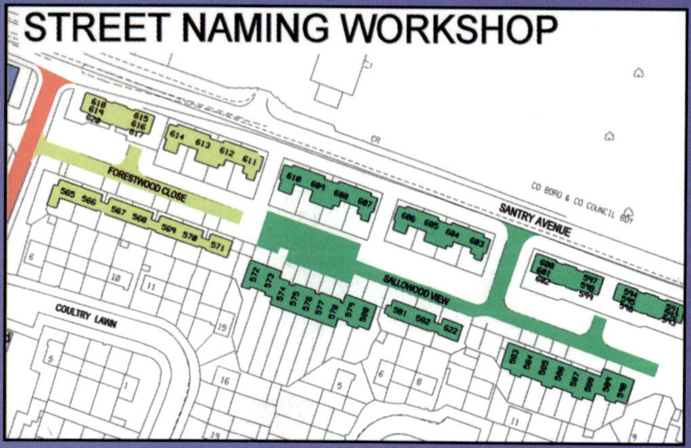

New street names for Santry Ave. (Forestwood Close and Sallowood View)

As part of the process, BRL and staff from the Roads, Streets and Traffic Dept., Dublin Corporation explained the guidelines about naming areas including the need to avoid place names that might be insensitive to other cultures or topical today but that would have little meaning in twenty years time. Eneclann, who are in charge of the local history project, outlined the history of each area where new homes are being built and sometimes this helped people to decide on a name that they liked.

Residents were then invited to make suggestions for street names and a list of names was drawn up and when a consensus regarding the new names was reached they were submitted to Dublin Corporation. The suggested new names are then submitted to Dublin Corporation's Heritage Officer for Roads and Streets who checks that the suggested names are not already in use in other areas. Once the Heritage Officer has verified the names he will submit them to Dublin Corporation's Area Committee for approval by the Elected Members.

The names chosen by new residents and agreed by the local councillors so far include:

Sillogue - Hollytree Square, Orchard Park, Marewood Crescent, Drive & Grove, Barnewall Drive.

Santry Ave - Forestwood Close, Sallowood View.

Coultry/Shangan - Longdale Terrace & Way, Woodhazel Terrace, Way & Close. Coultry Close & Court.

맨존(Manzone), '발리문의 일곱 송이 꽃' CD 발표

발리문 남성 센터 밖의 맨존

최근 새 앨범과 비디오 '발리문의 일곱 송이 꽃'을 제작하여 발표한 맨존에게 축하드립니다. 이 노래는 발리문 지역 학교의 어린이들의 도움을 받아 발리문 남성 센터 출신의 남성들이 작사, 작곡, 녹음한 것입니다. 비디오는 BRL이 촬영하고 편집하였고 10월 중 특별 행사 때 AXIS에서 발표되었습니다. CD를 구입하고자 한다면 남성 센터 8623117로 연락 주십시오.

'발리문의 일곱 송이 꽃'의 한 장면

새로운 거리의 이름을 정하는 입주민들

1단계 입주자들이 모두 자신의 집이 지어지고 있는 새로운 거리의 이름을 짓는 작업에 참여하도록 초청을 받고 있습니다. 이 아이디어는 주거 이주 지원 프로그램의 참가자가 제안하여 CAFTA와 GAP 모두가 참여하였다.

이 과정의 일환으로 BRL와 도로교통부, 더블린자치체는 다른 문화

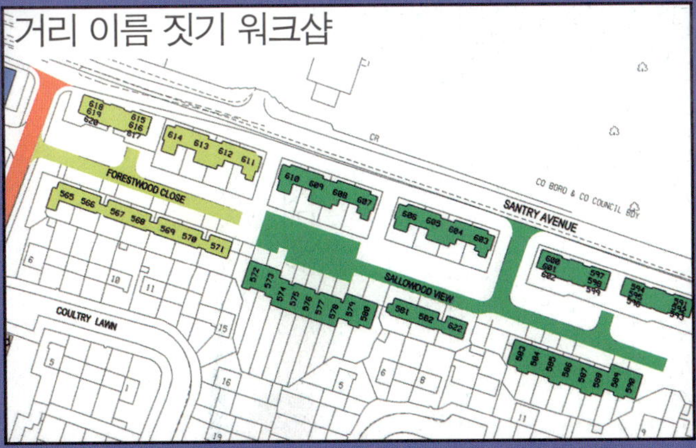

산트리 에비뉴(Santry Ave.) 지역의 새 거리 이름 포레스트우드 클로스와 살로우드 뷰

를 배려하지 않을 수도 있는 이름이나, 현재는 의미가 있지만 20년 후에는 의미가 바랠 이름 등을 피해야 할 필요 등을 포함하여 지역에 대한 이름 붙이기의 지침에 대해 설명하였습니다. 지역 역사 프로젝트 책임기관 에네클란(Eneclann)은 새로운 주택이 지어지고 있는 곳의 지역 역사를 정리하였고, 이러한 역사는 사람들이 자신들이 좋아했던 이름에 대한 결정을 내리는데 도움이 되었습니다.

거주민들은 거리 명에 대한 제안을 하게 되었고 일련의 이름들이 제시되어 새로운 명칭에 대한 합의가 이루어진 후 더블린자치체에 제출되었습니다. 제출된 새 명칭은 더블린자치체의 도로와 거리의 유산 담당관에게 제출되고, 담당자는 그 명칭들이 다른 지역에서 사용되고 있지는 않은지 확인하게 됩니다. 일단 유산 담당관이 그 명칭의 사용 여부를 결정하게 되면 그 명칭을 더블린자치체의 지역 위원회에 보내어 선출직 임원들에게 재가를 받게 됩니다.

새 입주자들이 선택하고 지역 의원들에게 동의를 받은 이름은 다음과 같습니다.

실로그(Sillogue)지역 – 홀리트리 스퀘어(Hollytree Square), 오차드 파크(Orchard Park), 메어우드 크레센트(Marewood Crescent), 드라이브 앤 그로브(Drive & Grove), 바네월 드라이브(Barnewall Drive)

산트리 에비뉴(Santry Ave)지역 – 포레스트우드 클로스(Forestwood Close), 살로우드 뷰(Sallowood View)

컬트리/샹겐(Coultry/Shangan)지역 – 롱데일 테라스 앤 웨이(Longdale Terrace & Way), 우드하젤 테라스(Woodhazel Terrace), 웨이 앤 클로스(Way & Close), 컬트리 클로스 앤 코트(Coultry Close & Court)

Environmental Open Day a great success

Jo Faulkner, GAP Ballymun with Sarah and Jonah Colgan making paper.

There was a great turnout for Ballymun's first ever Environmental Action Day in Ballymun Shopping Centre. The day was organised by local residents involved in GAP Action Teams who wanted to do more to improve the environment in the new Ballymun, by increasing recycling and encouraging more people to buy energy efficient household products like energy efficient light-bulbs and chemical free detergents.

There were over twenty display stands and workshops on bicycle repair, energy awareness, arts & crafts from recycled materials, composting, gardening and trees & wildlife. One very popular event was a 'rubbish sorting' game for all the family to test their skills in separating

Action Teams at the GAP Action Team Christmas Lunch.

different types of rubbish for recycling, against the clock. First prize went to Leanne Matthews, age 10, from Joseph Plunkett Tower who completed the game in an impressive 22.5 seconds. Coming only a second behind was Amanda Sullivan from Balcurris Road, Amy Chandler, from Balcurris Road came third, completing the game in 26 seconds. Congratulations to all the winners and to all who took part.

"We are delighted that our first event was such a great success and we thank everybody who came along and we hope that they learned something from the many stands and exhibitions," says Pat Turner, local resident and GAP member.

Nine GAP Action Teams are already up and running in Ballymun, involving more than 70 residents and a co-operative has been established to extend this further.

"Right from the start, the regeneration of Ballymun has

Two young environmentalists enjoying the Action Day in Ballymun

been based on the idea of sustainable development. The new town is being designed with people's needs in mind and it will be environmentally friendly," says Ciarán Murray, Managing Director of Ballymun Regeneration Ltd.

The day would not have been possible without the energy and enthusiasm of local residents, especially Alex and Daphne Sproule, Anne Harnett, Olive Kearney, Jude McHugh, Vivienne Bennett and Mel McGuinness. The GAP Action Team are also grateful to Ballymun Regeneration, Dublin Corporation and Tesco for their support and contributions towards making the day such a great success.

"We are always eager to welcome new people to our Action Teams - all you have to do is contact me or Pat Turner at GAP, Ballymun, telephone 086-8293121," says Jo Faulkner, GAP. You can also leave your name with BRL who will pass it on to GAP for you.

큰 성공을 거둔 환경 공개일 행사

종이를 만들고 있는 사라와 조나 콜건과 함께 하고 있는 GAP 발리문의 조 포크너

발리문 쇼핑 센터에서 개최된 발리문 최초의 환경 실행의 날에 수 많은 사람들이 참여하였습니다. 이 날은 재활용을 장려하고 사람들이 에너지 효율적인 전구 및 화학 물질이 첨가되지 않은 세제와 같이 에너지 효율적인 가정 용품들을 구매하도록 더욱 장려함으로써 새로운 바리문의 환경을 개선하기 위해 좀 더 많은 일을 하고자 한 GAP 실행팀에 참여한 지역 주민들에 의해 조직되었습니다.

그곳에는 자전거 수리, 에너지에 대한 인식, 재활용 물품으로 만든 예술 작품 및 공예물, 퇴비, 정원 가꾸기 및 수목, 야생동물에 대한 워크숍과 전시장이 20여 개 이상 자리잡고 있었습니다. 매우 인기가 좋았던 이벤트로는 마감 시간에 맞춰 재활용이 가능

GAP 실행팀 크리스마스 점심 식사에 참여한 실행팀

한 쓰레기들을 종류에 따라 각기 구별하는 능력을 테스트하는 전 가족을 위한 '쓰레기 분류' 게임이었습니다. 일등상은 조셉 플런켓 타워(Joseph Plunkett Tower)에서 온 10 세 아동 리안 매튜스(Leanne Matthews)에게로 돌아갔습니다. 이 아이는 22.5초라는 놀라운 시간 안에 게임을 완수하였습니다. 이등상은 발커리스 로드(Balcurris Road) 출신의 아만다 설리반(Amanda Sullivan)씨에게 돌아갔고, 발커리스 로드 출신의 에이미 챈들러(Amy Chandler)씨는 26초를 기록하며 3등을 차지했습니다. 수상자들과 참여한 모든 이에게 축하의 인사를 보냅니다.

"저희가 처음으로 개최한 행사가 그렇게 큰 성공을 거두게 되어 무척이나 기쁩니다. 찾아 오셨던 모든 분들께 감사 드리며 수 많은 스탠드와 전시장에서 뭔가 배우셨기를 바랍니다." 지역 거주민이자 GAP 일원인 팻 터너(Pat Turner)씨의 말입니다.

이미 아홉 개의 GAP 실행팀이 조직되어 70명 이상의 거주민들을 참여시키며 발리문에서 운영 중이며, 이 활동을 더 확장하기 위해 협동조합이 설립되었습니다.

발리문에서의 실행의 날을 즐기고 있는 두 명의 어린 환경보호자들

"시작 직후부터 발리문 재생은 지속 가능한 개발이라는 개념에 기반을 두고 있었습니다. 뉴 타운은 사람들의 필요를 염두에 두며 설계 되고 있으며, 환경 친화적이 될 것입니다." 발리문재생회사 사장 씨아란 머레이(Ciaran Murray)의 말입니다.

지역 주민들, 특히 알렉스와 데이픈 스프라울(Alex and Daphne Sproule)부부, 앤 하넷(Ann Harnett)씨, 올리브 키어니(Olive Kearney)씨, 주드 맥휴(Jude McHugh)씨, 비비안 베넷(Vivienne Bennett)씨, 멜 맥기네스(Mel McGuinness)씨의 열정과 에너지가 없었다면 그 날은 있을 수 없었을 것입니다. GAP 실행팀은 행사가 성황리게 마치도록 도와준 발리문재생회사와 더블린지자체 및 테스코(Tesco)사에게 감사를 드립니다.

"저희는 실행팀에 오시는 신규 회원을 언제나 환영합니다. 저나 발리문 GAP의 팻 터너(Pat Turner)씨, 전화 086-8293121로 연락하시기만 하면 됩니다." GAP 조 폴크너(Jo Faulkner)씨의 말입니다. BRL에 이름을 남겨 두면 BRL에서 GAP으로 전해 드릴 것입니다.

Civic Centre will be finished by end 2002

A £40 million Civic Centre is being built on the new Main Street by Bennetts Construction. "The centre will accommodate Dublin Corporation Area Headquarters and BRL's new offices along with a new health centre and office accommodation for the Northern Area Health Authority," says Eamon Farrelly, BRL.

Construction started in June and is expected to be substantially completed by the end of 2002. The LUAS line will run directly in front of the Civic Centre.

The main building will be four storeys high fronting the Main Street, lowering to three storeys to the south containing offices, a nursery/crèche, meeting rooms, health centre, space for a pharmacy, shops and a restaurant. An atrium, accessible from the proposed civic plaza, will contain exhibition space, a coffee shop and a waiting area for health centre patients. A mixed-use five-storey block fronting Shangan Road will accommodate retail space, offices and 47 private apartments as well as a 110-space basement car park.

Civic Centre under construction by Bennett Construction

There are also plans for a new Garda Station to the south of the Civic Centre site. No definite date has been decided as to when construction will start on the Garda Station.

Lighting up the town

World-famous London based artist Andrew Kearney will light up Ballymun early in the New Year with his installation for the Boiler House. In addition, this piece of art will be used to launch ***Per Cent for Art*** in Ballymun. Andrew, who is originally from Limerick, has been a regular visitor to Ballymun over the last few weeks. He is very pleased to be involved in Ballymun and to light up this symbolic building. BRL has organised a visit for residents and local artists to view his current critically acclaimed exhibition on show in Limerick until the 22nd December. Minister Noel Dempsey TD, has been asked to open the light installation titled 'Illumination' which will mark the formal launch of the ***Per Cent for Art*** Scheme in Ballymun.

Under the ***Per Cent for Art*** scheme, EU and Government legislation stipulates that all publicly funded capital projects, will receive an additional funding to spend on the arts. This means that Phase 1 alone could attract as much as £550,000 for Arts projects in Ballymun. BRL are currently preparing the ***Per Cent for Art*** brief , which will outline opportunities for local, national and international artists to be commissioned under the ***Per Cent for Art*** scheme.

Photo of Ballymun by night by Andrew Kearney International Artist

2002년 말에 완공될 공공업무센터

4천만 파운드 규모의 시민 회관이 Bennetts 건설사에 의해 메인 스트리트에 지어지고 있습니다. "이 센터에는 더블린지자체 지역 본부와 BRL의 새로운 사무실들과 함께 북부 지역 보건국을 위한 새로운 건강 센터 및 사무실이 들어설 것입니다." BRL의 이아몬 파렐리(Eamon Farrelly)씨의 말입니다.

작업은 6월에 시작되었고 2002년 말에는 대부분 완공될 것으로 기대됩니다. LUAS 라인이 공공업무센터 바로 앞을 지나갈 것입니다.

중심 건물은 메인 스트리트를 마주하고 있는 4층 건물이지만, 이 건물은 남쪽으로 갈수록 3층으로 낮아집니다. 남쪽에는 사무실과 보육원/탁아소, 회의실, 건강 센터, 약국 및 상점, 레스토랑이 들어설 자리가 마련되어 있습니다. 시민 광장으로 예정된 곳에서 접근이 가능한 아트리움에는 전시를 위한 공간, 커피숍과 건강 센터 환자들이 대기할 곳 등이 계획될 것입니다. 샹겐 로드(Shangan Road)를 마주하고 있는 복합 용도의 5층 건물에는 소매점과 사무실 그리고 47개의 아파트뿐만 아니라 110대를 주차할 수 있는 지하 주차장까지 마련되어 있습니다. 또한 공공업무센터의 남부에는 새로운 경찰서가 들어설 계획도 있습니다. 하지만 경찰서 건설이 언제 시작될 지에 대한 정확한 날짜는 아직 정해지지 않았습니다.

베넷 건설에 의해 건설 중인 공공업무센터

불 밝힌 타운

세계적으로 유명한 런던 출신의 미술가 앤드류 키어니(Andrew Kearney)씨는 보일러 하우스에 대한 설치 미술로 새해 초 발리문을 밝힐 것입니다. 게다가 이 작품은 발리문의 '예술을 위한 1%'를 발족하기 위해 사용될 것입니다. 원래 리메릭(Limerick) 출신인 앤드류는 지난 몇 주 발리문을 정기적으로 드나들었습니다. 그는 발리문에 와서 이러한 상징적 건물에 불을 밝히게 되어 매우 기뻐하고 있습니다. BRL은 12월 22일까지 리메릭에서 펼쳐질, 평단에서도 갈채를 받은 그의 최근작을 볼 수 있도록 지역 주민들과 지역 예술가들의 방문도 조직하였습니다. 장관인 노엘 뎀프시(Noel Dempsey) 하원의원은 '일루미네이션'이라는 조명 설치 미술 작품의 불을 밝혀줄 것을 요청 받았는데, 이는 곧 발리문의 '예술을 위한 1%' 계획의 공식 발주를 의미하게 될 것입니다.

'예술을 위한 1%' 계획 하에 유럽연합과 정부 입법처는 모든 공적 자본이 들어가는 프로젝트에는 부가적인 자금 지원을 하여 예술 분야에 쓰일 수 있게 할 것이라 규정하였습니다. 이는 곧 1단계 건설 만으로도 발리문에서 약 55만 파운드의 자금을 유치할 수 있다는 의미입니다. BRL은 최근 '예술을 위한 1%' 설명회를 준비하고 있는데, 이 설명회는 '예술을 위한 1%' 계획 하에 지역 및 국내, 그리고 해외 예술가들을 임명할 기회를 개관하게 될 것입니다.

국제적 예술가인 앤드류 키어니가 찍은 발리문의 야경

Your Health & Safety Team

BRL has increased the numbers of Health & Safety professionals working on the project to ensure that the areas surrounding construction sites are kept as safe as possible at all times.

The Health & Safety Team now includes Peter Wheatley, Administrator, who works in BRL supporting John Rizzolo, BRL's Health & Safety Team Leader.

Two experienced Health & Safety Monitors are on-the ground visiting infrastructural works, including the Main Street site, to ensure that public safety issues are properly addressed. Their responsibilities include checking the suitability and condition of public pathways, checking that fencing and hoardings are in a safe condition, that there is adequate public lighting in construction areas and that traffic control measures are functioning and in good working order.

A co-ordinator continues to work at the design stage, ensuring that health and safety aspects of the design are also addressed. A team of co-ordinators has been appointed for the construction stage to co-ordinate work activities between housing and infrastructure sites, for example monitoring the movement of construction site vehicles.

Please contact Health & Safety Team at BRL, telephone 8421144 if you have any queries or concerns about health and safety

Attention home buyers

BALLYMUN REGENERATION

Lisney property people

A Dublin Corporation Initiative

A limited number of new homes in the new town of Ballymun will go on sale shortly. They include apartments and 2, 3 and 4 bedroom houses. Priority will be given to existing tenants, residents of Ballymun and adjoining areas. If you wish to receive an invitation to view the plans, please fill in the form overleaf, seal it in the attached envelope and return by Wednesday 19th December 2001 to:

Ballymun Regeneration Ltd
Stormanstown House, Ballymun Road
Dublin 9

Approximately 25 houses will be released for private sale early in 2002. Flyers are currently being delivered to all residents in Ballymun and the surrounding area with an application form which people can return to BRL if they wish to attend a housing fair at the end of January where they can view the plans for these houses. These houses are for people who have not already been allocated a new home in Phase I. They will be sold at market value and a family's length of tenancy can not be taken into account. Through this initiative we hope to be able to create a dynamic housing market in the area whereby, for example, local people's children can purchase a home in the new Ballymun rather than having to buy a home away from the area.

건강 및 안전팀

BRL은 이 프로젝트에 대해 일하는 보건 및 안전 전문가의 수를 늘였는데, 이는 건설 주변 현장을 항시 가능한 안전하게 유지하기 위해서입니다.

건강 및 안전팀에는 이제 BRL의 건강 및 안전팀 대표인 존 리졸로(John Rizzolo)씨를 지원하는 행정관리자인 피터 휘틀리(Peter Wheatley)씨도 포함하게 되었습니다.

두 명의 숙련된 건강과 안전 모니터들이 메인 스트리트 현장을 비롯하여 늘 기반 시설 현장을 방문하며 공공 안전 문제가 적절히 다뤄지고 있는지 확인하고 있습니다. 그들이 맡은 책임으로는 공공 보도의 환경 및 적절성을 평가하고 공사장 주위 임시 울타리가 안전한 상황에 있는지, 교통 신호 기기들은 제대로 기능을 하고 있는지 살피는 것이 있습니다.

코디네이터들은 설계 단계부터 함께 일하며 설계의 건강 및 안전 측면이 제대로 달성되고 있는지 살핍니다. 코디네이터 팀은 건설 단계에 지정되어, 건설 현장 차량 움직임을 감시하는 등 주거 및 기반 시설 현장 사이의 업무 활동을 조절합니다.

건강과 안전 문제에 대한 궁금한 사항이 있다면 BRL 건강 및 건강과 안전팀(전화 842 1144)로 연락 주십시오.

주택 구매자에게 드리는 글

수량이 한정되어 있는 발리문 뉴타운의 신규 주택도 곧 분양에 들어갈 것입니다. 여기에는 아파트와 2, 3, 4개의 침실을 갖춘 주택이 포함될 것입니다. 현재 거주자, 발리문 및 인근 지역 거주자들에게 우선권이 돌아갑니다. 이 계획에 대해 볼 수 있는 초대권을 받고 싶으시다면 다음 페이지에 작성을 하셔서 첨부된 봉투에 넣어 2001년 12월 19일 수요일까지 아래의 주소로 보내주시기 바랍니다.

발리문재생회사, 스타맨스타운 사우스, 발리문 로드, 더블린 9

2002년 초, 약 25개의 주택이 분양될 것입니다. 현재 발리문과 주변 지역 거주자들 모두에게 광고문이 배달되고 있으며, 그 안에는 이러한 주택에 대한 계획을 볼 수 있는 1월 말 경의 주택 박람회에 참여하고 싶다면 작성해야 할 지원서가 동봉되어 있습니다. 이 주택은 아직 1차 단계에서 신규 주택을 분양 받지 못한 사람들을 위한 것입니다. 이 주택들은 시장가로 판매될 것이며 가족들이 이곳에서 얼마나 거주했는지는 고려 대상에 들어가지 않을 것입니다. 이 계획을 통해 이 지역에 역동적인 주거 시장을 만들어, 젊은이들이 이 지역을 벗어나기 보다는 새로운 발리문에서 집을 구입하게 되었으면 하는 바램입니다.

발리문재생회사 (BRL) 더블린 9가 발리문로 스토맨스타운 하우스
전화: 8421144 팩스: 8421443 이베일: brl@brl.ie http://www.brl.ie
더블린자치체회사

BALLYMUN

REGENERATION NEWS

May 2002 Issue 24

INSIDE

If you have concerns about health & safety issues, please contact the Project Health & Safety Monitor, John Rizzolo at Ballymun Regeneration Ltd 8421144

NDP NATIONAL DEVELOPMENT PLAN
Your Plan - Your Future

An Taoiseach Bertie Ahern, T.D. presenting Margaret Fallon with a flowering camellia while the Lord Mayor of Dublin, Cllr Michael Mulcahy looks on.

TAOISEACH CELEBRATES BALLYMUN'S FIRST NEW HOMES

Taoiseach Bertie Ahern, T.D., spent a morning in Ballymun to welcome the families into their new homes. It was a bright Spring day and the champagne flowed as the residents of Shangan joined An Taoiseach in the bunting decorated streets in welcoming their new neighbours to the area. An Taoiseach presented all the families with a flowering camellia to commemorate the occasion.

"The 20 families in these new homes are only the beginning of the move and by the end of the year 500 new homes will be occupied," says Ciarán Murray, Managing Director BRL. We are pleased that houses on Shangan Crescent, designed by BRL's own architectural team, are among the first to be occupied. Michael McDonagh, Senior Architect, and his team designed a mix of two and three storey houses of varying sizes. All new homes are designed and built with quality in mind and to the highest possible specification.

continued page 2

BALLYMUN

재 생 소 식 지

2002년 5월 24호

주요기사

- 인수되는 점점 더 많은 주택들
- 보일러하우스 예술 공격
- 진행 보고서
- 발리문의 가든 헤븐(Garden Heaven)
- 환경 실행 계획
- 많은 나무
- 계속되는 역사 프로젝트
- 곧 착공될 발커리스 공원

건강 및 안전 문제에 우려가 있으신 분은 발리문재생회사, 프로젝트 건강과 안전 모니터 존 리졸로(John Rizzolo)씨에게 연락 주십시오. 8421144

NDP
NATIONAL DEVELOPMENT PLAN

더블린의 시장인 마이클 멀카히 시의원이 지켜보는 가운데 마가렛 팰런에게 꽃 피는 동백나무를 건네주고 있는 공화국수상 버티 에이헌 하원의원

발리문의 첫 신규 주택 건설을 축하하는 공화국수상

공화국 수상 버티 에이헌(Bertie Ahern) 하원의원은 발리문에서 아침을 보내면서 새 주택으로 입주하는 가정들을 환영하였습니다. 화창한 봄날 아침, 이 지역에 입주할 새 이웃들을 환영하며 장식해 놓은 거리에 수상과 함께 샹겐(Shangan)의 거주자들이 몰려 들면서 축하의 잔이 넘쳐 흘렀습니다. 수상은 동백꽃을 전 가정에게 선물하며 이날을 기념하였습니다.

"새 주택에 스무 가정이 입주한 것은 이주의 시작일 뿐입니다. 올해 말까지 500개의 신규 주택이 주인을 맞이할 것입니다." BRL의 사장 씨아란 머레이(Ciaran Murray)씨의 말입니다. BRL 사내 설계팀이 설계한 샹겐 크레센트(Shangan Crescent)에 위치한 주택들에 가장 먼저 입주하게 되어 기쁩니다. 선임 건축가인 마이클 맥도너(Michael McDonagh)씨와 그의 팀이 다양한 크기의 2층 혹은 3층짜리 건물을 설계하였습니다. 모든 신규 주택들은 그 품질을 염두에 두고 설계 및 건축되었으며 최고의 사양으로 계획하였습니다.

continued from page 1

"Overall in the project we have employed high quality contractors and designers. The Shangan houses were built by McInerney Construction and are insulated to a high standard with double glazed timber windows and gas fired central heating," says Michael McDonagh. "These new homes have fitted kitchens, marble fireplace, downstairs WC and patio doors leading to back gardens. The driveways are cobble-locked, in railed front gardens, where An Taoiseach's camellia plants will flower each Spring."

An Taoiseach Bertie Ahern, T.D. with Ciaran Fallon of his new home

"If I won the lotto tomorrow I would buy this house," says Sandra Brennan about her new home in Shangan. "It's great having your own front garden, and I love the fireplace".

"Today is a dream come true for us all; not only for those moving into new homes but for the whole community", said An Taoiseach, Bertie Ahern, TD.

"For the Government, it is the realisation of a promise made and being kept. The regeneration of Ballymun is unique and it is a huge undertaking by any standards."

"The regeneration programme would not be possible without the support of the people in Ballymun. One of the major features of this project is the level of planning and consultation that has been undertaken and how the project has worked with local people," continued An Taoiseach. "The Government is pleased to see a growing interest in voluntary housing here, including housing co-operatives by local people and NABCo. I am also pleased to see two private sector residential developments underway."

Dr. Danny O'Hare, Chairman of BRL, congratulated the residents of existing houses in Shangan for the warm welcome they extended to their new neighbours and remarked on the lovely appearance of the area. He reminded residents that they can still avail of the Government's tax incentive scheme for Ballymun to help fund home improvements. People can apply for tax incentives for double glazed windows, insullation, extensions or other structural works, contact BRL(842 1144) for more details of the scheme.

Under the project 4,000 new homes will be built in Ballymun, designed by leading architectural practices from Ireland and abroad. There will be a unique diversity of design, shape and scale to reflect the individual identities of each area. Designs range from modern to more traditional but all share a significant level of attention to layout and urban design, traffic control and safety. The new house designs will contribute towards creating a safe and improved physical environment in Ballymun.

Demolitions to go ahead this year

Planning permissions have been received for Phase 1 demolitions to start at Shangan Avenue and also at Sandyhill Avenue, Coultry Road and McDonagh Tower.

There were two appeals against the decision of Dublin City Council to grant permission for demolitions, both in respect of flats in Balcurris, however these do not form part of the first demolition contract.

McDonagh Tower due for demolition 2002.

"프로젝트 전반적으로 우리는 최고 수준의 건설하청업체와 설계자를 고용하였습니다. 샹안의 주택들은 McInerney Construction 사가 건축하였고 이중창으로 된 원목 창문, 중앙 가스 난방 장치를 갖춘 최고의 기준을 도입하였습니다." 마이클 맥도너의 말입니다. "이러한 신규 주택에는 주방과 대리석 벽난로, 1층 화장실, 집 뒤의 정원으로 이어지는 미닫이 전면창이 갖춰져 있다. 차량 진입로로 자갈이 깔려 있으며, 집 앞 정원에는 수상이 준 동백나무가 매년 봄마다 꽃을 피울 것입니다."

새 집에 입주한 시아란 팰런과 함께한 버티 애헌 수상

"만약 제가 내일 로또에 당첨이 된다면 이 집을 살 것입니다." 샹겐(Shangan)의 새 집을 보며 산드라 브렌난(Sandra Brennan)씨가 한 말입니다. "자기만의 정원을 갖는다니 얼마나 멋진 일인가요! 이 벽난로도 마음에 들어요."

"오늘은 우리 모두의 꿈이 이뤄진 날입니다. 새 집으로 이사한 분 뿐만이 아니라 이 지역 전체가 말입니다." 공화국 수상 버티 에이헌(Bertie Ahern) 하원의원의 말입니다.

"정부에게도 이 일은 약속이 현실이 된 일입니다. 발리문 재생은 독특하며 어떠한 기준으로 평가한다 할지라도 거대한 사업임이 분명합니다."

"재생 프로그램은 발리문 지역 주민의 도움 없이는 불가능했을 것입니다. 이 프로젝트의 주요 특성 중 하나는 진행된 계획과 자문의 수준이며, 프로젝트가 지역 주민과 함께 한 수준이라고 할 수 있습니다." 수상의 말입니다. "정부는 지역 주민에 의한 주택조합과 국가건설조합협회(NABCo)를 포함하여 비영리단체 지원주택에 대한 관심이 늘어가는 모습을 보게 되어 기쁩니다. 저 역시 두 곳의 민간 분야 주거 개발이 진행 중인 모습에 마음이 기쁩니다."

BRL의 회장인 대니 오하레 박사(Dr. Danny O' Hare)는 현재 샹겐(Shangan)의 주거자들이 새로운 이웃들을 맞아 들이며 따뜻한 환영을 해 준 것에 감사하였고 지역의 아름다운 모습에 대해 언급하기도 하였습니다. 그는 거주민들에게 여전히 발리문을 위한 정부의 세금 혜택 계획을 이용할 수 있으며 이는 집을 개조하는데 도움이 될 것이라는 점을 주지시켰습니다. 주민들은 이중창, 단열, 확장이나 다른 구조적 작업을 위한 세금 혜택을 신청할 수 있습니다. 계획에 대한 정보가 더 필요하다면 BRL(8421144)로 연락주십시오.

이 프로젝트 하에서 4,000개의 신규 주택들이 발리문에 지어질 것이고 이는 아일랜드는 물론 해외의 유명 건축가가 설계할 것입니다. 설계와 모양, 규모는 각 지역의 개별적 특성을 반영하여 독특하면서 다양할 것입니다. 설계는 현대적인 것부터 좀 더 전통적인 것까지 다양하지만 모든 설계가 배치와 도시디자인, 교통 관리와 안전에 대해 상당히 신경쓸 것입니다. 신규 주택 설계는 안전을 도모하고 발리문의 물리적 환경을 개선시킬 것입니다.

올 해 진행 될 철거

샹겐 에비뉴(Shangan Avenue), 산디힐 에비뉴(Sandyhill Avenue), 컬트리 로드(Coultry Road), 맥도나 타워(McDonagh Tower)에서의 1단계 철거 시작을 위한 건축허가가 승인되었습니다.

발커리스(Balcurris)의 아파트에 대한 철거 계획을 허가해 준 더블린 시의회의 결정에 두 가지 항소가 제기되었지만, 이 항소는 첫 번째 철거 계약 내용에는 해당되지 않는다.

Breaking Ground - new art projects for Ballymun

If you have been wondering why the boiler-house is lit in pink and red every night since St. Valentines Day, it's because Andrew Kearney, international artist, illuminated the landmark boiler house to launch "Breaking Ground", the biggest local authority art commissioning programme ever undertaken in Ireland. It's all part of the Department of the Environment and Local Government's Per Cent for Art scheme which provides that all public construction projects can spend one per cent (1%) (up to a maximum of €63,500 per contract) of the total capital cost on art. "Breaking Ground" has an initial commissioning budget of €600,000. Over the 10 year life of the Ballymun Regeneration Limited programme, a diverse range of art projects will help regenerate the new town.

Ballymun Boilerhouse 'Illumination'.

Ald Noel Ahern, T.D., Chairman of Dublin City Council's North West Area Committee, turned on the 4300 watts of pink and red lights on the eve of St. Valentine's Day to put the spotlight on the project and to ensure it got off to a good start. Exciting commission opportunities are unfolding for local, national and international artists to make artworks and create art projects in partnership with local community groups, schools and developmental agencies. Nearly 200 artists and interested organisations expressed interest and many attended an information seminar in Axis on 9th March. A further 40 people attended a seminar specifically for local community and developmental groups on 11th April.

Since the deadline for proposals for the first stage of the commissioning process, Aisling Prior, Breaking

participants attending Breaking Ground Seminar

Ground's artistic director, has received nearly 200 proposals for an amazing variety of art projects and individuals in Ballymun and from Romania, France, USA and Holland.

"BRL's aspiration is to establish Ballymun as a place of international standing within the arts community," says Ciarán Murray, BRL. "We are determined to ensure that there will be projects that specifically engage the local community. With art commissions for both interior and exterior public areas and buildings in Ballymun, there will also be opportunities for arts education, awareness and training initiatives."
An Artistic Steering Committee, with local and national arts expertise is chaired by Jim Barrett, Dublin City Architect, and was established to deliver the artistic objectives of the programme and will assess this round of submissions. It is hoped that some commissions will be awarded early this summer.

For further details, contact Aisling Prior at BRL's office in Stormanstown Hse (8421144).

Ballymun Boilerhouse 'Illumination'.

Breaking Ground - 발리문을 위한 신 예술 프로젝트

발렌타인데이 이후 매일 밤 보일러 하우스가 왜 분홍색과 붉은색 조명을 밝히고 있는지 궁금하셨나요? 그것은 바로 국제 예술가인 앤드류 키어니(Andrew Kearney)씨가 아일랜드에서 지금까지 행해진 최대의 지역당국 예술 위탁 프로그램인 'Breaking Ground'을 발족하기 위해 랜드마크적인 보일러 하우스에 조명을 설치했던 것입니다. 이는 환경자치부의 '예술을 위한 1%' 계획의 일부로, 이 계획은 모든 공공 건설 프로젝트는 총 자본비용 1%(계약 한 건당 최대 63,500 파운드)를 예술에 투자할 수 있는 계획입니다. 'Breaking Ground'은 60만 파운드의 예산으로 시작되었다. 10년이 넘도록 진행될 발리문재생회사 프로그램을 통해 다양한 범주의 프로젝트는 새로운 마을을 재탄생 시키는데 도움이

발리문 보일러 하우스의 조명

될 것입니다.

더블린 시의회의 북서부 지역 위원회의 위원장인 노엘 에이헌(Noel Ahern) 하원 시의원은 발렌타인데이 이브에 4300 와트의 분홍 및 붉은색 조명을 켜 스포트라이트를 비춤으로 프로젝트가 순탄한 출발을 하도록 하였습니다. 지역, 전국 및 전 세계 예술가들이 예술 작품을 만들고 지역주민조직과 학교, 개발 단체와 파트너쉽을 맺어 예술 프로젝트를 시행할 수 있는 흥미로운 기회의 장이 열린 것입니다. 약 200명의 예술가들과 관심을 가진 조직들이 관심을 표명하고 그 중 수 많은 사람들이 3월 9일 AXIS에서 열린 정보 세미나에 참여하였습니다. 또한 40명이 4월 11일 지역 공동체와 개발 단체를 위해 특별히 마련된 세미나에 참여하였습니다.

발주 절차의 첫 번째 단계를 위한 제안서 마감 날짜 이후로 'Breaking Ground'의 예술 감독인 아이슬링 프리오(Aisling

Breaking Ground 세미나에 참여한 참가자들

Prior)씨는 발리문에 거주하는 개인들과 루마니아, 프랑스, 미국, 네덜란드로부터 놀라울 정도로 다양한 예술 프로젝트에 대한 제안서를 200여 개 받았습니다.

"BRL의 바람은 발리문을 예술 커뮤니티 중에서도 전 세계적인 입지를 가진 곳으로 만드는 것입니다." BRL의 씨아란 머레이(Ciaran Murray)씨의 말입니다. "저희는 지역 공동체를 특별하게 참여시키는 프로젝트가 만들어지도록 할 작정입니다. 발리문 공공 장소와 빌딩의 내외부를 위한 예술 작품 청탁과 함께, 예술 교육과 인지, 훈련을 위한 시험적인 계획도 있을 것입니다."

지역 및 전국의 예술 전문가들과 함께 예술운영위원회가 더블린 시의 건축자인 짐 바렛(Jim Barrett)씨에 의해 운영되고 있으며, 프로그램의 예술적 목표를 달성하고 의뢰물을 평가할 것입니다. 올 여름 초반에 몇몇 청탁물에 대한 수상이 있을 것이라 예상됩니다.

좀 더 많은 내용을 알고 싶다면 스토맨스타운 하우스에 위치한 BRL 사무실의 아이슬링 프리오씨(전화 8421144)로 연락 주십시오.

발리문 보일러 하우스의 '조명'

Residents open first Neighbourhood Recycling & Composting Centre

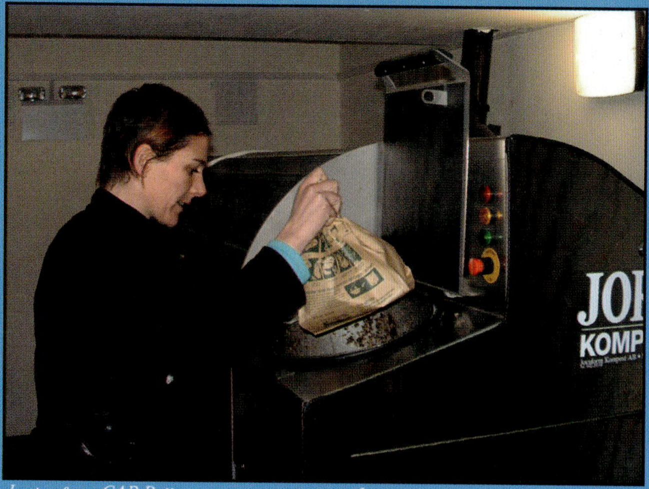

Justine from GAP Ballymun operating the new Jora composting machine

Congratulations to the local residents, who, with the help of Global Action Plan (GAP), have launched their own Recycling and Composting Centre in the basement of Shangan flats. 100 householders involved in the pilot project will collect their kitchen waste in special paper bags every week to supply a compost machine. After 4 weeks the organic matter is converted into high-quality garden compost. Three local people are employed part-time to operate the Recycling Centre which also collects glass, plastic, paper, batteries and aluminium and tin cans for recycling.

"Accessibility is the key to encouraging people to recycle," says Trevor Graham from Sweden who came to Ballymun to train residents to operate the composting machine. "People don't have to think twice about recycling when there's a facility on their doorstop, open in the evenings and at weekends and when they can easily see the results of their efforts."

The JORA machine, from Sweden, is the first of its kind in Ireland and accepts almost all organic kitchen waste including fish, meat, fruit and vegetable peelings. It can receive 700 litres of kitchen waste per week and converts it into compost by a built-in grinder. Enclosed in a steel frame, it is made from 8,000 recycled shampoo bottles and is only the size of a family car.

"We will be doing a pilot study with one composting machine to see if neighbourhood composters could be implemented on a larger scale in other parts of Ballymun in the future," says Eric Forsmark, from Global Action Plan (GAP), Environmental Consultants to the Project.

In addition to composting, residents have been bringing dry recyclables to the Recycling Centre in Shangan flats and in only 3 months collected 1,087 plastic bottles, 300 large plastic bags full of plastic packaging, 1,470 aluminum cans, 650 glass bottles and 463 large sacks of paper.

"Up until recently we brought five car-loads of recyclables to Dublin Cfty Council's Bring Centre on Collins Avenue every week, but when the City Council saw how much we were collecting they offered to pick up the materials from Shangan Recycling Centre," said Muriel Colgan. Muriel, a local resident, had the idea of a recycling centre for Shangan - where she now works part time along with two other residents Gerard Kellett and Karen Hedderman.

The recycling and composting projects are supported and funded by Ballymun Regeneration Ltd and Dublin City Council.

Project shortlisted for award

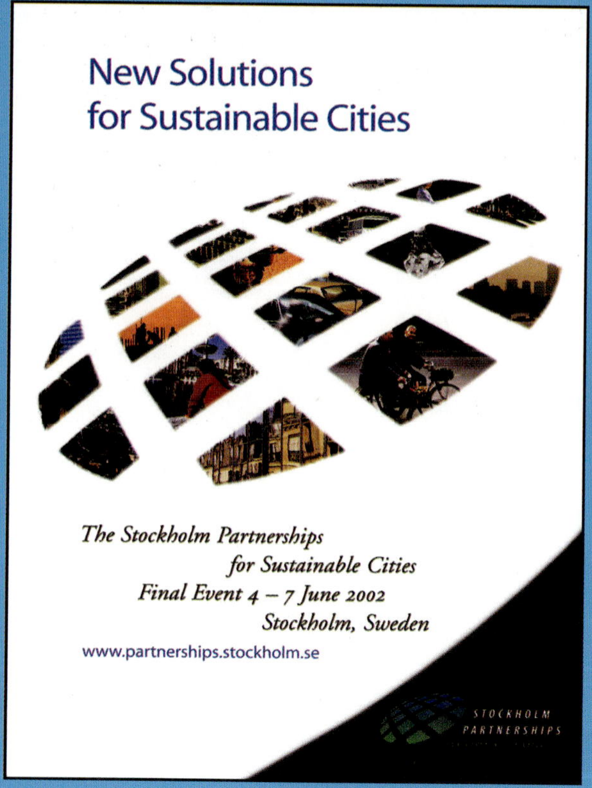

Representatives from the project have been invited to attend an award ceremony in Stockholm where the project has been shortlisted under the Urban Regeneration category in the prestigious "Stockholm Partnerships for Sustainable Cities".

The ceremony is to be held on 5th June, 2002 when the winners will be announced by the King of Sweden.

주민들이 오픈한 최초의 지역 재활용 및 퇴비 센터

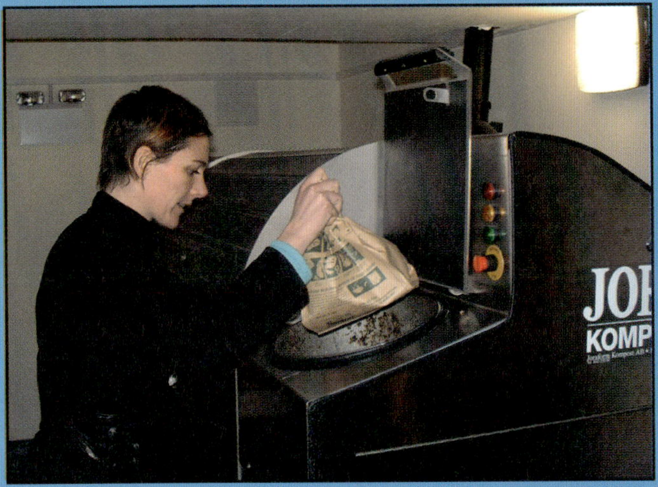

글로벌 실행 계획(GAP)의 도움으로 자신들만의 재활용 및 퇴비 센터를 샹겐(Shangan) 아파트의 지하에 오픈한 지역 주민들에게 축하의 인사를 보냅니다. 이 시범 프로젝트에 참여한 100 가구들은 매주 특별하게 제조된 종이 가방에 주방 쓰레기를 모아 퇴비 기계에 공급하게 될 것입니다. 4주 후에 이 유기물은 고품질 정원용 비료로 변하게 됩니다. 세 명의 지역 주민들이 파트 타임으로 재활용 센터 운영을 위해 고용되어 재활용을 위해 유리, 플라스틱, 종이, 배터리, 알루미늄, 주석 캔을 수집하게 됩니다.

"사람들에게 재활용을 독려하기 위해서는 접근성이 관건입니다." 퇴비 기계 사용법에 대해 지역 주민들을 훈련시키고자 발리문을 찾은 스웨덴의 트레보르 그라햄(Travor Graham)씨의 말입니다. "저녁과 주말에도 열고 그리 멀지 않은 곳에 시설이 있다면, 그리고 노력의 결과를 쉽게 볼 수 있다면 재활용에 대해 두 번 생각하지 않을 겁니다."

스웨덴에서 만들어진 기계 JORA는 아일랜드에서는 최초의 기계인데, 생선과 고기, 과일과 야채 껍질을 비롯하여 주방에서 나온 모든 유기 쓰레기를 받아 들입니다. 이 기계는 매주 700 리터의 주방 쓰레기를 처리하여 내부에 설치된 분쇄기에 의해 퇴비로 변화시킵니다. 강철 구조물 안에 내재된 이 기계는 8000개의 재활용된 샴푸 통으로 만들어졌으며, 자동차 정도의 크기입니다.

"저희는 지역 퇴비 기계가 향후 발리문의 다른 지역에도 좀 더 큰 규모로 시행될 수 있는지 보기 위해 하나의 퇴비 기계로 시범 연구를 해보려고 합니다." 글로벌 실행계획(GAP)의 프로젝트 환경 자문가 에릭 포스마크(Eric Forsmark)씨의 말입니다.

퇴비 만들기에 더해, 주민들은 샹겐 아파트에 위치한 재활용 센터로 물기 없는 재활용 가능 품목들을 가지고 오고 있는데 단 3개월 만에 1,087개의 플라스틱 병과 비닐포장지으로 가득 찬 300개의 대형 비닐 봉지, 1,470개의 알루미늄 캔과 650개의 유리병, 463개의 대형 종이 가방을 모았습니다.

"최근까지 차량 다섯 대에 해당하는 재활용 품목들을 콜린스 에비뉴(Collins Avenue)에 위치한 더블린 시의회의 브링센터로 매주 가지고 왔는데, 우리가 수집한 양을 본 시의회에서는 샹겐 재활용 센터로부터 물품을 수거해 가겠다고 제안해 주었습니다." 뮤리엘 콜간(Muriel Colgan)씨의 말입니다. 지역 주민인 뮤리엘은 샹겐의 재활용 센터에 대한 아이디어를 갖고 있었는데, 이제 그녀는 그곳에서 다른 두 명의 주민인 제라드 켈렛(Gerard Kellett)씨와 카렌 헤더만(Karen Hedderman)씨와 함께 시간제로 일하고 있다.

재활용 및 퇴비 프로젝트는 발리문재생회사와 더블린 시의회의 지원 및 자금 원조를 받고 있습니다.

수상 후보 명단에 오른 프로젝트

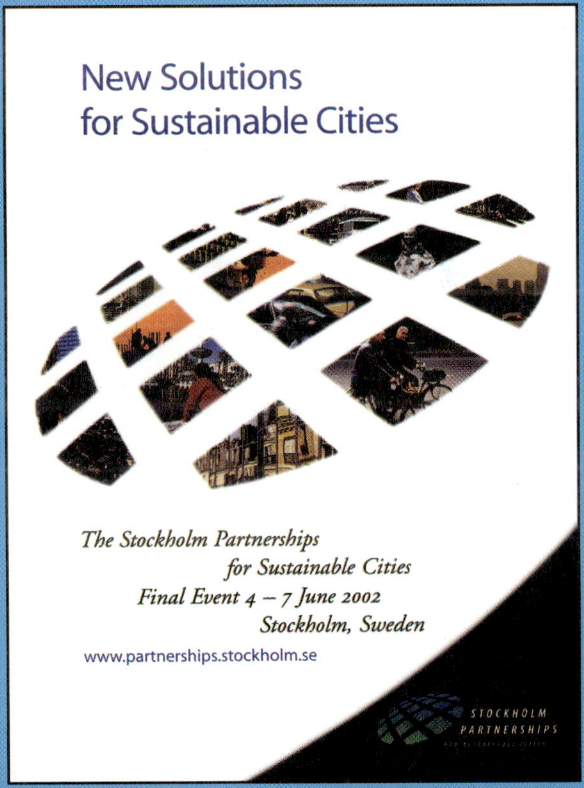

프로젝트의 대표들은 저명한 '지속 가능한 도시를 위한 스톡홀름 파트너쉽'의 도시 재생 분야에서 이 프로젝트가 최종 후보 명단에 올라 스톡홀름의 시상식에 초대되었습니다.

이 시상식은 2002년 6월 5일에 열릴 예정으로, 스웨덴 국왕이 수상자를 호명할 예정입니다.

Garden Heaven in Ballymun

Helen Dillon and the Garden Heaven crew in Ballymun

For over a year now local people have been taking part in Environmental Action Teams organised by GAP. This has ensured plenty of activity and involvement by local people in environmentally sustainable projects, including landscaping schemes for parks and open spaces.

For many people moving from high rise flats to the new housing this will be their first opportunity to have a garden. All back gardens are planted with grass and a selection of trees, shrubs and ground cover chosen by the tenants themselves.

"Most new homes in Ballymun have their own gardens and often they will have both a front and back garden," says Dorothea Burger, BRL's Landscape Architect. "I believe in creating a garden that people visit regularly and so we have a wide choice of fruit trees and herbs that can be used in everyday cooking. This integrates the garden with the home until it becomes an essential part of the family's life. It also educates city children about fruits and herbs."

"We plant a tree, a flowering shrub and ground cover in one corner of each garden to start people off and this gives three more height levels of planting to make gardens larger and interesting," says Dorothea. "Trees should grow to about 4-5 metres, the shrubs on offer grow to about 1.5m."

But Dorothea will not be planting grass close to the trees or shrubs as it tends to grow wild - especially with our heavy supply of Irish rain! The range of trees that residents choose from include apple, pear, plum and cherry trees while ground cover can be Vinca minor, Geranium, Thyme or ivy (Shafer Three, Green Ripple or Glacier).

"Ivy is a popular choice amongst residents as it is a climber as well as ground cover," says Dorothea. "There is a good array of colour and usefulness in the choice of shrubs offered, including black currant, red currant, gooseberries, rosemary, escallonia ("Apple Blossom") and Cistus "Maculatus." All of the planting offered to residents has a blue, pink and white colour theme but Dorothea insists that if residents have their own preferences for colour they should let their imaginations run wild and choose the colours they would like to look at.

"I always encourage people to go with their instincts, because in nature all colours work together and people automatically choose colours that are good for their wellbeing," she says.

"Creating a beautiful, lively garden with flowers, herbs and fruit helps to improve the family's health because it makes you feel good and encourages you to go out into the fresh air to pick ingredients or even just to do some weeding every few weeks," is Dorothea's advice.

Gardening expert, Helen Dillon, is designing a garden for one family who will soon move into a new terraced house facing Whiteacre Park, watch her progress on Garden Heaven, RTE 1.

Neighbourhood Centres

Proposed Shangan Neighbourhood Centre

Designs are at an advanced stage for neighbourhood centres in Coultry, Poppintree, Shangan and Sillogue. Planning applications have been submitted for Coultry, Shangan and Poppintree.

발리문의 가든 헤븐 (Garden Heaven)

발리문의 헬렌 딜런과 '가든 헤븐' 직원

1년이 넘는 시간 동안 지역 주민들은 GAP에 의해 조직된 환경 실행팀에 참여하고 있습니다. 이는 공원과 오픈스페이스에 대한 조경 계획을 포함하여 환경적으로 지속 가능한 프로젝트 속에서 지역 주민들이 수 많은 활동과 참여를 할 수 있게 하고 있습니다.

고층의 구 아파트에서 새로운 주택으로 이사하는 사람들에게 이는 그들이 정원을 가질 수 있는 최초의 기회가 될 것입니다. 뒤뜰에는 모두 잔디가 심어져 있고 세심히 고른 나무와 덤불이 심겨 있으며 거주자 자신들이 고른 지표식물이 바닥에 덮여 있습니다.

"발리문의 신규 주택 대부분은 자신만의 정원을 갖추고 있으며 때로는 집의 앞과 뒤에 정원이 있는 경우도 있습니다." BRL 조경 건축가인 도로시아 버거(Dorothea Burger)씨의 말입니다.

"저는 사람들이 정기적으로 찾을 수 있는 정원을 만들어 매일 요리에서도 이용할 수 있는 과일 나무와 허브를 다양하게 갖추었다고 생각합니다. 이는 정원이 가족 생활의 필수적인 일부가 될 때까지 가정과 정원을 통합시켜 줄 것입니다. 또한 도시의 아이들에게 과일과 허브에 대해 교육을 시켜주기도 할 것입니다."

"저희는 각 정원의 한 구석에 나무와 꽃이 피는 덤불, 지표 식물를 심어 정원을 좀 더 넓고흥미로운 곳으로 만들기 위해 좀 더 높은 차원의 식목이 이뤄지게 하였습니다." 도로시아의 말입니다. "나무는 약 4.5미터까지 자라고 심어 놓은 덤불은 약 1.5미터까지 자랄 것입니다."

하지만 도로시아는 나무나 덤불 근처에는 잔디를 심지 않았는데, 잔디가 무분별하게 자라는 경향이 있기 때문입니다. 특히 여기 아일랜드처럼 비가 많이 오는 곳에서는 더욱 그렇습니다. 사람들이 고르는 나무들로는 사과, 배, 자두, 체리 나무 등이 있으며 식물 식피로는 빈카 미노르, 제라늄, 백리향 이나 아이비(쉐퍼, 그린 리플, 글라시아) 등이 있습니다.

"아이비는 바닥에서 자랄 뿐만 아니라 벽을 타고도 자라기 때문에 거주민들에게 가장 있기 있는 종입니다." 도로시아의 말입니다. "색감도 제대로 정렬이 되어 있고 검은 까치밥나무, 붉은 까치밥나무, 구즈베리, 로즈마리, 에스칼로니아처럼 고를 수 있는 덤불의 종류도 많습니다." 거주민들에게 제공된 모든 식물은 푸른색, 분홍색, 흰색 테마를 고를 수 있지만 도로시아는 만약 거주민들이 자신만이 선호하는 색을 가지고 있다면 상상력을 발휘해 자신이 보고 싶은 색을 고를 수 있다고 합니다.

"저는 늘 사람들이 본능을 따라 행동하도록 장려합니다. 왜냐하면 자연에서 모든 색상들이 조화를 이루고 사람들은 자동적으로 자신들의 웰빙에 좋은 색상을 고르기 때문이지요."

"꽃과 허브 과일로 가득한 아름답고 생기 넘치는 정원을 만들게 되면 가족의 건강에도 도움이 됩니다. 왜냐하면 정원은 사람들의 마음을 즐겁게 하고 재료를 뽑기 위해 혹은 몇 주에 한 번씩 정원 관리를 하기 위해 신선한 바람을 맡으며 밖으로 나가게 하기 때문이지요." 도로시의 조언입니다.

정원관리의 전문가인 헬렌 딜론(Hellen Dillon)씨는 곧 화이트 에이커 공원(Whiteacre Park)을 마주하고 있는 신축 테라스 주택으로 입주하게 될 한 가족을 위해 정원을 설계하며 RTE 1채널의 가든 헤븐 프로에서 자신의 진척상황을 시청합니다.

주민 센터

제안된 샹겐 주민

컬트리(Coultry), 파핀트리(Poppintree), 샹겐(Shangan), 실로그(Sillogue)의 주민 센터에 대한 설계 작업이 상세 단계에 들어섰습니다. 컬트리, 샹겐, 파핀트리 센터를 위한 건축허가 신청서가 제출되었습니다.

Project Update

9.00 AM: Gavin Russell outside his old flat block on Shangan Ave.

9.10 AM: Gavin watches one of the removal vans make the short trip across the road.

HOUSING DEVELOPMENTS WHICH ARE ON SITE	
Location	**Contractor/ Architect**
Coultry 1b Coultry Park 101 units	Pierse Contractors & MJP Architects
Coultry 2a/2b Santry Avenue 57 units	McInerney Construction Gilroy McMahon Architects & Peter Twamley Architects
Poppintree 1 Belclare Crescent 10 units	McCabe Builders Fionnula Rogerson Architects
Shangan 1a Coultry Way 60 units	McInerney Construction & BRL Architects
Shangan 2abc Shangan Avenue 67 units	GEM Contracting & Derek Tynan Architects McGarry NiEanaigh Architects and McCrossan O Rourke Architects
Shangan 1 Shangan Rd 95 units	GEM Contracting and Levitt Bernstein Architects
Sillogue 2a Sandyhill Ave 61 units	Pierse Contracting & Gerry Cahill Architects
Sillogue 2b & 2c Sandyhill Ave 44 units	Pierse Contracting and MV Cullinan Architects
Sillogue 1a Competition Site/ Gateway Housing 40 units	ARP Lorimar Archtiects Andorey Ltd

프로젝트 최신정보

오전 9:00 : 샹겐 에비뉴의 구 아파트 앞에서 게빈 러셀

오전 9:10 : 길 건너편으로 왔다갔다하는 이사용 밴을 바라보고 있는 게빈

현장 진행 중인 주거 개발

위치	건설하청업체/건축자
컬트리 1b 컬트리 파크 101가구	피어스 컨트랙트 & MJP 건축
컬트리 2a/2b 산트리 에비뉴 57가구	맥이너니 건설 길로이 맥마흔 건축 & 피터 트왐리 건축
파핀트리 1 벨클레어 크레센트 10가구	맥카비 빌더스 피오눌라 로저슨 건축
샹겐 1a 컬트리 웨이 60가구	맥이너니 건축 & BRL 건축
샹겐 2abc 샹겐 에비뉴 67가구	GEM 컨트랙팅 & 데렉 타이난 건축 맥게리 니아나 건축, 맥크로산 오 로크 건축
샹겐 1 샹겐 로드 96가구	GEM 컨트랙팅 , 레빗 번스타인 건축
실로그 2a 산디힐 에비뉴 61가구	피어스 컨트랙팅 & 게리 카힐 건축
실로그 2b & 2c 산디힐 에비뉴 44가구	피어스 컨트랙팅, MV 쿨리난 건축
실로그 1a 경쟁부지/관문주택 40가구	ARP 로리마 건축 앤도리 주식회사

UPDATE ON HOUSING DEVELOPMENTS WHICH ARE AT THE TENDER OR CONTRACT SIGNING STAGE SHOWN BELOW		
Location	**Contractor/Architect**	**Update and Comment**
Balcurris 2 Balbutcher Lane 73 units	Burke-Kennedy, Doyle Architects	Out to tender
Balcurris 1 & 3 Balcurris Park 90 units	O Mahony Pike Architects	Out to tender
Coultry 3ab Santry Avenue 100 units	BRL Architects	Expected on site June 2002
Coultry 1c Shangan Gardens / Coultry Avenue 5 units	BRL Architects	Being prepared for tender
Poppintree 4 Balbutcher Lane 25 units	Cullen Payne Architects	Out to tender
Poppintree 5a Balbutcher Lane 54 units	Colette Downey Architects	Expected on site once enabling works are completed.
Poppintree 2 Burren Court 71 units	Cathal Cremins Architect	Expected on site once enabling works are completed.
Poppintree 5b Balbutcher Lane 94 units	NBA Architects	Out to tender
Silloge 3a Silloge Ave 30 units	Howley Harrington Architects	Expected on site once enabling works are completed.
Sillogue 3b Sillogue Ave 58 units	Gardiner Architects	Out to tender

9.25 AM: Gavin rides his bike accross the square to his new home.

9. 55 AM: Gavin waves goodbye to the removal truck.

NEW HOUSING AT CONSULTATION / PLANNING APPLICATION STAGE		
Location	**Architect**	**Comment and Update**
Poppintree 3 Dolmen Court 37 units	Fionnula Rogerson Architects	Pre planning application consultation
Balcurris 4 Balbutcher Lane 161 units	Gilroy McMahon Architects	Scheme being prepared for planning applications to both Fingal and Dublin City Councils.
Balcurris 5	Newenham Mulligan Architects	Design and public consultation processes ongoing
Poppintree 12	Fitzgerald, Finlay-Mulligan Architects	Design and public consultation processes ongoing
Sillogue 4	ARP Lorimar Architects	Design and public consultation processes ongoing
Sillogue 6	Ballymun Regeneration Ltd	Design and public consultation processes ongoing
Shangan 4	Cullen Payne Architects	Design and public consultation processes ongoing

입찰 중에 있거나 계약이 진행 중인 주택 개발에 관한 최신정보		
위치	**건설하청업체/건축자**	**최신정보 및 코멘트**
발커리스 2 발부쳐 레인 73가구	버크-케네디, 도일 건축	입찰 중
발커리스 1, 2 발커리스 파크 90가구	오 마호니 파이크 건축	입찰 중
컬트리 3ab 산트리 에비뉴 100가구	BRL 건축	2002년 6월 중 착공 예정
컬트리 1c 샹겐 가든스/컬트리 에비뉴 5가구	BRL 건축	입찰 준비 중
파핀트리 4 발부쳐 레인 25가구	쿨른 패인 건축	입찰 중
파핀트리 5a 발부쳐 레인 54가구	콜렛 도우니 건축	기초공사가 완료되면 착공 예정
파핀트리 2 뷰렌 코트 71가구	캐탈 크레민스 건축	기초공사가 완료되면 예정
파핀트리 5b 발부쳐 레인 94가구	NBA 건축	입찰 중
실로그 3a 실로그 에비뉴 30가구	호울리 해링턴 건축	기초공사가 완료되면 예정
실로그 3b 실로그 에비뉴 58가구	가디너 건축	입찰 중

오전 9:25 자전거로 광장을 건너 새로운 집으로 가는 게빈

오전 9:55 이사 트럭에 작별 인사를 하는 게빈

자문 / 건축허가 신청단계에 있는 신규 주택		
위치	**건축자**	**코멘트 및 최신정보**
파핀트리 3 돌멘 코트 37가구	피오눌라 로거슨 건축	계획 전 자문 진행 중
발커리스 4 발부쳐 레인 161가구	길로이 맥매흔 건축	핑갈 및 더블린 시의회에 제출할 건축허가 신청서를 위한 계획 준비 중
발커리스 5	뉴에늄 물리간 건축	설계 및 자문 진행 중
파핀트리 12	피츠제랄드, 핀레이 물리건 건축	설계 및 자문 진행 중
실로그 4	ARP 로리마르 건축	설계 및 자문 진행 중
실로그 6	발리문 재건축 주식회사	설계 및 자문 진행 중
샹겐 4	쿨렌 페인 건축	설계 및 자문 진행 중

Main Street Vision Becoming a Reality

By now the Ballymun roundabout and pedestrian underpass are but distant memories as the Masterplan vision for the New Ballymun Main Street moves closer to reality each day that Carey's workmen spend on it. The new buildings which will form the frontage of the new main street. The Gateway housing and Civic Offices are shooting up on either side of the street, Axis opened last year, the sports and leisure complex should go on site shortly, and work is progressing on the design of the shopping centre revamp.

Work in progress on Gateway housing

The Civic Offices which were designed by BDP Architects, is progressing well, and sits next to Axis, the new Arts and Community Resource Centre which opened its doors to the public last year. The Civic Offices will house a new council chamber, area administration centre for Dublin City Council, a new Motor Tax Office for the city and new offices for the health board as well as a new health centre. Private apartments are being built as part of the project and these have already been sold by the developers.

Following months of negotiation with the developers, BRL is now confident that the new leisure and sports complex will go on site before long. The complex will have a state-of-the-art gym, sauna,jacuzzi, children's water slide and learner pool as well as an adult pool.

Thanks to Minister McDaid's promise of a grant to help meet the funding shortfall, BRL are confident that the package will appeal to the proposed developer who will also be building private apartments on the adjoining site. Overall the sports element of the development will cost approximately €17 million and the design and fit-out will make it a landmark building for Ballymun.

Treasury Holdings have recently bought the Shopping Centre and have plans for major refurbishment and re-development, designed by Henry J. Lyons and Partners. The development is expected to be submitted for planning permission soon.

The Childhood Centre is being designed by Buckholz McEvoy who designed Fingal County Council's new Civic Offices in Swords. The Childcare Task Force is undertaking this project to be located near St. Pappins Church. It will focus on the entire range of childcare facilities and will include training for childcare providers and support for parents.

Although no developer has been found for the hotel and apartment complex designed by MJP Architects, the development has both tax designation and planning permission and will be located near the new Civic Offices in Ballymun.

Andorey Developments have commenced building the ARP Lorimar designed Gateway housing which will provide private sector and local authority accommodation. The designs won an international Royal Institute of Architects in Ireland (RIAI) competition in 1999. Planning permission has just been granted for the Business Park being developed by Ballymun Regeneration in a joint venture with Green Property Plc. The €762 million development, at the Ballymun junction, fronting the M50 and Ballymun Road, will have huge potential for local employment. Site development work is expected to start soon.

Civic Offices building work underway

현실이 되는 메인 스트리트의 비전

지금까지 발리문 원형교차로와 지하 보도는 캐리(Carey)씨의 직원들이 일을 하며 새로운 발리문 메인 스트리트에 대한 마스터플랜이 매일 현실화 됨에 따라 먼 옛날 일이 되어가고 있습니다. 새로운 건물들은 새로운 메인 스트리트의 정면을 장식하게 될 것입니다. 관문 주택과 공공업무 사무소들은 메인 스트리트의 양편에 지어지고 있으며 Axis는 지난 해에 문을 열었습니다. 스포츠 및 여가 복합건물은 얼마 지나지 않아 착공에 들어가고, 쇼핑센터 개조를 위한 디자인 작업이 진행 중입니다.

진전되어 가는 관문 주택

BDP Architects사에 의해 설계된 공공업무 사무소는 순조롭게 진행 중이며 지난 해에 대중들에게 문을 개방한 새로운 예술 및 지역 공공업무 센터인 Axis 옆에 위치해 있습니다. 이 공공업무 사무소는 의회 회의실, 더블린 시의회의 지역행정센터, 자동차 과세청, 보건국 사무소, 건강센터를 유치할 예정입니다. 프로젝트의 일환으로 건설되고 있는 민간 아파트도 개발업자들에 의해 이미 분양이 완료된 상황입니다.

개발업자들과의 몇 달에 걸친 협의 후 BRL은 이제 새로운 레저 및 스포츠 종합센터이 머지 않아 착공에 들어갈 것이라 확신하고 있습니다. 이 복합건물은 최신식 체육관과 사우나 자쿠지, 아이들용 워터 슬라이드, 초보자용 수영장 및 성인용 수영장을 갖추게 될 것입니다.

자금 부족분에 대해 지원금을 약속한 맥다이드(McDaid) 장관 덕에 BRL은 이 건설 계획이 인접 지역에 민간 아파트를 건설할 개발자들에게도 매력적일 것이라 확신합니다. 이 개발에 포함된 전반적인 스포츠 관련 요소들에 든 비용은 약 1700만 파운드이며, 이 건물의 디자인과 설비들은 이 건물을 발리문의 랜드마크로 만들 것입니다.

Treasury Holdings그룹은 최근 쇼핑센터를 구매하였고, Henry J. Lyons and Partners사가 설계한 대규모의 보수 및 재개발 계획을 준비하고 있습니다. 개발의 건축허가 신청이 곧 이루어 질 것입니다.

아동 센터는 스워즈(Swords)에 자리잡은 핀갈 주의회(Fingal County Council)의 새로운 공공업무 사무소를 설계한 Buckholz McEvoy사에 의해 설계되고 있습니다. 아동 전담 위원회는 이 프로젝트를 세인트 파핀스 교회 근처에 위치시키고자 합니다. 이 팀은 보육시설의 모든 분야에 중점을 둘 것이며, 보육제공자를 위한 교육과 부모에 대한 지원이 포함될 것입니다.

MJP Architects사에 의해 설계된 호텔 및 아파트 단지에 대한 개발업자 선정은 안되었지만, 이 개발에는 세금 혜택 및 건축 허가 등이 포함되어 있고 이 계획은 발리문 공공업무 사무소 근처에 위치할 것입니다.

Andorey Developments사는 ARP Lorimar사가 디자인한 관문 주택 건설을 시작하였는데, 이는 민간 부문과 지역 당국을 위한 장소를 제공할 것입니다. 이 건물의 디자인은 1999년 아일랜드 국제 왕립건축연구소(RIAI)에서 상을 받았습니다. Green Property Plc사와 합동으로 발리문재생회사가 개발하는 비즈니스 단지에 대한 건축 허가가 승인되었습니다. M50과 발리문 로드(Ballymun Road)를 마주하고 있는 발리문 교차로에 대한 7억 6천 2백만 파운드 규모의 개발은 지역 고용에 있어 큰 잠재력을 가지게 될 것입니다. 현장 개발 작업은 곧 시작될 것입니다.

공사가 진행 중인 공공업무 사무소

Trees Galore for Ballymun

New Trees for Sillogue

The extensive planting scheme for the Sillogue 3a scheme included the planting of 7 native oak trees, 13 native birch trees and 17 flowering cherry trees in front gardens along with fruit trees in back gardens. At the suggestion of the Sillogue/Sandyhill Forum we have agreed to an even more extensive planting scheme to replace the poplar removed from the Sillogue 3a scheme recently. The additional planting will include a specimen semi-mature native oak (30-35cm in girth approx. 8 years old) and in addition to 4 native alder trees and 4 cherry trees. Shallow-rooted, fast-growing trees like poplars were not considered suitable as replacement trees, especially in light of the playing pitches nearby which would suffer damage from their shallow root system.

In early February 2002 contractors began installing large surface water and foul drains at Sillogue 3a, they had to work close to the 50 to 60 year old lombardy poplar. BRL and the architects made every effort to conserve the tree but the roots were just too close to the large deep main drains which were 1.1m x 6m in diameter. Despite expert advice and assistance from the Parks Department of Dublin City Council and the specialist tree consultants that were employed the poplar could not be saved. Unfortunately, it now looks like several other poplar trees nearby will also have to be removed.

BRL naturally regret that the lombardy poplar tree and indeed the other poplars on the site, cannot be saved despite our best efforts to conserve them. We are only too aware of the need to make the most of the natural assets of the area but the loss of some trees needs to be seen in the context of the extensive new planting programme being undertaken as part of regeneration. The decision to replace the poplar tree with a semi-mature oak tree is in itself symbolic, given the long history and association of oaks with Celtic beliefs.

Pupils from Scoil An Tseachtar Laoch help to plant trees

Apart from the extensive tree planting programme for this housing scheme, and indeed for all the housing schemes, many other planting programmes are also proposed which will in effect create small "urban forests" throughout the area. The first such planting scheme has already taken place. Thirty trees were planted in Scoil An Tseachtar Laoch for National Tree Week as part of an overall tree planting there of 160 trees. In this case trees were sponsored by the Eco Community Nursery under a CE scheme developed by FAS in conjunction with Coillte and the Tree Council of Ireland. BRL coordinated and assisted with this planting programme.

나무가 푸른 발리문

실로그에 새로 심겨진 나무

실로그(Sillogue) 3a구역에 대한 광범위한 식목 계획에는 일곱 그루의 토종 참나무, 열 세 그루의 토종 박달나무, 열 일곱 그루의 꽃이 피는 체리나무를 뒤뜰의 과일 나무들과 함께 주택 앞 정원에 심는 것이 포함되어 있습니다. 실로그/산디힐(Sillogue/Sandhill) 포럼의 제안에서 우리는 최근 실로그 3a 구역에서 뽑아낸 포플라 나무를 다시 심는 광범위한 식목 계획에 동의하였습니다. 부가적인 식목 사업에는 덜 성숙한 토종 참나무의 표본(약 8년이 된 몸통 둘레 30-35센티미터 크기)과 네 그루의 토종 오리나무, 네 그루의 체리 나무 등이 포함되어 있습니다. 포플라 나무처럼 뿌리가 얕으면서 빨리 자라는 나무들은 대체용 나무로 적합하지 않습니다. 특히 근처에 놀이 공간이 있어 뿌리가 얕아 상해를 입힐 수 있기 때문입니다.

2002년 2월 초, 건설하청업체들은 실로그 3a 지역에 대규모 표층수와 오물 배수관을 설치하기 시작하였는데, 그들은 50년에서 60년 된 양버들나무 근처에서 작업을 해야 했습니다. BRL과 건축자들은 그 나무를 보존하기 위해 모든 노력을 다 했지만 그 뿌리가 직경 1.1m x 6m가 되는 주요 배수구에 지나치게 가까웠습니다. 더블린 시의회 공원담당부와 나무 전문가들의 조언과 도움에도 불구하고 양버들나무를 살리진 못하였습니다. 안타깝게도 이제 주변의 다른 양버들나무와 같은 모습을 하게 된 이 나무 역시 곧 제거되어야 할 것입니다.

BRL은 보존 노력에도 불구하고 양버들나무와 현장의 다른 포플라 나무들을 살리지 못한 점에 대해 후회하고 있습니다. 우리는 지역의 자연 자산 대부분을 지켜야 한다는 인식만 있었지, 재개발의 일환으로 행해지는 광범위한 새로운 식목 프로그램을 통해 그 나무들을 볼 수 있게 되어야 한다는 생각은 하지 못했습니다. 포플러나무를 덜 성숙한 참나무로 대체한다는 결정은 켈트족의 신앙과 참나무의 연관성 및 그 오랜 역사를 고

려해보면 그 자체로 상징적인 것입니다.

이 주택 계획과 물론 다른 모든 주택 계획안을 위한 식목 프로그램과 별도로 많은 다른 식목 프로그램 역시 제안되었는데, 이는 지역에 걸쳐 작은 '도심 숲'을 형성하데 영향을 미칠 것입니다. 첫 식목 계획은 이미 시작되었습니다. 160 그루의 나무를 심는 전반적인 계획의 일환으로 국가나무주(National Tree Week)의 Scoil An Tseachtar Laoch학교에 서른 그루의 나무를 심었습니다. 이 사례의 경우, 나무는 Coillte사와 아일랜드 수목위원회와 함께 FAS인력공단이 개발한 지역고용계획 하에서 생태지역양묘장(Eco Community Nursery)에 의해 후원을 받았습니다. BRL은 이 식목 프로그램을 계획하고 지원하였습니다.

Housing co-ops gaining popularity

Already two local co-operative housing schemes are on site and one of them is almost ready for occupation. A third local co-op, whose members want to focus on environmentally friendly housing with elements of innovative and even experimental design, has approached BRL to be considered for a site in the future. Anyone wishing to be involved in this co-op, should it go ahead, must complete a GAP Environmental Action team Programme.

In addition to these locally run co-ops the National Association of Building Co-Ops has already in place planning permission for its scheme in Poppintree for 80 units. They are not yet looking for members but anyone wishing to register their name should contact BRL. This scheme should be on site by the end of the year, it was delayed by the need to underground cables and complete roadworks in the area.

Tigh Meitheal Co-Op scheme of 22 dwellings on site in Ballymun

Participating with our European neighbours

Local people have been meeting in a series of EU workshops facilitated by GAP and BRL with the aim of developing Agenda 21 community sustainability indicators to measure the success of the regeneration of Ballymun. In all, the workshop participants considered over 30 indicators before prioritizing some of them to act as measurement tools.

Focusing on issues of waste management, energy and water conservation, mobility, urban greenery and ICT, local people have been working with BRL to identify Community Sustainability Indicators which should also be applicable to other cities in the "It Takes 2 Initiative". BRL has been involved with this EU project since it began in 1999. The other cities in the network are: San Sebastian in Spain, Antwerp, Belgium, Leipzig in Germany and Gothenburg in Sweden. The EU-funded project is managed by the Institute for Sustainable Urban Development in Delft, the Netherlands.

Ballymun Regeneration Limited is also involved in "RegenLink", an EU regeneration network comprising London, Paris, Gothenburg, Madrid, Amsterdam, Dublin and Aalborg. Ballymun is the lead partner in the area of community consultation while other cities are leading in areas such as energy conservation and the use of wind or solar energy.

As part of its involvement in these projects, Ballymun has received funding for innovative technological features in Phase 1 homes including solar panels, water butts, ground source heating, mineral based paints and condensing gas boilers for central heating.

New playground this Summer

The Part X Planning Scheme for elements of Balcurris Park will be going before the City Council soon. Hopefully the playgrounds and pitch will be ready to play on by the end of the summer. It is also hoped that the new Coultry Park will be on site towards the end of this year or the beginning of 2003.

An exhibition of the designs for this park is being organised shortly and a set of designs and drawings will also be provided to Coultry Forum to put on display too.

인기를 얻고 있는 주택조합

이미 두 개의 지역 협동 조합주택이 착공 중에 있으며 그 중 하나는 입주 단계에 근접해 있습니다. 혁명적이고 심지어는 실험적인 설계를 갖춘 환경 친화적 주거에 초점을 맞추고자 하는 제3 지역조합은 이후 개발 대상으로서 고려될 수 있게 되길 바라며 BRL에 접근하였습니다. 이 조합에 참여하고자 하는 사람이라면 누구든 GAP 환경 실행팀 프로그램을 마쳐야 합니다.

지역적으로 운영되는 조합과 더불어 국가 건설 조합 연합은 이미 파핀트리의 80가구에 대한 계획을 위한 건축 허가를 제출해 놓은 상태입니다. 그들은 지금 현재 회원을 모집하고 있지는 않지만 등록을 원하는 사람이라면 누구든 BRL로 연락주십시오. 이 계획은 올해 연말까지는 시작되어야 하지만 지하 케이블에 대한 필요와 지역 도로공사로 인하여 지체되었습니다.

유럽의 이웃들과 함께 참여하기

지역 주민들은 GAP(글로벌 실행계획)와 BRL이 발리문 재생 성과를 측정하기 위한 아젠다 21(Agenda 21) 지역 지속가능성 지표의 개발을 목표로 실시한 일련의 유럽연합 워크샵에 참여하였습니다. 워크숍에 참여한 참가자들은 측정 도구로서 우선 순위를 매기기 전에 30개의 척도를 고려해 보는 시간을 가졌습니다.

쓰레기 관리, 에너지 및 수자원 보호, 이동성, 도시 녹지와 정보통신기술 (ICT) 등의 문제에 초점을 맞춘 지역 주민들은 BRL과 함께 '둘이서 함께'라는 표어 아래 다른 도시에서도 적용이 가능할 지역 지속가능성 지표를 발견하고자 하였습니다. BRL은 1999년부터 유럽연합의 이 프로젝트에 참여해 왔습니다. 이 네트워크에 속한 또 다른 도시들로는 스페인의 샌세바스티안, 벨기에 앤트워프, 독일의 라이프치히, 스웨덴의 구텐베르그 등이 있습니다. 유럽연합의 자금 지원을 받은 이 프로젝트는 네덜란드 델프트(Delft)에 위치한 지속가능도시개발협회 의해 관리되고 있습니다.

발리문재생회사 역시 런던, 파리, 구텐베르크, 마드리드, 암스테르담, 더블린, 올보르로 구성된 유럽연합 재생 네트워크인 "RegenLink"에 참여하고 있습니다. 다른 도시들은 에너지 보존, 풍력이나 태양열 에너지 활용과 같은 분야를 선도하는 반면 발리문은 지역 자문 분야를 선도하고 있습니다.

이런 프로젝트 참여의 일환으로 발리문은 태양열 패널, 빗물 저장통, 지열난방, 광물 도료, 중앙 난방을 위한 콘덴싱 가스 보일러 등을 도입한 1단계 주택의 혁신적 기술에 대해 자금 지원을 받았다.

올 여름에 등장할 새로운 놀이터

발커리스 공원에 대한 파트 X 계획은 시의회 앞에서 얼마 지나지 않아 진행될 예정입니다. 바라건대, 놀이터와 운동장은 올 여름 안에 사용 준비가 완료되기를 바랍니다. 새로운 컬트리 공원 역시 올해 연말이나 2003년 초반 착공될 것입니다.

이러한 공원 설계 전시회가 곧 조직될 것이며, 일련의 설계도와 그림들 역시 컬트리 포럼에 제공되어 전시될 것입니다.

Rough sleepers count

Ballymun was included in the official city wide assessment of homelessness carried out between 2am and 4am on 21st March 2002 when BRL staff carried out the rough sleepers count along with members of the Gardai and local people.

The findings will be analysed along with those of all the other areas by the ESRI and will be compared to those obtained in the last census in 1999. A city wide census which included the count was co-ordinated by the Homeless Agency who expressed their thanks to the members of the local community who took part.

Young people tackle litter

Gerard Kellett, Ashling Nolan, Shane Howard and Daniel Howard.

Local youngsters Gerard Kellett (age 7), Ashling Nolan (age 11), Shane Howard (age 12) and Daniel Howard (age 9) were presented with fleeces made from recycled plastic bottles for collecting the highest number of plastic bottles and cans in the GAP Recycling Bounty Hunt. The team collected over 1,000 bottles and cans for recycling in only two months.

Their enthusiasm and commitment means that the Shangan's litter problem has improved considerably. By improving the environment, all of the young Bounty Hunters have become environmental activists. Well done and keep up the good work!

Envrionmental Action Plans

Environmental Action Plans and Local Area Development Plans have been produced and distributed to the area forums by BRL's Town Planning Team, led by Sheena McCambley. Once areas are identified and agreed with local people for action, environmental works can begin.

The works will mainly focus on existing housing schemes with the aim of ensuring that regeneration benefits all residents of Ballymun. The types of work envisaged include landscaping, drainage and other infrastructural improvements. Such works, in conjunction with tax incentives for existing homeowners, new community facilities and parks, will greatly improve Ballymun for all its residents

노숙자 조사

BRL 직원이 지역 주민과 경찰관과 함께 노숙자 수를 대략적으로 파악한 것이 계기가 되어 2002년 3월 21일 오전 2시에서 오전 4시 사이에 수행될 시의 공식적인 노숙자 조사 대상에 포함되었습니다.

그 결과는 다른 지역의 결과와 함께 ESRI에 의해 분석될 것이며 지난 1999년의 인구 총 조사에서 얻은 결과와 비교될 것입니다. 노숙자 수 조사를 포함한 광범위 도시 인구 조사는 노숙자 기관의 도움으로 행해졌는데, 그들은 참여를 해 준 지역 주민들에게 감사를 표했습니다.

쓰레기 문제에 참여하는 아이들

제라드 켈렛, 애쉴링 놀란, 세인 하워드, 데이엘 하워드

지역 아동들인 제라드 켈렛(7세), 애쉴링 놀란(11세), 세인 하워드(12세), 데니엘 하워드(9세)는 GAP 재활용품 현상금 사냥게임에서 가장 많은 수의 플라스틱 병과 캔을 모아서 재활용된 플라스틱 병으로 만들어진 플리스 스웨터 선물을 받았습니다. 이 팀은 단 두 달 만에 1,000개가 넘은 병과 캔을 모았습니다.

그들의 열정과 헌신은 곧 샹겐(Shangan)의 쓰레기 문제가 상당히 개선될 것임을 의미합니다. 환경을 개선함으로 게임에 참여한 모든 어린 아이들은 환경론자가 되었습니다. 참 잘 했어요. 선행을 계속 하세요.

환경 실행 계획

환경 실행 계획과 지역 개발 계획이 제작되어 쉬나 맥캠블리(Sheena McCambley)씨가 이끄는 BRL 도시 계획팀에 의해 지역 포럼에 배포되었습니다. 일단 지역이 결정되고 지역 주민들이 계획에 동의하게 되면 환경 공사 작업이 시작될 수 있습니다.

이 작업은 발리문 재생의 혜택이 발리문의 모든 주민들에게 돌아갈 수 있도록 한다는 목표를 가지고 주로 기존의 주택 계획안에 초점을 맞추고 있습니다. 구상된 업무 유형에는 조경 공사, 배수 및 다른 기반 시설의 개선 등이 포함됩니다. 기존의 주택소유자, 새로운 지역 주민 시설, 공원을 위한 세금 혜택과 함께 이러한 작업은 모든 주민에게 유익이 돌아가도록 발리문을 크게 개선할 것입니다.

Recording times past

Oral History Participants received certificates from NCI

Congratulations to all those who were involved in the recently completed History Project lead by Eneclann, who were employed as consultants by BRL. The Oral History strand of the project was very worthwhile and the board of BRL has agreed to provide more funding so that further stories can be recorded and written up. The Oral History Steering Committee is to be congratulated for their part in the overall project and for taking the project to a new level with the establishment of an Oral History Association.

The participants received certificates from the National College of Ireland who were involved in the training element of the project in association with Dr Lawrence Cox from Maynooth University. Certificates were presented to participants by Dr Edwina Kelly (NCI), herself an acknowledged expert on oral history who has published widely on the subject.

The Ballymun Community Archive soon to be lodged in Ballymun Library makes very interesting reading and will be a real bonus to researchers and local historians alike. Eneclann have been asked to produce a short synopsis of the history and BRL hopes to distribute this to local residents. It is also hoped that the oral history can be produced in the same or a similar booklet. NCI have agreed to continue working with the new Oral History Association. It is hoped that Eneclann and Dr Cox will also continue to have a role.

For Sale

The Housing Sale will be held soon in Stormanstown House, with viewing the day before the sale. Everybody who applied to purchase a home has received an information pack and a ticket by post. Entry to the viewing and the Housing Sale will only be to ticket holders with one form of photographic identification (Driving Licence, Passport).

The units will be priced according to size and design. All of the homes will be fitted out to local authority standard with wooden floors, downstairs WC, fitted kitchens, gas condenser boilers, timber double glazed windows, plus front and back gardens. The application period for this Housing Sale is now closed but there will be other opportunities in the future.

과거 기록하기

NCI에서 증명서를 받은 구전 역사 참가자들

BRL이 고용한 자문기관 에네클란(Eneclann)연구소가 최근 완료한 역사프로젝트에 참여했던 모든 분들 축하드립니다. 프로젝트의 구전 역사 분야는 매우 가치가 있었으며 BRL 이사회는 좀 더 많은 자본을 지원하여 더 많은 이야기들이 녹음되고 기록되게 하는데 동의하였습니다. 구전 역사 운영 위원회는 전반적인 프로젝트에 참여하고 또한 구전 역사 협회의 설립으로 프로젝트에 새로운 장을 연 것에 대해 찬사를 받았습니다.

메이누스 대학(Maynooth University)의 로렌스 콕스 박사(Dr Lawrence Cox)와 함께 프로젝트 훈련에 참여한 참가자들은 아일랜드 국립대학으로부터 증명서를 발급 받았습니다. 수료증은 구전 역사에 대해 광범위한 책을 발간한 구전 역사의 전문가인 에드위나 켈리 박사(Dr Edwina Kelly)(NCI)가 참가들에게 수여하였습니다.

곧 발리문 도서관에 자리를 잡을 발리문 지역 기록보관소는 매우 흥미로운 읽을 거리를 제공할 것이며 연구가들과 지역 역사가들에게는 진정한 보너스가 될 것입니다. 에네클란 연구소는 역사에 대한 짧은 개요를 만들라는 요청을 받았고 BRL은 이 개요를 지역 주민에서 배포하려고 합니다. 또한 구전 역사가 같은 혹은 유사한 소책자로 제작되기를 기대하고 있습니다. NCI는 새로운 구전 역사 연합과 계속 일하는데 동의하였습니다. 에네클란과 콕스 박사 역시 해당 역할을 계속 해 주시길 바랍니다.

판매 중

판매가 시작되기 전 날 참관을 시작으로 스토맨스타운 하우스(Stormanstown House)에서 곧 주택 판매가 시작될 예정입니다. 주택을 구입하기 위해 지원한 사람들은 모두 정보 패키지와 표를 우편으로 받았습니다. 관람을 위한 입장과 주택 판매는 사진이 붙은 신분증을 가진 분(면허증, 여권)들만 가능합니다. 각 주택은 크기와 디자인에

따라 가격이 결정됩니다. 이러한 주택 모두는 지역 당국의 기준에 맞추고 있으며 나무 마루와 1층 화장실, 시설이 완비된 주방, 가스 콘덴싱 보일러, 원목 이중창, 앞뜰과 뒤뜰을 갖추고 있습니다. 이번 주택 분양을 위한 지원 기간은 이미 끝이 났지만 향후 또 다른 기회가 있을 것입니다.

발리문재생회사 (BRL) 더블린 9가 발리문로 스토맨스타운 하우스
전화: 8421144 팩스: 8421443 이메일: brl@brl.ie http://www.brl.ie
더블린자치체회사

BALLYMUN

REGENERATION NEWS

July/August 2002 Issue 25

INSIDE

HEALTH & SAFETY
If you see anything that you are concerned about on the building sites outside working hours please contact Ballymun Gardaí at 6664400

Dublin City
Baile Átha Cliath

FINAL PHASE OF CIVIC BUILDINGS NOW UNDERWAY

Noel Ahern TD, Minister of State at the Department of the Environment and Local Government, recently performed the 'topping out' ceremony for the Civic Buildings. Construction of the shell and core is expected to be completed by the end of this year. Eventually over 500 people will work there and they will begin to occupy the building in mid 2003, following a short fit-out period.

The extensive office space, 9 retail units and 52 apartments are being built by Bennett Construction Ltd. The new €70 million Civic Buildings will front onto Ballymun Main Street and the new plaza. Bennett have secured commercial tenants for all 125,000 ft^2 of the office space and have sold all 52 residential units from the plans. Only a few of the nine retail units remain available.

Ballymun Civic Buildings will be served by either Luas or Metro lines and office space has been reserved by Dublin City Council for a North

continued page 2

BALLYMUN

BALLYMUN

재개발 뉴스

2002년 7/8월 25호

주요기사

건강과 안전

일과시간 이 후 공사현장에 대한 걱정거리가 있으시면 발리문 경찰서에 연락 주십시오.

최종 단계에 들어간 공공업무센터

환경자치부 국무장관 노엘 에이헌(Noel Ahern) 하원의원은 최근 공공업무센터에 대한 '1층 완성' 축하 행사를 진행하였습니다. 건물 외부와 핵심 부분에 대한 건설 작업은 연말까지 완성될 것으로 예측됩니다. 앞으로 500 명 이상의 근로자들이 그곳에서 일하게 될 것이며 간단한 준비 기간이 끝난 후 2003년 중반까지는 건물 안에 입주하게 될 것입니다.

광범위한 사무실 공간, 9개의 소매점 구역, 52개의 아파트가 현재 Bennett Construction사 의해 건설되고 있습니다. 7천만 유로 규모의 새로운 공공업무센터가 발리문 메인 스트리트와 신규 광장을 마주 보며 지어지고 있습니다. Bennett사는 사무실 125,000 ft^2에 대한 세입자를 확보하였으며 계획안 중 주거 52가구를 이미 분양하였습니다. 아홉 군데의 소매점 구역 중 일부만이 아직 남아 있습니다.
발리문 공공업무센터에는 LUAS나 메트로 전철이 연결될 것이며 사무실 공간은 북서 지역 본부, 북부 더블린의 자동차 과세청, 북서 지역 위원회를 위한 대회의실 등으로

continued from page 1

West Area Headquarters, a new Motor Tax Office for North Dublin and a Council Chamber for the North West Area Committee. The Northern Area Health Board will relocate its district offices to Ballymun Civic Buildings and will provide a modern new health centre on the site. Ballymun Regeneration Ltd will also re-locate to new offices in the building.

The mixed-use development, designed by BDP Architects, will have a main building of four storeys in height, dropping to three storeys to the south. A large atrium, accessible from a Civic Plaza, forms part of Ballymun's new Main Street frontage and will contain exhibition space, a coffee shop and a reception area. A mixed-use five-storey block

Civic Buildings Atrium

Civic Building Topping Out Ceremony 21/6/02

fronting Shangan Road will accommodate two retail units and 52 private apartments. The development will be served by a 110-space underground car park.

"The new Civic Buildings are a visible and exciting signal of the rate of progress being made in shaping the new town of Ballymun," said Ciarán Murray, Managing Director, Ballymun Regeneration Ltd. "The Main Street is a focal point for the overall regeneration project and the Civic Buildings are very important for the new town of Ballymun as they send a clear message that the regeneration is about more than rehousing people from the flat blocks."

After 13 years Dublin City Council and the Northern Area Health Board will be the owners of a fine civic building, procured through "sale and lease-back." Under this arrangement the benefits of capital allowances will be shared by the private and public sectors through reduced rent payments for the public sector tenants.

Community Wardens

During the summer holidays, local School Wardens, community representatives and others will assist Ballymun Regeneration's Health & Safety team by patrolling the streets around construction sites and alerting young people to the dangers of construction sites. This initiative is being carried out in close co-operation with An Garda Síochána and Dublin City Council.

Representatives of Ballymun Regeneration Ltd, Dublin City Council and local Gardaí recently attended a conference on the success of Community Warden Schemes internationally with a view to putting in place permanent wardens on the streets to monitor neighbourhood safety and security and provide assistance to people. In Ireland, pilot community wardens schemes carry out a number of related services in relation to traffic, parking, litter, dog control and road safety. In Ballymun this scheme is specifically aimed at improving community safety and, in particular, deterring young people from entering or playing near construction sites.

쓰기 위해 더블린 시의회에서 예약을 해 둔 상태입니다. 북부 지역 보건국은 지역 사무소를 발리문 공공업무센터로 옮겨 그 지역에 현대적 건강센터를 제공할 것입니다. 발리문재생회사 역시 이 빌딩 안에 새로운 사무실을 열 예정입니다.

BDP Architects사가 설계한 복합 용도의 개발안에 따르면 메인 건물은 4층 높이이지만 남쪽으로 갈수록 3층으로 낮아지는 구성으로 되어 있으며, 시민 광장에서 접근이 가능한 대형 아트리움이 발리문의 새로운 메인 스트리트의 얼굴 일부를 구성하게 되며 전시회 공간, 커피숍, 리셉션 데스크 등을 포함하게 될 것입니다. 샹겐 로드(Shangan Raod)를 마주하고 있는 복합 용도의 5층 건물은 두 개의 소매점과 52개의 민간 아파트를 유치하게 될 것입니다. 이 설계 안에는 110대의 차를 수용할 수 있는 지하 주차장도 포함되어 있습니다.

공공업무센터 아트리움

1층 완공 행사를 벌이고 있는 공공업무센터. 2002년 6월 21일

"신규 공공업무센터는 발리문에 새로운 구역이 조성되는데 있어 빠른 속도로 진전이 있다는 명백하고 흥미로운 신호입니다." 발리문재생회사 사장 씨아란 머레이(Ciaran Murray) 씨의 말입니다. "메인 스트리트가 재생 프로젝트 전반에 있어 중심점이며 공공업무센터는 발리문이라는 신도시에 있어서 매우 중요합니다. 왜냐하면 이러한 시설들은 재생이란 구 아파트에서 신축 주택으로의 이주하는 것 이상이라는 분명한 메시지를 주기 때문입니다."

13년 후에 더블린 시의회와 북부 지역 보건국이 매각 후 임대를 통해 이 멋진 공공업무센터를 소유하게 될 것입니다. 이러한 계약을 전제로 공공 부문 세입자를 위한 임대료 할인을 통해 민간부문과 공공무문이 자산공제 혜택을 공유할 것입니다.

지역 지킴이

여름 휴가 기간 동안 지역 학교의 지킴이들과 지역 대표들, 그리고 그 외 사람들이 건설 현장 주변 도로를 순찰하고 청소년들에게 건설 현장의 위험성에 대해 지도하면서 발리문재생회사의 건강과 안전팀을 도와주게 될 것입니다. 이러한 시도는 아일랜드 경찰과와 더블린 시의회와 긴밀한 협조 하에 시행될 것입니다.

발리문재생회사의 대표, 더블린 시의회, 지역 경찰이 최근 지역의 안전과 보안을 감시하고 사람들에게 도움을 주기 위해 거리에 영구직인 지킴이를 투입하는 것에 대한 입장을 가지고 지역 지킴이 계획의 성공에 관한 컨퍼런스에 참여하였습니다. 아일랜드에서 임시 지역 지킴이 계획을 통해 교통, 주차, 쓰레기, 강아지 통제 및 거리 안전과 관련된 여러 관련 서비스를 시행하고 있습니다. 발리문의 경우 이 계획은 지역의 안전을 향상시키고 특히 젊은이들이 건설 현장에 들어가거나 그 안에서 놀지 않게 하는 것에 초점을 맞추고 있습니다.

Bounty Hunters' success goes from strength to strength

Local children are creating a recycling revolution, and far exceeding expectations to improve their area as part of a Global Action Plan (GAP) Bounty Hunters competition. Since February the 56 participants, aged 6 - 13, have collected 15,000 plastic bottles, tin cans and aluminium drinks cans from their homes and the local area in Ballymun, which they bring to the Community Recycling Centre in Shangan. The young participants have personalised ID cards and work in teams. They are awarded one point for each piece of recycling they pick up from the streets and monthly prizes are presented to the team that has the most points.

Ballymun Bounty Hunters Ciara Murphy (age 6) with her brother Andrew Murphy (age 4).

The Bounty Hunters competition was established to create an awareness of environmental issues and we have had a brilliant response from local children, far greater than anyone expected," said Simon Cocking of GAP Ballymun. "The children are playing their part in keeping the neighbourhood tidy and see that protecting their local environment can be fun and rewarding. We would love to see similar activities in other Dublin neighbourhoods. Generally, people want to take action to protect their environment. It's just a matter of developing appropriate outlets for the childrens' enthusiasm and energy."

Laura Kellett (age 6), Erica Hedderman (age 6), Dylan Walsh (age 9) and Sarah Hedderman (age 9).

The Bounty Hunters project is part of a wider recycling campaign in Ballymun, which includes Shangan Community Recycling Centre with its own composting machine. These projects are funded by Ballymun Regeneration Ltd and Dublin City Council and are seen as a way of involving people in direct actions to improve their area.

For further information about GAP programmes for adults and children you can visit www.ballymun.info or contact Simon Cocking at GAP Ballymun, telephone 01-8625846.

Training for Construction Workers

Ballymun Regeneration is working with Ballymun Job Centre and FÁS to design a pilot Construction Workers' Training Programme to help local people get jobs on the regeneration construction sites.

Ballymun Regeneration is also working closely with the contractors to ensure that their labour requirements are met, and in particular, that candidates have the necessary skills and experience to be trained for skilled jobs in the future.

점점 더 큰 성공을 거두고 있는 현상금 사냥꾼들

지역의 어린이들은 재활용 혁명을 일으키고 있고, 또한 글로벌 실행 계획(GAP)의 현상금 사냥꾼 대회의 일환으로 자신들이 살고 있는 지역을 개선하려는 눈에 띄는 성과를 보이고 있습니다. 2월 이후 6세에서 13세의 아동 56명이 15,000개의 플라스틱 물병과 주석으로 된 캔, 알루미늄 음료수 캔을 집과 발리문 지역 주변에서 모아 샹겐(Shangan)에 위치한 지역 재활용 센터로 가지고 왔습니다. 아이들은 자신만의 ID 카드를 가지고 팀을 이뤄 활동합니다. 거리에서 주워온 재활용 물품 하나당 1점씩을 부여 받았고 가장 많은 점수를 얻은 팀에게 매달 상이 주어집니다.

남동생 앤드류 머피(4세)와 함께 앉아 있는 발리문 현상금 사냥꾼 시아라 머피(6세)

"현상금 사냥꾼 대회는 환경 문제에 대한 인식을 고취시키기 위해 시작되었고 우리는 그 누구도 기대하지 못할 정도로 놀라운 반응을 지역 아이들로부터 이끌어내었습니다." GAP 발리문의 시몬 코킹(Simon Cocking)씨의 말입니다. "아이들은 주변 지역을 깨끗하게 만드는데 참여하였고 주변 환경을 보호하는 일이 재미 있고 보상이 있는 일임을 깨닫고 있습니다. 저희는 더블린의 다른 지역에서도 유사 활동이 진행되길 기대합니다. 일반적으로 사람들은 환경을 보호하는데 직접 참여하고 싶어합니다. 그러므로 아이들의 열정과 에너지를

로라 켈렛(6세), 에리카 헤더만(6세), 딜런 월시(9세), 사라 헤더만(9세)

발산할 적절한 출구를 만들어주기만 하면 되는 거지요."

현상금 사냥꾼 프로젝트는 더 넓은 범주의 발리문 재활용 캠페인의 일환으로, 자신의 퇴비기계를 가지고 있는 샹겐 지역 재활용 센터를 포함하고 있습니다. 이러한 프로젝트는 발리문 재생회사와 더블린 시의회의 지원을 받으며 이 지역을 개선하는데 사람들의 직접적 행동을 야기할 수 있는 방법으로 간주되고 있습니다.

성인 및 아동 GAP 프로그램에 대한 정보가 더 많이 필요하다면 www.ballymun.info나 GAP 발리문의 시몬 코킹(전화 01-8625846)으로 연락 주십시오.

건설 근로자를 위한 훈련

발리문 재생은 발리문 직업 센터 및 FAS와 협력하여 시범적인 건설 근로자 훈련 프로그램을 준비하여 지역 주민들이 재생 건설 현장에서 직업을 얻을 수 있도록 돕고 있습니다. 발리문 재생은 또한 건설하청업체들과 긴밀히 협력하여 그들의 노동 조건이 달성되고, 특히 근로자들이 필요한 기술을 갖도록 하며 향후 기능직을 얻을 수 있도록 경험을 훈련시키고 있습니다.

400 Years of History

A Community Archive detailing the history of Ballymun from 1600-2001 is now on display in Ballymun Library. The comprehensive and fascinating history is a result of detailed research carried out by Dr Robert Somerville-Woodward. The Archive, commissioned by Ballymun Regeneration Ltd, comprises a two-volume Written History of Ballymun from 1600-1960 and 1960-2001. A short synopsis of the written history has also been provided along with maps and images.

"We congratulate all of those involved in compiling this excellent and comprehensive history of Ballymun and we hope that the Community Archive will be a living one, with further images and items being added over time to reflect future events within this vibrant and changing community," said Ciarán Murray, Managing Director, Ballymun Regeneration.

"Ballymun's Community Archive is a model for other communities who might also engage in recording aspects of their history and I would encourage all

Ciarán Murray, Deirdre Ellis-King and Eileen Adams examining Maps and Images from the Community Archive

Ellen O'Neill and her daughter Judith Ryan.

Dubliners, no matter where they live, to visit Ballymun Library to study this excellent work," said Deirdre Ellis-King, Dublin City Librarian, accepting the Archive.

"We are most grateful to community groups and local residents who donated photographs, articles and other items of interest to the Community Archive and we hope that they will continue to contribute to the Archive over the coming years," said Dr Robert Somerville-Woodward from Eneclann.

The Ballymun Community Archive is on display in Ballymun Library from 10am-8pm Monday to Thursday and from 10am-5pm on Friday and Saturday. Copies of the Written History will be available from the Ballymun Regeneration Ltd web site and in time the synopsis will be available to local people and schools. The web address is www.brl.ie

New Minister for Housing

Congratulations to Ballymun Regeneration Board Member, Noel Ahern TD, who was recently appointed Minister of State at the Department of the Environment and Local Government, with special responsibility for Housing and Urban Renewal. We thank Noel for his commitment and contribution to Ballymun Regeneration over the years and wish him success with his new responsibilities in Government. One of his first official duties was the "topping out" ceremony for the new Ballymun Civic Buildings.

400년의 역사

1600년에서 2001년까지의 발리문의 역사를 기술하는 지역 기록보관소가 이제 발리문 도서관에 오픈했습니다. 광범위하고 매력적인 역사는 로버트 소머빌-우드워드 박사(Dr Robert Somerville-Woodward)가 수행한 상세한 연구의 결과입니다. 발리문재생회사가 의뢰한 기록보관소는 두 권으로 구성되어 있는데 각각 1600년에서 1960년, 1960년에서 2001년의 발리문 역사에 대한 기록을 담고 있습니다. 문서화된 역사에 대한 간략한 개요가 지도 및 이미지와 함께 제공되고 있습니다.

"발리문의 훌륭하고 광범위한 역사를 수집하는데 참여하신 모든 분들께 축하를 드리며, 저희는 지역 기록보관소가 살아있는 생생한 것이 되길 원하며 앞으로 시간이 갈 수록 더 많은 이미지와 자료가 더해져서 이렇게 생동감 있고 변화하는 지역의 미래를 반영할 수 있게 되기를 희망합니다." 발리문재생회사 사장 씨아란 머레이(Ciaran Murray)씨의 말입니다.

"발리문의 지역 기록보관소는 역사적 측면을 기록하고자 하는 다른 지역사회에게도 모델이 되고 있으며, 저는 모든 더블린 시민들이 그 출신지를 막론하고 발리문 도서관을 방문하여 이런 훌륭한 작품을 보게 되길 바랍니다." 기록보관소를 수용한 더블린시 도서관 사서인 데이드레 엘리스-킹(Deirdre Ells-King)씨의 말입니다.

엘렌 오닐과 그녀의 딸 주디스 라이언

지역 기록보관소의 지도와 이미지를 점검하고 있는 시아란 머레이, 데이드라 엘리스 킹, 에일린 아담스

"저희는 사진과 기사 및 지역 기록보관소에 흥미가 생길 만한 다른 물품을 기증하신 지역주민조직과 거주민께 감사 드립니다. 저희는 그분들께서 앞으로도 계속 기록보관소에 도움을 주시길 기대합니다." 에네클란(Eneclann) 연구소의 로버트 소머빌-우드워드 박사의 말입니다.

발리문 지역 기록보관소는 월요일에서 목요일까지는 오전 10시에서 오후 8시까지, 금요일과 토요일에는 오전 10시에서 오후 5시까지 개방합니다. 기록된 역사자료 사본은 발리문재생회사 웹사이트에서 볼 수 있을 것이며, 적절한 시기가 되면 개요 역시 지역 주민과 학교들이 이용할 수 있게 될 것입니다. 웹 주소는 다음과 같습니다. www.brl.ie

새로운 주택부 장관

최근 환경자치부 장관으로 임명되어 주거와 도시재개발 부문에 특별한 책임을 맡게 된 발리문재생회사 이사회 회원인 노엘 에이헌(Noel Ahern) 하원의원께 축하 드립니다. 저희는 장관께서 지난 몇 년간 발리문 재생에 헌신하고 공헌한 것에 감사드리며 앞으로 정부에서 맡은 일에서도 성공을 거두길 기원합니다. 장관께서 맡은 첫 공식 일정 중 하나는 발리문 신규 공공업무센터의 1층 마감식 이었습니다.

Contents of Ballymun Community Archive

The Hellfire Club, c.1735 by James Worsdale (National Gallery of Ireland).

The Community Archive consists of:

- A two-volume Narrative History of Ballymun covering the years 1600-1960 and 1960-2001. Dr Robert Somerville-Woodward from Eneclann researched and compiled this written history, having consulted local and national sources, including the National Archives and the National Library. It will be available through Ballymun Regeneration website (www.brl.ie).

Detail of Down Survey Map, Parish of Santry 1655.

- An Image Archive, containing maps, drawings and newspaper articles sourced from libraries, archives, community groups and residents. These images provide a valuable insight into the local community and their environs over the years, as well as significant local and national events in the community's history.
- A synopsis of the written history of Ballymun.

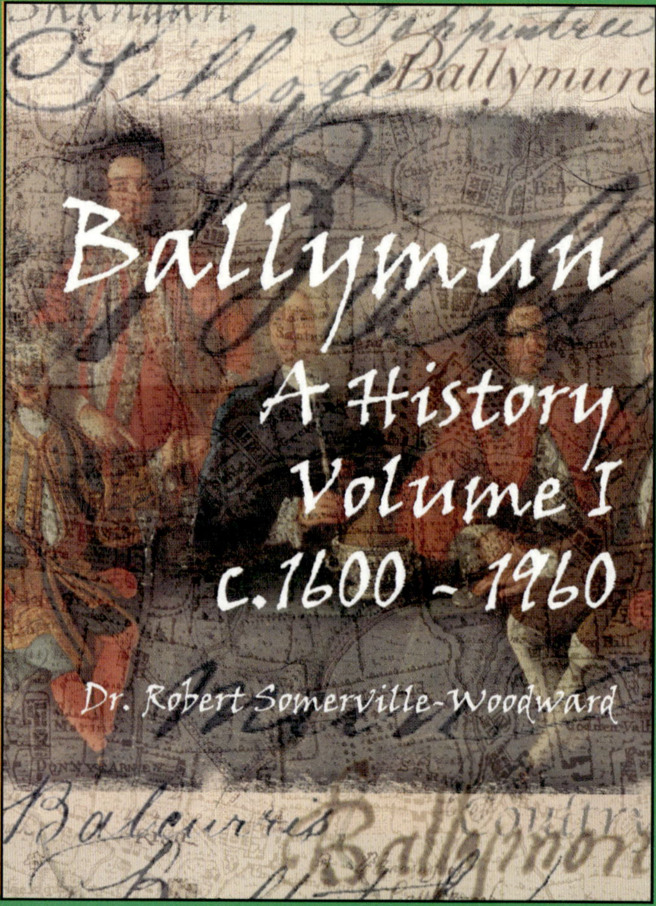

Eneclann also worked with local residents to compile an Oral History of Ballymun and preliminary work from this project will be put on display, along with a large selection of photographs and other images.

A new Ballymun Oral History Association has been formed by local people who participated in the original oral history project. NCI are providing further training for people interested in increasing their skills in the area of oral history. If you wish to contact the Oral History Association, or want to find out more about training, contact Ballymun Regeneration Ltd at 01 8421144.

발리문 지역 기록보관소의 자료

제임스 워스데일의 1735년작 지옥의 불(아일랜드 국립 미술관 소장)

지역 기록보관소는 다음과 같이 구성되어 있습니다.

· 각각 1600-1960년, 1960-2001년을 다루는 두 권짜리 발리문 역사서(Narrative History of Ballymun). 에네클란(Eneclann)연구소의 로버트 소머빌-우드워드 박사(Dr Robert Somerville-Woodward)는 지역과 국가 기록보관소 및 국립도서관 측과의 자문을 받으며 이러한 문서화된 역사를 연구하고 수집하였습니다. 이 자료는 발리문재생회사 웹사이트(www.brl.ie)를 통해 이용할 수 있습니다.

1655년 샌트리 영지를 보여주는 다운 서베이 지도의 자세한 사항

· 도서관, 기록자료, 지역주민조직, 주민 들로부터 얻은 지도와 그림 및 뉴스기사를 담고 있는 이미지 기록보관소. 이러한 이미지들은 지역 커뮤니티와 지난 몇 년 간의 환경뿐만 아니라 지역의 역사를 통해 일어난 지역적이고 국가적인 중요한 사건들에 대한 값진 통찰을 제공합니다.

· 문서화 된 발리문 역사에 대한 개요

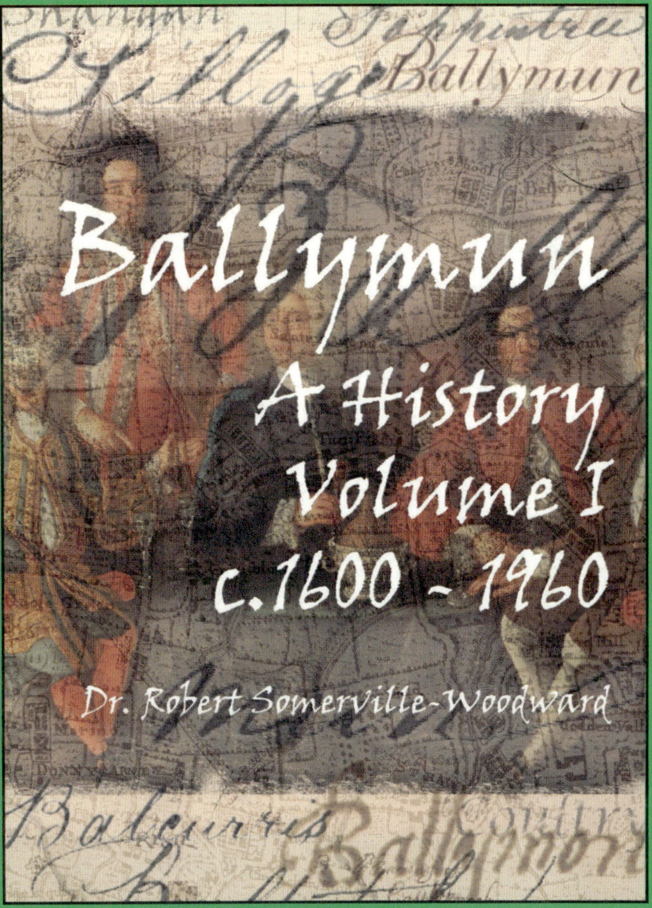

에네클란 연구소 역시 지역 거주민들과 손을 잡고 발리문 구전 역사를 수집하였습니다. 이 프로젝트의 예비 연구는 방대한 사진 및 다른 이미지들과 함께 전시될 것입니다.

새로운 발리문 구전 역사 연합은 원래의 구전 역사 프로젝트에 참여했던 지역 주민들에 의해 결성되었습니다. 아일랜드 국립대(NCI)는 구전 역사 분야에서 기술을 갈고 닦는데 관심이 있는 사람들을 위해 훈련을 제공하고 있습니다. 구전 역사 연합에 연락을 하고 싶거나, 훈련에 대해 더 많은 것을 알고 싶다면 발리문재생회사 01 8421144로 연락주십시오.

Ballymun 400 years ago

Extract from Ballymun Community Archive :

The Ballymun flats were built in the late 1960s on part of Santry Demesne and part of the farmlands of Albert Agriculture College, now DCU. The first volume of the Written History (1600-1960) deals largely with the Barry family, who from the beginning of the 17th century until mid-way through the 20th century, owned much of Santry Demesne.

Santry Court, taken shortly before it's demolition in 1947 (National Library of Ireland).

"The Barrys were a Protestant branch of the Cork Barrymore family and they acquired the estate at Santry by the beginning of the 17th century, probably shortly after it had been confiscated from the Catholic Barnewall family in the 1620s. The estate would remain largely intact and in their possession until 1751 when Lord Henry, 4th Baron Barry of Santry died without a male heir. The patronage exerted by this powerful, but short-lived dynasty was felt in all walks of life in the parish. The Barrys and their familial successors, the Domvilles, from the mid-17th century, built and maintained the churches, schools, roads and many of the houses in Santry. As the local justices of the peace the family also administered the local law. This was in addition to owning nearly all of the 4,700 acres of land. It has been suggested, that although Santry was an old medieval monastic site, the village and parish of Santry did not begin to develop in earnest until the Barry family began to take an economic interest in their Santry Estate during the post-Cromwellian period (1660s). Although not strictly true, Santry was not put on the map - almost literally - until the arrival of the Barrys."

Santry Court

In 1702 Lord Henry, 3rd Baron Barry of Santry, built Santry Court, "which soon gained a reputation as 'the miniature palace of Versailles' due to the fine murals on the walls and the large number of spacious apartments (rooms)." Santry Court, or Santry House as it was sometimes known, was four storeys high in the style of Queen Anne. The house was devastated by fire in 1947 and was eventually demolished.

Santry Demesne

Santry Demesne is the name given to the walled gardens, parks, woods and ornamental ponds surrounding Santry Court. At the time of the Civil Survey (1654-56) Santry Demesne was described as 250 acres of profitable land, consisting of 200 acres of arable land, 20 acres of meadow, 14 acres of pasture, 10 acres of shrubwood and 6 acres of ash groves. In John Rocque's Map of County Dublin Santry Demesne is clearly marked and the layout of the formal gardens is well represented. In 1812 the Santry Estate was comprehensively mapped. The extent of the grounds, ornamentation and parkland is clear from this excellent pen and ink map of which a photographic reproduction is included in the Ballymun Community Archive.

400년 전의 발리문

발리문 지역 기록보관소에서 발췌:
발리문 아파트는 1960년대에 산트리 데메스네(Santry Demesne) 일부 지역과 현재는 더블리시티대학(DCU)이 된 알버트 농업대(Albert Agriculture College)의 농장 일부 지역에 건설되었습니다. 역사 문서 1권 (1600-1960)은 주로 17세기 초반에서 20세기 중반까지 산트리 영지(Santry Demesne) 대부분을 소유했던 바리 가문(Barry family)에 대해 다루고 있습니다.

"배리 집안은 코크 바리모어(Cork Barrymore) 집안에서 분리된 개신교 집안으로, 17세기 초반에 산트리 지역의 토지를 얻었다. 아마도 1620년대 천주교 집안인 반월가(Barnewall family) 자산이 몰수된 직후인 듯 하다. 그 영지는 대부분 그대로 남아 있었으며 산트리 바리 집안의 4대손인 남작 헨리 경(Lord Henry)이 1751년 남성 후계자 없이 죽었을 때까지 그들의 소유였다. 이렇게 강력하지만 오래 존재하지 못했던 집안에서 행사한 이 영지는 그 구역의 모든 일을 겪었다. 바리 및 그의 가문의 후계자인 돔빌스(Domvilles)는 17세기 중반부터 교회와 학교, 도로와 산트리의 많은 집들을 짓고 유지하기 시작했다. 그 가문은 지역의 치안판사로서 지역 법을 행사하기도 했다. 물론 약 4,700 에이커에 달하는 땅을 소유하고 있기도 했다. 산트리가 노쇠한 중세 수도원과 같은 곳이긴 하지만 산트리의 마을과 교구는 바리가가 크롬웰 이후(1660년)의 시간 동안 산트리 영지에 경제적 관심을 갖기 시작하기 전까지만 해도 특별히 개발하고자 하는 의지를 갖고 있지 않았던 것으로 보인다. 정확한 사실은 아니지만 산트리는 바리가가 정착하기 전까지는 말 그대로 지도에도 존재하지 않던 곳이었다."

산트리 코트
1702년 산트리의 바리 남작의 3세인 헨리 경은 산트리 코트를 만들면서 "벽에 그려진 아름다운 벽화와 널찍한 수 많은 방들로 인해 '베르사유 궁전의 미니어처' 라는 명성을 곧 얻게 될 것' 이라고 말했습니다. 산트리 코트, 혹은 사람들에게 알려진 대로, 산트리 하우스는 앤 여왕(Queen Anne) 양식을 딴 4층짜리 건물입니다. 이 건물은 1947년 화재로 소실되어 결국 철거되었습니다.

1947년 철거 직전에 찍은 샌트리 코드(아일랜드 국립 도서관 소장)

산트리 영지
산트리 영지는 산트리 코트(Santry Court) 주변의 담장정원, 공원, 숲과 인공연못에 주어진 이름입니다. 시빌 서베이(Civil Survey)(1654-56)의 시대에 산트리 영지는 200 에이커의 경지와 20 에이커의 초원, 14 에이커의 목장, 10 에이커의 관목 숲, 6 에이커의 물푸레나무 덤불로 이루어진 이윤이 많이 남는 땅으로 묘사되어 있습니다. 존 로크(John Rocque)의 더블린 지도를 보면 산트리 영지가 분명히 표시가 되어 있고 공식 정원의 구획도 잘 드러나 있습니다. 1812년 산트리 영지의 대부분이 지도로 그려졌습니다. 땅의 넓이, 장식, 수림이 펜과 잉크로 그려진 지도에서 분명히 드러나고 있으며, 이 지도를 사진으로 재생한 것이 발리문 지역 기록보관소에 포함되어 있습니다.

What's New

Breaking Ground, Ballymun's Per Cent for Art scheme has completed the first stage of commissioning. The Artistic Steering Committee, which includes a number of experienced artists, was very pleased and impressed with the level of interest expressed by artists, and by local groups interested in working with artists. Artistic Director Aisling Prior, telephone 01-842 1144, is the person to contact if you have any enquiries.

It is hoped that there will be opportunities and interest from the private sector in providing matching funding to increase the budget available for ***Breaking Ground*** commissions, perhaps using the tax schemes for artistic/cultural investment in lieu of the payment of tax. This was recently used to fund the purchase of a collection of original James Joyce manuscripts for the State.

Participants at the It Takes Two international summer school for urban regeneration in Holland were impressed with all that was happening in Ballymun. A steady influx of people is expected to visit Ballymun to find out more about the project on the ground.

New Street Signs

The Transition Programme being prepared for Phase 2 is due to commence in September 2002. People moving into schemes which are already on site will be contacted before then about dates and times of meetings.

The Ballymun Regeneration Project received a merit award from the Stockholm Partnership for Sustainable Cities recently at a ceremony attended by the King of Sweden.

New and existing housing in Shangan.

Now that people are moving into their new homes it is time to think about ways of making sure that the people in the new housing and the existing housing work together to create a better Ballymun for the future. There are lots of ways in which people can make a difference and if you want to become involved Ballymun Regeneration Ltd, tel: 01 8421144, would like to hear from you to discuss your ideas.

In the past Ballymun Regeneration Ltd have organised ***Planning for Real*** and ***Street Naming*** workshops. We would also like to see Residents Associations being formed and people working together to improve their areas through environmental actions, tree planting, gardening clubs, recycling or whatever is needed in the area. It may be that people would like to be involved in planting trees and learning more about landscaping. There are also opportunities through the Breaking Ground Art Project.

Ballymun Regeneration will be in Ballymun for another few years and before the project is finished we would like to see a strong network of community groups and residents associations formed which will help ensure that the regeneration of the area lasts into the future and grows stronger as time goes by.

새 소식

Breaking Ground, 발리문의 '예술을 위한 1%' 계획안 위탁의 첫 단계가 완료되었습니다. 수 많은 숙련된 예술가들을 포함한 예술 운영 위원회는 예술가들이 보여준 관심 수준과 이 예술가들과 협력하는 것에 관심을 보여준 지역 주민들로 인해 매우 기뻐하며 감명을 받았습니다. 관심이 있다면 예술담당관인 아이슬링 프리어(Aisling Prior)씨(전화 01-842 1144)에게 연락주십시오.

Breaking Ground 의뢰를 위한 자금의 증액용 기금의 제공에 민간무문의 관심과 기회가 생기길 기대합니다. 아마도 세금 납부 대신 예술/문화 투자를 위한 세금혜택안을 이용될 것 같습니다. 이 자금은 최근 제임스 조이스(James Joyce) 원고의 원본을 구입하는 기금으로 사용되었습니다.

네덜란드의 도시 재생을 위한 '둘이서(It Takes Two)' 국제 여름 학교의 참석자들은 발리문에서 일어난 일에 감동을 받았습니다. 프로젝트에 대해 더 많은 것을 알아보기 위해 더 많은 사람들이 꾸준히 발리문을 방문할 것으로 예상됩니다.

새 도로명 표지판

2단계를 위해 준비되고 있는 이주 지원 프로그램은 2002년 9월 시작될 예정입니다. 이미 공사가 시작된 계획안의 지역으로 이주하는 주민들에게 모임 날짜와 시간에 대해 미리 연락이 갈 것입니다.

발리문 재생 프로젝트는 최근 스웨덴 국왕이 참석한 지속가능한 도시를 위한 스톡홀름 파트너쉽으로부터 우수상을 받았다.

샹안의 신규 주택과 기존 주택

사람들이 새 집으로 이사하고 있는 지금이, 새 주택 및 기존 주택의 거주자들이 협력하여 더 나은 발리문으로 만들 수 있는 방법을 강구할 때입니다. 사람들이 변화를 만들어낼 수 있는 방법은 아주 많습니다. 발리문재생회사에 참여하고 싶다면 01 8421144로 연락주십시오. 여러분의 아이디어를 듣고 싶습니다.

과거, 발리문재생회사는 실전 계획(Planning for Real) 워크샵과 도로명 짓기(Street Naming) 워크샵을 계획하였습니다. 저희는 주민협회가 형성되고, 환경 활동, 나무심기, 정원 가꾸기 클럽, 재활용 및 이 지역에 필요한 것들을 통해 거주민들이 자신의 지역을 함께 개선하는 모습을 보고싶습니다. 사람들은 나무 심기에 참여하거나 조경에 대해 더 많은 것을 배우고 싶어할 지도 모릅니다. 또한 Breaking Ground 예술 프로젝트를 통한 기회도 있습니다.

발리문재생회사는 앞으로 몇 년 간은 발리문에 있을 것이며, 프로젝트가 끝나기 전에 지역주민조직들 간의 강력한 유대 관계가 생기고, 이 지역의 재개발 사업이 미래에도 지속되고 시간이 갈수록 더욱 강력해지는데 도움이 될 주민협회가 생겨나길 기대합니다.

New Housing Update

New homes in Sillogue

Scheme	Expected Handover Date
101 homes in Coultry 1b	September - November 2002
56 homes in Coultry 2a / 2b	September – November 2002
Remaining 49 homes in Shangan 1a	July – November 2002
Remaining 27 homes in Shangan 2abc	July 2002
95 homes in Shangan 1C	July – September 2002
65 homes in Sillogue 2a & 2c	July– October 2002
40 homes in Sillogue 2b	August – September 2002
40 homes in Sillgoue 1a	2003

Ballymun Regeneration Ltd (BRL) Stormanstown House Ballymun Road Dublin 9
ph: 01 8421144 fax: 8421443 Web: www.brl.ie

신축 주택 최신소식

실로그의 신규 주택

계획	예상 이전 날짜
컬트리 1b의 101개 주택	2002년 9월 –11월
컬트리 2a/2b의 56개 주택	2002년 9월 – 11월
샹겐 1a의 남은 49개 주택	2002년 7월 – 11월
샹겐 2abc의 남은 27개 주택	2002년 7월
샹겐 1C의 95개 주택	2002년 7월 – 9월
실로그 2a&2c의 65개 주택	2002년 7월 – 10월
실로그 2b의 40개 주택	2002년 8월 – 9월
실로그 1a의 40개 주택	2003년

발리문재생회사 (BRL) 더블린 9가 발리문로 스토맨스타운 하우스
전화: 8421144 팩스: 8421443 이베일: brl@brl.ie http://www.brl.ie

BALLYMUN

REGENERATION NEWS

August 2002 Issue 26 MAIN STREET SPECIAL EDITION

INSIDE

- Map of Main Street showing construction sites, pedestrian routes, traffic routes, new roads, etc.
- Main Street works schedule

HEALTH & SAFETY
If you see anything that you are concerned about on the building sites outside working hours please contact Ballymun Gardaí at 01 666 4400

If you have concerns about health & safety issues, please contact the Health & Safety Team at Ballymun Regeneration Ltd 01 842 1144

NEW MAIN STREET TRANSFORMATION WELL UNDERWAY

The Main Street in Ballymun has dramatically changed over the last year resulting in a notable change and improvement to the visual appearance in both the roadways and newly paved footpaths.

- August to October will see major changes to the Main Street and adjoining link roads.
- The south (city) bound carriageway will be reopened to traffic, while the north (M50) bound carriageway will be closed to traffic in order to carry out further road works.
- The new Shangan and Coultry link Road (between McDonagh and McDermot towers) connecting to Main Street at a new controlled junction, will be opened at this time. The Coultry link road will be closed for approximately one month-for upgrading of the road surface, installation of services and traffic signals, and then reopened.
- There will also be new permanent pedestrian traffic signals along Main Street.

Dublin City
Baile Átha Cliath

BALLYMUN

BALLYMUN

재생 소식지

2002년 8월 26호 메인 스트리트(Main Street) 특별호

주요기사

- 공사 현장과 보도, 도로, 새로운 길 등을 보여주고 있는 메인 스트리트 지도
- 메인 스트리트 공사 일정

건강 및 안전

근무 외 시간의 건설 현장에 대해 걱정되는 부분이 있다면 발리문 경찰서(01 666 4400)에게 연락주십시오.

건강 및 안전 문제에 걱정되는 부분이 있다면 발리문재생회사의 건강 및 안전팀(01 842 1144)로 연락주십시오.

순조롭게 변해가는 새로운 메인 스트리트

발리문의 메인 스트리트가 지난 해 동안 극적 변화를 경험하여, 도로뿐만 아니라 새로이 포장되는 보도의 외관이 눈에 띄게 변하고 개선되고 있습니다.

- 8월에서 10월까지 메인 스트리트와 인근 연계 도로에 큰 변화가 있을 것입니다.
- 남행 차도는 다시 차량을 받을 예정인 반면, 북행(M50고속도로행) 추가는 이후의 도로 공사를 수행하기 위해 차량 통행을 금지하고 있습니다.
- 메인 스트리트의 새로 생기는 신호가 있는 교차로에로 이어지는 새로운 샹겐(Shangan)과 컬트리(Coultry) 연계 도로(맥도너(McDonagh)와 맥더못(McDermot) 타원 사이)는 이번에 통행이 시작될 것입니다. 컬트리 연계 도로는 도로 표면 개선과 서비스 및 교통 신호 설치를 위해 약 한 달 간 통행이 금지 되었다가 다시 재개될 예정입니다.
- 메인 스트리트를 따라 새로운 영구 보행자 통행 신호 역시 생길 것입니다.

Dublin City
Baile Átha Cliath

Ballymun's new MAIN STREET

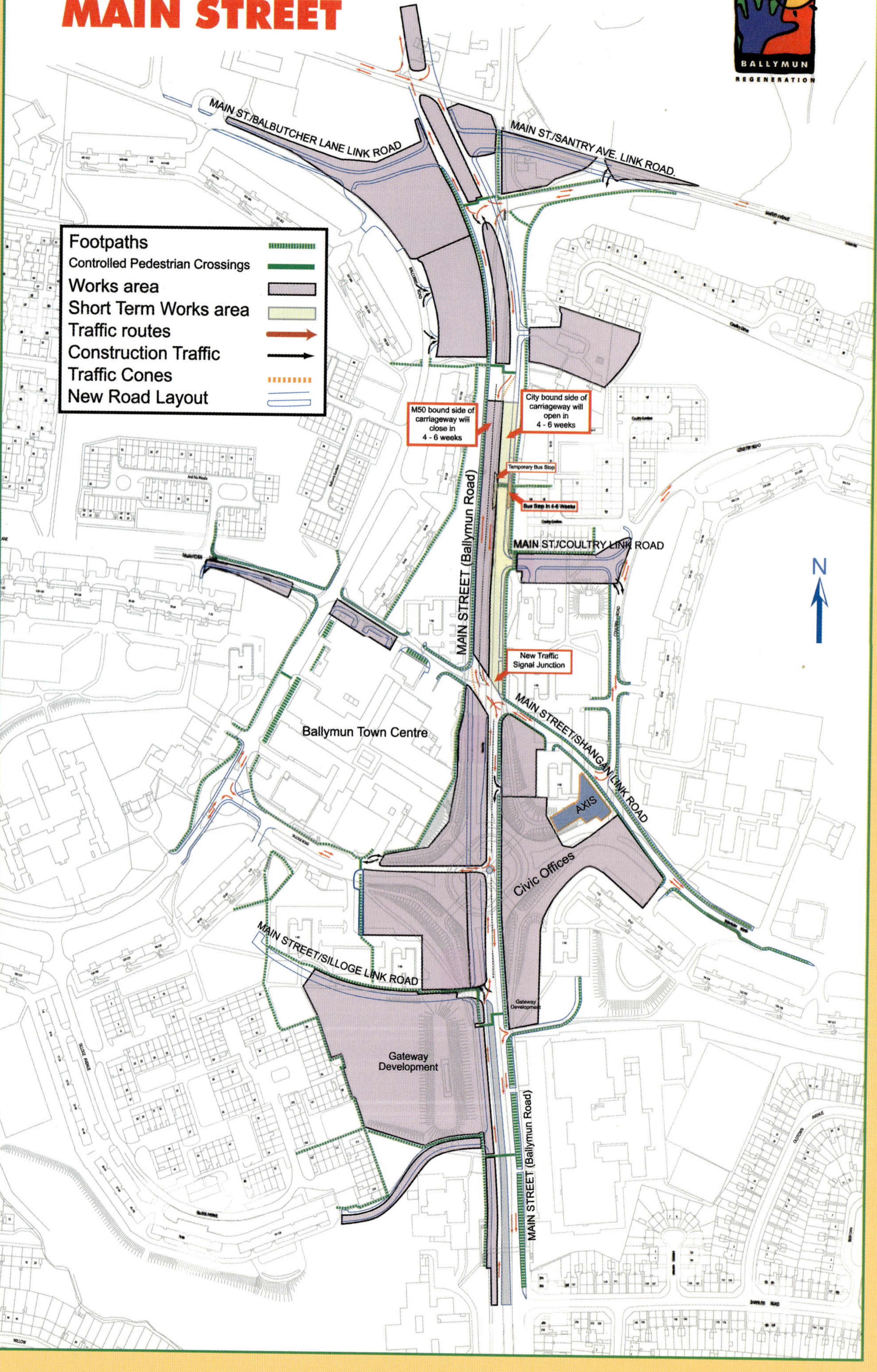

발리문의 새로운 메인 스트리트

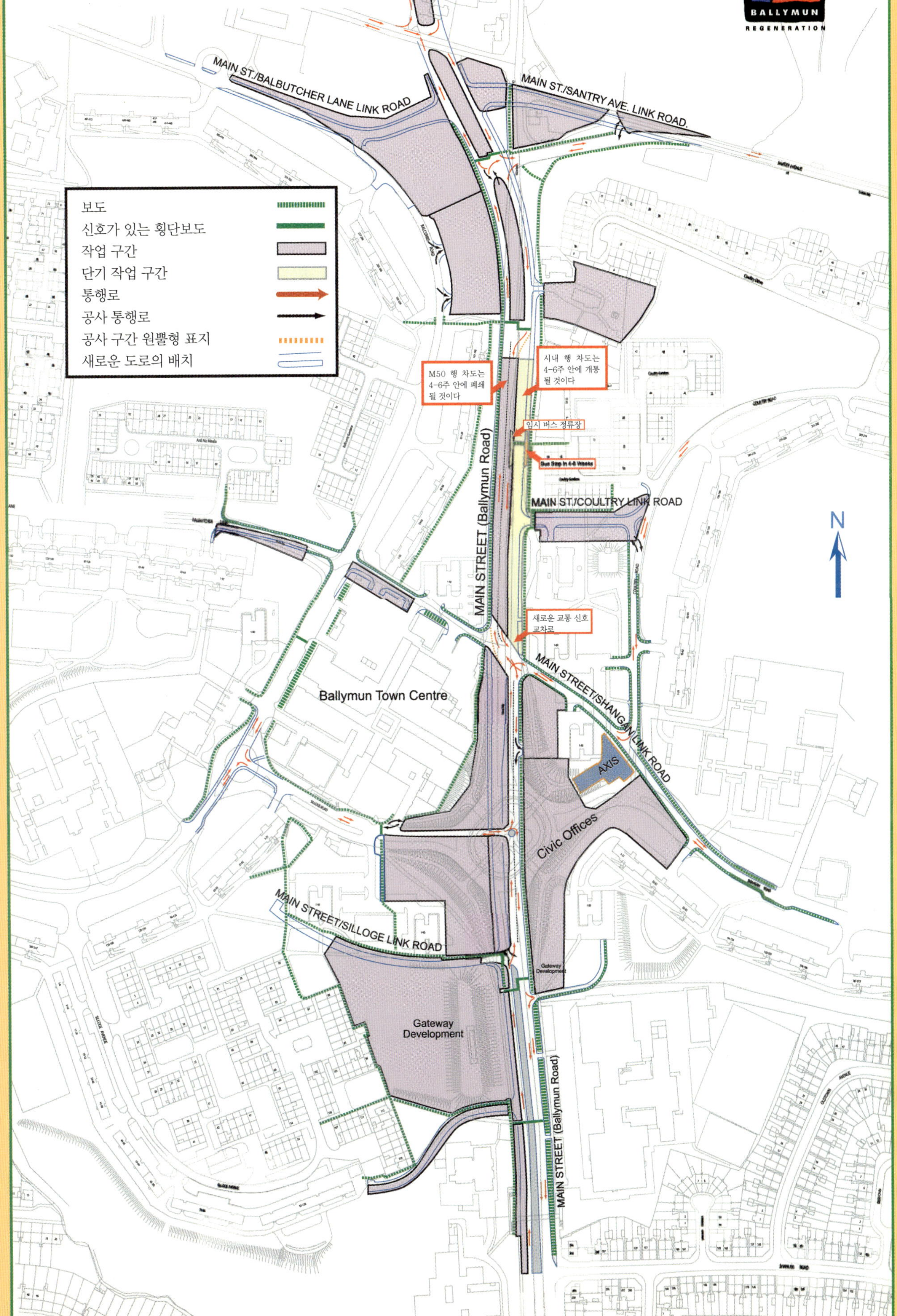

Main Street works schedule

Ballymun Rd Southbound Carriageway
Aug 2002 to Nov 2002

- Installation of Lighting Columns, Bus Stops, Signage & Street Furniture
- Completion of Pedestrian Crossings & Traffic Signals
- Completion of Paving & Landscaping
- Wearing Course & White Lining

Ballymun Rd Northbound Carriageway
Aug 2002 to Mar 2003

- New Drains & Services in the Carriageway
- Telecommunications, Water, Gas, Public Lighting & ESB under the New Footpaths
- Realignment of the Carriageway and Footpath
- New Pedestrian Crossing including Traffic Calming Measures & Traffic Lights
- Installation of Lighting Columns, Signage, Street Furniture & Bus Stops
- Completion of Paving & Landscaping
- Wearing Course & White Lining

Main Street / Coultry Link Rd
Aug 2002 to Sept 2002

- Completion of Drainage & Services Diversions
- Formation of Traffic Signal Junction to Main Street
- Formation of New Junction to Existing Coultry Rd
- Installation of Lighting Columns, Signage & Street Furniture
- Completion of Pedestrian Crossings & Traffic Signals
- Completion of Paving & Landscaping
- Wearing Course & White Lining

Coultry Rd
Sept 2002 to Dec 2002

- New Drains & Services in the Carriageway
- Telecommunications, Water, Gas, Public Lighting & ESB under the New Footpaths
- Upgrading of the Carriageway & Footpaths
- Formation of the New Junction with Shangan Rd
- Installation of Lighting Columns, Signage, Street Furniture & Permanent Bus Stops
- Wearing Course & White Lining

Shangan Rd
Aug 2002 to Oct 2002

- Installation of Lighting Columns, Signage & Street Furniture
- Completion of Bus Stops, Pedestrian Crossings & Traffic Signals
- Completion of Paving & Landscaping
- Wearing Course & White Lining

Balbutcher Lane South
Aug 2002 to Oct 2002

- Completion of Drainage & Services
- Formation of New Carriageways, Footpaths & Bus Stops
- Installation of Lighting Columns, Signage & Street Furniture
- Completion of Paving & Landscaping
- Wearing Course & White Lining

New Balbutcher Lane North Junction & Santry Ave
Aug 2002 to Oct 2002

- Completion of Drainage & Services
- Formation of New Carriageways & Footpaths
- Installation of Lighting Columns, Signage & Street Furniture
- Completion of Pedestrian Crossings & Traffic Signals
- Completion of Paving & Landscaping
- Wearing Course & White Lining

New Balbutcher Lane North
Aug 2002 to March 2003

- Installation of Protection to 19 Bar Gas Main
- Under Grounding of Overhead Cables
- Reduce Dig & Cap
- Installation of New Drainage & Services

Silloge Rd
Aug 2002 to Sept 2002

- Renovation of Carriageway & Footpaths
- Wearing Course & White Lining

Silloge Avenue
Aug 2002 to Oct 2002

- Completion of Drainage & Services
- Formation of New Carriageways, Parking Bays & Footpaths
- Installation of Lighting Columns, Signage & Street Furniture
- Completion of Pedestrian Crossings & Traffic Signals
- Completion of Paving & Landscaping
- Wearing Course & White Lining

Silloge Link Rd
Oct 2002 to Dec 2002

- Snagging of Drainage & Services
- Snagging of Carriageway & Footpaths
- Wearing Course & White Lining

Ballymun Regeneration Ltd (BRL) Stormanstown House Ballymun Road Dublin 9
ph: 01 842 1144 fax: 01 842 1443 Web: www.brl.ie

메인 스트리트의 공사 일정

발리문 로드(Ballymun Rd) 남행 차도
2002년 8월에서 11월
- 가로등, 버스 정류장, 도로 표지 및 도로 시설물 설치
- 횡단보도 및 교통신호호 설치 완료
- 포장 및 조경 완료
- 차선 도색

발리문 로드 북행 차도
2002년 8월에서 11월
- 차도의 새로운 배수구와 서비스
- 텔레커뮤니케이션, 수도, 가스, 가로등 및 신규 보도 하의 ESB 설치
- 차도 및 보도 재정리
- 서행 촉진 장치 및 신호등을 포함한 새로운 횡단보도
- 가로등, 도로표지판, 도로 시설물 및 버스 정류장 설치
- 포장 및 조경 완료
- 차선 도색

메인 스트리트/컬트리(Main Street/Coultry) 연계 도로
2002년 8월에서 2002년 9월
- 배수 및 기간서비스 우회공사사 완료
- 메인 스트리트로의 교통 신호 교차로 형성
- 현재 컬트리 로드로의 새로운 교차로 형성
- 가로등, 도로표지판, 도로 시설물 설치
- 횡단 보도 및 교통 신호등 완료
- 포장 및 조경 완료
- 차선 도색

컬트리 로드(Coultry Rd)
2002년 9월에서 2002년 12월
- 차도의 신규 배수 및 서비스
- 텔레커뮤니케이션, 수도, 가스, 가로등 및 신규 보도 하의 ESB 설치
- 차도 및 보도 업그레이드
- 가로등, 도로표지판, 도로 시설물 및 영구적 버스 정류장 설치
- 차선 도색

샹겐 로드(Shangan Rd)
2002년 8월 2002년 10월
- 가로등, 도로표지판, 도로 시설물 설치
- 버스 정류장, 횡단보도 및 교통신호 완료
- 포장 및 조경 완료
- 차선 도색

남행 발부쳐 레인(Balbutcher Lane)
2002년 8월에서 2002년 10월
- 배수 및 서비스 완료
- 새로운 차도, 보도, 버스 정류장 형성
- 가로등, 도로 표지판 도로 시설물 설치
- 포장 및 조경 완료
- 차선 도색

북행 신 발부쳐 레인 교차로 & 산트리 에비뉴(Santry Ave)
2002년 8월에서 2002년 10월
- 배수 및 서비스 완료
- 새로운 차도 및 보도 형성
- 가로등, 도로 표지판, 도로 시설물 설치
- 횡단 보도 및 교통 신호 완료
- 포장 및 조경 완료
- 차도 도색

북행 신 발부쳐 레인
2002년 8월에서 2003년 3월
- 19개의 가스관에 대한 보호대 설치
- 지상 케이블의 지하 매설
- 요철 제거
- 새로운 배수 시설 및 서비스 설치

실로그 로드(Silloge Rd)
2002년 8월에서 2002년 9월
- 차도 및 보도 리노베이션
- 차도 도색

실로그 에비뉴(Silloge Avenue)
2002년 8월에서 2002년 10월
- 배수 및 서비스 완료
- 신규 차도 및 주차장, 보도 설치
- 가로등, 도로 표지판, 도로 시설물 설치
- 횡단 보도 및 교통 신호 완료
- 포장 및 조경 완료
- 차선 도색

실로그 연계 도로
2002년 10월에서 2002년 12월
- 배수 및 서비스 손상 발견
- 차도 및 보도 손상 발견
- 차선 도색

발리문재생회사 (BRL) 더블린 9가 발리문로 스토맨스타운 하우스
전화: 8421144 팩스: 8421443 이메일: brl@brl.ie http://www.brl.ie

BALLYMUN

REGENERATION NEWS

December 2002 / January 2003 Issue 27

INSIDE

HEALTH & SAFETY
If you see anything that you are concerned about on the building sites outside of working hours please contact Ballymun Gardaí at 01-6664400

Dublin City
Baile Átha Cliath

New homes in Shangan 1a and Shangan 1c.

212 FAMILIES CELEBRATE CHRISTMAS IN NEW HOMES

Over the past year much progress has been made on the regeneration of Ballymun. As a result of more housing completions, 212 families will celebrate Christmas in their new homes this year at six new housing schemes in Shangan and Poppintree.

Ciaran Murray, Managing Director of Ballymun Regeneration says that he is delighted that so many families are now in their new homes. "I hope that next year will be a bumper year for hand-overs and that the wet weather we experienced last summer will not return next year to delay construction," he says.

Construction of the Civic Centre is on schedule for completion around Easter 2003 and the Leisure Centre is also well underway.

continued page 2

BALLYMUN

재생 소식지

2002년 12월/2003년 1월 27호

주요기사

건강 및 안전

근무 외 시간의 건설 현장에 대해 걱정되는 부분이 있다면 발리문 경찰서(01 666 4400)에게 연락 주십시오.

Dublin City
Baile Átha Cliath

샹겐(Shangan) 1a와 1c 지역의 신축 주택

새 집에서 크리스마스를 즐기는 212 가족

지난 한 해 동안 발리문 재생 과정에 큰 진전이 있었습니다. 점점 더 많은 주택이 완성되면서 샹겐(Shangan)과 파핀트리(Poppintree)의 여섯 가지 신규 주택 계획을 통해 212개 가정이 새로운 주택에서 크리스마스를 즐기게 될 것입니다.

발리문재생회사 사장인 씨아란 머레이(Ciaran Murray)씨는 많은 가정이 새로운 주택에 입주하게 되어 기쁘다고 하였습니다. "내년은 이주가 시작되는 전환기가 되길 기대하며, 지난 여름에 찾아온 습한 날씨가 내년에도 공사를 지연시키지 않길 기대합니다."라고 덧붙였습니다.

공공업무가 일정에 따라 건축되어 2003년 부활절에 완성될 예정이며 레저 센터 역시 무난하게 건설되고 있습니다.

continued from page 1

"We made great progress in 2002 and we're getting closer to achieving the Masterplan's aim of building a vibrant, self-sufficient town with all the facilities people need, including a strong local economy, local jobs and good recreational facilities," says Ciaran Murray.

Looking forward to next year, 606 homes are currently under construction, the majority of which are due to be handed over to tenants in Spring 2003. In addition, tenders are currently being processed for the construction of 630 homes and it is hoped that these will go on site as soon as possible in 2003.

Demolitions are due to start in the Spring with the last 2 blocks on Shangan Avenue earmarked as the first buildings to be taken down.

In addition to progress on the housing element of the regeneration, extensive preparation is underway for proposed childcare facilities, neighbourhood centres and parks. Construction is expected to commence on several of these projects in 2003. Carey Construction are on schedule to complete their work on the Main Street by the end of March 2003 and discussions with developers for various ventures, including a completely upgraded town centre complex on the street, are ongoing.

Exciting arts activities in Ballymun

Breaking Ground, the country's largest per cent for art scheme, announced a series of new arts commissions as part of the regeneration of Ballymun.

Actress and director Gabrielle Breathnach at the Breaking Ground information seminar in AXIS.

"Residents of Ballymun, whether they have experience in the arts or not, have a great opportunity to get involved in many of these projects," says Aisling Prior, Artistic Director, Breaking Ground. "From the New Year, residents can participate in various projects in a hands-on manner, such as bronze-sculpture casting and print making workshops, creative writing, drama, photography and film projects. There is something to suit all age-groups, talents and interests, and there is no cost involved for the participants."

All of the projects listed present interesting opportunities for people to explore their own creativity while gaining valuable new skills . The projects will also provide an enjoyable opportunity to meet new people.

1 A 10-week bronze casting workshop with **Dave Kinnane** for up to 8 people from Ballymun, including a weekend working visit to the Leitrim Sculpture Centre is open to people with no previous access to or experience in the arts but who are genuinely interested in acquiring a valuable new skill.

2 **John Kindness** is painting 4 portraits of sisters from Ballymun which will then be displayed in a public building in Ballymun. As part of his research he wants to photograph as many sisters as possible, and an exhibition of these photographs will be held in axis.

3 A number of Ballymun residents interested in participating in this project, will have their favourite kitchen chair cast in bronze, by sculptor **Andrew Clancy**, which will be sited as a piece of sculpture around their area.

4 **Grace Weir & Graham Parker** are making a film with local people which concentrates on the complexity of the changing Ballymun, which will be screened in a variety of local venues.

5 Innovative creative writing workshops with novelist **Lia Mills** for 5 people who need not necessarily have any previous experience in writing.

“2002년에는 큰 진전이 이루어졌으며, 강력한 지역 경제와 지역 일자리, 좋은 여가 시설 등을 비롯한 사람들이 원하는 모든 시설들을 갖춘 활기 차고 자족적인 도시를 만들고자 하는 마스터플랜을 달성해 나가고 있습니다.” 시아란 머레이의 말입니다.

내년을 내다보자면, 현재 606가구의 주택이 건설 중에 있으며, 그 중 다수는 2003년 봄에 입주자들에게 인계될 예정입니다. 게다가 현재 630가구의 주택 건설을 위한 입찰 과정이 진행 중에 있으며 빠르면 2003년에 착공 될 예정입니다.

봄에는 샹겐 에비뉴(Shangan Avenue) 남은 마지막 두 집합주택이 철거 될 예정인데, 이는 처음으로 철거될 건물로 책정되었습니다.

재생 계획의 주거 분야에 대한 진전뿐만 아니라 아동 보육 시설, 주민 센터 및 공원에 대한 광범위한 준비가 진행 중입니다. 이러한 프로젝트 다수에 대한 공사가 2003년에 시작될 예정입니다. Carey Construction사는 2003년 3월까지 메인 스트리트 건설을 일정에 맞게 완료할 것이며, 완전히 업그레이드 된 도시거점종합센터(Town Centre Complex)를 포함한 다양한 사업에 대해 개발자들이 논의하고 있습니다.

발리문의 흥미로운 예술 활동

아일랜드에서 가장 규모가 큰 ‘예술을 위한 1%’ 계획인 ‘Breaking Ground’은 발리문 재생 계획의 일환으로 다양한 종류의 새로운 예술 작품에 대한 의뢰를 공표하였습니다.

AXIS에서 열린 Breaking Ground 정보 세미나에 참여한 배우이자 감독인 가브리엘 브레스나

“예술에 대한 경험이 있든 없든, 발리문의 거주민들은 이러한 다양한 프로젝트에 참여할 대단한 기회를 갖게 됩니다.” Breaking Ground의 예술담당관인 아이슬링 프리오르(Aisling Prior)씨의 말입니다. “새해부터는 거주자들이 청동상 만들기, 판화 워크숍, 글쓰기, 연극, 사진 및 영화 프로젝트 등과 같은 프로젝트에 직접 참여할 수 있습니다. 어떤 연령층이든, 어떤 재능과 관심을 갖고 있든 관심이 갈 만한 프로그램을 마련해 두고 있으며, 참가 비용은 없습니다.”

아래의 모든 프로젝트들은 가치 있는 새로운 기술을 습득하면서도 자신의 창의력을 탐험해 볼 수 있는 흥미로운 기회를 사람들에게 제공하게 됩니다. 프로젝트는 또한 새로운 사람들을 만날 수 있는 즐거운 기회를 제공할 것입니다.

1. 10주 과정의 청동상 만들기 워크샵은 데이브 킨난(Dave Kinnanne)씨와과 함께 하는 프로그램으로, 발리문 주민 8명까지 참여할 수 있습니다. 또한 주말에 레이트림 조각센터(Leitrim Sculpture Centre)를 방문하는 프로그램은 이전에 접촉이 없거나 예술에 대한 경험이 전혀 없더라도 값진 새로운 기술을 습득하는데 진정한 관심이 있는 사람들이라면 누구라도 참여가 가능합니다.

2. 존 킨드네스(John Kindness)씨는 발리문출신의 네 명의 여성들에 대한 초상화를 그리고 있는데, 이 작품들은 발리문의 공공 건물에 전시될 것입니다. 연구의 일환으로 그는 가능한 많은 여성들의 사진을 찍을 예정이며, 이러한 사진에 대한 전시회가 axis에서 열릴 것입니다.

3. 이 프로젝트에 관심이 있는 수 많은 발리문 거주자들은 조각가인 앤드류 클랜시(Andrew Clancy)씨가 청동으로 만든 주방용 의자를 갖게 될 것인데, 이 작품들은 그들이 사는 지역 주변에 조각 작품으로 설치될 것입니다.

4. 그레이스 웨이어(Grace Weir)씨와 그레함 파커(Graham Parker)씨는 변화하는 발리문의 복합성에 초점을 맞춘 영화를 지역 주민들과 함께 만들고 있는데, 이 작품은 이 지역의 다양한 곳에서 상영될 것입니다.

5. 소설가 리아 밀스(Lia Mills)씨는 이전에 글을 써 본 경험이 없는 다섯 명의 주민들과 함께 혁신적인 창의적 글쓰기 워크숍을 열고 있습니다.

6 "Draft" is a series of workshops for 20 people, co-ordinated by AXIS with the participation of national theatre groups, to write specifically for the stage and television.

7 Actress and director **Gabrielle Breathnach** will devise a play with either a group of women or a group of older people, exploreing the experience of life in the flats.

8 Mary Fitzgerald is running a series of printmaking workshops in AXIS on the theme of "home". 10 places are available for people, who, from their flats, can see their new homes being built.

9 Liz Comerford is creating a series of drawings of the vacated homes in the blocks.

10 Los Angeles based sound-activists, **Ultra Red**, will develop an interactive audio public-art work for Ballymun through consultation with individuals and organisations in Ballymun.

There are a variety of other projects also taking place in the near future;

- **Composer Elaine Agnew & Ron Cooney with St. Joseph's National Primary School**
- **BRYR/Rowan Tolley/Roundabout Youth Theatre/Munch**
- **Sinead Cawley & CAFTA**
- **Perry Ogden and the Holy Spirit Boys National School**
- **Paul McKinley**
- **Natasha Fischell and the St Margaret's Traveller Women's group**
- **Mark Francis**
- **Niamh Breslin**
- **Stephen Brandes & Brigid Harte**
- **Paddy Jolley**
- **Cathy Delaney**
- **Mark Hill**
- **Daphne Wright**
- **Corban Walker**
- **Brian Connolly and Mike Hogg**
- **Kevin Atherton**
- **Alberto Dumain and St John Handley**
- **Jochen Gerz**

For further information or participation application forms, contact Ailbhe Murphy or Aisling Prior at:
Breaking Ground, Ballymun Regeneration, Stormanstown House, Ballymun
telephone 01-842 1144
email aisling.prior@dublincity.ie.

Shangan's world of mystery and magic

You will be forgiven for thinking that the new Harry Potter film was being made in Shangan around Halloween this year with so many really scary looking witches and wizards.

In fact, GAP Ballymun ran a series of costume making workshops to show children how to make fantastic Halloween outfits using their imagination, creativity and lots of reused and recycled materials. Children, assisted by arts worker Mel McGuinness, and local parents made hats, capes, bats wings, and wands using an amazing range of unexpected materials like bottle tops, old telephone wire, computer parts, last year's Christmas cards, unwanted clothes, bubble wrap, the silver lining of empty crisp packets and leaves have all been used in the workshops.

Ballymun GAP bounty hunters dressed up in Halloween costumes made from recycled materials.

6. "드래프트(Draft)"는 특별히 무대 및 텔레비전 상영을 위한 집필을 위해 국립 극단의 참여로 AXIS에서 함께 준비한 20명을 위한 일련의 워크샵입니다.

7. 배우이자 감독인 가브리엘 브리스낙(Gabrielle Breathnach)씨는 발리문 구 아파트에서의 삶의 경험을 연구하며 노년층 혹은 여성 그룹과 연극을 한 편 고안할 예정입니다.

8. 마리 피츠제랄드(Mary Fitzgerald)씨는 '가정'이라는 주제로 AXIS에서 일련의 판화 만들기 워크숍을 열고 있습니다. 자신들의 발리문 구 아파트에서 신축 중인 자신들의 새로운 주택을 볼 수 있는 사람들 10명이 참여할 수 있습니다.

9. 리트 커머포드(Liz Comerford)씨는 각 집합주택에 있는 빈 집에 대한 그림을 여러 작품 만들어내고 있습니다.

10. LA 출신의 음향 활동가인 울트라 레드(Ultra Red)씨는 발리문의 개인들과 조직들과의 협의를 통해 발리문을 위한 상호 오디오 공공 예술 작품을 개발할 것입니다.

또한 곧 진행될 프로젝트도 다양합니다.

- 성요셉 국립초등학교(St. Joseph' National Primary School)과 함께하는 작곡가 엘라인 아그뉴(Elaine Agnew)씨와 론 쿠니(Ron Cooney)씨
- BRYR(발리문지역 청소년지원단체)/로완 톨리(Rowan Tolley)씨/원형교차로 청소년극장/먼치 삼바 학교(Munch Samba School)
- 시니드 카울리(Sinead Cawley)씨와 CAFTA(지역및가족훈련기관)
- 페리 오그덴(Perry Ogden)씨와 성령남자국립학교
- 폴 맥킨리(Paul McKinley)씨
- 나타샤 피셀(Natasha Fischell)씨와 성마가렛 여행자 여성그룹(St Margaret' Traveller Women' group)
- 마크 프란시스(Mark Francis)씨
- 니암 브레슬린(Niamh Breslin)씨
- 스테펜 브란데스(Stephen Brandes)씨와 브리짓 하르테(Brigid Harte)씨
- 패디 졸리(Paddy Jolley)씨
- 캐시 델라니(Cathy Delaney)씨
- 마크 힐(Mark Hill)씨
- 다프네 라이트(Daphne Wright)씨
- 코반 워커(Corban Walker)씨
- 브라이언 코놀리(Brian Connolly)씨와 마이크 호그(Mike Hogg)씨
- 케빈 아써톤(Kevin Atherton)씨
- 알베르토 두마인(Alberto Dumain)씨와 세이트 존 한들리(St John Handley)씨
- 요첸 게르츠(Jochen Gerz)씨

좀 더 많은 정보가 필요하거나 참여 신청서가 필요하다면 다음의 주소로 아일베 머피(Ailbhe Murphy)씨나 아이슬링 프리오르(Asiling Prior)씨에게 연락 주십시오.

Breaking Ground, 발리문재생회사, 스토맨스타운 하우스, 발리문. 전화 01-842 1144
이메일 aisling.prior@dublincity.ie.

샹겐(Shangan)의 신비와 마법의 세상

올해 할로윈 즈음에 수 많은 무시무시한 얼굴을 한 마녀와 마법사들을 보고 샹겐에서 새로운 해리 포터 영화가 만들어진다고 상상해도 무리는 없을 것입니다.

사실, GAP 발리문에서는 일련의 의상 만들기 워크샵을 개최하여 아이들이 어떻게 자신의 상상력과 창의력, 그리고 재활용된 수 많은 재료들을 활용하여 멋진 할로윈 의상을 만들 수 있는지 보여주고자 합니다. 예술가 멜 맥기네스(Mel McGuinness)씨의 도움을 받아 아이들과 지역의 학부모들이 만든 모자와 어깨 망토, 박쥐 날개, 지팡이는 병 마개와 낡은 전화기 와이어, 컴퓨터 부속, 작년 크리스마스 카드, 입지 않는 옷, 버블랩, 텅 빈 칩 봉지의 은색 마감재와 나뭇잎과 같이 예상치 못한 재료들로 만든 것입니다.

재활용 된 물품으로 만든 할로윈 의상을 입은 발리문 GAP 현상금 사냥꾼들

Managing Ballymun

Ciaran Murray, Managing Director of Ballymun Regeneration, has recently been appointed Assistant City Manager in Dublin City Council with responsibility for Ballymun.

On his new appointment Ciaran Murray says "It makes sense that Ballymun Regeneration and Dublin City Council should come together to make a better future for Ballymun. We will continue to implement the Masterplan and next year we intend to review it to evaluate progress made since its launch in 1998 and to set out how we should go forward," he says.

Vote of confidence for Community Wardens

Ballymun Regeneration Ltd. ran a very successful pilot scheme whereby Community Wardens patrolled the streets and neighbourhoods for six weeks in July and August. The main objective was to provide additional support to the Health and Safety monitoring team by ensuring greater safety for children during the school holidays and to alert young people to the dangers of building sites. In addition, the community wardens acted as a link between the community and An Garda Siochana to deter and report anti-social behaviour.

The eight recruits participated in a training trogramme, developed in consultation with An Garda Siochana and Dublin City Council.

Community Wardens

The Community Wardens patrolled the neighbourhoods on foot in teams of two, Monday to Saturday, liaising with parents, community representatives, the Gardai, Dublin City Council Regional Office and Ballymun Regeneration. They highlighted incidents ranging from vandalism of new homes to theft of materials and equipment from the building sites. They came across only a couple of incidents of children playing on building sites, however they reported several cases of children and young people attempting to cut locks and wire on fencing protecting the sites. The Wardens also reported several incidents of anti-social behaviour to An Garda Siochana and the DCC Anti-Social Behaviour Officer.

"Residents and contractors were very positive about the community wardens and many said they would like to see them as a permanent fixture in Ballymun," says John Rizzolo, Overall Health & Safety Management Team Leader, Ballymun Regeneration. "The pilot scheme has shown that Community Wardens can reduce vandalism and anti-social behaviour just by their presence, as well as being on-the-spot to see problems and contact the authorities if help is needed." We are formally evaluating the scheme to decide whether it should be a regular project or if it is best done only during school holidays.

발리문 관리하기

발리문 재생회사 사장인 씨아란 머레이(Ciaran Murray)씨는 최근 더블린 시의회의 시행정 부담당관으로 임명되어 발리문을 책임지게 되었습니다.

새로운 임명에 씨아란 머레이씨는 "발리문재생회사와 더블린 시의회가 함께 발리문의 더 나은 미래를 위해 노력해야 한다는 것은 당연합니다. 저희는 지속적으로 마스터플랜을 진척시킬 것이며 다음 해에는 그 계획을 평가하여 1998년에 처음으로 발족한 이후의 진척 정로를 평가하여 우리가 앞으로 어떻게 진행해야 할지 정하고자 합니다." 라고 했습니다.

지역 지킴이를 위한 신임 투표

발리문 재생회사는 아주 성공적인 시범 계획을 시행하였습니다. 이 계획에 의해 지역 지킴이가 7월과 8월의 6주 동안 도로와 지역을 순찰하였습니다. 이 계획의 주된 목표는 방학 동안 아이들의 안전을 도모함으로 건강 및 안전 감독팀에게 부가적인 지원을 해 주고 어린 아이들에게 건설 현장의 위험을 경고하는 것이었습니다. 그와 더불어, 지역 지킴이는 지역과 아일랜드 경찰 사이의 연계 연락을 하여 반사회적 행동을 막고 보고하는 역할을 하였습니다.

훈련 프로그램에는 여덟 명의 후보가 참여하여 아일랜드 경찰 및 더블린 시의회와 협력하였습니다.

지역 지킴이들은 둘씩 짝을 지어 월요일부터 토요일까지 도보로 주변 지역을 순찰하며 부모와 지역 대표, 경찰, 더블린 시의회 지역 사무소 및 발리문 발리문재생회사와 연락을 취하였습니다. 그들은 새로운 주택에 대한 파괴행위에서부터 건설 현장에 있는 자재 및 장비 절도에 이르기까지 다양한 사건들을 주시하였습니다. 그들은 아이들이 건설 현장에서 노는 사건 두어 가지만을 발견했을 뿐이지만 아이들과 청년들이 현장을 보호하는 울타리의 사슬이나 자물쇠를 끊으려 하는 사례를 여러 건 보고하였습니다. 지킴이들은 또한 아일랜드 경찰과 DCC(더블린 시의회) 반사회 행동 담당관에게 여러 건의 반사회적 행동 사례들을 보고하기도 하였습니다.

"거주민들과 건설하청업체들은 지역 지킴이들에 대해 매우 긍정적인 감정을 갖고 있으며 많은 사람들이 그들이 발리문에서 영원히 일을 하길 바란다고 말하기도 했습니다." 발리문재생회사의 건강 및 안전 총관리팀장인 존 리졸로(John Rizzolo)씨의 말입니다. "시범 계획의 결과 지역 지킴이는 그들의 존재만으로, 그리고 문제를 목격할 수 있는 현장에 위치하고 필요하다면 당국과 연락할 수 있다는 사실 만으로도 파괴 행위와 반사회적 행위를 줄일 수 있다는 점이 드러났습니다." 우리는 공식적으로 이 계획을 평가하여 이 계획이 정규 프로젝트가 되어야 할지 아니면 방학 동안에만 행해지는 것이 좋을지 판단하고자 합니다.

지역 지킴이들

Shangan community praised at environmental awards

Since it was set up a year ago, residents participating in the Shangan Community Recycling Centre have collected enough recyclable material to fill one of the Ballymun Towers! Set up by committed resident Muriel Colgan in the basement of Shangan Flats, residents bring their plastic, paper, cans, glass, batteries and even mobile phones to the centre for sorting. The recyclables are then collected by Dublin City Council once a week and brought to Collins Avenue Bring Centre.

"I was so committed to recycling that I used to bring my newspapers, plastic, cans and bottles on the bus to Collins Avenue Bring Centre; and then I thought about setting up a recycling collection point closer to home after participating in a GAP Action Team," says Muriel Colgan who initiated the Recycling Centre. "With the support of GAP and Dublin City Council we set up Shangan Neighbourhood Recycling Centre in the basement of Shangan Flats last November (2001)."

The hard work by GAP and the residents was recently recognised when Shangan Neighbourhood Recycling and Composting Centre got 3rd place at the prestigious ESB / CVI Community Environment awards. The awards recognise extraordinary deeds by ordinary people while encouraging others to follow suit.

"The ESB/CVI Community Environment Awards is an excellent example of how things can be achieved through working together. It has struck me that what we have lost during my lifetime is community spirit. But the pieces are beginning to come back together again and the environment is welding people together," said Professor David Bellamy, President, of Conservation Volunteers Ireland, presenting the awards.

Professor David Bellamy presenting GAP Ballymun with the Community Environment Award.

For more information on Shangan Community Recycling Centre and other GAP Ballymun initiatives, go to www.ballymun.info

Study on Housing Supply and Urban Development

The regeneration of Ballymun was highlighted in a recent study on Housing Supply and Urban Development issues carried out by the Faculty of the Built Environment, Dublin Institute of Technology (D.I.T.) for the Society of Chartered Surveyors.

The study points to the need to use under-utilised urban land to provide for housing and introduce increasing mixed use in residential areas to insure that the demand for housing is met and that sustainable urban areas are created.

Computer generated image of Coultry Neighbourhood Facilities.

샹겐(Shangan) 지역, 환경상 수상

한 해 전 설립된 이후, 샹겐 지역 재활용 센터에 참여하고 있는 지역 주민들은 발리문 타워 하나를 가득 채울 정도의 재활용 물품을 모았습니다! 헌신적 거주민인 뮤리엘 콜간(Muriel Colgan)씨에 의해 샹겐 구 아파트 지하에 설립된 이 곳에 주민들은 플라스틱과 종이, 캔, 유리, 배터리 및 휴대전화까지 가지고 와 분리 수거를 하였습니다. 재활용이 가능한 것들은 일주일에 한 번 더블린 시의회에서 수집하여 콜린스 에비뉴(Collins Avenue) 브링 센터(Bring Centre)로 보내졌습니다.

"버스를 타고 콜린스 에비뉴 브링 센터로 신문과 플라스틱, 캔과 병을 가지고 갈 정도로 재활용에 집중하고 있었습니다. 그리고 GAP 계획실행팀에 참여한 후에는 집에서 좀 더 가까운 곳에 재활용 수거 지점을 만드는 것이 어떨까 생각하게 되었지요." 재활용 센터 도입을 제안한 뮤리엘 콜간씨의 말입니다. "GAP와 더블린 시의회의 도움으로 저희는 샹겐 지역 재활용 센터를 지난 (2001년) 11월 샹겐 구 아파트 지하에 세웠습니다."

GAP와 거주민들의 노력은 최근 샹겐겐 지역 재활용 및 퇴비 센터가 저명한 ESB/CVI 지역 환경 대회에서 3등 상을 수상함으로 인정되었습니다. 이 상은 주위 사람들에게 모범이 되며 훌륭한 선행을 한 일반인에게 수여되는 상입니다.

"ESB/CVI 지역환경상은 협동을 통해 어떤 식으로 일을 이뤄낼 수 있는지를 보여주는 훌륭한 예 입니다. 제 일생 동안 잃은 것이 있다면 그것이 공동체 정신이라는 사실에 놀랐던 적이 있었습니다. 하지만 이제 모든 것이 새로 시작되었고 환경은 사람들을 함께 묶어주고 있습니다." 아일랜드 보전 자원봉사단의 대표인 데이비드 벨라미(David Bellamy)교수의 말입니다.

GAP 발리문에게 지역 환경상을 수여하고 있는 데이비드 벨라미 교수

샹겐 지역 재활용 센터 및 다른 GAP 발리문 프로그램에 대해 더 많은 것을 알고 싶다면 www.ballymun.info에 방문해주세요.

주택 보급과 도시 개발에 관한 연구

더블린 공과 대학(D.I.T)의 건축환경학부가 공인 감정사협회(Society of Chartered Surveyors)를 위해 시행한 주택 보급과 도시 개발 문제에 관한 최근의 연구에서 발리문 재생이 집중 조명되었습니다.

이 연구는 활용이 덜 된 도심 지역의 땅을 이용하여 주택을 보급하고 주거 지역에 복합용도개발을 도입하여 주거에 대한 수요가 충족되고 환경 친화적 도심지역이 개발되도록 하는데 초점을 맞추고 있습니다.

컬트리 지역 시설에 대한 컴퓨터 이미지

What's New

Ballymun Regeneration Ltd

would like to wish everyone in Ballymun a Merry Christmas and a Happy New Year

Coultry 2a nearing completion while work is well underway on Coultry 3 on Santry Avenue.

The Department of the Environment has now approved the tenders received for Balcurris 1 & 3

We hope to proceed with the construction of these 90 units, and the first phase of Balcurris Park, early in the New Year and hand over in Spring 2004.

A synopsis of Ballymun, A History volumes 1& 2 will be distributed to all residents of Ballymun in the next few weeks. The history covers the period from 1600 to 1997.

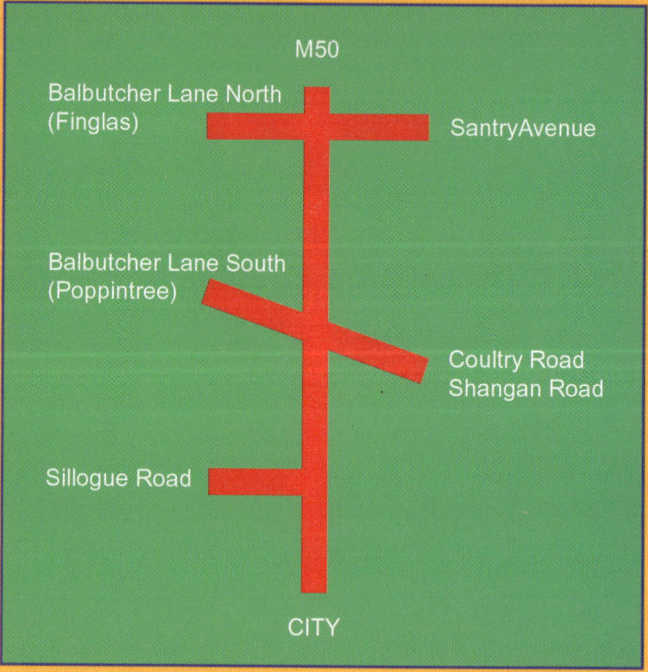

New road junction layout.

새 소식

발리문재생회사는 발리문의 모든 분들이
즐거운 크리스마스를 보내고 새해 복 많이
받으시길 바랍니다.

완공이 가까운 쿨트리 2a 구역과 샌트리 에비뉴에서 건설이 진행 중인 쿨트리 3구역

환경국은 발커리스 1, 3에 대한 입찰을 허가하였습니다.

우리는 이 90가구의 건설이 진전되기를 기대하며 발커리스 공원의 첫단계가 새해 초까지 진행되어 2004년 봄에는 인도할 수 있게 되기를 기대한다.

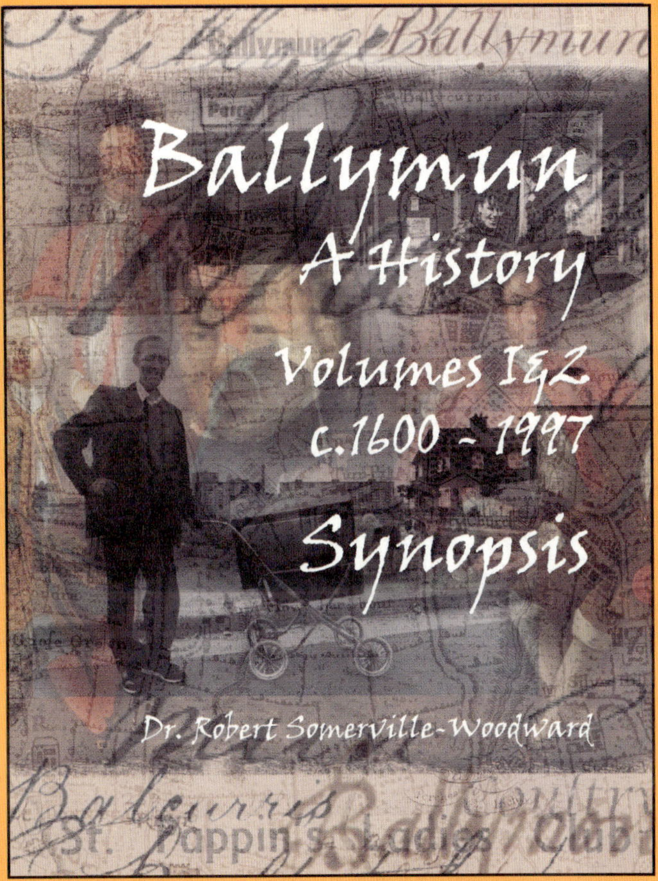

발리문 시놉시스 및 역사 1,2권은 다음 몇 주 동안 발리문의 모든 거주자들에게 배포될 것입니다. 이 역사는 1600년에서 1997년까지를 다루고 있습니다.

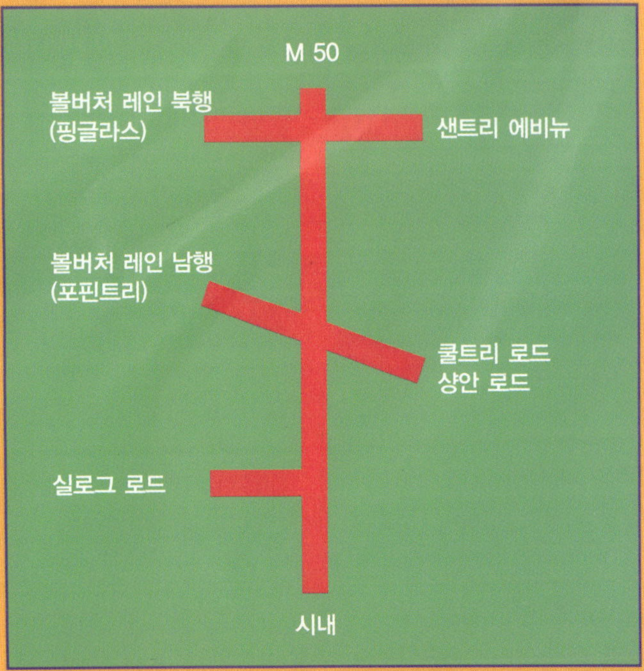

신규 도로 도면

Artists impression of the new Coultry Park.

BRL will be starting construction of a new district park for Coultry and Shangan in the new year.

Facilities will include a full size football pitch, a five-a-side kick-about area which can double as a basketball court, three playgrounds to cater for different age groups, a picnic area, a performance space and of course, lots of flowers and trees.

The park will be edged with an avenue of lime trees, lit at night time.

The designs, by Landscape Architects, Rummey Design Associates will be put on public display in AXIS in January with construction on phase 1 of the park starting in the Spring.

There are new road junction layout signs installed at the approaches to Ballymun. The signs show newly opened junctions and junctions to be opened in the near future.

Ballymun Regeneration thanks motorists and pedestrians for their patience during construction of the new Main Street.

The short-term inconveniences will be well worth the long term benefits for all residents and road users when road works are completed in 2003.

Leisure Centre construction has started and work is progressing well on the Civic building and Gateway buildings (Silloge 1).

Regeneration benefits all residents

Ballymun Regeneration Ltd (BRL) is targeting the benefits of regeneration towards residents of both the flats and the existing houses with the aim of making Ballymun a better place for everybody to live, work, socialise and raise families.

Court-yard Housing

This, the biggest regeneration project in Ireland, will benefit all those who live in Ballymun by:

- **building proper shopping, community and leisure facilities on the new Main Street and in the five neighbourhoods**
- **providing employment opportunities**
- **upgrading infrastructure and public services**
- **improving the total environment**

BRL uses every means it can to ensure that all residents can benefit. The tax incentives scheme, infrastructure and drainage upgrades, courtyard improvement and infill project and Environmental Action Plans all offer direct benefits to existing two-storey housing areas.

- **Property values of houses in Ballymun, Glasnevin and Santry have risen considerably since the project started.**
- **Existing housing has benefited from the regeneration project's major infrastructural improvements. Evidence of this was seen during recent storms which left most areas of Ballymun unscathed while surrounding areas suffered severe flooding.**
- **Extensive new community facilities are being built for the whole community, including a new leisure building, health centre, Garda station, playgrounds, shopping facilities and community meeting rooms in the new neighbourhood centres. Furthermore, BRL will start building the first of many extremely high quality open spaces and public parks in 2003.**
- **All residents are able to take part in the myriad of regeneration projects, including the history project, Breaking Ground art project and other projects such as those involving sport and the environment.**
- **Many young people seeking to purchase new housing or wishing to join housing co-ops are from Ballymun. New sheltered housing schemes particularly for elderly people and people with special needs are being developed and these are open to all residents.**

Housing

A number of queries have arisen about the extent to which the regeneration of Ballymun will include remedial works to existing housing in the area, in particular the need for improvements to the physical environment of the existing houses. Before looking at this in detail it is important to note that the first really significant improvement to the environment has already taken place with the removal of the overhead pylons and the redesign of much of the derelict grassed areas as new high quality parks and public open spaces.

New and existing housing as seen from Belclare Avenue.

Timber Clad Housing

The Masterplan for Ballymun, published in 1998, identified the need for work to be undertaken to improve the external environment of both the timber clad and court yard housing.

Fortunately the roads and underground services relating to the timber clad housing had been the subject of the 1996 Moylan Report. This report proposed improvements to the drainage, roads, footpaths and public lighting in these estates. The Department of the Environment & Local Government agreed that the improvements, estimated to cost approximately IR£3million at 1996 prices, (5.6m at 2002 prices), be

모든 거주민들에게 유익이 되는 재개발

발리문 재생회사(BRL)은 발리문을 모든 사람들이 살고 일하며 교제하고 가족을 이루기에 더 좋은 곳으로 만들고자 하는 목적으로 플랫과 기존 주택의 모든 거주자들에게 재개발의 혜택이 돌아가도록 하는 것을 목표

코트야드 하우징

로 삼고 있습니다.

아일랜드 최대 규모의 재생 프로젝트인 이 프로젝트는 발리문 주민에게 다음과 같은 혜택을 가져다 줄 것입니다.

- 새로운 메인 스트리트와 다섯 동네에 적절한 쇼핑 센터와 주민 시설 및 레저 시설 건설
- 고용 기회 제공
- 기반 시설과 공공 서비스 개선
- 총체적 환경 개선

BRL은 모든 수단을 사용하여 모든 거주민들에게 혜택이 돌아가게 하고자 합니다. 세금 혜택 계획, 기반 시설 및 하수로 개선, 안뜰 개선 및 공지이용 프로젝트, 환경 실행 계획은 모두 기존의 2층 주택 지역에게 직접적 혜택을 제공합니다.

- 발리문과 글라스네빈(Glasnevin)과 산트리(Santry) 지역의 주택 자산 가치가 프로젝트 시작 이후 급격히 증가하였습니다.
- 기존 주택은 재생 프로젝트의 주요 기반 시설 개선을 통해 혜택을 받았습니다. 이에 대한 증거는 주변 지역에 심각한 홍수 피해를 안긴 최근 발생한 태풍이 발리문의 대부분 지역에는 피해를 남기지 않았다는 점에서 볼 수 있습니다.
- 새로운 주민센터 내의 지역회의실, 레저센터, 건강센터, 경찰서, 놀이터, 쇼핑 시설, 지역회의실 등의 지역사회 전체를 위한 다양한 커뮤니티시설들이 새롭게 지어지고 있습니다. 게다가 BRL은 2003년에 고품질의 오픈스페이스와 공공 공원 건설을 시작할 것입니다.
- 모든 주민들은 역사 프로젝트, Breaking Ground 예술 프로젝트 및 기타 스포츠와 환경 관련 프로젝트 등 수 많은 재생프로젝트에 참여할 수 있습니다.
- 새로운 주택을 구입하고자 하거나 주택 조합에 참여하고자 하는 수 많은 젊은이들이 발리문 출신입니다. 특별히 노인들이나 특별한 필요를 가진 사람들을 위한 새로운 주택 계획이 현재 개발 중이며 이러한 주거는 모든 거주자들에게 그 기회가 열려 있습니다.

주택

발리문의 재생이 지역의 기존 주택, 특히 기존 주택의 물리적 환경에 대한 개선 필요에 있어, 기존 주택에 대한 개선 작업을 어느 정도까지 진행시켜야 할지에 관한 질문이 제기되었습니다. 이 문제를 자세히 들여다 보기 전에 가장 중요한 환경 개선은 이미 머리 위의 철탑을 제거하고 잔디가 깔려 있지만 버려진 공지의 대부분을 고급 공원과 공공 오픈스페이스로 재개발 하면서 이미 시행되었다는 사실을 인지하는 것이 중요하겠습니다.

벨클레어 에비뉴에서 본 신규 주택 및 기존 주택

목재로 만든 주택

1998년에 간행된 발리문 마스터플랜은 목재 주택 및 안뜰이 있는 주택의 외부 환경을 개선하기 위한 작업이 취해져야 할 필요를 언급하고 있습니다.

다행스럽게도 목재 주택과 관련된 차도 및 지하 서비스는 1996년 모일란보고서(Moylan Report)의 주제였습니다. 이 보고서에서는 배수, 도로, 보도 및 이 지역 조명의 개선을 제안하였습니다. 환경자치부는 1996년 통화 기준으로 3백만(2002년 기준 5백6십만) 아일랜드 파운드 규모의 이러한 개선이 재생의 일부로 행해질 것에 동의하였습니다. 이 작업은 당

undertaken as part of the regeneration. The works are being financed directly by the Department and scheduled to be delivered by BRL as part of new housing schemes as they go on site.

Court-yard Housing

While no separate finance has been identified or agreed for improvement works to the environment around the courtyard housing, BRL and the Department of the Environment & Local Government agreed that where new housing was being built in the vicinity of existing courtyard housing, environmental improvements could be carried out to the courtyards. This was agreed on the basis that a pilot study of Dolmen Court be undertaken to make a case for improvement works to existing housing while providing new housing on waste ground/open spaces adjoining the courtyard housing.

Dolmen Court

After assessing the courtyard housing, we selected Dolmen Court for the pilot study as being the most suitable area in which to make a start.

The primary objectives of environmental improvements around the courtyard houses are to increase security by closing nuisance through-routes and securing rear lanes and to improve lighting, footpaths and landscaping.

Sandyhill Gardens - Timber Clad Houses

On the basis of the "Environmental Action Plan Framework" distributed to all five area forums in 2002, the Sillogue/Sandyhill Forum requested that Sandyhill Gardens be examined for environmental improvements.

In order to develop the plan an initial walk-about took place between the forum representative, an architect from BRL and an estate officer from Dublin City Council to identify areas in need of environmental improvements. This led to the development by BRL of an initial design proposal for Sandyhill Gardens.

Following this a door-to-door survey of all local residents was carried out to find out what people thought of the initial proposals, and to give people the opportunity to express what they would like to see happen in their area. This process was the result of the positive response of the Sillogue Forum to the Environmental Action Plan framework. Other area forums in Ballymun can now follow the same process.

BRL are holding a "planning for real" type exercise on January 14th, 2003 for the Sandyhill Gardens residents and we want to encourage as many residents as possible to attend. Plans will be presented at this event, as well as a schedule for the proposed works.

Tax Incentives

Some residents of existing housing have made home improvements under the government's tax incentives scheme, although not as many as originally anticipated. Tax incentives for owner-occupiers of existing two-storey homes mean that if you want to refurbish your house by installing double-glazed windows, insulation or building an extension you can claim the cost of this work against your Income Tax. A leaflet detailing this scheme is available from Ballymun Regeneration Ltd.

The requirement to incur 15% of the refurbishment expenditure under the tax incentive scheme has been extended from December 2002 to June 2003. People who are interested should contact BRL for more details.

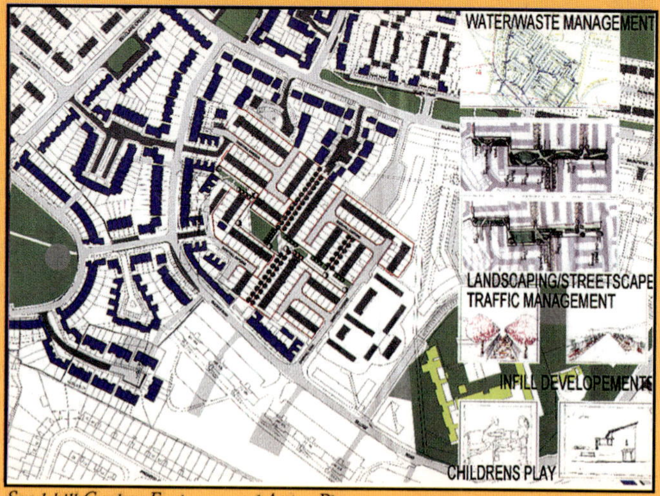

Sandyhill Gardens Environmental Action Plan.

Maintenance Work

There is a need to repair potholes and public lighting and to clear drains and gullies throughout Ballymun. This type of maintenance work is the responsibility of Dublin City Council. The fact that much of the road, public lighting, drainage and sewerage network is not taken-in-charge by the relevant department of the local authority is the greatest contributory factor to the existing infrastructural problems in the area. These issues are not likely to be rectified until the network is brought up to a standard acceptable to the City Engineer so that it can be taken in charge. While some of this work is being undertaken as part of the regeneration project not all areas are covered by the regeneration budget and other sources of funding will need to be found. Generally areas where new housing is being provided will benefit from improvements to infrastructure, roads, lighting, drainage sewers, landscaping etc. Other areas such as the timber clad housing and courtyards where we can provide in-fill houses will also benefit.

All new infrastructure provided by Ballymun Regeneration Ltd will be of sufficient standard to be taken-in-charge by the City Council and negotiations are on-going with the City Council Engineers to ensure that this happens as soon as the defects liability periods have expired.

국의 직접적인 자금 지원을 받고 있으며 착공이 되면서 새로운 주택 계획의 일환으로 BRL에 의해 진행될 것입니다.

중정주택지(Court-yard Housing)

중정 주택 주변의 환경에 대한 개선 공사에 대해 지정되거나 혹은 동의된 별도의 자금 지원은 없음에도 불구하고 BRL과 환경자치부는 기존 중정주택지 근처에 새로운 주택이 신축될 경우 이 중정주택에 대한 환경 개선 사업이 시행될 수 있음에 동의하였습니다. 이는 돌멘 코드(Dolmen Court) 시범 연구가 시행되어 중정 주택 인근의 버려진 공간이나 오픈스페이스에 새로운 주택을 공급하면서 기존 주택에 대한 개선 작업을 하는 것에 대해 지지한다는 전제 하에서 동의되었습니다.

돌멘 코트

중정주택지 평가 후에 저희는 작업을 시작할 가장 적당한 지역이 어디인지에 대한 시범 연구를 위해 돌멘 코트를 선택하였습니다.

중정 주거 지역 근처의 환경 개선의 주된 목표는 길 위의 위험 물질을 제거하고 후방 차도를 안전케 함으로 안전을 증진시키고 조명과 보도, 조경을 개선하는 것입니다.

산디힐 가든스(Sandyhill Gardens) - 목재 주택

2002년 다섯 개 지역 포럼 모두에 배포된 '환경 실행 계획의 틀'을 기초로 하여 실로그/산디힐(Sillogue/Sandyhill) 포럼은 산디힐 가든스의 환경 개선작업이 점검되어야 한다고 요청하였습니다.

계획을 개발하기 위해, 우선 포럼 대표와 BRL의 건축자들, 더블린 시의회의 부동산 관계자들이 도보로 지역을 다니며 환경 개선이 필요한 지역을 판별하였습니다. 이를 통해, BRL은 산디힐 가든스를 위한 초기 디자인 제안을 개발하였습니다.

그 이후 지역 모든 거주자들에 대한 방문 설문이 시행되어 사람들이 초기 제안에 대해 어떤 생각을 하는지 알아내고 사람들에게 이 지역에서 어떠한 일이 일어나길 바라는지 표현할 기회를 제공하였습니다. 이러한 과정은 실로그 포럼이 환경 실행 계획 틀에 긍정적인 반응을 보인 결과였습니다. 발리문의 다른 지역 포럼에서도 같은 절차를 따르고 있습니다.

BRL은 산디힐 가든스 거주민들을 위해 2003년 1월 14일 '실천 계획' 유형의 활동을 개최하고 있으며 저희는 가능한 많은 주민들이 참여하길 바랍니다. 이 행사에서 계획이 제시될 것이며 제안된 사업에 대한 일정도 제시될 것입니다.

세금 혜택

처음 기대치만큼 많지는 않았지만 기존 주택 거주민 일부는 정부의 세금 혜택 계획 하에서 주거 개선을 하였습니다. 기존의 2층 주택 소유자들을 위한 세금 혜택은 2중창을 설치하거나 단열을 하고 혹은 확장을 하면서 주택을 개선할 때 그 비용을 소득세에 대해 청구할 수 있다는 것입니다. 이 계획을 설명하고 있는 전단지가 발리문재생회사에 구비되어 있습니다.

개보수 비용의 15퍼센트를보장하는 세금 혜택은 2002년 12월에서 2003년 6월까지로 연장되었습니다. 관심이 있는 주민들은 BRL에 연락하여 좀 더 자세한 사항을 알아 알아보세요.

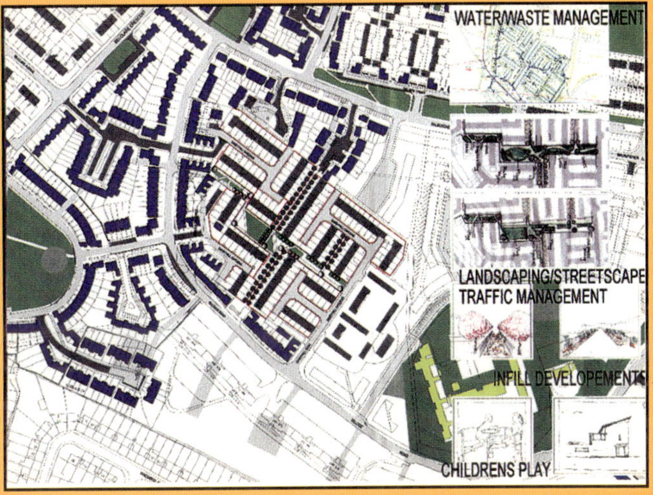

샌디 힐 가든 환경 행동 계획

유지보수 작업

웅덩이와 조명을 보수하고 발리문 전역의 배수로와 배수구를 깨끗하게 할 필요가 있습니다. 이러한 유지 작업은 더블린 시의회의 책임입니다. 차도와 가로등, 배수구 및 하수도가 관련된 지역 당국의 책임 업무가 아니었다는 것이 이 지역의 기반 시설에 문제가 생긴 가장 큰 요인입니다. 이러한 문제들은 도시 공학자들에게 받아들여질 만한 기준을 만족시킬 때까지 수정되지 않을 것이기에, 책임 소재가 확실해져야 합니다. 이러한 작업의 일부가 재생 프로젝트의 일환으로 시행되고 있지만 모든 지역이 재생 계획에 포괄되지 않기에 다른 자금 지원 출처를 찾아야 합니다. 일반적으로 새로운 주택이 제공되는 지역은 기반 시설, 도로, 가로등, 하수도, 조경 등이 개선되면서 유익을 얻을 수 있을 것입니다. 목재주택지와 중정주택지 같은 지역은 주택간 사이공간에 신축 주택을 제공할 수 있을 것입니다.

발리문재생회사가 제공한 모든 새로운 기반 시설은 시의회가 책임을 질 수 있을 만큼 기준을 충족시키며 손실 책임 기간이 만료된 직후 이러한 일이 일어날 수 있도록 시의회 공학자들과 협상이 진행 중입니다.

New housing update

Now that a number of Phase 2 schemes are on site or are about to go on site, Dublin City Council, working with Ballymun Regeneration Ltd, have started to make the first round of allocations of these new housing units.

The first tenants to be allocated housing in Phase 2 were people living in Sean McDermott Tower and in 49 to 128 Sillogue Avenue who had selected as their first choice one of the following schemes:

- **Coultry 3** is being built by Gama and designed by BRL's own in-house architects, Ali Grehan and Robin Mackie. This is a scheme of 87 units and has been on site since August 2002, it should take about 18 months to build all going to plan. The scheme originally extended as far as the end of the existing scrap yard, this part of the scheme which consists of approximately 13 units will not be completed until after that site is vacated by its current occupiers. Legal proceedings and discussions with the occupiers are underway to regain possession of the site.
- **Poppintree 5a** is to be built by Gama and they are expected to move onto this site early next year. The scheme was designed by Collette Downey Architects. This scheme consists of 56 units and should also take about 18 months to build.
- **Poppintree 5b** the contract with the builder for this scheme has not yet been signed but we still expect it to go on site early next year and to be finished around the same time as the 5a scheme. This scheme was designed to accommodate a number of traveller families from the adjoining halting site. Some of these families have now indicated that they do not wish to move into these homes. This being the case, the homes will be built and they can be sold or allocated to other tenants. A decision will not be made until after the construction work is complete or nearing completion. The scheme was designed by the NBA and consisted of 94 units although BRL will drop three units on the halting site land as a result of consultations with residents there.
- **Sillogue 3a** this scheme is expected on site in the next few months, it was designed by Howley Harrington Architects and consists of 30 units. Approval is awaited for the acceptance of the second lowest tender, the lowest tender having been withdrawn.
- **Sillogue 3b** this scheme is expected to go on site soon after Sillogue 3a. It was designed by Gardiner Architects and consists of 58 units and is out to tender.

All of the tenants who will be moving into these schemes were notified of the location, size and type of housing units that they are being allocated in October 2002. The Transition Programme being delivered by CAFTA has already commenced for these residents.

The next schemes to be allocated are Poppintree 4 for which contracts have been signed and Balcurris 2 which will be going on site early in January 2003 and for which contract have also been signed. Balcurris 2 will also be built by Gama and was designed by Burke Kennedy Doyle Architects, the main group of residents who will be allocated this scheme are from 1 to 192 Balcurris Road and Thomas Clarke Tower. The site is located between Balbutcher Lane and Sandyhill Gardens. As part of the scheme, the recommendations of the Moylan Report, which will bring about improvements to the drainage in the area, will be implemented.

Contracts will soon be signed for Balcurris 1 & 3, which consist of 90 units and were designed by O'Mahony Pike Architects. Originally Balcurris 1 was expected on site in 1999 but it was appealed to An Bord Pleanala and this caused considerable delays. However all these issues have now been sorted out and it will be going on site along with Balcurris 3 and Phase B of Balcurris Park. Since Balcurris 1 was originally a Phase 1 scheme it was allocated to tenants a long time ago. Balcurris 3 will be allocated in the next few months.

Residents who were expecting to be allocated housing as part of Phase 2 should not be concerned that they have not yet been allocated housing, since it may be that the scheme which they were most interested in has not reached a stage where allocations can occur. If your flat is in a Phase 2

신규 주택 업데이트

이제 수 많은 2단계 계획들이 착공 중에 있거나 곧 착공 예정입니다. 발리문재생회사와 함께 일을 하는 더블린시의회는 이러한 새로운 주택을 처음으로 할당하기 시작했습니다.

2단계 주택을 할당 받게될 첫번째 세입자들은 숀 맥더못 타워(Sean McDermott Tower) 거주자들과 실로그 에비뉴(Sillogue Avenue) 49-128번지 거주민이며, 그들은 다음과 같은 계획안을 1지망으로 선택하였습니다.

- 컬트리(Coultry) 3은 Gama사에 의해 지어지고 있으며 BRL 사내 건축가인 알리 그레한(Ali Grehan)씨와 로빈 맥키(Robin Mackie)씨에 의해 설계되었습니다. 이는 87가구에 대한 계획이며 2002년 8월부터 착공되었습니다. 계획에 따라 지어지는 데에는 18개월이 걸릴 것입니다. 이 계획은 원래 고철 처리장의 끝까지 포함되었고, 약 13가구로 구성된 이곳의 계획은 현재 거주민이 집을 비우기 전까지 완료되지 않을 것입니다. 이를 위해 현재 거주민들과의 논의와 법적 절차를 진행 중에 있습니다.

- 파핀트리(Poppintree) 5a는 Gama사에 의해 공사가 진행될 것이며 주민들은 내년 초에 이 지역으로 이사를 하게 될 것으로 예상됩니다. 이 계획은 Collette Downey Architects사가 설계하였습니다. 이 계획은 56가구의 주택을 포함하고 있으며 완공까지는 18개월이 걸릴 것입니다.

- 파핀트리 5b. 이 계획에 대한 시공업체와의 계약은 아직 이뤄지지 않았지만 저희는 여전히 이 계획이 내년 초까지는 착공이 될 것이며 5a 계획과 같은 시기 즈음에 마무리 될 것으로 생각합니다. 이 계획은 인근의 위험한 지역에서 거주하는 수 많은 트래블러(traveller) 가족들에게 살 곳을 제공하기 위해 설계되었습니다. 하지만 이들 가정 중 일부는 이러한 주택에 입주하길 바라지 않고 있습니다. 이러한 경우에도 주택은 지어질 것이며, 이 주택들은 분양되거나 다른 거주자들에게 할당될 것입니다. 건축 작업이 마무리되거나 혹은 마무리에 가까이 이르기 전까지는 그에 대한 결론을 내리지 않을 것입니다. 이 계획은 NBA에서 설계하였고 94개 주택으로 구성되어 있지만, BRL은 거주민들과의 협의 결과 그 중 37가구 주택을 중단할 것입니다.

- 실로그(Sillogue) 3a 이 계획은 앞으로 몇 달 안에 착공될 것이라 예측되며 설계는 Howley Harrington Architects사에서 맡았고, 30채의 주택으로 구성되어 있습니다. 두 번째로 낮은 입찰자가 수용되길 기다리고 있는 중며, 가장 낮은 입찰자는 취소되었습니다.

- 실로그 3b. 이 계획은 실로그 3a 이후 바로 착공에 들어갈 예정입니다. Gardiner Architects사에서 설계하였으며 58개 주택으로 구성되어 있고, 곧 입찰 예정입니다.

이상의 계획안 지역으로 입주하게 될 입주자 모두는 2002년 10월에 할당될 주택의 위치와 크기, 유형에 대해 고지를 받았습니다. CAFTA(지역 및 가족 교육센터)가 진행하고 있는 이주 지원 프로그램이 이 입주자들을 위해 이미 시행되었습니다.

다음으로 할당 될 계획은 파핀트리 4로, 이미 계약은 완료되었습니다. 2003년 1월 초에 착공될 예정인 발커리스 2에 대한 계약 역시 성립되었습니다. 발커리스 2 역시 Gama사에 의해 건설될 것이며 Burke Kennedy Doyle Architects사가 설계하였습니다. 이 계획에 할당될 거주민은 발커리스 로드(Balcurris Road) 1-192번지 주민들과 토마스 클라크 타워(Thomas Clarke Tower) 주민들입니다. 이 계획의 현장은 발부쳐 레인(Balbutcher Lane)과 산디힐 가든스(Sandyhill Gardens) 사이에 위치하고 있습니다. 이 계획의 일환으로, 이 지역의 배수로를 개선하게 될 모일란 보고서(Moylan Report)의 제안이 곧 실행에 옮겨질 것입니다.

90채로 구성되어 있고 O' Mahony Pike Architects사가 설계한 발커리스 1, 3에 대한 계약이 곧 성사될 것입니다. 원래 발커리스 1은 1999년에 착공될 것으로 예측되었지만 도시계획원에 제출된 항소건으로 결국 착공이 상당히 늦어졌습니다. 하지만 이 모든 문제들은 모두 해결되었고, 발커리스 3과 발커리스 공원의 B 단계와 함께 착공될 것입니다. 발커리스 1은 원래 1단계 계획이었으므로 이미 오래 전에 입주자들에게 분양 되었습니다. 발커리스 3은 향후 몇 달 안에 분양될 것입니다.

2단계로 주택을 분양 받고자 하는 거주민들은, 자신들이 가장 마음에 들어 하는 계획이 아직 분양을 할 만한 단계에 이르지 못하였기 때문에 아직 주택 할당을 받지 못하였을 것입니다. 만약 자신이 거주하는 구 아파트의 2차 철거 일정에 속해 있는데 아무 소식도 듣지 못하여 분양에 대해 걱정이 된다면 8421144번으로 헬레나 얀슨(Helena Jansson)씨나 그녀의 팀에게 연락주십시오.

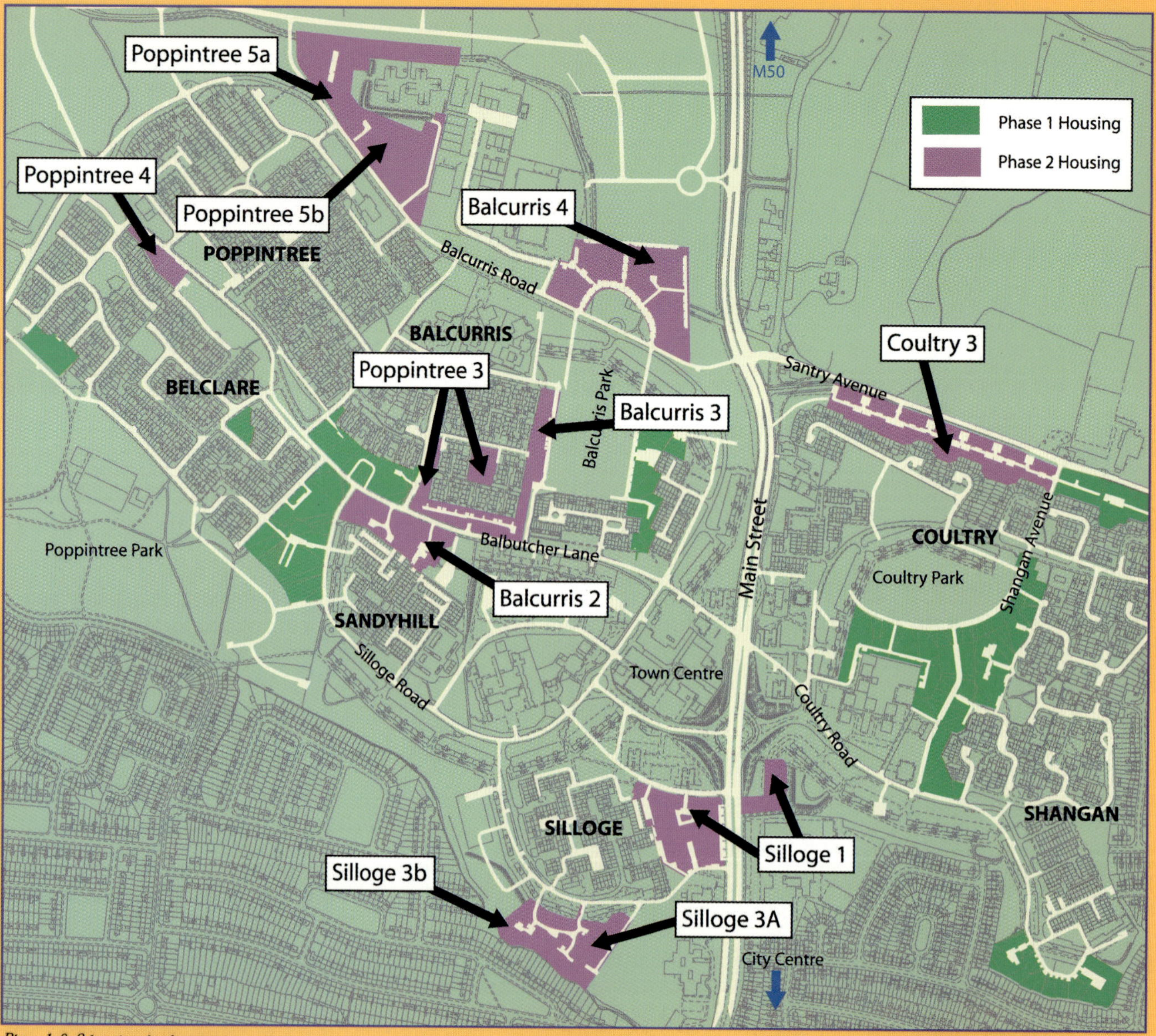

Phase 1 & 2 housing developments

demolition schedule and you not heard anything and are worried about your allocation you can contact Helena Jansson or her team in BRL at the usual number 8421144.

Many of you will be aware that residents in Eamon Ceannt Tower were offered allocations of new dwellings as part of a move to relieve the pressure on people living near the new main street, where most of the building works have been happening for the new road, civic buildings and leisure complex.

Allocations, and in some cases moves to new housing, have already taken place for most of the people in this tower who wanted to move.

Approximately 34 households remain, of which 9 were offered alternative permanent accommodation but have refused the offer. The remaing households could not be allocated due to lack of availability.

BRL understands that it is hard for people to have to wait for their new housing and appreciates your understanding and assistance over the past few years.

There have been ongoing discussions with the various contractors, aimed at ensuring that they keep to their agreed building programmes. We hope that things will improve over the next round of contracts.

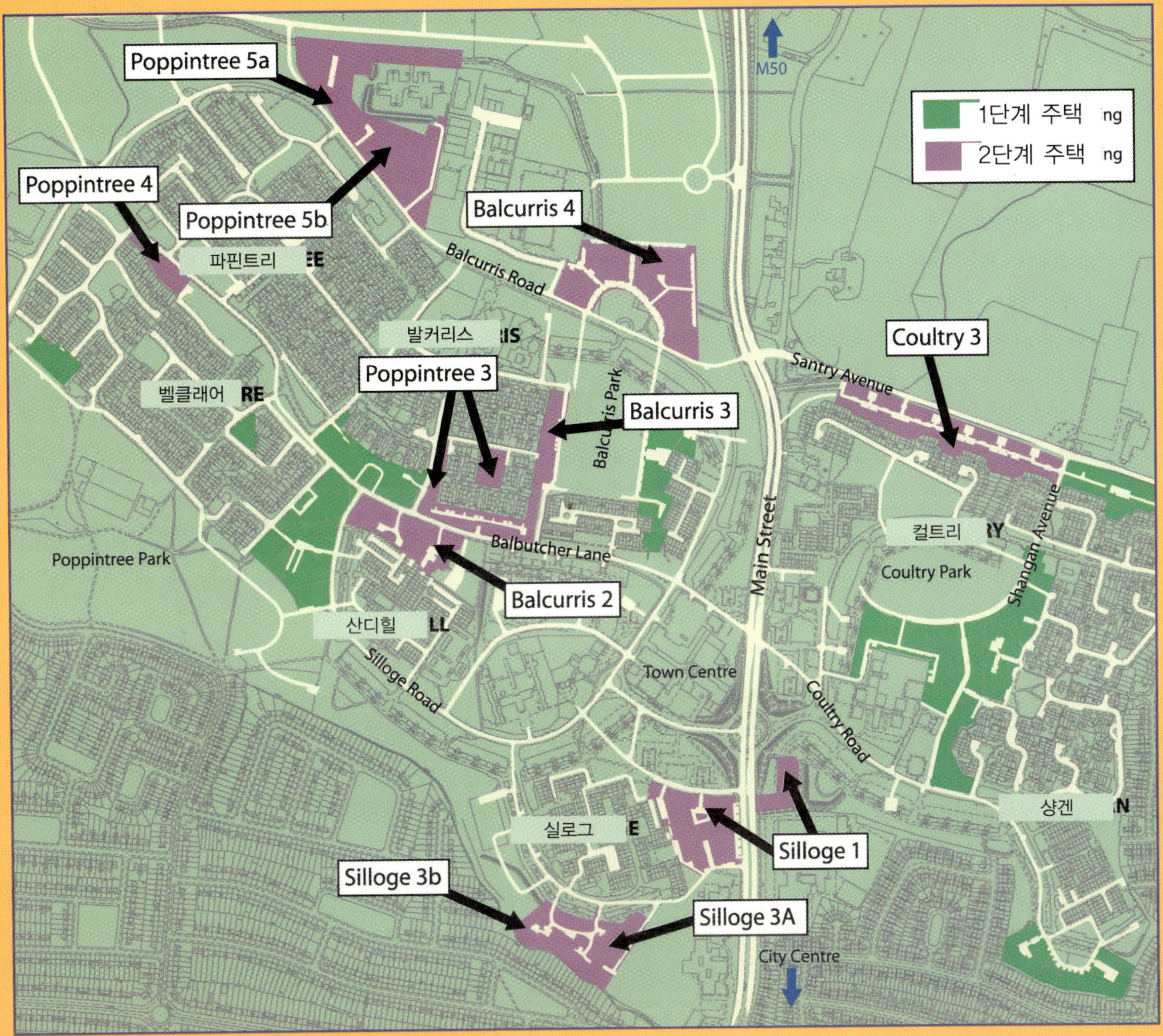

1, 2단계 개발

많은 분들께서 이아몬 신트 타워(Eamon Ceannt Tower) 거주자들이 새로운 도로 및 공공업무센터, 레저 복합센터 등을 만들기 위한 건설 작업 대부분이 행해지는 새로운 메인 스트리트에 거주하는 사람들에게 내려지는 압박을 덜어주기 위한 이주의 일환으로 새로운 거주지를 제공 받았다는 사실을 알게 될 것입니다.

이미 이사를 원했던 타워 거주자들 대부분이 주택 할당 혹은 몇몇 경우 새로운 주택으로의 이주를 시행하였습니다.

남아 있는 약 34 가구 중 9가구가 대안으로서 영구거주지를 제공 받았지만 그 제안을 거절하였습니다. 남은 가정들은 주택이 부족하여 이제 주택 할당을 받을 수 없습니다.

BRL은 사람들이 새 주택을 기다리는 것을 어려워한다는 사실을 이해하고 있으며 지난 몇 년간 주민들의 이해와 도움에 감사하고 있습니다.

건설하청업체들이 계약한 건설프로그램이 일정을 지킬 수 있도록 하는 것을 목표로 그들과 계속적으로 논의가 이루어 지고 있습니다. 저희는 다음 단계에서는 이러한 것들이 개선되기를 희망하고 있습니다.

Ballymun Community Law Centre (BCLC) is open for business

Trish Scanlon, Development Manager, BCLC.

Ballymun Community Law Centre (BCLC) is open for business at Stormanstown House. For the first time ever the Law Centre is providing legal advice and representation in civil cases to people who live in the Ballymun area.

BCLC forms part of a unique partnership with the Legal Aid Board, whereby the Board provides a part-time law clerk in BCLC to process cases coming under the Civil Legal Aid Act 1995. Family Law cases and other Legal Aid cases will be processed directly through BCLC to the Civil Legal Aid Board.

BCLC provides a casework service in civil legal areas including Housing, Employment, Social Welfare/Health Board services, Equality, Debt and other civil legal matters.

If you are in doubt as to whether your problem is a legal one or whether it comes within the work of the Law Centre please phone BCLC at 01-8625805 to discuss the situation.

But please remember, we can only advise you if you live in the Ballymun area.

Community Support work undertaken by BCLC will include:

· Back-up legal advice service for local information groups

· Referral service - taking legal referrals from local groups

· Legal support service for community groups

BCLC will prioritise training work to assist community groups in dealing with particular aspects of their work. Key training areas identified are Social Welfare/Health Board legislation, Family law, Equality issues, Debt and Housing.

The Law Centre offers a back-up service of legal advice to community groups formulating submissions in relation to law reform and social policy.

BALLYMUN

Community Law Centre

If you or your group in Ballymun require legal training or information you are welcome to give BCLC a call to discuss how we might meet your requirements.

A drop-in legal advice clinic is held at the Local Employment Centre at Ballymun Town Centre on the first Tuesday of every month between 10 am and 12 noon. An appointment is not necessary for the drop-in clinic.

Threshold, the housing advice organisation, will provide a drop-in housing advice service every second Thursday at BCLC between 10am and 12 noon. This service begins on the 15th January 2003.

개업한 발리문 지역 법률센터(BCLC)

BCLC의 개발 담당자인 트리쉬 스캔론

발리문 지역 법률센터(BCLC)는 스토맨스타운 하우스(Stormanstown House)에 개업을 한 상태입니다. 이 법률센터는 처음으로 발리문 지역에 거주하는 주민들에게 민사 사건에 대해 법률 자문과 변호서비스를 제공하게 되었습니다.

BCLC는 법률보조국과 특별 파트너쉽을 형성하여, 위원회에서 시간제 법률 서기관을 BCLC에 제공함으로 1995년의 민사법률구조법 하의 사례들을 진행하도록 하고 있습니다. 가정법의 사례들과 다른 법률 자문 사례들은 BCLC를 통해 민사법률 보조국으로 직접 송치될 것입니다.

BCLC는 주거, 고용, 사회복지/보건국 서비스, 평등, 채무 및 다른 민사법적 문제들을 포함한 민사법의 분야에서 케이스워크를 제공합니다.

자신의 문제가 법적인 문제인지 혹은 법률 센터에서 다룰 수 있는 것인지 의문이 생긴다면 BCLC(전화 01-8625805)로 연락하여 논의하기 바랍니다.

발리문 지역 거주민에게만 서비스가 제공된다는 사실을 명심하십시오.

BCLC에서 진행하고 있는 지역 지원 업무에는 다음의 내용이 포함됩니다.

* 지역 정보 단체를 위해 법률 상담 서비스 지원
* 소개 서비스 – 지역 단체로부터 법적 소개를 받는다
* 지역 단체를 위한 법적 지원 서비스

BCLC는 훈련 작업을 우선순위로 매겨 지역 단체들이 자신들의 업무 중 특정한 면을 잘 다룰 수 있도록 도움을 줄 것입니다. 주요 훈련 분야로는 사회 복지/보건국 법률 제정, 가정법, 평등의 문제, 채무와 주택 등이 있습니다.

법률 센터는 지역단체들에게 법률 개혁 및 사회 정책에 순응할 수 있도록 지원 서비스를 제공합니다.

BALLYMUN
Community Law Centre

개인 혹은 발리문 지역의 단체가 법적 훈련이나 정보가 필요하면, BCLC로 연락주셔서 상의하십시오.

현장 법률 상담 클리닉은 매달 첫째 주 화요일 오전 10시부터 정오까지 발리문 타운 센터의 지역 고용 센터에서 열립니다. 사전 약속 없이도 클리닉에 오실 수 있습니다.

주거 자문 조직인 Threshold단체는 매달 둘째 주 목요일 오전 10시에서 정오까지 현장 주택백 자문 서비스를 제공할 것입니다. 이 서비스는 2003년 1월 15일에 시작됩니다.